资源环境 GIS 应用原理与实践

黄木易　黄文江　赵　萍　冯少茹　主编

中国环境出版集团 · 北京

图书在版编目（CIP）数据

资源环境GIS应用原理与实践 / 黄木易等主编.
北京 ： 中国环境出版集团，2024.12. - - ISBN 978-7
-5111-6080-5

Ⅰ. P208.2

中国国家版本馆CIP数据核字第2024GT2520号

内容提要

本书是在多位编著者长期的GIS教学与应用研究的基础上，结合新时代人才培养目标、社会经济发展理念和高新技术发展趋势等撰写完成的。

本书在系统介绍GIS基本原理、功能与方法等核心知识的基础上，介绍了GIS在资源环境调查、灾害评估、城市资源管理、生态安全、智慧平台开发等领域的应用。本书共14章，其基础知识内容主要包括：导论、空间数据结构与组织、空间数据采集方法及处理、空间数据库原理、空间分析原理及方法、地图制作原理与产品输出等；应用实践内容主要包括：GIS在资源调查与灾害监测中的应用、GIS在生态文明建设中的应用、GIS与国土空间规划在“双碳”战略中的应用、基于GIS的CIM技术在城市管理中的应用、GIS与无人机在地理信息领域中的应用、基于GIS的城市地下管线资源管理应用、智慧城市时空大数据平台建设和“3S”技术集成原理、应用模式及其发展趋势等。

本书可作为高等学校GIS专业及相关专业的本科生和研究生教材，也可供资源环境、生态保护、城市规划与管理等专业领域的高等院校师生、科研院所研究人员、政府部门管理者阅读与参考。

责任编辑 董蓓蓓
封面设计 彭　杉

出版发行 中国环境出版集团
（100062　北京市东城区广渠门内大街16号）
网　　址：http://www.cesp.com.cn
电子邮箱：bjgl@cesp.com.cn
联系电话：010-67112765（编辑管理部）
发行热线：010-67125803，010-67113405（传真）
印　　刷 玖龙（天津）印刷有限公司
经　　销 各地新华书店
版　　次 2024年12月第1版
印　　次 2024年12月第1次印刷
开　　本 787×1092　1/16
印　　张 24.5
字　　数 500千字
定　　价 59.00元

《资源环境 GIS 应用原理与实践》

编　委　会

主　编：黄木易　黄文江　赵　萍　冯少茹

副主编：黄林生　张建新　赵晋陵　孙　伟　韦仕川

张　婷　董　斌　陈　非　白旭阳　高　祥

刘　爽　陈广洲　吴钱娇

前　言

地理信息技术是空间信息技术的重要组成部分，其实践性强，应用非常广泛。随着大数据、云计算、人工智能和虚拟现实等技术的飞速发展，地理信息系统（Geographic Information System, GIS）因其强大的数据处理、管理及空间分析能力，为社会经济发展提供了强有力的数据分析、可视化与决策支持功能。在新时代人才培养目标下，经济社会发展和科学技术进步对GIS高素质人才培养提出了新要求，而GIS教学内容亦应当紧密结合中国特色社会主义伟大实践、新质生产力发展要求和高新技术发展现状等背景。

本教材内容兼具专业性、实用性和前沿性。教材编写团队在系统介绍GIS基本原理、功能与方法等核心知识的基础上，结合新时代人才培养目标、绿色发展理念和当前高新技术发展特征等，打造出GIS在资源环境调查、灾害评估、城市资源管理、生态安全、智慧平台开发等应用领域的全新教材。

本教材共14章。其中第1～6章为GIS基础知识部分，包括导论、空间数据结构与组织、空间数据采集方法及处理、空间数据库原理、空间分析原理及方法、地图制作原理与产品输出；第7～14章为GIS应用实践部分，包括GIS在资源调查与灾害监测中的应用、GIS在生态文明建设中的应用、GIS与国土空间规划在"双碳"战略中的应用、基于GIS的CIM技术在城市管理中的应用、GIS与无人机在地理信息领域中的应用、基于GIS的城市地下管线资源管理应用、智慧城市时空大数据平台建设和"3S"技术集成原理、应用模式及其发展趋势。

本教材是在多位编著者在长期的地理信息系统教学、工程开发等过程中，对授课讲义、案例、项目成果等资料进行整合、扩充和修订的基础上完成的。黄木易、黄文江负责教材大纲制定和总体设计，黄木易、赵萍、冯少茹、黄林生、张建新、孙伟组织统稿、校对，黄木易、黄文江完成定稿。本教材编写的具体分工如下：黄木易承担了第1章和第8章（8.4节）的编写；赵萍承担了第2章、第5章（5.1节和5.5节）和第6章的编写；董斌、高祥承担了第3章的编写；张婷承担了第 4 章的编写；吴钱娇承担了第 5 章（5.2 节）的编写；冯少茹承担了第 5 章（5.3 节）和第 12 章的编写；陈广洲承担了第 5 章（5.4 节）的编写；黄林生、赵晋陵承担了第 7 章的编写；孙伟承担了第 8 章（8.1 节、8.2 节和 8.3 节）的编写；韦仕川承担了第 9 章的编写；陈非承担了第 10 章（10.1 节、10.2 节、10.3 节、10.6 节和 10.7 节）的编写；刘爽承担了第 10 章（10.4 节和 10.5 节）的编写；白旭日承担了第 11 章的编写；张建新承担了第 13 章的编写；黄文江承担了第 14 章的编写。

本教材的编写和出版得到了各方面的大力支持，非常感谢中国科学院空天信息创新研究院、合肥工业大学、安徽大学、安徽农业大学、贵州财经大学、安徽省测绘局、易智瑞信息技术有限公司和安徽建筑大学等单位的大力支持！特别感谢北京超图软件股份有限公司的姜春韵、赵伟路和吕文静等老师在教材编写过程中提供的重要帮助和宝贵的案例素材！特别感谢浙江大学岳文泽教授、南京师范大学方斌教授对本教材给予的多方面指导与帮助！特别感谢安徽建筑大学黄显怀教授、谢发之教授、李卫华教授、解华明教授和黄健教授，以及诸多同事对本教材的出版提供的支持！中国环境出版集团的董蓓蓓等编辑在书稿修订过程中给予了大量帮助。在此，全体作者对她们的辛勤付出表示衷心的感谢！本教材在编写过程中，也得到了安徽建筑大学郭芹、汤玉茹、张国钊、闫鑫雨、吴雪、黄坤、杨子豪、刘艳洪、丁以萱、余鑫、陈朦旭、马俊泽和陈慧玲等同学的协助，在此一并表示感谢！

本教材的编写得到了安徽省“三全育人”试点省建设暨高校思想政治工作能力提升计划安徽省精品教材建设项目（sztsjh-2022-10-5）、安徽省教育厅环境污染控制与废弃物资源化利用创新团队建设项目（2022AH010019）和安徽省科技创新平台重大科技项目（202305a12020039）的联合资助！

本书在编写过程中，参阅了大量的相关数据库文献、著作与教材以及相关网络资料等，在此一并表示衷心感谢！当前，地理信息科学与技术正在蓬勃发展，由于编者水平有限，书中错误和不足之处在所难免，敬请读者批评指正。

编　者

2024 年 12 月

目　录

第1章 导 论

GIS是地理信息系统（Geographic Information System）的简称，它与遥感（Remote Sensing，RS）、全球导航卫星系统（Global Navigation Satellite System，GNSS）共同组成了“3S”技术体系。随着我国高新技术在民用领域应用的不断拓展，“3S”技术也在社会经济发展中表现出其重要的应用价值。其中，GIS以其强大的空间分析功能在资源管理、区域规划、国土安全等领域中得到广泛应用，社会经济价值巨大。

1.1 认识地理信息系统

1.1.1 地理信息系统与我们的关系

从古至今，人类对地球的认知在不断加深，人类社会活动的空间范围也在不断扩展。无论是野外食物采集，还是水利、防御工程建设及作战指挥等，人类都离不开对地形的了解和对地图的需求。在我国先秦时期，人们通过“记里鼓车”的方式进行长距离测量和对地形的了解。中国古地图承载了历史、地理和文化等丰富内涵。国内外历史上，对古代地图产生重大影响的是希腊著名数学、天文、地图学家托勒密（约90—168年）和中国魏晋时期杰出地图学家裴秀（224—271年）。其中，裴秀提出了“制图六体”法（即分率、准望、道里、高下、方邪、迂直，对应现代制图中的比例尺、方向、距离、相对高度、坡度、高低和距离的换算），并完成了18幅《禹贡地域图》及《地形方丈图》，这也是中国早期的地图集雏形。

在人类社会发展的进程中，无论是民用还是军事应用，我们对空间位置和空间范围的知识需求越来越多、越来越精细。随着科学技术的进步，特别是当前计算机、网络、虚拟现实、智能感知、大数据获取与云计算处理等技术的全面快速发展，人类社会已经进入高速发展的信息化时代，如今个人定位、商业购物、旅游导航、抢险救灾、无人驾驶、智慧交通、军事作战等方面的各种应用都涉及与空间位置相关的数据获取、数据处理和高效率作业的信息化管理平台建设等，这些都是地理信息系统在不同领域中的实际应用。因此，地理信息系统与人类社会中无论是个体和群体的生产生活需求，还是不同领域的专业技术应用需求等都息息相关。

1.1.2 地理信息系统相关概念

要理解地理信息系统的概念需要了解数据、信息、地理数据和地理信息相关概念的内涵及其相互关系和特点。

（1）数据与信息

数据可以被看作是通过数字化并记录下来的可以被识别的符号，用以定性或定量地描述事物的特征和状况。如数字、文字、图像和声音等。数据本身没有意义，如 3 和 0、99 和 75 是两组数字，它们的实质内涵并不清楚，并不能给使用者提供有用的信息而体现它们的价值。而信息是用数字、文字、符号、语言等介质来表示事件、现象等的内容、数量或特征，以便向人们提供关于现实世界新的事实的知识，作为生产、管理和决策的依据，它是有用的知识。从二者的关系来看，数据是信息的载体和表现形式，是未被加工的原始材料；而信息则是数据中蕴含的事物含义，是数据的本质和内容。数据只有通过加工处理和解释才有意义，才能成为信息。

数据和信息的关系可以用原始木材与桌子的关系进行类比。工厂的木材是一堆没有经过加工的原始材料，即数据，它们想要成为对人们有用的桌子，即信息，就需要利用锤子、凿子和钉子等加工成有用的用具（图 1.1）。因此，数据要想成为信息，必须经过加工、解释。

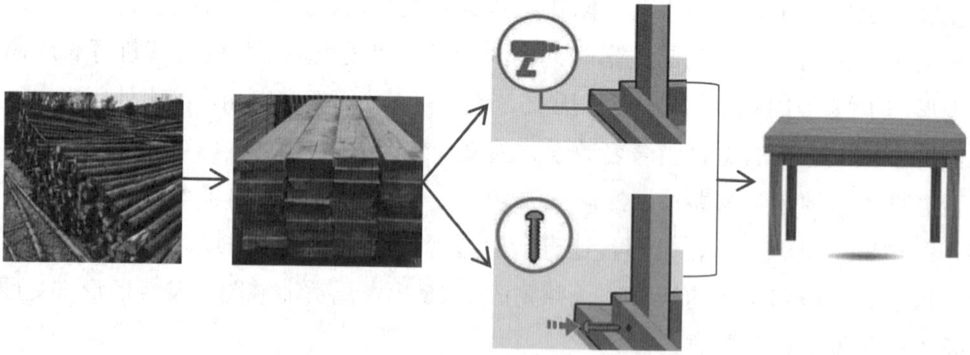

图 1.1　木材被加工成有用的桌子

（2）地理数据与地理信息

地理数据是有关地理环境各要素的文字、图形、图像、符号的总称。地理信息是表征地理圈或地理环境各要素的数量、分布特征、联系和规律的数字、文字、图像和图形的总称，是地理数据所蕴含和表达的地理含义。因此，地理数据是对客观世界地理环境要素的抽象表达，地理信息是有关地理对象的性质、特征和运动状态的表征和一切有用的知识，是对表达地理特征与地理现象之间关系的地理数据的解释。在 GIS 中，地理数据往往以图层的方式来表达，如图 1.2 所示。

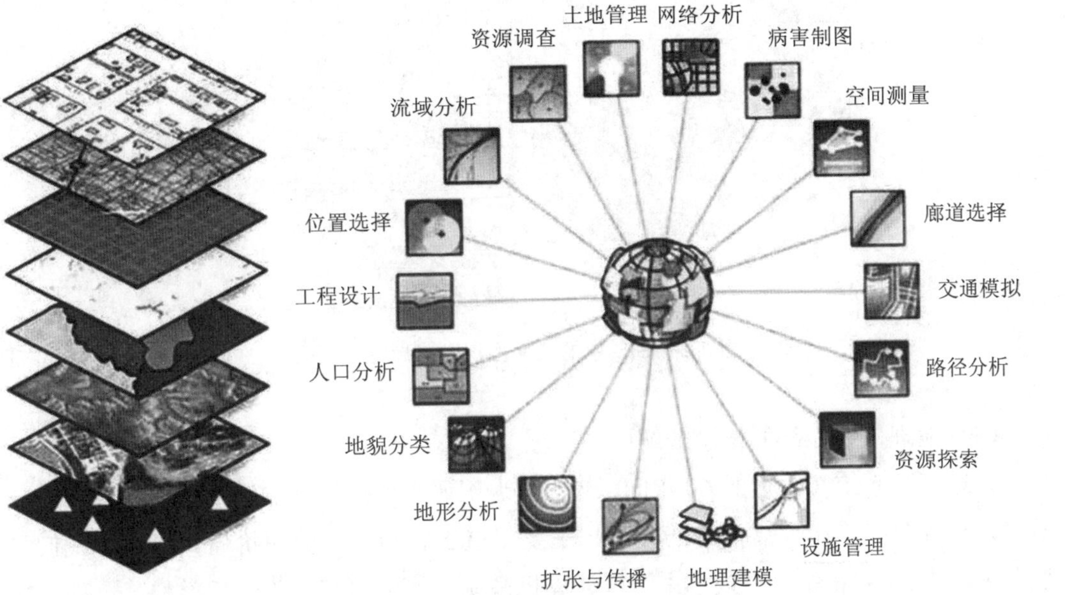

图 1.2　地理数据的图层表达

地理数据是地理信息的载体。在地理信息系统中，地理数据必须要有对其进行加工解释的内容才能成为地理信息，如在 GIS 中与空间数据紧密相连的属性表就是对几何图形数据的描述和说明。因此，几何图形与属性表相结合才是地理信息。否则缺少对图形的描述，对使用者来说便无法获知一个点、一条线、一个多边形图形表达的是什么内涵。因此，GIS 中图形和属性的结合才是地理信息，如图 1.3 所示。

地理信息是 GIS 的主要内容，具有空间特征、属性特征和时序特征。其中空间特征是地理信息区别于其他对象信息的最本质的特征，即地理信息具有空间位置特征。联合国教科文组织的有关文献表明，在人类活动所产生的信息中，80%以上都与地理空间位置有关。因此，客观世界中绝大多数信息是与空间位置有关的地理信息。属性特征是地理信息具有单点多重性质的特征，如一条管线具有名称、年代、材质、埋深、耐压力等不同属性说明。时序特征即地理对象具有随时间变化而变化的特征，如一条道路随时间变化会经历拓宽、延长等各种改造。

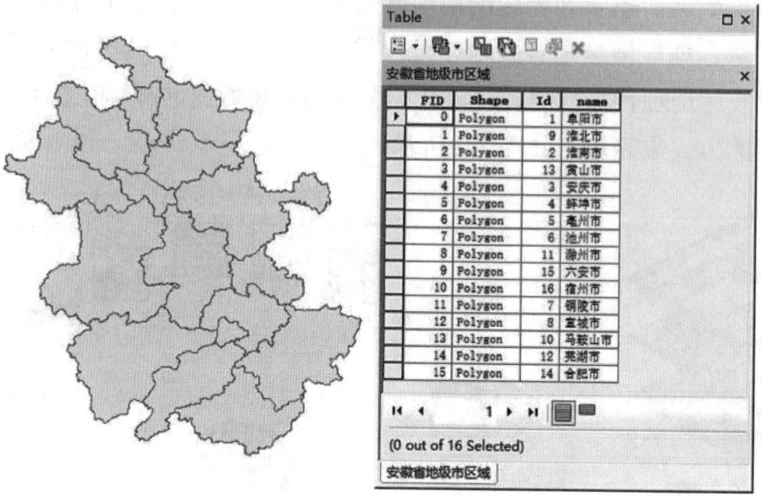

FID	Shape	Id	name
0	Polygon	1	阜阳市
1	Polygon	9	淮北市
2	Polygon	2	淮南市
3	Polygon	13	黄山市
4	Polygon	3	安庆市
5	Polygon	4	蚌埠市
6	Polygon	5	亳州市
7	Polygon	6	池州市
8	Polygon	11	滁州市
9	Polygon	15	六安市
10	Polygon	16	宿州市
11	Polygon	7	铜陵市
12	Polygon	8	宣城市
13	Polygon	10	马鞍山市
14	Polygon	12	芜湖市
15	Polygon	14	合肥市

图 1.3　GIS 中的几何图形及其属性说明表

（3）地理信息系统的概念理解

地理信息系统在短短的 60 年间，从一款土壤调查数据处理的辅助软件演变成为一门学科、一项具有广阔发展前景的技术，主要得益于它的巨大应用价值。当前，我们已不能单纯地将 GIS 看作一个技术系统或计算机系统，而应将其视为一门学科、一项技术。由于地理信息系统是地图学、摄影测量与遥感、地理学、计算机科学与技术、城市规划与管理等多门学科综合发展的产物，所以不同学科的学者从各自专业和应用的角度对其有不同的理解和阐释。如测绘领域从地图的视角，认为 GIS 是地图显示、处理与使用的信息系统，每个数据集被看作不同类型的地图、图层和要素等；计算机领域从数据库角度，认为 GIS 就是地理空间数据组织、管理和操作的计算机系统，强调系统体系结构、海量数据存取、高效数据访问、高性能空间计算等；地理学领域从空间分析的角度，认为 GIS 就是基于地理空间数据对地理现象进行分析和模拟的信息系统，强调地理空间数据应用是 GIS 的本质。以上是目前几种对地理信息系统内涵认识的描述。

地理信息系统至今没有统一的定义。有学者认为地理信息系统是采集、表达、处理、管理、分析和描述整个或部分地球表面（包括大气层在内）与空间和地理分布有关数据的空间信息系统；有学者认为地理信息系统是用地理空间数据对现实地理世界进行抽象和描述的技术方法，是采集、存储、管理、分析和表达地理空间数据的信息系统。美国联邦数字地图协调委员会从 GIS 的构成、功能及应用角度认为地理信息系统是由计算机硬件、软件和不同方法组成的系统，该系统被设计用来支持空间数据的采集、管理、处理、分析、建模和显示，以便解决复杂的规划和管理问题。有学者则认为地理信息系统是一个仍在迅速发展的领域，现在不需要一个完善的定义。本书作者认同相关学者对地理信息系统概念的不同理解，认为随着现代高新技术与空间信息技术的不断发展，以及GIS在不同领域的拓展与深度融合，GIS的概念必将不断发展和更新。因此，对GIS的认识应该与时俱进，要在一个大的框架下，以多维视角去理解GIS的本质和特征。本书作者倾向于从硬软件设备支持丰富、学科交叉明显、空间分析功能强大、与当前高新技术的集成度高、产品和技术应用广泛等多维视角去理解和认识地理信息系统的内涵及概念。

1.1.3 地理信息系统相关学科

GIS是一门年轻的学科和技术，它与各学科有非常密切的联系，其中遥感、地图学、自然地理学、数学、测绘学、计算机等都对GIS提供了不同的理论支撑。例如，地图学为GIS提供了图论；自然地理学为GIS提供了空间自相关理论；数学分支的几何学也为GIS中的拓扑理论提供了重要支撑；测绘学科中的大地测量、工程测量、倾斜摄影测量等手段为GIS的空间对象的分析提供了重要的位置信息和数据产品；计算机科学为GIS软件的开发提供了编译支持，而计算机设备又为GIS提供了海量数据及大数据处理的平台和硬件设备支持。因此，计算机技术的进步对GIS发展具有重要的影响，但早期的计算机并没有图形、图像处理功能，仅作数值分析计算，在计算机出现20多年后，由于图论的发明，GIS迎来了里程碑式的发展机遇，计算机图形学的诞生标志着计算机可以处理图形。因此，图论是GIS的重要理论支撑。

总之，GIS学科是一门典型的边缘性交叉学科，与相关学科的联系非常紧密。GIS的发展离不开相关学科的理论支撑。而且，GIS的应用也不离开其他学科的发展，如管理学、社会学、工程学、自然资源学、环境科学等学科的发展。GIS的应用应该在了解其他学科特点的基础上，紧密结合不同学科对空间信息技术的需求进行切入和整合，从而达到GIS技术支持应用学科的目的。

从技术系统角度来看，GIS与其他系统有区别也有关联，如GIS与CAD、管理信息系统（Management Information System，MIS）等存在紧密的联系，但又有着明显的区别，如CAD具有强大的图形绘制与编辑功能，MIS具有强大的属性采集与存储管理功能，但二者并不同时具有对图形和属性的共同管理功能，二者也没有空间分析功能，而GIS则同时具有对图形和属性的共同管理功能，并且具有强大的空间分析功能，体现了极其重要的应用价值。在MIS中，MIS的构成主要为对象的属性数据，如学生常用的教务管理信息系统，该系统中存储的大量数据为学生的个人信息及有关的课程名称、成绩、任课教师姓名等信息，但基本不涉及位置方面的空间信息。而GIS则对空间和属性数据进行综合管理。这是GIS与其他系统的重要区别，也是本质区别。但CAD和MIS均可为GIS提供重要的数据来源。因此，它们之间具有明显的区别和密切的联系。

1.2 地理信息系统的构成

GIS 具有强大的功能，而不同功能的实现均需要相关设备的支持，其在解决实际问题时，必须借助不同的设备和方法来进行分析、计算和展示。因此，了解 GIS 的构成要素可以更好地理解 GIS 不同功能实现环节的运行原理和工作模式。总体来看，GIS 的构成主要包括硬件系统、软件系统、空间数据、用户和应用模型（图 1.4）。不同的构成要素又细分为不同的组成内容，各部分有机组合并相互支持，成为 GIS 功能实现环节中的不同内容。

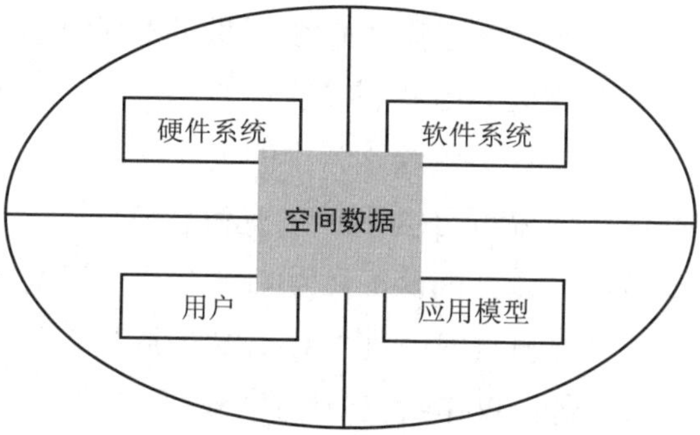

图 1.4　GIS 的主要构成

1.2.1 硬件系统

硬件是 GIS 的重要设备组成部分，是 GIS 的骨架和外壳，是 GIS 的构成基础，主要包括执行数据采集、处理和存储等不同任务的设备。GIS 硬件系统相当于一辆汽车的外壳、底盘等支撑部件。GIS 的计算、分析和展示功能的效率很大程度上取决于 GIS 的硬件配置，高配置的 GIS 在处理分析数据时具有重要优势。一般来说，GIS 的硬件构成主要包括输入设备、存储设备、处理设备和输出设备（图 1.5）。

（1）输入设备

输入设备包括常规设备和专业设备。常规设备包括数字化仪、扫描仪、键盘、鼠标等数据采集和输入工具。专业设备包括全球导航卫星系统（GNSS）、全站仪、三维激光扫描仪、全数字摄影测量工作站、遥感与遥感图像处理系统等。

（2）存储设备

无论是普通电子文档数据还是海量的数字图像等数据，都需要基于存储设备完成数据的存放。GIS 的存储设备主要包括各种容量的移动或固定的存储媒介，如磁带机、光盘机、活动硬盘和硬盘阵列等。

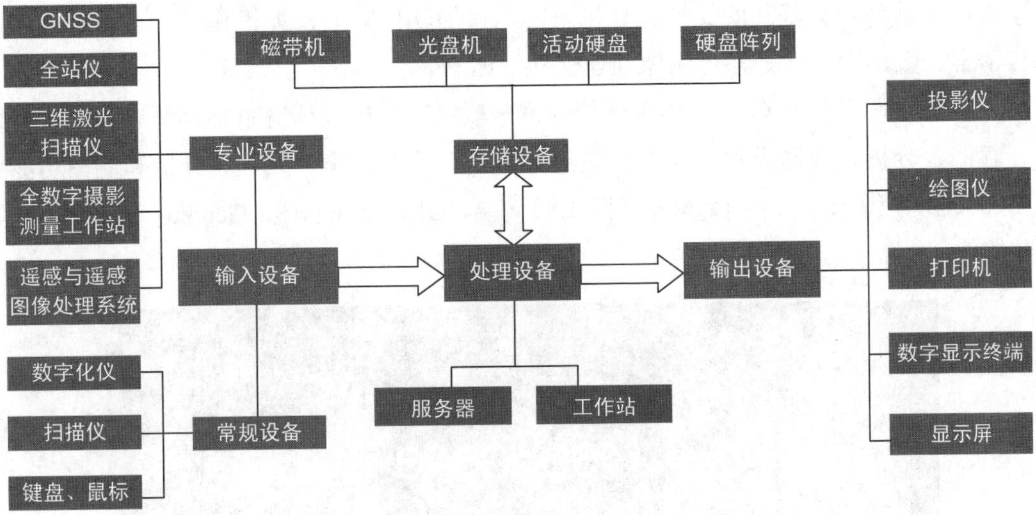

图 1.5 GIS 的硬件系统构成

（3）处理设备

处理设备主要完成对 GIS 数据的分析和计算，处理设备的性能和配置对于数据的计算效率具有重要影响。处理设备不仅为普通的计算机，还包括高性能服务器、工作站等。

（4）输出设备

GIS 输出设备主要承担对地理信息产品进行打印、浏览和展示的任务。所以输出设备包括投影仪、绘图仪、打印机、数字显示终端、显示屏等。

1.2.2 软件系统

软件系统是 GIS 正常运行和功能实现的重要保障。如基础数据输入、专题地图制作等操作需要 GIS 软件的采集与编辑处理、可视化与制图等功能来完成，而不同领域的信息化管理平台的高效率作业也是基于专业的应用型 GIS 软件来实现的。因此，从广义来说，GIS 软件系统包括支撑型软件、工具型软件和应用型软件 3 个层次，如图 1.6 所示。

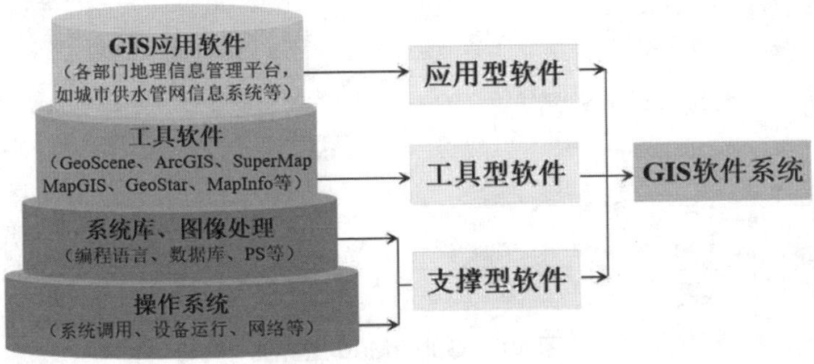

图 1.6 GIS 的软件系统构成

支撑型软件是最基础的支持计算机正常运行的软件类型，如操作系统、系统库（如编程语言、数据库软件等）、图像处理软件（如 PS 等）。

工具型软件主要为 GIS 基础平台软件，一般没有固定的研究目标，是以一组数据采集、存储、分析、处理为主的软件模块集合，具有数据采集、处理、分析和制图功能，如 GeoScene（图 1.7）、SuperMap（图 1.8）、ArcGIS、MapGIS、GeoStar 和 MapInfo 等 GIS 软件。

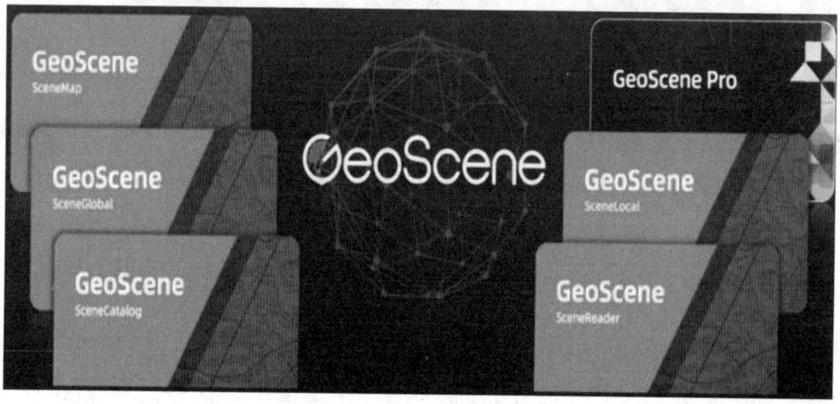

图 1.7　GeoScene 主界面

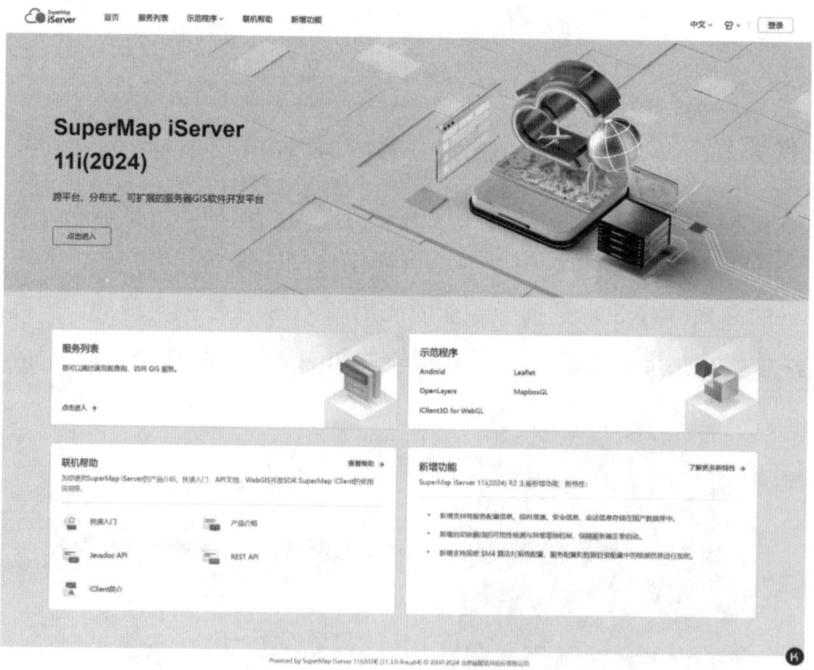

图 1.8　SuperMap 主界面

应用型软件主要是基于GIS组件包和编程语言环境的支持进行二次开发后的GIS专业型应用软件，是不同行业和领域为了解决本部门的特定问题和实现信息化管理而开发的地理信息系统平台，不同部门的信息化地理信息系统都属于应用型GIS软件，如自然资源管理信息系统、数字流域管理信息系统、城市地下综合管线信息系统、铁路管理信息系统和建筑规划管理信息系统等分别是自然资源部门、水利部门、市政部门、铁路部门和建设部门等为各自行业的信息化管理而开发的应用型GIS平台（图1.9～图1.14）。随着信息技术的不断发展，基于GIS强大的图形和属性管理功能，以及空间分析功能，应用型GIS平台越来越成为各部门办公、业务处理等不可缺少的信息化平台。

图1.9 自然资源与不动产登记信息管理平台

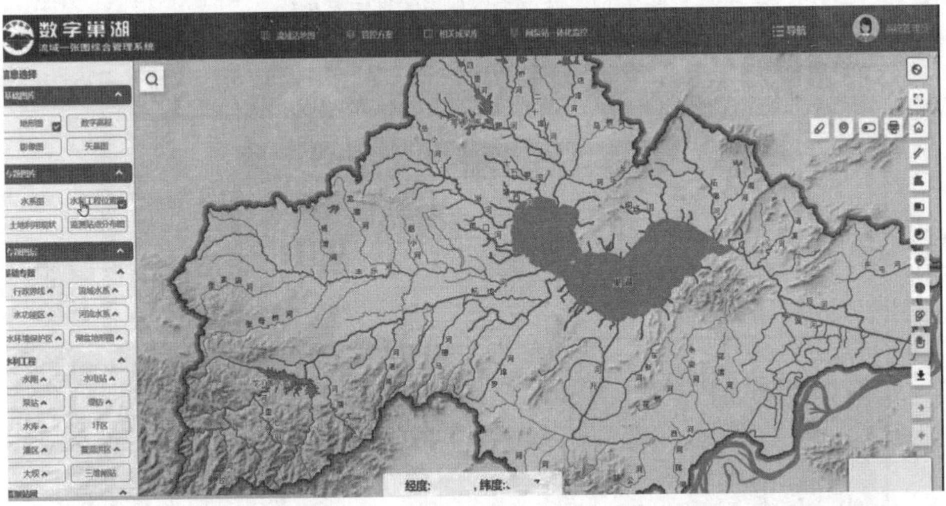

图1.10 数字流域管理信息系统

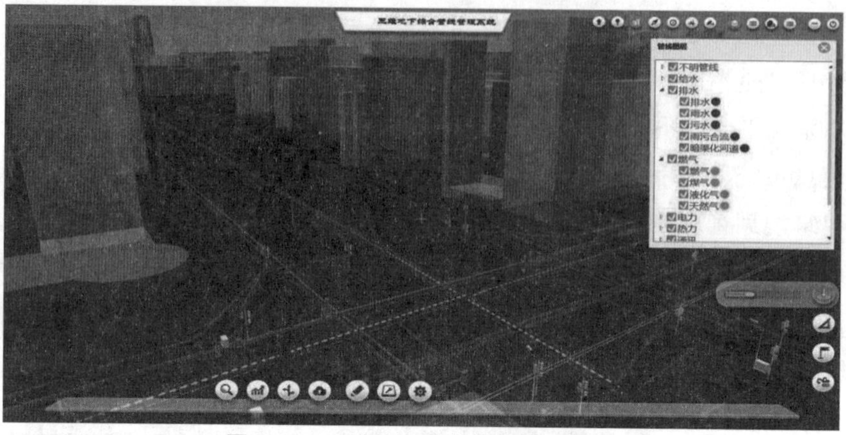

图 1.11　三维地下综合管线管理系统

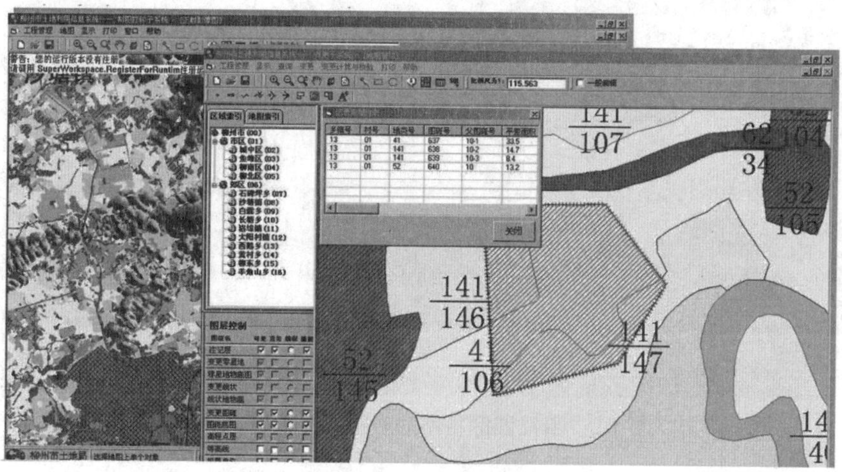

图 1.12　城市土地利用管理信息系统

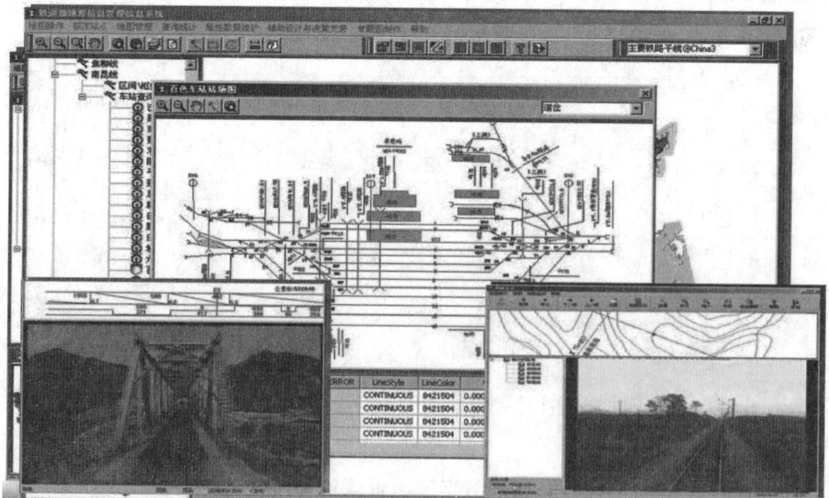

图 1.13　铁路管理地理信息系统

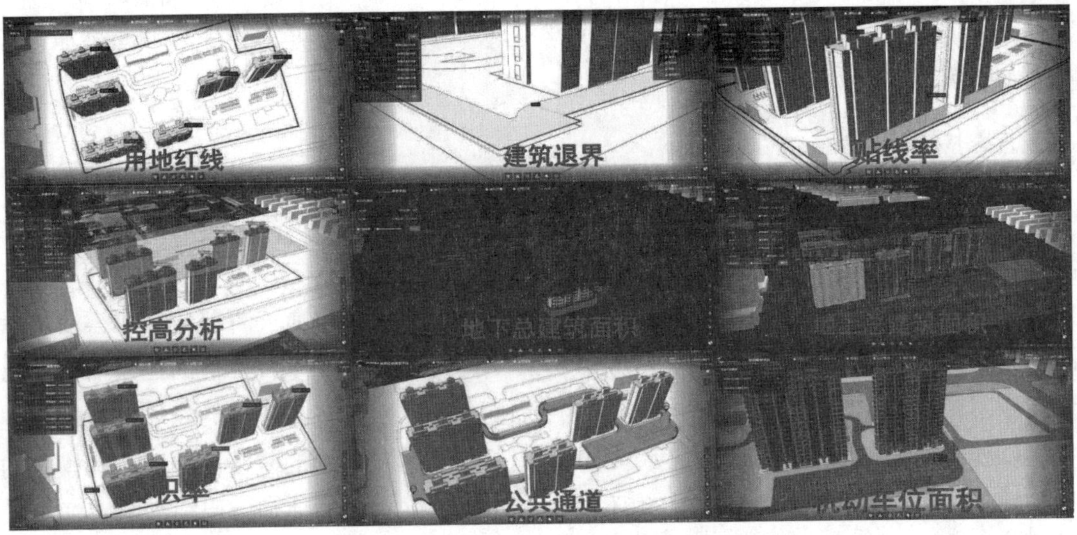

图 1.14 建筑规划管理信息系统

1.2.3 空间数据

地理空间中具有确定位置和形态特征，并具有地理意义的空间物体在 GIS 中被抽象为空间实体。点、线、面实体类型是 GIS 表达地理对象的主要类型。空间数据是客观世界地理对象被抽象描述后记录的结果，如表达地震源、管网检查井、测绘控制点、邮局分布位置的点实体数据；表达河流、道路和管线等的线实体数据；表达湖泊、沙漠、校园等的多边形面实体数据。GIS 中的各种分析操作的对象就是表达这些地理实体的空间数据，因此，利用 GIS 来分析解决实际问题之前，相关的客观世界地理对象首先要被抽象成地理实体类型，形成不同类型的空间数据存储在计算机中，GIS 通过不同的空间分析方法处理空间数据，分析地理对象的空间分布、数量、相互关系和空间变化等，为解决分析实际问题提供决策支持。因此，空间数据是 GIS 中的“血液”，是 GIS 的操作对象，所有的功能实现都围绕数据展开，它是 GIS 的核心组成内容。空间数据对于 GIS 的作用相当于“汽油”之于汽车。一个投入巨资开发的地理信息系统，如果没有空间数据，也不能发挥它的重要价值。关于空间数据的类型、处理方法等内容将在本书后面章节详细介绍。

1.2.4 用户

地理信息系统的用户构成较为广泛，指一切与地理信息系统相关的人员，涉及地理信息系统平台的创造建设者、管理维护者和终端使用者等。因此，GIS 的用户主要包括 GIS 的开发者、管理者和普通用户。用户在整个地理信息系统的构成中起主导作用，构建什么样的 GIS、用 GIS 解决什么样的问题、如何提高 GIS 的运行效率等问题都需要用户参与和解决。

1.2.5 应用模型

地理信息系统应用模型是特定问题的解决方案。应用模型的建立目的主要是通过地理建模的方式来解决实际问题，是连接地理信息系统技术与相关专业问题的桥梁和纽带，如西北地区的风沙治理模拟预测模块、西南地区水土流失与地质灾害评估预测模块、沿海地区气候变化与台风预警模块等。应用模型一般可基于 GIS 软件提供的建模器开发出专门应用模块作为地理应用的基本工具。随着组件式、跨平台 GIS 等的发展，应用模型也可以独立于 GIS 开发后被嵌入应用。由于应用模型解决问题的复杂性不同，其模型的参数数量、类型及模型精度要求等也不同。因此，建立科学的地理应用模型需要通过长期的实践观察、统计经验与机理研究，深刻揭示事物本质特征及其生态学过程机制等，只有如此才能构建科学合理的地理应用模型，从而为有效解决客观实际问题提供参考和帮助。

1.3 地理信息系统的主要功能

GIS 具有为解决实际问题提供分析方法的重要功能。不同的问题会用到 GIS 的不同功能，如将一幅栅格电子地图上的道路转化为矢量图形道路，可利用数据采集与编辑功能实现；而解决复杂的地理问题将综合应用多种 GIS 功能，如为某一开发区的工厂建设进行选址，将会涉及数据采集、编辑处理和复杂的空间分析功能。因此，GIS 的功能实现贯穿了解决问题的各环节。一般来说，GIS 的主要功能包括数据采集与编辑、数据存储与管理、数据处理与变换、查询统计与空间分析、可视化与制图输出、二次开发与编程等。

1.3.1 数据采集与编辑

本质上，空间数据是对客观世界各种地理环境要素的抽象表达记录的结果。因此，山川河流、道路、森林、建筑物等对象可以图形、图像、文字等形式的电子或非电子方式记录，形成不同类型的数据源。GIS 的空间数据采集与编辑主要是指对不同类型的数据源应用不同设备来完成数据采集、编辑加工，保证数据的逻辑、语义正确，最后进入空间数据库中存储的过程（图 1.15）。如报告等数据可以利用键盘进行采集输入；纸质地形图可以利用数字化仪进行矢量化采集形成图形数据，也可以利用扫描仪进行栅格化采集形成图像数据；遥感影像数据可利用遥感图像处理系统进行解译分类以采集各种地类数据。当然，也可以野外直接采集数据，如利用摄影测量方式基于全站仪、GNSS-RTK等设备进行实地测量，将地形数据输入GIS中，从而完成野外数据采集工作。

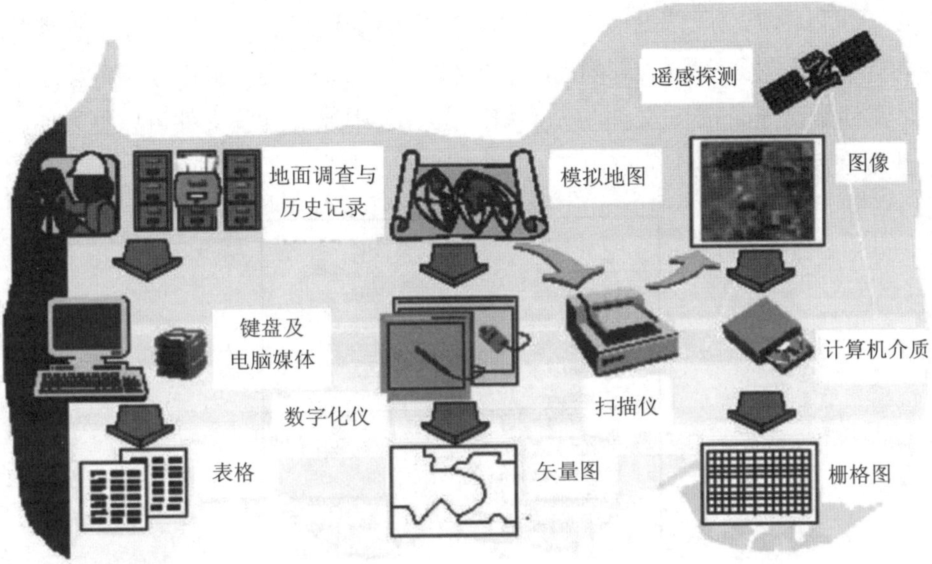

图 1.15 不同数据源的采集方式

GIS中数据的矢量化采集结果通常以图层的方式来记录，GIS中的图层主要分为点、线和面3种类型，分别用来记录点、线和多边形类型的图形数据。每类对象可以单个图层记录，如针对不同等级的道路可以线实体类型进行分层采集，也可以将不同等级的道路采集后记录在同一图层中。采集后的数据往往因为不同原因存在各种问题，如多边形不封闭、丁字路口的道路线有悬挂弧段、十字路口没有交叉点等问题，这些都需要经过进一步编辑处理和地理编码，形成逻辑正确、语义统一的规范空间数据才能进入数据库中进行存储和应用。

1.3.2 数据存储与管理

GIS数据存储与管理功能主要是对数据进行规范建库、维护与使用。GIS的数据来源丰富，包括矢量数据和栅格数据、文本数据和图像数据等。地理空间数据的组织方式是GIS空间数据管理的基础。在GIS中，空间数据通常以矢量与栅格方式组织存储。如矢量数据在GIS中的存储是以特定的组织方式将数据有机组织在一起，GIS矢量文件不像普通文档一样分离存放，而是将几何图形数据与属性数据文件有机结合，且数据之间可以建立拓扑关系。如GIS中的shapefile简单矢量图层文件，在ArcGIS中是以一系列相互关联的文件组合而成的，图1.16中的14个小文件分别是巢湖和河流网络两个图层数据。

该数据以 shapefile 矢量图层文件进行存储管理。其中，.shp 是存储矢量图形的空间信息文件，.dbf 是存储矢量图形的属性信息文件，.shx 是要素几何特征的索引文件等。这些文件不可分割，缺少任何一个文件都将导致矢量图层数据被破坏。除这些文件外，其他可选的文件，可以增强空间数据的表达能力，而空间数据索引又可以高效地管理和应用空间数据。如.prj 是描述矢量数据坐标信息的文件，.sbn/.sbx 是存储要素空间索引的文件，而 XML 文档是该 shapefile 文件的元数据。在 GIS 中通过这些文件可以更方便、高效地管理和使用空间数据。

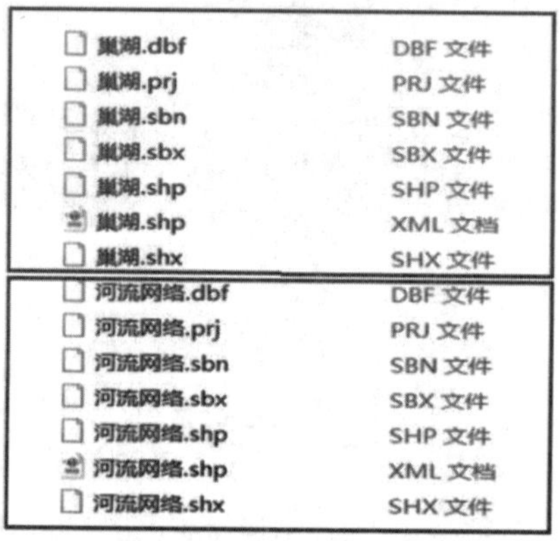

图 1.16　GIS 数据文件存储

1.3.3　数据处理与变换

空间数据是 GIS 的操作对象，但 GIS 的数据类型多种多样，存在数据来源、格式、结构、尺度、坐标系不统一，分幅存储等各种问题。因此，在针对多源数据进行整合入库或集成应用时，需要将不同来源、不同结构、不同格式、不同比例尺、不同坐标系类型的数据进行处理和变换，从而保证系统空间数据的规范和统一。GIS 中应用较为广泛的空间数据处理变换内容包括几何形态和数学形态的变换，如几何纠正、地理坐标系转换、投影变换、数据结构转换、空间插值、数据压缩、重分类、地图缩编等。

1.3.4　查询统计与空间分析

查询统计功能可以在海量数据中利用 GIS 实现实体与属性之间的简单互相查询以及综合复杂查询。如选择实体对象查询其属性，或者反之，利用条件语句通过属性关系查询满足一定条件的空间对象。也可以基于复杂的结构化查询语句（SQL）实现复杂条件与关系的综合查询。另外，统计功能可以实现对数据的数量、分布、空间差异特征等进行统计运算，可以统计图形、统计表、统计专题图的方式显示运算结果。综上所述，GIS

的查询统计功能主要包括属性查图形、图形查属性、统计查询3种方式。

空间分析是地理信息系统最为重要的功能，是区别于其他系统的重要特征。GIS 基本的空间分析功能包括：①空间量算，即利用具有正确空间参考（坐标系）的地理数据进行方位、距离、面积等的测量；②叠加分析，即将同一地区两个不同图层的特征叠加，建立新的特征，主要用于查找符合多个条件的区域，或进行区域范围的空间统计制图等；也可以基于栅格计算器对栅格数据图层进行叠加运算分析，即地图代数；③缓冲区分析，即建立各种地理要素的缓冲多边形，主要用于解决服务半径和影响范围等与距离相关的问题；④网络分析，即基于具有拓扑关系的网络数据集，利用网络分析方法进行最佳路径、资源分配、路线规划等方案的求解，如通勤路线的导航规划方案问题；⑤数字地形分析，即基于离散的具有空间位置与地形属性的点位数据（x，y，z）进行空间场模拟预测。数字地形分析可用于地表起伏变化空间模拟、地表形态参数提取、剖面分析、通视分析、流域分析、土木工程、三维建模等研究。该方法也可以应用到其他类似地形变化的温度、降雨等的空间场模拟分析研究中。而针对复杂的专业问题，则需要通过地理建模等高级空间分析方法来解决。

1.3.5 可视化与制图输出

GIS 可以对空间数据进行各种可视化操作，如通过不同颜色渲染的分级图形来表达不同污染程度的水质在空间上的分布差异；利用剖面线的变化方式来表达空间上两点之间经过的地形变化差异等。在 GIS 中，通过地图方式来可视化空间数据是常用的可视化手段。GIS 可方便、高效地对空间数据进行无级缩放、图层控制、调整标注符号等完成可视化操作，从而产生各类可视化产品。GIS 空间数据可视化制图输出的结果表现形式通常包括地图、图像、图表和文字说明等，其中地图是最主要的表现形式。GIS 中的地图包括常规地图（如地形图、专题地图、统计图等）和数字地图（如电子地图、动态地图等）。各类型地图可以通过打印或屏幕与终端显示等不同方式来输出展示。

1.3.6 二次开发与编程

目前，大多数 GIS 软件都采用了 COM/DCOM 技术，通过组件体系结构为 GIS 软件工程化二次开发提供了专用语言的开发环境，用户可在自己的编程环境中调用 GIS 命令和函数，或者制作专门的控件，在 C、VB、C++、VC、JAVA 等开发语言中调用。工具型 GIS 软件具备对空间数据进行采集分析与处理等功能，另外，不同工具型 GIS 软件的供应商大多提供了相应的 GIS 组件包，可以提供 GIS 二次开发的环境。不同组件包为不同的行业、领域解决不同的问题提供了二次开发的组件集合，从而有助于完成应用型 GIS 平台的开发设计。因此，不同领域的用户可以根据自身行业的特点和需求，为解决特定问题和满足信息化管理需要来进行应用型 GIS 软件的二次开发。从几种功能对比来看，二次开发和编程是相对较高级的功能，可以看作 GIS 的扩展功能。目前，国内外主流 GIS 软件公司一般都提供相应的二次开发组件产品，如表 1.1 所示。

表 1.1 不同工具型 GIS 及其组件产品

序号	公司	工具型 GIS	组件产品
1	ESRI	ArcGIS	ArcObjects、ArcEngine、MapObjects
2	易智瑞	GeoScene Enterprise	GeoScene Portal
3	超图	SuperMap	SuperMap iObjects
4	中地数码	MapGIS	MapGIS Objects SDK
5	Intergraph	MGE、GeoMedia	GeoMedia Object
6	MapInfo	MapInfo	Map X

1.4 地理信息系统的发展进程

1.4.1 国际发展状况

20 世纪 40 年代随着世界上第一台电子计算机问世，信息技术开始出现，但当时计算机主要用于弹道数值计算。1963 年计算机图形学理论的诞生，标志着计算机具备了处理图形数据的能力，这是 GIS 发展历史上具有里程碑意义的革新发明。综观 GIS 的发展历史，从国际视角来看，GIS 主要经历了开拓期、巩固发展期、技术突破期和社会化广泛应用期。

（1）开拓期（20 世纪 60 年代）

20 世纪 50 年代末至 60 年代初，计算机使用较为广泛，并很快被应用于空间数据的存储与处理，从而出现了地理信息系统的早期雏形。1963 年，加拿大测量学家 Roger F. Tomlinson 首次提出利用计算机处理和分析大量的土地利用调查数据，建议并组织加拿大土地调查局建立了加拿大地理信息系统（Canada Geographic Information System，CGIS）。CGIS 成为国际上公认的第一个运行型地理信息系统。此后，1966 年，美国哈佛大学的 Howard Fisher 等研制了第一个综合性地图制图软件 SYMAP，马里兰大学研制了 MANS 软件。这些早期地理信息系统软件的出现大大提高了计算机辅助制图的能力，但整体上限于当时计算机硬件系统的发展水平，地理信息系统的地学分析功能较为简单。另外，在该时期相关地理信息系统的组织机构也相继成立，如 1966 年成立的美国城市与区域信息系统协会（URISA）、1969 年成立的美国州信息系统全国协会（NASIS）和 1968 年成立的国际地理联合会（IGU）等，这些组织机构的出现为推广和传播地理信息系统的知识与技术起到了重要作用。

（2）巩固发展期（20世纪70年代）

20世纪70年代开始，计算机技术进一步发展，特别是有关计算机的硬件技术发展较快，计算机的图形、图像卡和大容量磁盘的出现使得计算机的数据处理速度、硬盘的存储空间等具有较大进步，从而为地理信息系统的数据输入、存储、查询、制图输出等提供了重要的技术支撑。同时，地理信息系统软件的应用价值受到政府部门、商业公司和大学的普遍关注。这期间，发达国家对GIS的研发热情较高，如美国、加拿大、英国、德国、瑞典等对GIS投入了大量的人力、物力、财力，研制出300多个GIS软件。整体上，虽然该时期GIS的人机图形交互技术逐步成熟，GIS软件也大量被应用，空间数据处理技术也得到重视，但地理信息系统技术方面没有太大突破。

（3）技术突破期（20世纪80年代）

进入20世纪80年代，由于图形工作站和微机性价比的提升，计算机被广泛应用，而GIS在软件功能上也更加注重空间决策支持分析，数据处理开始和数学模型、模拟等决策工具相结合，并主要应用于资源管理、环境规划、应急反应等，致力于解决全球性问题。因此，GIS的应用价值受到了进一步重视。在此期间，许多国家为地理信息系统的发展制定了相关规划，如1987年，美国成立了国家地理信息与分析中心（NCGIA）；同年，英国成立了地理信息协会。20世纪80年代中期，商业公司也加强了GIS相关技术研发，GIS工具软件研发取得了很大进展，如在此期间出现了大量的商业化GIS工具软件，代表性的GIS软件如ArcInfo、MGE、MapInfo等开始推出。相关学者、高校也加强了对GIS软件的研究与设计，这些均为GIS的普及与推广奠定了重要基础。

（4）社会化广泛应用期（20世纪90年代至今）

进入20世纪90年代，随着计算机软硬件技术、网络技术和移动通信技术等的高速发展，各领域对地理信息系统的认知和认可程度在提高，GIS巨大的社会经济价值也进一步凸显，因此，GIS的应用需求大大增加。尤其是国家级、全球性的GIS应用得到重视，如“信息高速公路”“国家空间数据基础设施”“数字地球”计划的提出，促使GIS技术在应用上向更高层次的方向发展。

相较而言，20世纪GIS主要应用于政府和公共事务管理，但随着计算机和互联网等技术的迅速发展，21世纪GIS越来越注重社会应用与服务，如2005年谷歌公司发布的Google Map和Google Earth系统，以及2011年我国发布的天地图系统等，这些都为普通大众提供了互联网GIS服务。而全球卫星导航技术与地理信息技术的结合为普通大众提供了精准、便捷的个人定位，购物查询，实景旅游等服务，这些都进一步推动了地理信息技术在普通大众群体中的应用，标志着GIS已经进入了社会化广泛应用阶段。

1.4.2 国内发展状况

与国际发展相比，我国 GIS 发展经历了从无到有、从弱到强的过程，具有起步晚、发展快的特点。大致可分为起步期、全面发展期和快速发展期 3 个阶段。

（1）起步期（20 世纪 70—80 年代）

20 世纪 70 年代初期，我国开始推广计算机在测量、制图和遥感领域中的应用。1974 年，我国开始引进国外地球资源卫星影像。1977 年诞生了第一张由计算机输出的全要素地图。1978—1980 年，我国在 GIS 方面进行舆论准备，正式提出倡议，开始组建队伍、组织个别实验研究。其中，1980 年，陈述彭院士主持建立了我国第一个地理环境信息研究室。1981—1985 年，我国重点加强 GIS 理论探索和区域性实验研究，1984 年，国家测绘局测绘科学研究所开始启动组建中国国家基础地理信息系统建设工作。1985 年，资源与环境信息系统国家重点实验室成立。另外，在此阶段，国内举办了各种遥感会议，开展了一系列遥感野外技术试验、航空摄影测量和地形测图等工作，这些都为 GIS 的研制和应用等未来发展奠定了坚实的基础。

（2）全面发展期（20 世纪 80 年代末至 90 年代）

1986 年到 20 世纪 90 年代初期，地理信息系统研究被列入我国“七五”攻关课题，并且作为一个全国性的研究课题，已逐步和国民经济建设相结合，并取得了重要进展和实际应用效益。这期间，地理信息系统规范化与标准化工作取得实质性进展，地理空间信息标准和政策法规逐渐健全，国家基础地理信息系统建设与应用得到进一步发展。上海、深圳等城市基于 GIS 技术相继建立了城市管理信息系统，空间信息化管理平台在城市规划、土地管理、交通规划等方面发挥了重要作用。同时，在基础研究和软件开发方面，科技部在“九五”科技攻关计划中，将“遥感、地理信息系统和全球定位系统的综合应用”列为重中之重的科技攻关项目，在经费投入上大力支持相关单位的地理信息系统基础软件的自主研发。经过 10 多年的发展，国产 GIS 软件（如 SuperMap、MapGIS、GeoStar、CityStar 等）与国外 GIS 软件的差距逐渐缩小，并在国际市场上取得良好业绩。

（3）快速发展期（20 世纪 90 年代末至今）

20 世纪 90 年代末，地理信息系统理论日趋成熟，应用日益广泛，三维 GIS、WebGIS、移动 GIS 等走向应用，GIS 市场开始形成。随着 21 世纪信息时代的到来，GIS 作为一门综合性技术，已经成为不同行业和领域的信息化平台建设的核心技术，关系到国家综合竞争力。因此，GIS 技术无论在政治、经济与军事领域，还是社会大众的日常生活中，均已普及应用，目前已呈现集成化、产业化和社会化的发展趋势。首先，地理信息技术与遥感、全球导航卫星系统集成形成的“3S”技术，是空间信息技术的核心和关键。其次，GIS 与大数据、云计算、人工智能、物联网、区块链等新技术深度融合，在智慧城市、虚拟现实、实景三维、数字经济、生态建设、国土安全等方面发挥了重要作用。最后，GIS 也在深刻影响着我国居民生产生活的方方面面。如 GIS 技术与电子购物、个人导航、虚拟家居、网络找房、智慧交通、智慧医疗、实景旅游等方面的应用紧密相连，促使 GIS 在社会化大众服务方面的应用得到了极大的发展，发挥了一项技术在民用方面的巨大实践应用价值。

整体上，目前我国地理信息技术在国际上具有相当的竞争力，中国地理信息科学在国际舞台上的地位和影响力也在不断提升。这离不开国家对地理信息产业发展的政策支持与资金投入，以及我国广大地理信息工作者们的辛勤付出。当前，国产地理信息软件，如易智瑞公司的 GeoScene、超图公司的 SuperMap、中地数码公司的 MapGIS 等已经在国际市场上成为佼佼者，这也体现了我国地理信息技术在国际上的地位。曾经一位国产 GIS 公司负责人在讲座上说过这样一句话："中国的 GIS 发展历程艰辛，但越有困难越是要发展，高新技术不能被别人掐住脖子，我们也要有自己的核心技术。"

1.4.3 地理信息系统发展趋势

地理空间信息技术与现代信息技术加速融合，新业态、新服务不断出现，日益成为各国国家科技竞争力和国防竞争力的重要体现。随着大数据、人工智能、云计算、网络通信等技术的不断发展，GIS 理论与技术在二、三维一体化，云边端一体化，核心技术深度融合一体化等方向发生了重要变革与突破。GIS 平台产品也从桌面 GIS 向互联网 GIS、服务器 GIS、云 GIS、移动 GIS，以及支撑云+端应用开发的组件 GIS 等方向发展。同时，GIS 也在进一步融合智慧城市、自然资源、智慧地质等行业需求，二次开发形成不同行业的信息化管理平台，赋能各行业的信息化应用。

传统 GIS 在空间数据处理方面，已经融合集成了高新技术，朝着大数据 GIS 技术体系、人工智能 GIS 技术体系、新一代三维 GIS 技术体系、分布式 GIS 技术体系和跨平台 GIS 技术体系发展。大数据 GIS 技术体系较传统 GIS 而言，在空间数据存储管理、分析、流数据处理与可视化等方面，提供全面支持大数据的 GIS 基础软件与服务。人工智能 GIS 技术体系深度融合 AI 的空间分析算法与相关的流程工具，提高了 GIS 软件的智能化水平，增强了用户体验。而新一代三维 GIS 技术体系融合了实景三维模型、地理实体数据、BIM、激光点云、三维场、地质体等多源异构数据，技术上拓展了传统 GIS 的三维空间数据模型及其分析计算、开放、共享、管理能力。分布式 GIS 技术体系包括分布式空间数据引擎技术、空间区块链技术、分布式空间分析与处理等技术，支撑海量时空大数据的存储、管理、分析、处理、可视化与制图等。跨平台 GIS 技术体系可支持多种操作系统和 CPU 架构的 GIS 开发与应用。

1.5 地理信息系统的应用领域

从发展历史来看，GIS 在资源环境领域中的应用更为成熟和广泛。

1.5.1 GIS 在社会经济发展中的作用

地理信息技术是空间信息技术的重要组成部分，其实践性强，应用非常广泛。随着大数据、云计算、人工智能和虚拟现实等技术的飞速发展，GIS 因其强大的数据管理及空间分析能力，为社会经济发展提供了强有力的时空信息化管理手段。GIS 作为空间信息技术重要平台，在资源利用、保护、规划和管理等应用中发挥着越来越重要的作用，如在基础地理数据库云平台构建、智慧城市“超脑”开发、大数据空间分析、智能感知流数据挖掘、无人机数据处理与建模、地理国情监测、“3S”技术集成等应用中起到了重要的作用。随着信息技术的快速发展，互联网科技日新月异。当前，GIS 在政府、军队、企业中得到了广泛应用，如智慧测绘、智慧国土、智慧水利、智慧环保、智慧交通、智慧应急、智慧林业、智慧气象、智慧卫生、智慧公安等，GIS 在国民经济 40 多个行业得到全面应用。同时，GIS 更是融入人们的衣、食、住、行等日常生活中，如网络购物、快餐送递、地图找房、个人导航、运动健康监测、手机定位、实景旅游等。

近年来，GIS 作为“数字地球”的重要技术支撑和中心学科，已经被广泛应用于资源与环境、灾害监测与防治、项目选址、城市规划、交通管理和规划、市政管网数字化、数字城市虚拟、空间数据库建设及信息化管理等工程应用领域。社会迫切需要大量高素质 GIS 技能型人才。当前新一轮科技革命和产业变革正处在实现重大突破的历史关口，从国内外社会经济发展形势来看，高新技术、新兴产业蓬勃发展是经济持续增长的重要推动力。国家“十四五”规划强调要大力加强以新一代信息技术为创新驱动的新兴产业发展。高新技术战略性产业发展中，信息化、网络化、数字化、智能化日益成为所有产业发展的基础。随着信息技术的不断发展，作为高新技术的一个分支，地理信息技术在建设工程、规划及管理等领域的作用也越来越重要。

1.5.2 GIS 在资源环境等方面的应用

20 世纪 90 年代以来，地理信息系统取得了惊人的发展，其广泛应用于资源调查、环境评估、灾害预测、国土管理、城市规划、邮电通信、交通运输、军事公安、水利电力、公共设施管理、农林牧业、统计、商业金融、应急救援、石油石化等国民经济各个领域，可以看出我国社会经济发展对地理信息系统技术具有广泛的应用需求。资源利用和生态环境规划管理是 GIS 应用最为广泛也最为成熟的领域。国家生态文明建设、乡村振兴、国土空间规划、“双碳”战略的提出，为 GIS 在资源环境相关领域中的应用提供了重要机遇。GIS 从最初出现就主要应用于土地资源调查数据的处理与应用，当前，生态经济、绿色经济已成为我国社会经济发展的主旋律，国民经济和社会发展中的重大政策、发展理念与战略目标大多与资源利用、生态环境、规划管理等相对应。因此，随着空间信息技术与高新技术的快速发展，GIS 在资源环境等方面具有广阔的应用前景，如农林资源调查与管理、灾害监测与预警、水资源保护与水质评价、国土空间规划管理及生态、环境管理与模拟等方面（图 1.17）。

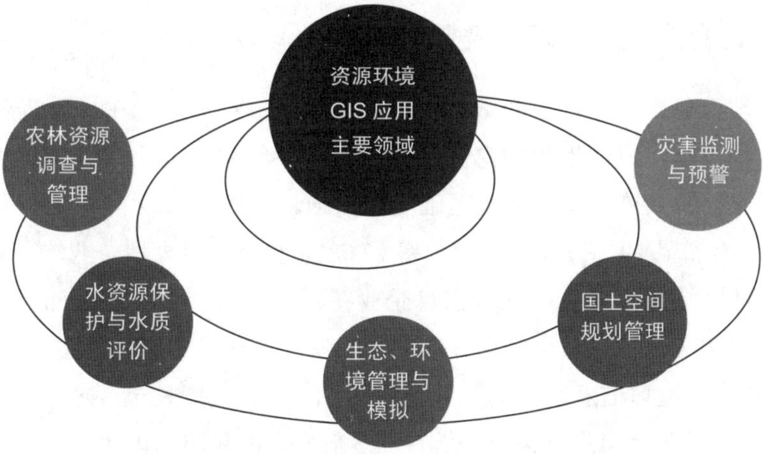

图 1.17 GIS 在资源环境领域中的主要应用

GIS 技术是以地理空间为基础，借助地理模型分析技术获取不同空间动态地理数据的信息技术。目前，GIS 在资源调查、规划管理等方面的应用较为广泛、成熟。如基于 GIS 可以开展农林业资源调查、农业气候区划、农作物类型及种植面积提取统计、农作物估产、土壤调查分析、农用地适宜性评价、农业灾害预测、森林防火、森林病虫害防治与监测管理、水资源空间分布、水质调查与评估研究、水污染防治与优化调控等方面的工作。而基于 GIS 开发的专家系统、决策支持系统和灾害监测预警系统等，将使资源管理规划等工作更加高效和智能。

另外，生态、环境管理与模拟也是 GIS 擅长的领域，应用 GIS 技术可以有效开展环境污染时空演变分析、环境影响评价、环境功能分区、生态环境质量评估、生态规划管理与调控研究，从而为生态环境可持续发展提供决策支持。

长期以来，GIS 是土地利用规划、城市规划和区域规划等研究的主要技术方法。2019 年，国务院提出的新国土空间规划体系强调建立全国统一的国土空间基础信息平台的重要性。因此，在新的国土空间规划体系中，GIS 被提升为空间规划的重要技术支撑，可以方便地开展国土空间规划中的资源环境承载力评价、用地适宜性评价、生态安全格局构建、三维景观虚拟和生态网络模拟等工作。

在资源环境领域，随着人工智能技术的飞速发展，生成式 AI 大模型可将 GIS 技术与资源调查、生态保护和环境治理等领域的业务紧密融合，进一步提高资源环境领域 GIS 应用的高效化、便捷化和智能化，从而为部门的调控决策提供更为精准的数据支持。

1.6 新时代背景下地理信息系统产业现状及人才培养目标

1.6.1 地理信息产业发展现状及趋势

当前，地理信息产业已经成为数字产业的重要组成部分。《中国地理信息产业发展报告（2023）》披露，我国地理信息产业规模在数字经济中的比重持续扩大、产业结构持续优化、产业创新成果显著、产业基础不断加强。2018—2022 年年末，从企业数量来看，由 9.9 万家增加至 19.3 万家，年增长率 23.7%，整体上，大型企业增长较快，中小企业活力较强。从区域分布来看，地理信息企业在我国东部、中部和西部的分布占比分别为 45.3%、21.8%和 27.4%，其余分布在东北部，占比 5.5%。从就业人数来看，2019 年年末至 2022 年年末，地理信息产业的从业人数由 285.1 万人增长至 398.1 万人，年增长率 13.2%。2022 年，地理信息产业总产值为 7 787 亿元，占我国国内生产总值（GDP）总量的 0.65%。2012—2022 年近 10 年间，我国地理信息产业总产值复合增长率达 14.6%。

当前，大数据、云计算、人工智能加速融入工业、能源、医疗、交通、教育、农业等行业，我国数字经济蓬勃发展，产业规模持续快速增长。据统计，2012—2021 年，我国数字经济规模从 11 万亿元增长到超 45 万亿元，其占国内生产总值的比重由 21.6%提升至 39.8%。2021 年，全国软件和信息技术服务业、互联网和相关服务产业的业务收入保持了 17.7%和 16.9%的高增速。另外，“十四五”时期，相关部门加强数字经济关键技术攻关，出台了《关键信息基础设施安全保护条例》，这为加快推进数字产业化、助力经济社会高质量发展提供了重要保障。作为数字经济的重要组成部分，地理信息产业也将呈现快速发展趋势。《中华人民共和国国民经济和社会发展第十四个五年规划和 2035 年远景目标纲要》针对数字经济、空间技术、新技术助推社会经济发展等提出了发展方向和规划部署，为地理信息产业描绘了美好的蓝图。

整体上，我国的地理信息产业正在由高速增长阶段向高质量发展阶段转变。从区域发展来看，近年来安徽省的地理信息产业也呈高速发展趋势。据统计，“十三五”期间，安徽省具有测绘资质的单位 700 多家，从业人员超过 15 000 人，服务总值年均增长率达 15%。安徽省在“十四五”期间聚焦空天科技等领域，合肥市在“十四五”期间推动了空天科技等前沿基础研究，目前正在加速布局空天信息产业。近年来，国内地理信息产业相关的空天信息、人工智能、卫星导航、大数据等高新技术龙头企业也纷纷选择落户合肥，地理信息产业发展潜力巨大，成为安徽省经济社会高质量发展的重要保障。

1.6.2 新时代地理信息科技人才需求及培养目标

新时代迫切需要 GIS 高新技术作为支撑，从而落实国家社会经济发展的战略部署。随着 GIS 在各行业和领域的不断渗透和融合，地理信息技术在服务社会经济发展中发挥着越来越重要的作用，而地理信息人才培养是地理信息产业发展的重要基础，高质量人才的供给更是未来产业可持续发展的重要保障。目前在人才培养方面仍存在高校与企业单位对接不够、企业亟须人才和高校培养人才不匹配、产业发展和人才需求的区域差异较大、人才培养和市场对接不充分等问题。因此，基于 GIS 专业工程认证的要求，在新时代背景下，如何有效提升地理信息科学人才的实践技能和科研创新能力，培养高质量 GIS 应用型人才并精准对接 GIS 用人市场，是每一位地理信息科学教育工作者需要思考的问题。

在我国信息技术、数字技术赋能产业经济发展的背景下，地理信息产业蓬勃发展，后劲十足。相关大型 IT 企业都将 GIS 作为一个重要的发展方向，如京东、阿里、腾讯、华为、百度、滴滴和顺丰等高新技术企业在泛 GIS 行业深度布局，辛勤耕耘。通过在高精地图、人工智能、智慧城市、数字孪生和数智共享平台等方面的建设与研发，一方面有效推动了信息技术产业和数字经济的持续高质量发展；另一方面，在相关技术研发过程中，校企合作模式下的产学研项目也在助力地理信息高技术人才培养，这也是我国目前 GIS 应用人才培育的重要模式之一。

当前，新时代社会经济和高新技术的快速发展对地理信息技术应用及其人才培养提出了新的要求，GIS 人才不仅需要具有扎实的地理信息科学基础理论知识与良好的实践能力，而且需要广泛学习与 GIS 相关的高新技术知识。同时，在地理信息科学的相关教学中有必要加强对我国新时代社会经济发展新理念和相关重大战略导向的知识灌输。因此，新时代 GIS 人才培育是一项系统工程。首先，需要进一步强化学生专业技能提升和科研创新能力培育的导向，探索地理信息科学高质量人才培育的创新实践模式；其次，必须大力优化地理信息科学教学环境，加强 GIS 人才培育团队建设、教学资源整合、实践平台建设及对传统专业教材的升级改造，从而为新时代高素质 GIS 人才培育提供高标准、高质量的教学硬件与软件资源。而针对新时代 GIS 教材的开发必须充分体现爱国情怀，紧密结合思政教育和理论传授，充分体现为党育人、为国育才的根本宗旨，培养与时俱进的 GIS 高素质应用型人才。

思考题

1. 简述 GIS 的主要构成。
2. 简述 GIS 空间数据的重要性。
3. 简述 GIS 的主要功能。
4. 简述国内外 GIS 发展历程的主要区别，以及 GIS 的发展趋势。
5. 谈谈新时代 GIS 人才需要具备哪些特点？
6. 谈谈地理信息技术对我们生活的影响。另外，结合自己的专业特点，举例说明 GIS 在其中的某一具体应用。

主要参考资料

[1] 马耀峰，胡文亮，张安定，等. 地图学原理. 北京：科学出版社，2010.
[2] 华一新，张毅，成毅，等. 地理信息系统原理（第二版）. 北京：科学出版社，2019.
[3] 汤国安，刘学军，闾国年，等. 地理信息系统教程. 北京：高等教育出版社，2007.
[4] 黄杏元，马劲松. 地理信息系统概论（第三版）. 北京：高等教育出版社，2008.
[5] 龚健雅，秦昆，唐雪华，等. 地理信息系统基础（第二版）. 北京：科学出版社，2021.
[6] 徐冠华. 地理智慧多维筑基. 2022（第五届）GIS 软件技术大会，中国地理学会，2022.
[7] 封面新闻网. https：//baijiahao.baidu.com/s？id=1701461692234000421&wfr=spider&for=pc.
[8] 三维管线管理系统. http：//www.cybergraphics.cn.
[9] 自然资源与不动产三维监管分析平台.https：//www.supermap.com.
[10] 中国地理信息产业协会. 中国地理信息产业发展报告（2023）.
[11] 王政. 中国数字经济规模超 45 万亿元. 人民日报，2022.

第 2 章
空间数据结构与组织

人类所处的现实世界是非常复杂的，为了能够利用 GIS 工具解决现实世界中的问题，首先必须将现实世界中纷繁复杂的地理事物和现象简化和抽象为计算机语言并进行表达、处理和分析。空间数据结构是空间数据在计算机内的组织和编码形式，目的是将不同的地理事物和现象按一定的数据结构转换为适用于计算机存储和处理的形式，对于 GIS 的数据采集、存储、查询、检索和应用分析等操作有着重要的影响。

2.1　空间对象的地理表达及类型

2.1.1　地理空间认知过程

认知，是指人们获得知识或应用知识的过程，或信息加工的过程，是人的最基本的心理过程，包括感觉、知觉、记忆、思维、想象和语言等。地理空间是指地球表面及近地表空间，是地球上大气圈、水圈、生物圈、岩石圈和土壤圈交互作用的区域，也是人类活动最频繁的场所。在地理空间存在着复杂的地理事物或现象，它们可能是看得见、摸得着的，如山脉、水系等；也可能是看不见、摸不着的，如行政区划、交通网络、大气污染物的扩散等，这些地理事物或现象就代表了现实世界。地理空间认知是人类认识自己赖以生存的地理环境，包括依附其中的地理事物或现象的位置、分布、关系、变化和规律等的过程。

现实世界是非常复杂的，对复杂对象的认识是一个从感性认识到理性认识的抽象过程。GIS 是以数字形式表达的现实世界，是对特定地理环境的抽象和综合性表达。这是一个将客观世界的地理事物或现象转化为抽象表达的数字世界相关信息的过程，经历了从现实世界到概念世界，再到数字世界的建模过程。现实世界是存在于人们头脑之外的客观世界，事物或现象及其相互联系就处在这个世界之中。概念世界是现实世界在人们头脑中的反映，客观事物在概念世界中称为实体，反映事物联系的是实体模型。数字世界是概念世界中信息的数据化，现实世界中的事物或现象及其相互关系在这里用数据模型来描述。

在现实世界与数字世界的转换过程中，数据模型起着极其重要的作用。对现实世界进行抽象和综合，首先必须选择一个数据模型来对其进行数据组织，然后选择相应的数据结构和存储结构，将现实世界对应的信息映射为实际存储的比特数据。一般而言，GIS 空间数据模型由概念模型、逻辑模型和物理模型 3 个不同层次的模型组成。其中，概念模型是关于实体和实体间联系的抽象概念集；逻辑模型表达概念模型中数据实体（或记录）及其关系；而物理模型则描述数据在计算机中的物理组织、存储路径和数据库结构。三者之间的关系如图 2.1 所示，人们首先对空间事物或地理现象进行观察，认知其类型、特征、行为和关系，再对它进行分析、判别归类、简化、抽象和综合取舍，逐步得到概念模型来对现实世界的空间数据进行抽象、描述和表达，进而转换为逻辑模型和物理模型。

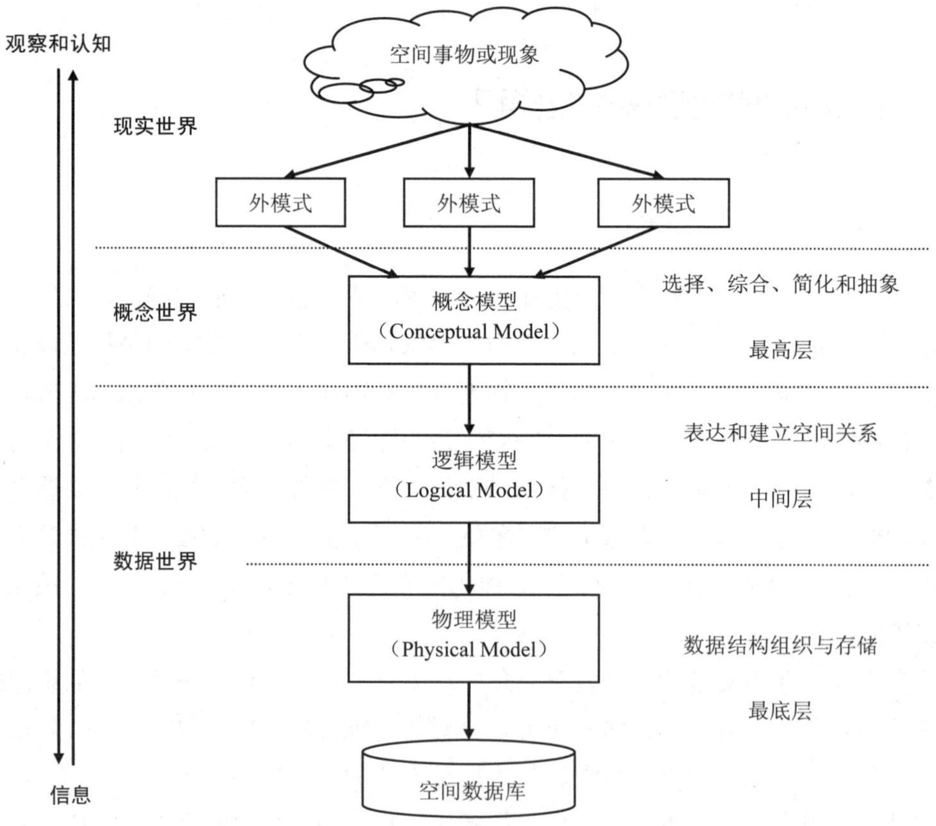

图 2.1　空间认知三层模型

2.1.2　空间实体及其特征

地理空间实体是对复杂地理事物或现象进行简化抽象的结果，简称空间实体。GIS 通过对地理事物或现象的抽象、综合取舍、编码，以数据的形式对空间实体进行处理，从而达到对现实世界规律进行认识和分析决策的目的。空间实体是 GIS 中不可再分的最小抽象单元。空间实体具有空间特征、属性特征和时间特征 3 个基本特征（图 2.2），也是 GIS 重点描述和表达的内容。

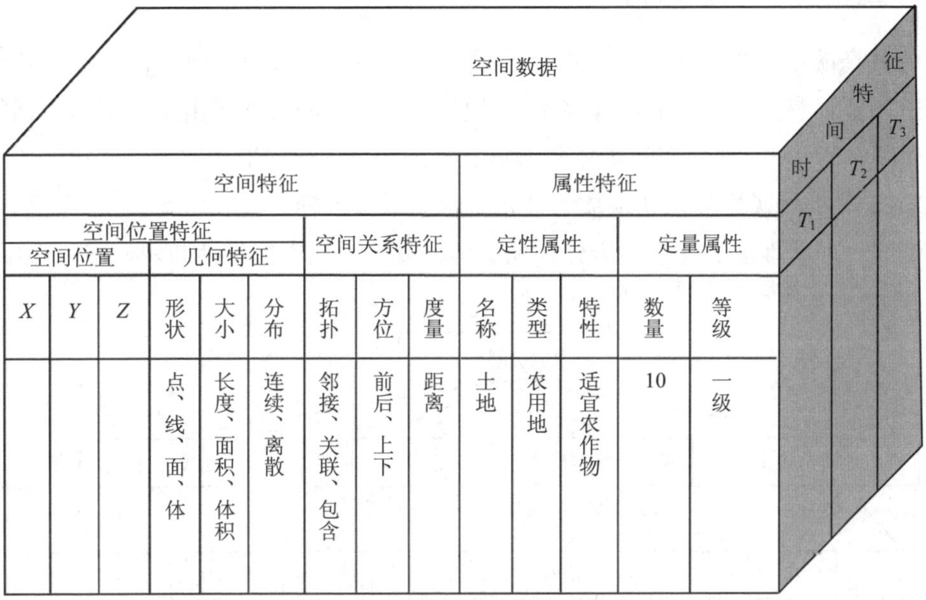

图 2.2　空间实体的特征（据 Jack Dangermond，1984）

（1）空间特征

空间特征是空间实体区别于其他实体的核心特征，包括空间位置特征和空间关系特征。空间位置特征是指空间实体所在的位置、形状和大小等几何特征，一般通过一定空间参照系中的坐标来描述。空间关系是指地理空间实体之间相互作用的关系，主要包括拓扑关系、方位关系、度量关系等。在日常生活中，人们常通过空间关系来描述空间实体的相对位置，如某个地铁口位于某两条道路的交叉口，某个快递点位于某所学校北门东侧 100 m 等。空间关系的描述和表达对 GIS 的空间查询和分析具有重要意义。

（2）属性特征

属性特征也称为非空间特征或专题特征，指空间实体所具有的专属性质，是与空间实体相联系、表征空间实体本身性质的数据或数量。属性通常分为定性和定量两种，定性属性包括名称、类型、特性等，如道路名称、土地覆盖类型、建筑物结构等；定量属性包括数量、等级等，如地面高程、人口密度、空气质量等级等。

（3）时间特征

时间特征是指空间实体随时间变化而变化的特性，指一定区域内的地理事物或现象随时间变化而变化的情况。相对时间而言，空间实体的空间位置和属性可能会存在同时变化的情况，如土地整治中，地块边界和利用类型的变化；也存在独立变化的情况，如河流的改道、土地使用权的转让。

2.1.3 空间实体类型及其表达

任何复杂的地理事物和现象都可以通过抽象为不同形状的几何形体来描述和表达。基本的空间实体有点、线、面和体 4 种类型，复杂的空间实体可由这些基本类型的实体构成。如图 2.3 所示，地质空间实体分为点状地质实体、线状地质实体、面状地质实体和复杂地质实体 4 种类型，点状地质实体包括地质点、取样点；线状地质实体包括地质界线、构造线；面状地质实体包括岩体、地层体；复杂地质实体包括断块、层序地层单元。

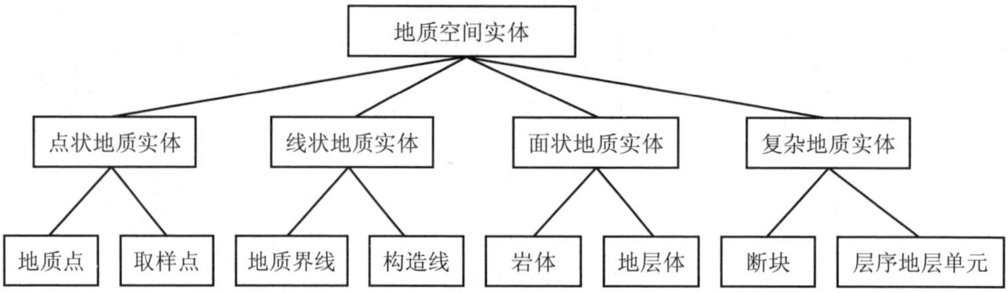

图 2.3 地质空间实体分类

（1）点实体：0 维空间实体，是只有特定位置而没有长度的实体，可以具体指单独的一个点位（如独立的地物），也可以是标记点，仅用于特征的标注和说明，或作为面域的内点用于标明该面域的属性，或是线的起点、终点或交点。

（2）线实体：1 维空间实体，是具有相同属性的点的连续轨迹，具有长度，但无宽度和高度，线的起点和终点表明线的方向。道路、河流、地形线、区域边界、断层等均可抽象为线实体。

（3）面实体：2 维空间实体，具有长和宽，是线包围的有界连续的具有相同属性值的面域，或称为多边形，一般分为连续面和不连续面。连续面如地形起伏、土壤中元素含量的分布，整个曲面在空间上曲率变化连续。不连续面如土地利用中不同的地块、湖泊、岛屿等，属性变化发生在边界上，面的内部是同质的。

（4）体实体：3 维空间实体，是 3 维空间中有界面的基本几何元素，具有长、宽、高。

在现实世界中，只有体才是真正的空间三维对象，例如，三维的城市建筑、地下的矿体、大气中污染物的分布等。

需要注意的是：同一个地理事物或现象，根据不同的抽象尺度（比例尺）、实际应用和视点，可以被抽象成不同类型的空间实体。如建筑物在小比例尺地图中被抽象为点实体，而在大比例尺地图上则被抽象为面实体，在城市规划研究中又常被抽象为体实体。

对象模型和场模型是空间实体描述的两种基本方法。对象模型，也称要素模型，它将研究的整个地理空间看作一个空域，地理事物和现象作为独立的对象分布在该空域中。对象模型强调地理空间中的单个地理现象，一般适合于对具有明确边界的地理现象进行抽象建模。任何现象，无论大小，只要能从概念上与其相邻的其他现象分离开来，都可以被确定为一个对象。空间实体可以由不同的对象所组成，而且可以与其他的相分离的对象有特殊的关系。场模型是将地理空间的事物或现象作为连续的变量来看待，一般适用于模拟具有一定空间内连续分布特点的现象。在实际应用中，到底采用对象模型还是场模型进行建模，则主要取决于应用要求和习惯。

在计算机中，对象模型常用矢量数据结构表达，场模型常用栅格数据结构表达。如图 2.4 所示，在二维 GIS 中，矢量表达法用离散的点、线、面来表示和描述连续地理空

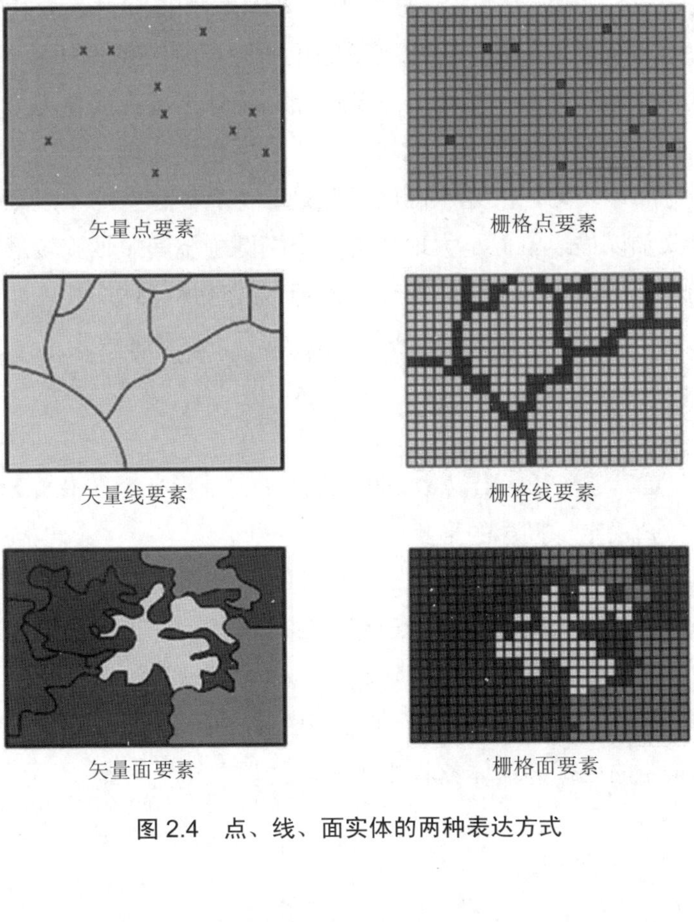

图 2.4　点、线、面实体的两种表达方式

间中的实体，通过坐标尽可能精确地表示点、线、面等空间实体的空间特征。栅格表达法将地理空间划分为规则的网格，用离散的量化的格网值来表示和描述点、线、面等空间实体。由于点元素是最基础的地理空间元素，从本质上可认为当采用一个 0 维的坐标表达空间点实体时，称为矢量表达法；当采用一个具有固定大小的点表达空间点实体时，称为栅格表达法。

2.2 空间数据定位框架

2.2.1 地球椭球体的建立

空间位置特征是空间实体最基本的特征。要对空间实体的位置进行精确的测量就需要建立一个地理空间定位框架，从而使各种信息具有公共的地理定位基础。这个地理空间定位框架即大地测量控制系统，用以建立地球的几何模型来精确地测量地球上任一点的坐标和高程。

然而，地球的自然表面是高低起伏、十分不规则的。要精确地确定其表面某一点的位置，就需要寻找一个非常接近真实地球的规则球体并对其进行描述。由于地球表面 71%以上的面积为海水所覆盖，于是人们想到了静止的海水面，假设当海水处于完全静止的平衡状态时，从海平面延伸到所有大陆下部，而与地球上各点的重力方向处处正交的连续、闭合的曲面，这个曲面被称为大地水准面，它所包裹的球体称为大地体。然而，由于地球内部物质分布不均匀，大地水准面仍然是一个高低起伏的不规则表面，无法用一个严格的数学公式加以描述。但是大地体与一个椭圆围绕其短轴旋转形成的椭球体非常接近，于是人们便利用这样一个旋转椭球体来近似代替地球体，其表面是一个可以用数学公式描述的规则曲面，可以作为平面坐标的基准，其数学表达式为

$$\frac{x^2}{a^2}+\frac{y^2}{b^2}+\frac{z^2}{c^2}=1 \tag{2.1}$$

式中，a 和 b 是赤道半径（沿着 x 轴和 y 轴）；c 是极半径（沿着 z 轴）。这 3 个数都是固定的正实数，决定了椭球的形状。

图 2.5 表明了在局部地段上地球的自然表面、大地水准面和旋转椭球面三者的位置关系。凡与局部地区的大地水准面符合得最好的旋转椭球，称为“参考椭球”。不同的限制条件和研究方法得到的地球椭球体不尽相同。地球椭球体的形状和大小，通常用长半径 a、短半径 b 和扁率α 表示。目前国际上使用的地球椭球体种类繁多，表 2.1 列出的是我国不同时期所采用的地球椭球体及其几何参数。

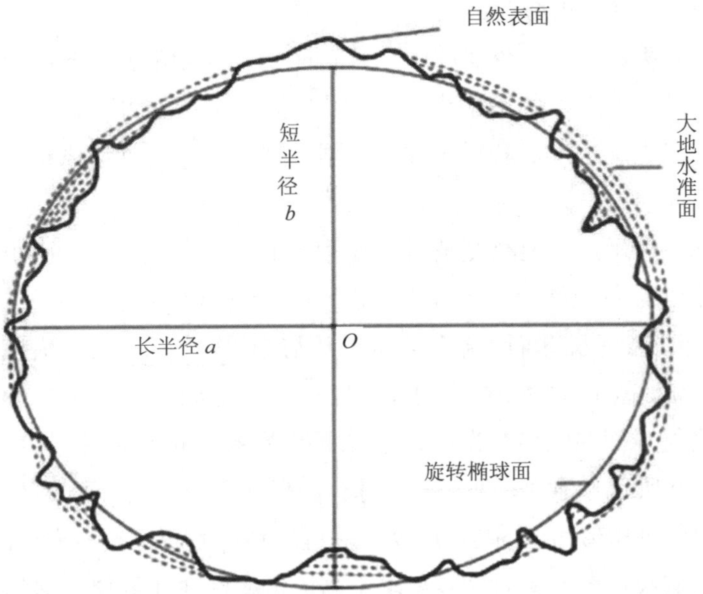

图 2.5　地球自然表面、大地水准面和旋转椭球面的关系

表 2.1　我国不同时期采用的地球椭球体及其几何参数

坐标系	椭球名称	创立时间	长半径 a/m	短半径 b/m	扁率α
南京坐标系	海福特（Hayford）	1910 年	6 378 388	6 356 912.946 13	1/297.014
北京 54 坐标	克拉索夫斯基（Krassovsky）	1940 年	6 378 245	6 356 863.018 77	1/298.300
西安 80 坐标系	1975 国际椭球（IUGG75）	1975 年	6 378 140	6 356 755.288 16	1/298.257
2000 国家大地坐标系	CGCS2000	2008 年	6 378 137	6 356 752.314 14	1/298.257
GPS 坐标系	WGS 84	1984 年	6 378 137	6 356 752.314 25	1/298.257

2.2.2　地理空间参照系统

地理空间参照系统是指确定地面点或空间目标位置所采用的坐标系，按照表达方式的不同，分为球面坐标系统和平面坐标系统。平面坐标系统也常被称为投影坐标系统。

（1）球面坐标系统

球面坐标系统采用经纬度来表示地面点的位置。地面上任一点 M 的位置可由经度 λ 和纬度φ 来决定，记作 M（λ，φ）。经线和纬线是地球表面上两组正交的曲线，这两组正交的曲线构成的坐标系，称为地理坐标系。根据确定地理坐标采用的参考面、参考线及测算方法的不同，经纬度分为天文经纬度、大地经纬度和地心经纬度。

如图 2.6（a）所示，天文经度是指首子午面与经过观察点的子午面所夹的二面角 λ；天文纬度是指经过观察点 P 的铅垂线与赤道面的夹角φ。天文经纬度是通过地面天文测量的方法得到的，以大地水准面和铅垂线为依据，精确的天文测量成果可作大地测量中定向控制及校核数据使用。

如图 2.6（b）所示，大地经度是指过参考椭球面上某一点 P（空间中的某一点 P_0 沿参考椭球面的法线 K 经过参考椭球面上的点）的大地子午面与本初子午面之间的二面角 L；大地纬度是指过参考椭球面上某一点的法线与赤道面的夹角 B。大地经纬度以地球椭球面和法线为依据。基于大地经纬度的大地坐标系在大地测量中得到广泛应用，如 H（P_0 沿法线 K 至参考椭球面的距离）为点 P_0 在大地坐标系中的大地高。

如图 2.6（c）所示，地心，即地球椭球体的质量中心。地心经度等同于大地经度 L，地心纬度是指参考椭球体面上的任意一点 P 和椭球体中心 O 连线与赤道面之间的夹角 B'。地理研究和小比例尺地图制图对精度要求不高，常将椭球体看作正球体，地理坐标采用地球球面坐标，经纬度均用地心经纬度。

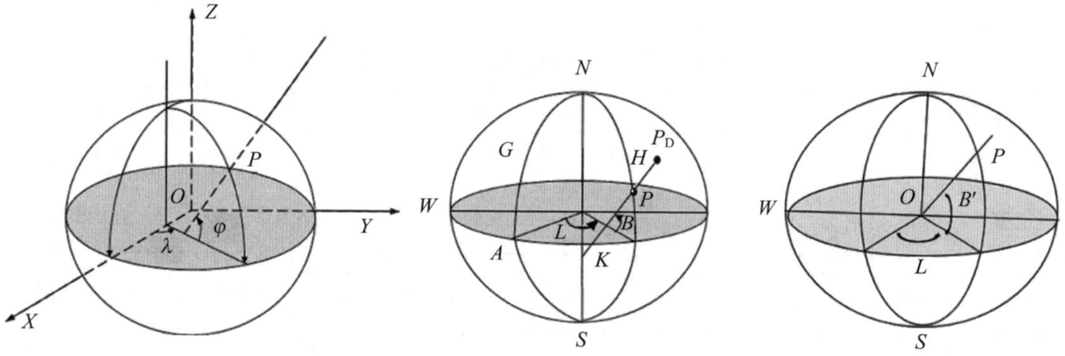

（a）天文经纬度　　（b）大地经纬度　　（c）地心经纬度

图 2.6　3 种地理坐标系经纬度的定义

我国从 2008 年 7 月 1 日起启用的 2000 国家大地坐标系（CGCS2000）就属于地心坐标系统，起算原点和地球质心重合，参考椭球体的旋转轴与 Z 轴重合。2000 国家大地坐标系应用现代空间技术能够快速获取精确的三维地心坐标，更好地保障和促进科学研究、国防建设和经济社会发展。

（2）平面坐标系统

平面坐标系统是确定地面点平面位置所采用的参考系。常用的平面坐标系有平面极坐标系和平面直角坐标系，在 GIS 应用中主要使用平面直角坐标系。当测量和制图范围较小时，可以把该区域看作平面，将地面点直接沿铅垂线投影到水平面上，以相互垂直的纵横坐标轴建立平面直角坐标系。纵轴为 X 轴，向上（北）为正，向下（南）为负；横轴为 Y 轴，向右（东）为正，向左（西）为负。X 轴和 Y 轴的交点为坐标原点，坐标象限自纵轴北方向顺时针编序。

当测区范围较大时，要建平面坐标系就不能忽略地球曲率的影响，需要通过地图投影将地球椭球面上的经纬度坐标转换为平面坐标。其实质就是按照一定的数学法则，将地球椭球面上的经纬网转化到平面上，建立地面点的地理坐标与平面直角坐标间一一对应的函数关系。将曲面对象转化为平面对象的过程就是地图投影。地图投影的方法有很多，我国采用的投影类型主要有高斯-克吕格投影、墨卡托投影、兰勃特投影、阿尔伯斯投影和 UTM 投影等。关于各投影特点详见第 3 章相关内容。

2.2.3　高程系统

高程是指地面点与参考基准面之间的垂直距离。对于人类活动包括国家建设和科学研究乃至人们生活，高程是最基本的地理信息。对于同一点来说，参考基准面不同，高程的意义和数值都不同。如地面点到大地水准面的垂直距离称为绝对高程，也称正常高；地面点到其他任何一个水准面的垂直距离称为相对高程。这种相对于不同性质的起算面（大地水准面、似大地水准面、椭球面等）所定义的高程体系称为高程系统。高程基准包括一个水准基面和一个永久性水准原点。高程基准面通常是根据验潮站多年观测的平均海水面来确定的。一个国家一般只能采用一个平均海水面作为统一的高程基准面。我国自新中国成立以来所采用的高程系有 1956 黄海高程系和 1985 国家高程基准。

（1）1956 黄海高程系

1956 黄海高程系以青岛验潮站 1950—1956 年验潮资料算得的平均海面为高程系统零点。原点设在青岛市观象山（图 2.7），该原点以“1956 年黄海高程系”计算的高程为 72.289 m。

图 2.7　青岛市观象山中华人民共和国水准原点

（2）1985 国家高程基准

由于观测数据的积累，黄海平均海水面发生了微小变化，国家决定启用新的高程系，并命名为“1985 年国家高程基准”。该系统以青岛验潮站 1952—1979 年的潮汐观测资料为计算依据，并用精密水准测量监测位于青岛的中华人民共和国水准原点，得出 1985 国家高程基准高程和 1956 黄海高程相差−0.029 m。

2.3 空间实体的分类与编码

2.3.1 空间实体分类与编码的原则

空间实体的分类与编码主要针对的是空间实体的属性数据，其目的是在空间数据的逻辑结构上将数据组织为不同的信息层，并标识空间要素的类别。一般应基于以下原则：①系统性和科学性。②一致性和唯一性。③标准化和通用性。④简洁性。⑤可扩展性。在分类和编码的过程中，应力求规范化、标准化，有可遵循标准的尽量依标准执行。

2.3.2 空间实体的分类

分类是人类思维所固有的一种认识事物的方法。空间实体的分类，是指根据系统功能及国家规范和标准，将具有不同属性或特征的要素区别开来的过程，以便从逻辑上将空间数据组织为不同的信息层，为数据采集、存储、管理、查询和共享提供依据。分类的方法包括线分类法和面分类法。

（1）线分类法

线分类法，又称层级分类法。它是将初始的分类对象按所选定的若干属性或特征依次分成若干层级目录，并编排成一个有层次的、逐级展开的分类体系。其中，同层级类目之间存在并列关系，不同层级类目之间存在隶属关系，同层类目互不重复、互不交叉。其优点是容量较大、层次性好、使用方便；缺点是分类结构一经确定，不易改动，当分类层次较多时，代码位数较长。如图 2.8 所示，我国《国土基础信息数据分类与代码》（GB/T 13923—1992）将地球表面的自然和社会基础信息分为 9 个大类，分别为测量控制点、水系、居民地、交通、管线与垣栅、境界、地形与土质、植被和其他类，在每个大类下又依次细分为 42 个二级类、300 个三级类和 240 个四级类。

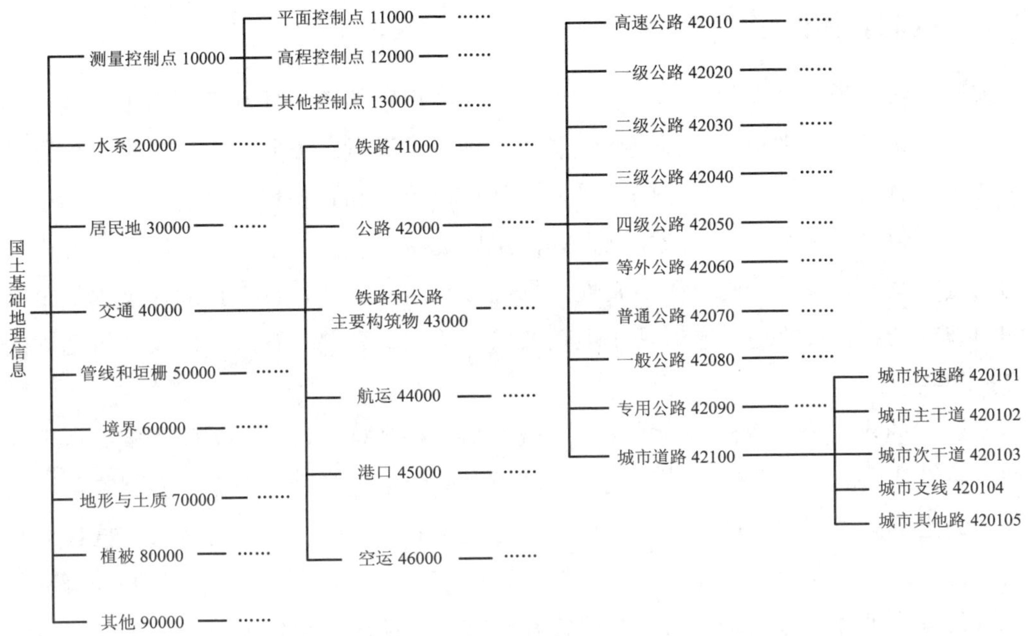

图 2.8　国土基础地理信息分类与编码体系

（2）面分类法

面分类法是将给定的分类对象按选定的若干个属性或特征分成彼此互不依赖、互不相干的若干方面（简称面），每个面也可分成彼此独立的若干个类目。使用时，可根据需要将这些面的类目组合在一起，形成复合类目。其优点是具有较大的弹性，一个面内类目的改变，不会影响其他面，且适应性强，易于添加和修改类目，缺点是不能充分利用容量。如图 2.9 所示，将河流分别按照通航情况、流水季节、河流长度、河流宽度和河流深度等方面进行分类。

河流特性分类与编码				
通航情况	流水季节	河流长度	河流宽度	河流深度
通航：1	常年河：1	＜1 km：1	＜1 m：1	5～10 m：1
不通航：2	时令河：2	＜2 km：2	1～2 m：2	10～20 m：2
	消失河：3	＜5 km：3	2～5 m：3	20～30 m：3
		＜10 km：4	5～20 m：4	30～60 m：4
		＞10 km：5	20～50 m：5	60～120 m：5
			＞50 m：6	120～300 m：6
				300～500 m：7
				＞500 m：8

图 2.9　河流的分类与编码体系

2.3.3 空间实体的编码

编码是将分类的结果用一种易于被计算机和人识别的符号体系表示出来的过程，是人们统一认识、统一观点、相互交换信息的一种技术手段。编码的直接产物是代码，即表示特定信息的一个或一组有序的符号，是计算机鉴别和查找信息的主要依据和手段。代码一般由数字或字符组成，或由它们共同组成混合码，具有唯一性，并具有分类和排序的功能。空间实体的编码是确定属性数据的代码的方法和过程，目的在于提供空间数据的地理分类和特征描述，同时便于地理要素的输入、存储、管理，以及系统之间的数据交换和共享。

GIS 中的代码分为两种：一种是分类码；另一种是标识码。分类码是根据地理信息分类体系设计出的各专业信息的分类代码，用以标识不同类别的数据，根据它可以从数据中查询出所需类别的全部数据。标识码是在分类码的基础上，针对每类数据设计其全部或主要实体的识别代码，用以对某一类数据中的某个实体（如一个居民地、一条河流、一条道路等）进行个体查询检索，从而弥补分类码不能进行个体分离的缺陷。标识码是联系实体的几何信息和属性信息的关键字。

目前，较为常用的编码方法有层次分类编码法和多源分类编码法。

（1）层次分类编码法

层次分类编码法是以分类对象的从属和层次关系为排列顺序的一种代码，它的优点是能够明确表示出分类对象的类别，代码结构有严格的隶属关系。图 2.8 所示的我国国土基础地理信息的分类代码为六位数字码。前 5 位依次为大类码（1 位）、小类码（1 位）、一级代码（2 位）和二级代码（1 位），分别用数字顺序排列，如城市快速路的分类码为 420101，最后 1 位识别位由用户自行定义，以便于扩充。

（2）多源分类编码法

多源分类编码法，又称独立分类编码法，是指对于一个特定的分类目标，根据诸多不同的分类依据分别进行编码，各位数字代码之间并没有隶属关系。图 2.9 所示的河流分类编码，按照不同方面的分类，各位代码用数字顺序排列，如通航、常年河，主流长 7 km、宽 25 m，平均深度为 50 m 的河流编码为 11454。

在实际工作中，一般采用线分类法对空间实体进行分类，也常将以上两种编码方法结合使用，以达到更理想的效果。

2.4　空间拓扑关系的类型及研究意义

2.4.1　空间拓扑关系的类型

“拓扑”（Topology）一词来自希腊文，它的原意是“形状的研究”。地图上的空间拓扑关系是指图形保持连续状态下变形，但图形关系保持不变的性质。它是明确定义空间结构关系的一种数学方法，用于描述空间实体间的相邻、连通、包含等关系。从拓扑的观点来看，它只关心空间图形元素（结点、弧段和多边形）之间的逻辑关系，而不关心其几何形状。因此，拓扑信息是一种性能比较稳定的信息，不随投影方式、比例尺变化而变化。如图 2.10 所示，设 N1，N2，…，N5 为结点；A1，A2，…，A7 为弧段；P1，P2，…，P4 为多边形，空间数据的拓扑关系包括以下 3 种。

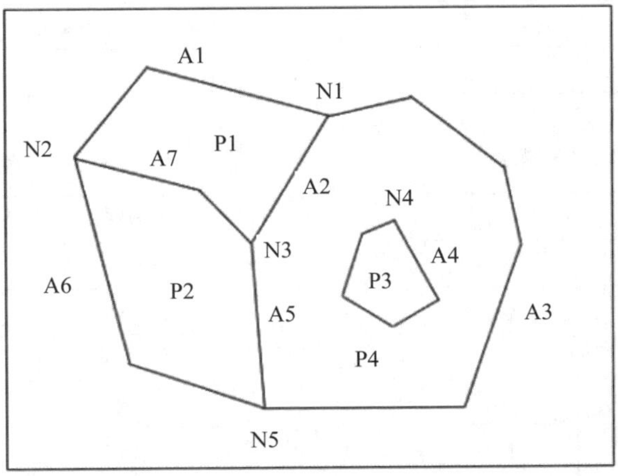

图 2.10　空间数据的拓扑关系

（1）拓扑邻接

拓扑邻接是指空间图形中同类元素之间的拓扑关系，即多边形之间的邻接性、弧段之间的连通性、结点之间的邻接性。如图 2.10 中，多边形之间的邻接关系 P1 与 P2 等；弧段之间的连通关系 A1 与 A2、A3、A6 等；结点之间的邻接关系 N1 与 N2、N3、N5 等。

（2）拓扑关联

拓扑关联是指空间图形中不同类元素之间的拓扑关系，即结点、弧段、多边形间的关联关系。通常，在存储拓扑关系时，拓扑关联性最为重要。如图 2.10 中，结点与弧段的关联关系 N1 与 A1、A2、A3 等；弧段与多边形的关联关系 A1 与 P1，A2 与 P1、P4 等；弧段与结点的关联关系 A1 与 N1、N2 等；多边形与弧段的关联关系 P1 与 A1、A2、A7 等。

（3）拓扑包含

拓扑包含是指空间图形中不同类或同类但不同级元素之间的拓扑关系。拓扑的包含性包括点、线或面被另一个面包含，也包括点和线被另一条线包含。其中，多边形之间的包含关系分为简单包含、多层包含和等价包含 3 种。如图 2.10 中，多边形 P4 中包含 P3。

上述结点、弧段、多边形相互之间主要拓扑关系可以利用结点-弧段关系表（表 2.2）、多边形-弧段关系表（表 2.3）、弧段-结点关系表（表 2.4）、弧段-多边形关系表（表 2.5）4 个关系表来表达。

表 2.2 结点-弧段关系表

结点	弧段
N1	A1，A2，A3
N2	A1，A6，A7
N3	A2，A5，A7
N4	A4
N5	A3，A5，A6

表 2.3 多边形-弧段关系表

多边形	弧段
P1	A1，A2，A7
P2	A5，A6，A7
P3	A4
P4	A2，A3，A5，-A4

表 2.4 弧段-结点关系表

弧段	始结点	终结点
A1	N2	N1
A2	N1	N3
A3	N1	N5
A4	N4	N4
A5	N3	N5
A6	N5	N2
A7	N3	N2

表 2.5 弧段-多边形关系表

弧段	左多边形	右多边形
A1	P0	P1
A2	P1	P4
A3	P4	P0
A4	P3	P4
A5	P2	P4
A6	P0	P2
A7	P2	P1

2.4.2 空间拓扑关系的意义

空间拓扑关系对 GIS 的数据处理和空间分析具有重要的意义：

①根据拓扑关系，不需要利用坐标或者计算距离，就可以确定一种空间实体相对于另一种空间实体的空间位置关系。拓扑关系能清楚地反映空间实体之间的逻辑结构关系，而且比几何数据有更强的稳定性，不随地图投影而变化。

②利用拓扑关系可以更好地进行空间要素的查询。例如，某条铁路通过哪些地区；某县与哪些县邻接；某条河流能为哪些区域的居民提供水源；某一湖泊周围的土地利用类型有哪些等。

③根据拓扑关系可以重建地理实体。例如，根据弧段建立封闭多边形，实现道路的选取，进行最佳路径的计算等。

2.5　空间数据结构类型及特点

2.5.1　矢量数据结构

矢量数据结构是以几何空间坐标为基础，通过记录实体坐标及其关系，尽可能精确地表示点、线、面（多边形）等空间实体的数据组织结构，允许任意位置、长度和面积的精确定义。它结构简单、直观，易于实现以实体为单位的运算和显示；坐标空间为连续空间可以得到精美的地图；还可以对复杂数据以最小的数据冗余进行存储，是一种高效的图形数据结构。

如图 2.11 所示，矢量数据结构编码的基本内容包括空间实体的标识码、属性码和点、线、面（多边形）的几何编码。标识码为空间实体（对象）的编码，具有唯一性，是联系空间实体的空间信息和属性信息的关键字。属性码是对空间实体属性特征的编码，存储在数据库中。点、线、面的存储方式为：点为一对坐标（x，y）；线为一串有序的坐标对（x_1，y_1），（x_2，y_2），…，（x_n，y_n）；面为一串有序的且首尾坐标相同的闭合的坐标对（x_1，y_1），（x_2，y_2），…，（x_1，y_1），这些点由光滑的曲线间隔采样而来。点的坐标可以通过单独的点号文件存储，线、面的坐标通过点号索引。

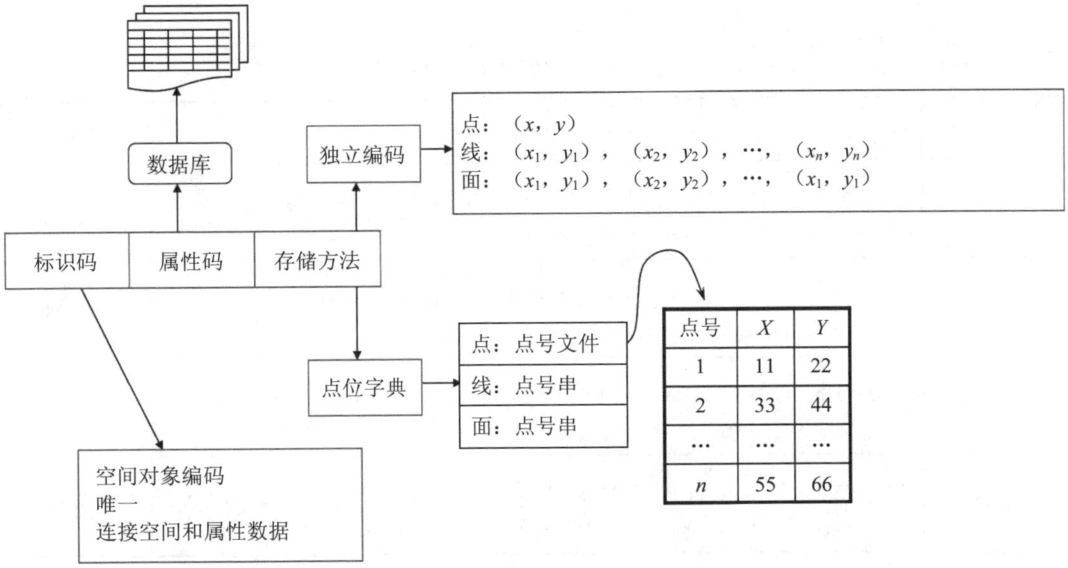

图 2.11　矢量数据结构编码的基本内容

矢量数据结构按其是否明确表示地理实体间的空间关系分为实体数据结构和拓扑数据结构两大类。

（1）实体数据结构

实体数据结构又称 spaghetti 数据结构，是指构成多边形边界的各个线段，以多边形为单元进行组织。按照这种数据结构，边界坐标数据和多边形单元实体一一对应，各多边形边界点都单独编码并记录坐标。如图 2.12 所示的多边形 A、B、C、D，可以用表 2.6 至表 2.8 来表示。

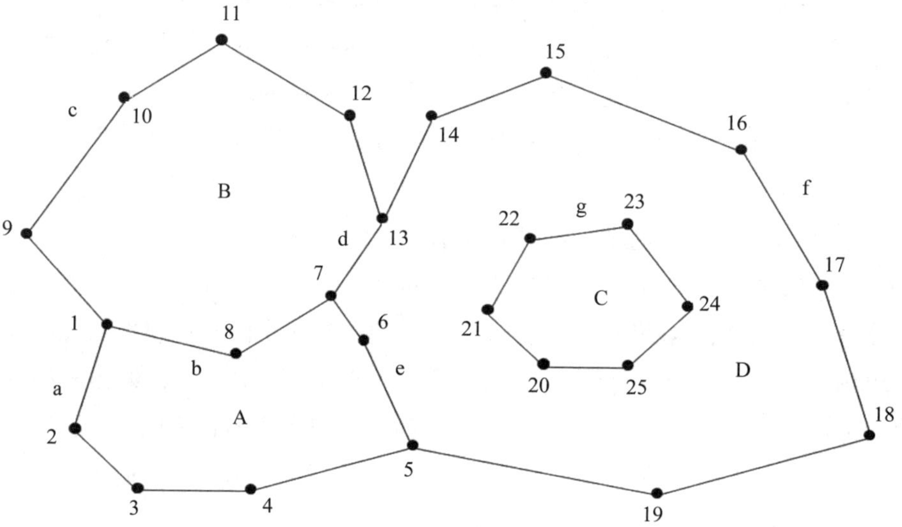

图 2.12 原始多边形数据

表 2.6 多边形数据文件

多边形 ID	坐标	类别码
A	(x_1, y_1)，(x_2, y_2)，(x_3, y_3)，(x_4, y_4)，(x_5, y_5)，(x_6, y_6)，(x_7, y_7)，(x_8, y_8)，(x_1, y_1)	A102
B	(x_1, y_1)，(x_8, y_8)，(x_7, y_7)，(x_{13}, y_{13})，(x_{12}, y_{12})，(x_{11}, y_{11})，(x_{10}, y_{10})，(x_9, y_9)，(x_1, y_1)	B203
C	(x_{20}, y_{20})，(x_{25}, y_{25})，(x_{24}, y_{24})，(x_{23}, y_{23})，(x_{22}, y_{22})，(x_{21}, y_{21})，(x_{20}, y_{20})	A178
D	(x_5, y_5)，(x_{19}, y_{19})，(x_{18}, y_{18})，(x_{17}, y_{17})，(x_{16}, y_{16})，(x_{15}, y_{15})，(x_{14}, y_{14})，(x_7, y_7)，(x_6, y_6)，(x_5, y_5)	C523

表 2.7　点数据文件

点号 ID	坐标
1	(x_1，y_1)
2	(x_2，y_2)
…	…
25	(x_{25}，y_{25})

表 2.8　多边形文件

多边形 ID	点号串	类别码
A	1，2，3，4，5，6，7，8，1	A102
B	7，8，1，9，10，11，12，13，7	B203
C	20，21，22，23，24，25，20	A178
D	7，13，15，16，17，18，19，5，6，7	C523

实体数据结构的主要特点是：

①数据以点、线或多边形为单元进行组织，数据结构直观简单。

②每个多边形都以闭合线段存储，多边形的公共边界被数字化两次和存储两次，易造成数据冗余和不一致。

③点、线和多边形有各自的坐标数据，但没有拓扑数据，彼此不关联。

④岛或洞只作为一个单个图形，没有与外界多边形的联系。

因此，实体数据结构只适用于简单的系统，如计算机地图制图系统。

（2）拓扑数据结构

拓扑数据结构是 GIS 分析和应用功能所必需的。拓扑数据结构没有固定的格式，也没有形成统一标准，但基本原理相同。它们共同的特点是：点是相互独立的，点连成线，线构成面。每条线始于起始结点，止于终止结点，并与左右多边形相邻接。

拓扑数据结构最重要的特征是具有拓扑编辑功能。这种拓扑编辑功能，不但能够对数字化原始数据进行自动查错编辑，而且可以自动形成封闭的多边形边界，为由各单独存储的弧段组成的各类多边形及建立空间数据库奠定基础。

拓扑数据结构包括索引式结构、双重独立编码结构、链状双重独立编码结构等。

1）索引式结构

索引式结构采用树状索引以减少数据冗余并间接增加邻域信息，具体方法是对所有边界点进行数字化，将坐标对以顺序方式存储，由点索引与边界线号相联系，以线索引与各多边形相联系，形成树状索引结构。例如，图 2.13 和图 2.14 分别为图 2.12 的多边形和线的树状索引图，具体的数据结构为 3 个表文件，见表 2.9 至表 2.11。

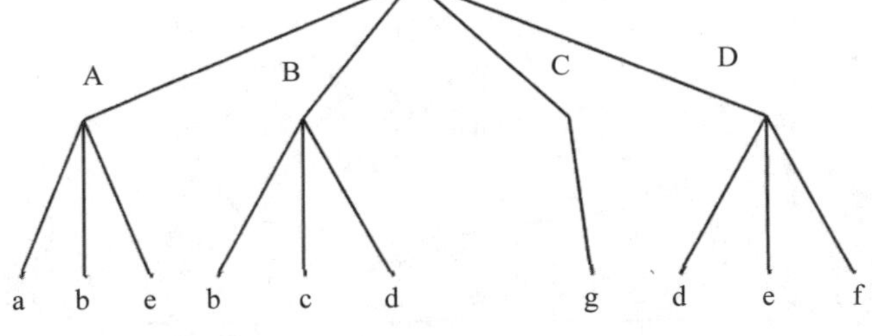

图 2.13　多边形与线之间的树状索引

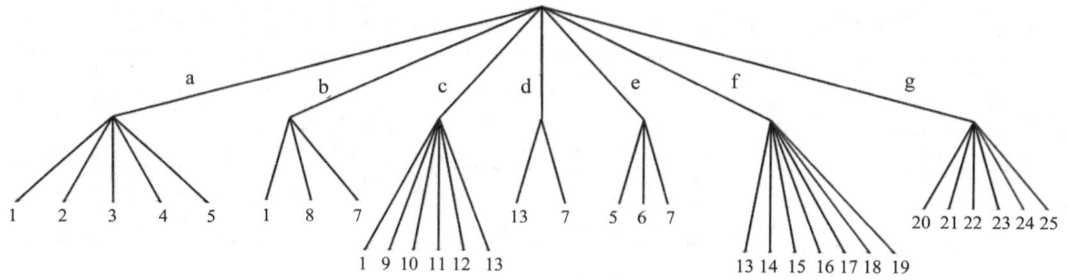

图 2.14 线与点之间的树状索引

表 2.9 点文件

点 ID	坐标
1	(x_1，y_1)
2	(x_2，y_2)
…	…

表 2.10 边文件

边 ID	组成的点 ID
a	1，2，3，4，5
b	1，8，7
…	…

表 2.11 多边形文件

多边形 ID	组成的边 ID
A	a，b，c
B	b，c，d
…	…

树状索引结构消除了多边形数据的冗余和不一致，邻接信息、岛信息可在多边形文件中通过是否公共弧段号的方式查询，但是表达拓扑关系较烦琐，给相邻运算、消除无用边、处理岛信息、检索拓扑关系等带来困难，而且以人工方式建立编码表，工作量大，易出错。

2）双重独立编码结构

双重独立编码（Dual Independent Map Encoding，DIME）结构最早是美国人口统计系统采用的一种编码方式。它是以城市街道为编码主体的拓扑编码结构，对图上网状或面状要素的任何一条线段，用顺序的两点及相邻多边形来予以定义，如图 2.15 所示，多边形数据以线段中心的双重独立编码见表 2.12。

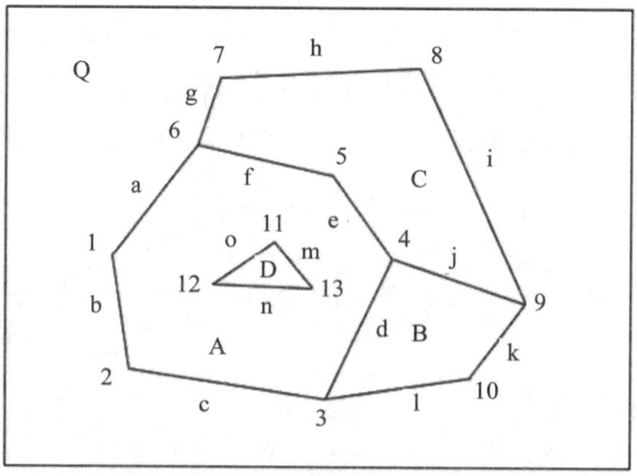

图 2.15 多边形原始数据

表 2.12　双重独立式编码线文件结构

线号	起点	终点	左多边形	右多边形
a	1	6	Q	A
b	2	1	Q	A
c	3	2	Q	A
d	4	3	B	A
e	5	4	C	A
f	6	5	C	A
g	6	7	Q	C
h	7	8	Q	C
i	8	9	Q	C
j	9	4	B	C
k	10	3	Q	B
l	11	4	Q	B
m	11	13	A	D
n	13	12	A	D
o	12	11	A	D

3）链状双重独立编码结构

链状双重独立编码结构是对 DIME 编码结构的一种改进。在 DIME 中，一条边用直线段两个端点的序号及相邻的多边形来表示，而在链状数据结构中，将若干直线段合为一个弧段（或链段），每个弧段可以有许多中间点。在链状双重独立数据结构中，主要有多边形文件、弧段文件、弧段点文件和点坐标文件 4 个文件。图 2.15 的链状双重独立编码结构见表 2.13 至表 2.16。

表 2.13　多边形文件

多边形 ID	弧段号	属性
A	a，b，e	…
B	c，d，b	…
C	g	…
D	f，e，d，−g	…

表 2.14　弧段文件

弧段 ID	起点	终点	左多边形	右多边形
a	5	1	Q	A
b	7	1	A	B
c	1	13	Q	B
d	13	7	D	B
e	7	5	D	A
f	13	5	Q	D
g	25	25	D	C

表 2.15 弧段点文件

点 ID	坐标
1	(x_1，y_1)
2	(x_2，y_2)
…	…
25	(x_{25}，y_{25})

表 2.16 点坐标文件

弧段 ID	点号	弧段 ID	点号
a	5，4，3，2，1	e	7，6，5
b	7，8，1	f	13，14，15，16，17，18，19，5
c	1，9，10，11，12，13	g	25，20，21，22，23，24，25
d	13，7		

2.5.2 栅格数据结构

栅格数据结构是以规则栅格阵列表示空间对象的数据结构。在栅格数据结构中，地理空间被分割为相互邻接、规则排列的栅格单元（也称像元），每个栅格单元的位置用行、列号定义，其数值表示空间实体的属性特征。如图 2.16 所示，在栅格数据结构中，点用一个栅格单元表示；线状地物用沿线走向的一组相邻栅格单元表示，线上每个栅格单元最多只有两个相邻单元；面或区域用记录区域属性的相邻栅格单元的集合表示，每个栅格单元可有多于两个的相邻单元同属一个区域。

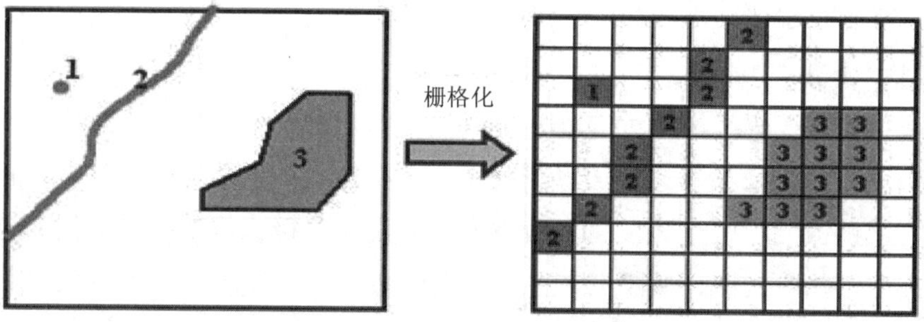

图 2.16 点、线、面的栅格表达

栅格数据的精度取决于栅格单元的大小，栅格单元划分得越精细，其所代表的地面单元的面积越小，数据的分辨率越高。每个栅格单元的属性值是地表相应区域内地理数据的近似值，且是唯一的。当一个栅格单元内有多个可选属性值时，按一定方法来确定栅格属性值，如中心点法、面积占优法、长度占优法和重要性法等。

栅格数据的阵列方式便于计算机存储和操作，不但很直观，而且易于维护和修改，具有数据结构简单、数学模拟方便的优点；但也存在数据量大、难以建立实体间的拓扑关系、通过改变分辨率而减少数据量时精度和信息量同时受损等缺点。

栅格数据的编码方式很多，有直接栅格编码，也有游程编码、块状编码、链式编码、四叉树编码等压缩编码形式。

（1）直接栅格编码

直接栅格编码将栅格看作一个数据矩阵，逐行逐个记录栅格单元的值，可以每行都从左到右，也可以奇数行从左到右而偶数行从右到左，或者采用其他特殊的方法。这是最简单、最直接的一种栅格编码方法，通常这种编码为栅格文件或格网文件，数据的存储有基于像元、基于层和基于面域 3 种基本方式（图 2.17）。

①基于像元的方式以像元为独立存储单元，每一个像元对应一条记录，每条记录中的记录内容包括像元坐标及其各层属性值的编码，各层对应像元的坐标只需存储一次，节省了许多存储坐标的空间。

②基于层的方式以层为存储基础，层中又以像元为序记录其坐标和对应该层的属性值编码。

③基于面域的方式也以层为存储基础，层中再以面域为单元进行记录，记录的内容包括面域编号、面域对应该层的属性值编码、面域中所有栅格单元的坐标，同一属性的多个相邻像元只需记录一次属性值。

基于像元的数据组织方式简单明了，便于数据扩充和修改，但进行属性查询和面域边界提取时速度较慢；基于层的数据组织方式便于进行属性查询，但每个像元的坐标均要重复存储，浪费存储空间；基于面域的数据组织方式虽然便于面域边界提取，但在不同层中像元的坐标还是要多次存储。

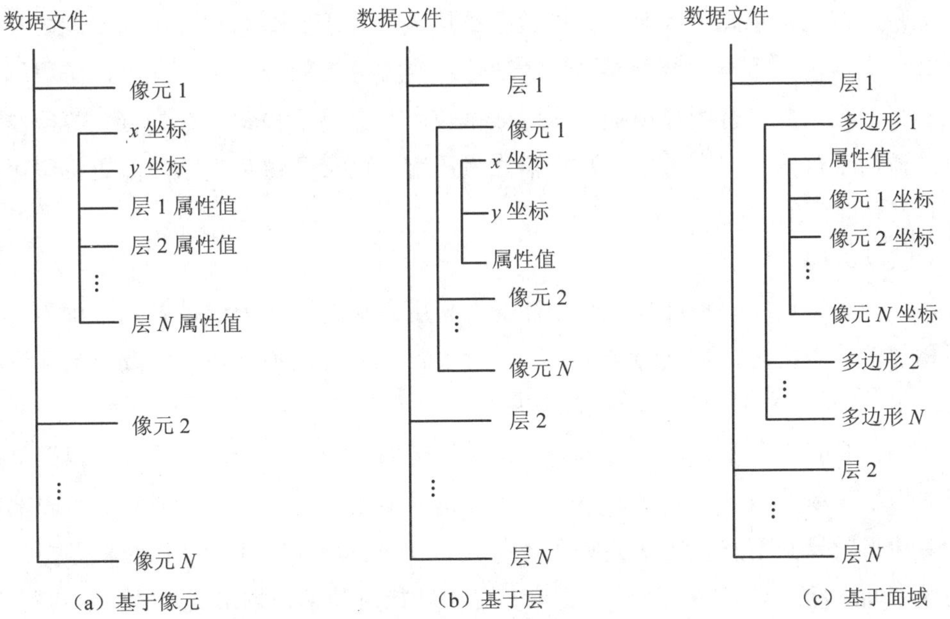

图 2.17　栅格数据存储方式

（2）游程编码

游程编码是栅格数据压缩的重要编码方法，它的基本思路是：对于一幅栅格图像，常常行（列）方向上相邻的若干点具有相同的属性代码，因而可采取某种方法压缩那些重复的记录内容。其编码的方案有两种：一种是只在各行（列）数据代码发生变化时依次记录该代码以及相同的代码重复的个数；另一种是记录该代码结束的位置，从而实现数据的压缩。经编码后，原始栅格数据阵列转换为（s_i，l_i）数据对或（s_i，pos_i）数据对，其中 s_i 为属性值，l_i 为行程（即相同值重复的个数），pos_i 为该代码结束的位置。图 2.18 为原始栅格数据沿行方向进行游程编码的结果。

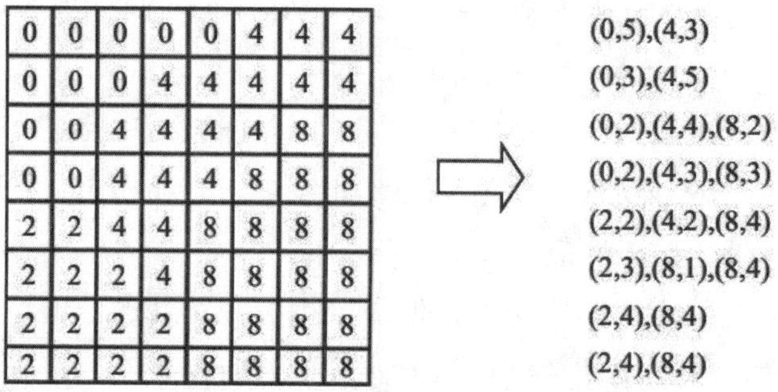

图 2.18　栅格数据的游程编码结构

游程编码是一种无损压缩方式，压缩比的大小与图的复杂程度成反比，原始栅格数据越简单，压缩效率越高。因此，这种数据结构最适宜于类型面积较大的专题要素、遥感图像的分类结构，而不适合于类型连续变化或类型分散的分类图。此外，游程编码在栅格加密时，数据量没有明显增加，压缩效率较高，且易于检索，叠加合并等操作，运算简单，适用于机器存储容量小、数据需大量压缩，而又要避免复杂的编码解码运算增加处理和操作时间的情况。

（3）块状编码

块状编码是游程编码扩展到二维的情况，采用方形区域作为记录单元，每个记录单元包括相邻的若干栅格，数据结构由初始位置（行、列号）和半径，以及记录单位的代码组成。图 2.19 为原始栅格数据块状编码。

块状编码具有可分辨率，一个多边形包含的正方形越大，多边形的边界越简单，块状编码的压缩效率就越高。块状编码对大而简单的多边形更为有效，而对那些碎部较多的复杂多边形效果并不好。块状编码在合并、插入、检查延伸性、计算面积等操作时有明显的优越性，然而对某些运算却不适应，必须转换成简单数据形式才能顺利进行。

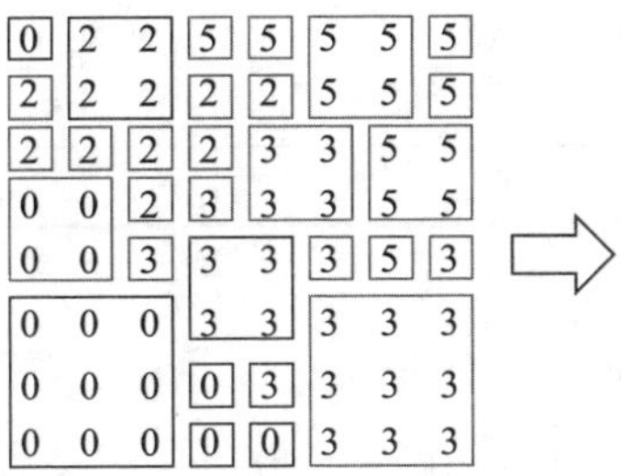

(1，1，1，0)，(1，2，2，2)；
(1，4，1，5)，(1，5，1，5)；
(1，6，2，5)，(1，8，1，5)；
(2，1，1，2)，(2，4，1，2)；
(2，5，1，2)，(2，8，1，5)；
(3，3，1，2)，(3，4，1，2)；
(3，5，2，3)，(3，7，2，5)；
(4，1，2，0)，(4，3，1，2)；
(4，4，1，3)，(5，3，1，3)；
(5，4，2，3)，(5，6，1，3)；
(5，7，1，5)，(5，8，1，3)；
(6，1，3，0)，(6，6，3，3)；
(7，4，1，0)，(7，5，1，3)；
(8，4，1，0)，(8，5，1，0)。

图 2.19　栅格数据的块状编码结构

（4）链式编码

链式编码又称弗里曼链码（Freeman，1961）或边界链码，即将线状地物或区域边界表由某一起点开始按某些基本方向确定单位矢量链。基本方向可定义为如图 2.20 所示的 8 个方向。具体编码过程为：首先寻找起始点，一般遵从从上到下、从左到右的原则。当发现没有记录过的点，且数值也不为零时，就是一条线或边界线的起点，记下该点的特征码及起点的行列号；然后按顺时针方向寻迹，找到相邻的等值点，并按 8 个方向编码。如遇不能闭合的线段，结束后可以返回起始点再开始寻找下一个线段。已经记录过的栅格单元，将属性代码置零，以免重复编码。如图 2.21 中的线实体和面实体可编码为表 2.17 所示的方式。

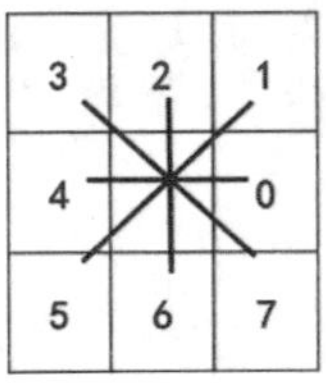

图 2.20　Freeman 基本方向

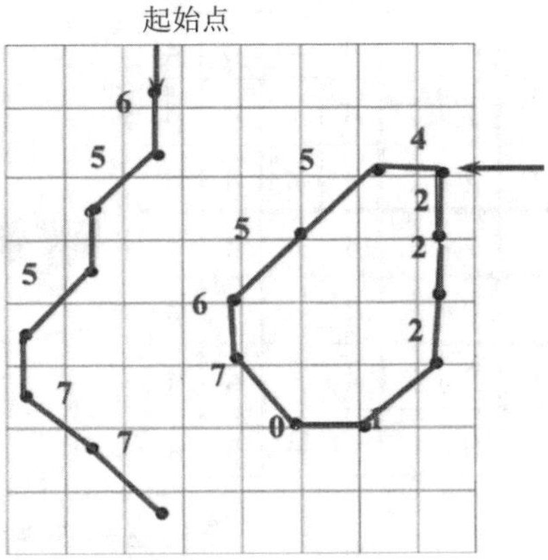

图 2.21　线、面的链式编码

表 2.17 链式编码结构文件

特征码	起点行	起点列	链码
2	1	3	6，5，6，5，6，7，7
7	2	8	4，5，5，6，7，0，1，2，2，2

链式编码接近矢量数据结构，具有很强的数据压缩能力，且对边界的运算比较容易；缺点是不具有区域性，叠置运算很难实施，且对边界做合并和插入等修改、编辑比较困难。

（5）四叉树编码

四叉树编码的基本思想是将一幅栅格数据层或图像按 4 个象限等分为 4 部分，逐块检查其格网属性值（或灰度）；如果某个子区的所有格网值都具有相同的值，则这个子区就不再继续分割，否则还要将这个子区再分割成 4 个子区，这样依次分割，直到每个子块都只含有相同的属性值（或灰度）为止。

生成四叉树的方法包括自上而下分割方式和自下而上合并方式两种。

1）自上而下分割方式

自上而下分割方式是先检测全区域，其值不相同时即四叉分割，直到最小栅格或数值都相同为止（图 2.22）。这种自上而下的分割需要大量的运算，因为大量数据需要重复检查才能确定划分。当栅格单元数比较大，且区域内容要素又比较复杂时，建立这种四叉树的速度比较慢。

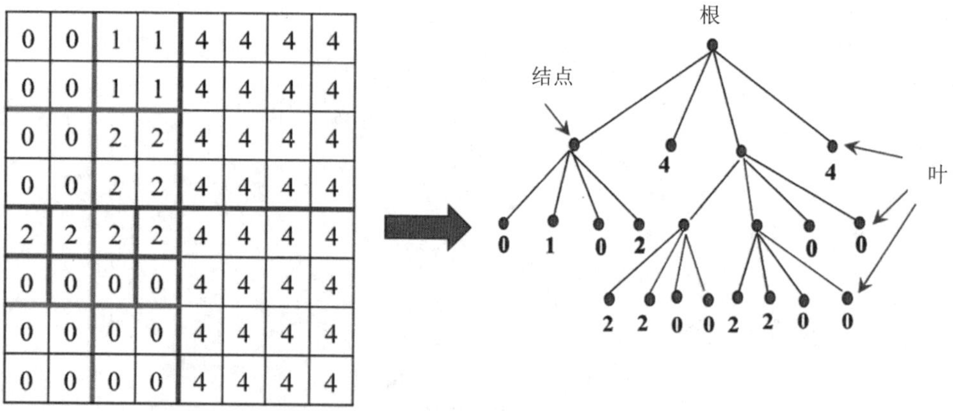

图 2.22 四叉树栅格数据生成过程

2）自下而上合并方式

自下而上合并方式对栅格数据按以下顺序（图 2.23）进行检测，如果每相邻 4 个网格值相同则进行合并，逐次往上递归合并，直到符合四叉树的原则为止。这种方法重复计算较少，运算速度较快。在图 2.23 中，自下向上扫描栅格单元的顺序代码称为莫顿

（Morton）码。

7	42	43	46	47	58	59	62	63
6	40	41	44	45	56	57	60	61
5	34	35	38	39	50	51	54	55
4	32	33	36	37	48	49	52	53
3	10	11	14	15	26	27	30	31
2	8	9	12	13	24	25	28	29
1	2	3	6	7	18	19	22	23
0	0	1	4	5	16	17	20	21
行列	0	1	2	3	4	5	6	7

图 2.23　莫顿码栅格顺序

为了保证四叉树能不断地分解下去，要求栅格数据的栅格单元数必须满足 $2^n×2^n$，n 为极限分割次数，n+1 是四叉树的最大高度或最大层数。由于栅格数据常常并不恰好是 $2^n×2^n$ 的方阵，为了能对不同行列数的栅格数据进行四叉树编码，对不足 $2^n×2^n$ 的部分一般以 0 补足。在建树时，对于补足部分生成的叶结点可不存储，这样存储量并不会增加。

四叉树结构按其编码的方法不同又分为常规四叉树和线性四叉树。

1）常规四叉树

常规四叉树除记录叶结点之外，还要记录中间结点。结点之间借助指针联系，每个结点通常存储 6 个量：4 个叶结点指针、1 个父结点指针和 1 个结点值。这些指针不仅增加了数据储存量，而且增加了操作的复杂性，主要在数据索引和图幅索引等方面应用。

2）线性四叉树

线性四叉树只存储最后叶结点的信息，包括叶结点的位置（莫顿码）、深度（或结点大小）和结点值 3 个量。线性四叉树编码的基本思想是：不须记录中间结点、0 值结点，也不使用指针，仅记录非 0 值叶结点，并用莫顿码表示叶结点的位置，地址码隐含着结点的分割路径和分割次数。与常规四叉树相比，线性四叉树具有数据存储量小；可直接寻址，即通过其坐标值直接计算其莫顿码，而不用建立四叉树；定位码容易存储和执行实现集合相加等组合操作的优点。

四叉树编码是一种优秀的栅格数据压缩编码，具有许多优点：①它是一种可变分辨率编码，对边界复杂部分分级多，分辨率高；对边界简单部分分级少，分辨率低。因此，可用较少的存储量精确地表示复杂的图形。②便于同原始栅格数据结构之间转换。③便于表示嵌套多边形。④容易计算多边形的数量特征。

四叉树编码的缺点在于：①矢量栅格正反变换不理想。②四叉树的建立费时。③四叉树的修改费事。④不能直接表示实体间的拓扑关系，且一个实体的图像在构成四叉树时会被分割到若干象限中，使它失去了内在的相关性。

2.5.3 矢栅一体化数据结构

矢量和栅格数据结构各有优、缺点，两者的比较如表 2.18 所示。

表 2.18 矢量、栅格数据结构的优、缺点比较

	优点	缺点
矢量数据结构	1. 数据结构紧凑，精度高，数据量小； 2. 便于表示空间拓扑关系，易于网络分析； 3. 便于面向对象的数据表达、查询和分析； 4. 图形显示质量好，精度高	1. 数据结构处理算法复杂； 2. 叠加分析算法复杂； 3. 不易实现数学模拟； 4. 不易同遥感影像数据相结合； 5. 显示与绘图成本高
栅格数据结构	1. 数据结构简单，定位存取性能好； 2. 叠加分析容易； 3. 便于数学模拟； 4. 易于同遥感影像结合； 5. 输出简单快速、成本低	1. 数据量大； 2. 难以表达空间实体及拓扑关系，不便于网络分析； 3. 不便于面向对象的数据表达、查询和分析； 4. 投影转换复杂； 5. 图形数据质量低，地图输出不精美

矢量数据结构用坐标序列表达空间实体，具有“位置明显、属性隐含”的特点，其数据结构紧凑，冗余度低；并具有空间实体的拓扑信息，容易定义和操作单个空间实体，便于网络分析；输出图形质量好、精度高。但是，数据操作和运算复杂，空间查询、叠加分析等操作效率低，且难以与遥感影像数据相结合。

栅格数据结构应用规则排列的栅格单元表达空间实体，具有“属性明显、位置隐含”的特点，其数据结构简单，数据操作比较容易实现；信息共享方便，可以直接与遥感影像数据相结合。但是，数据的冗余度高，其数据量与栅格单元的平方成反比，要获得较高的几何精度将使数据量大幅增加；且由于不是面向实体的数据结构，各种空间实体难以识别和分离，不利于拓扑信息的表达、网络分析等操作。

由此可见，矢量数据结构和栅格数据结构是互补的，如何充分利用两者的优点，在同一个系统中将两者结合起来，是 GIS 中的一个重要理论与技术问题。为了将矢量与栅格数据更加有效地结合与处理，龚建雅研究提出了矢量栅格一体化结构。其基本思想是：无论是点状地物、线状地物还是面状地物均采用面向目标的描述方法，因而它可以完全保持矢量的特性，同时利用元子（栅格）空间充填表达建立位置与地物的联系，使之具有栅格的性质。即：每个线状目标除记录原始取样点外，还记录路径所通过的栅格；每个面状地物除记录它的多边形周边以外，还包括中间的面域栅格。这种数据结构，同时具有矢量实体的概念，又具有栅格覆盖的思想。其理论基础是：多级格网方法、3 个基本约定和线性四叉树编码。

多级格网方法是将栅格划分成多级格网，即粗格网、基本格网和细分格网（图 2.24）。粗格网用于建立空间索引，基本格网的大小与通常栅格划分的原则基本一致，即基本栅格的大小。由于基本栅格的分辨率较低，难以满足精度要求，所以在基本格网的基础上又细分为 256×256 个或 16×16 个格网，以增加栅格的空间分辨率，从而提高点、线的表达精度。粗格网、基本格网和细分格网都采用线性四叉树编码的方法，用 3 个莫顿码（M0、M1、M2）表示，其中 M0 表示点或线所通过的粗格网的莫顿码，是研究区的整体编码；M1 表示点或线所通过的基本格网的莫顿码，也是研究区的整体编码；M2 表示点或线所通过的细分格网的莫顿码，是基本栅格内的局部编码。

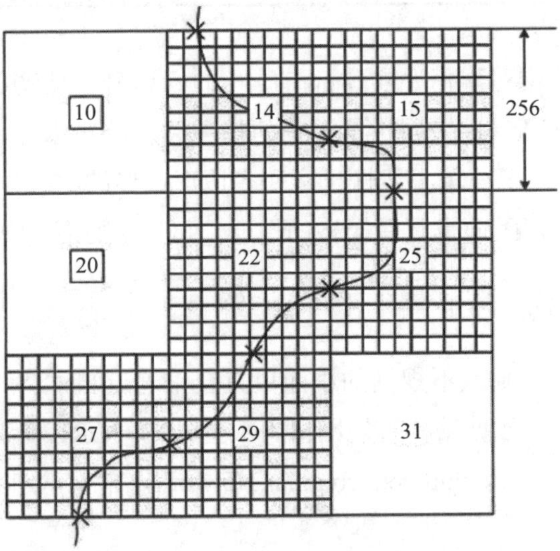

图 2.24　一体化数据结构细分格网

以上编码是基于栅格的，因而据此设计的数据结构必定具有栅格的性质。为了使之具有矢量的特点，对点状地物、线状地物和面状地物作以下 3 个基本约定：①点状地物仅有空间位置而无形状和面积，在计算机中仅有 1 个坐标数据。②线状地物有形状但无面积，在计算机中需要组织 1 组元子（即栅格单元）填满的路径表达。③面状地物有形状和面积，在计算机中由 1 组元子表达的填满路径的边界线和内部（空洞外均填满）的区域组成。

按照上述原理，点状地物、线状地物、面状地物的矢栅一体化数据结构如表 2.19 至表 2.21 所示。

表 2.19　点状地物一体化数据结构

点标识号	M_1	M_2	属性值

表 2.20　线状地物一体化数据结构

弧 ID	起点 ID	终点 ID	左域 ID	右域 ID	中间点坐标（M_1，M_2）序列	…

表 2.21　面状地物一体化数据结构

面域 ID	边界弧 ID 序列	面域内点指针	…

面域内点指针	面域内点坐标（M_1，M_2）序列

矢栅一体化数据结构对于每个实体都有唯一的标识号、地物类型的编码以及表示空间位置的“坐标”，它可以连接属性甚至空间拓扑关系，所以它具有完全的矢量特性；与此同时，由于用栅格元子充填了线性目标和多边形边界的路径以及多边形的内部空间，实际上是进行了栅格化，因而也具有栅格的性质，可以进行各种栅格操作。

2.5.4　镶嵌数据结构

镶嵌数据结构是用规则或不规则的小面块集合来逼近自然界不规则的地理单元的数据结构。典型的规则镶嵌数据结构有规则格网数据结构（GRID），典型的不规则镶嵌数据结构有不规则三角网（Triangulated Irregular Network，TIN）数据结构、Voronoi 多边形数据结构。

（1）规则格网数据结构

规则格网数据结构类似于矩阵形式的栅格数据，只是其属性值为地面高程或其他连续分布现象的数值，在计算机实现中是一个二维数组。规则格网的高程矩阵，易于用计算机处理，并且可以用于计算等高线、坡度、坡向和自动提取流域地形等，因此成为 DEM 使用最广泛的格式。其缺点是：①在地形简单区存在大量冗余数据；②如不改变格网大小，无法适用于起伏复杂程度不同的地区；③不能准确表示地形的结构和细部；④对于某些特种计算，如通视计算，过分依赖格网轴线。

（2）不规则三角网数据结构

TIN 将离散分布的实测数据点连成三角网，网中每个三角形要求尽量接近等边形状，并保证由最近邻的点构成三角形，即三角形的边长之和最小，在地形拟合方面运用得较普遍。与 GRID 相比，TIN 既减少了规则格网带来的数据冗余，同时在计算（如坡度）效率方面又优于纯粹基于等高线的方法。TIN 能随地形起伏变化的复杂性而改变采样点的密度和决定采样点的位置，因而它能够避免地形平坦时的数据冗余，又能按地形特征点如山脊、山谷线、地形变化线等表示数字高程特征。

在所有可能的三角网中，狄洛尼（Delaunay）三角网常被用于 TIN 的生成。Delaunay 三角网中的每个三角形可视为一个平面，平面的几何特性完全由 3 个顶点的空间坐标值（x_i，y_i，z_i）（i=1，2，3）所决定。存储时，每个三角形分别构成一个记录，每个记录的数据项包括三角形标识码、相邻三角形标识码、三角形的顶点标识码等。顶点的空间坐标值则另外存储。如图 2.25 所示的 Delaunay 三角网的数据组织见表 2.22 和表 2.23。利用这种相邻三角形信息，便于连续分布现象的顺序追踪和查询检索，如对等高线的追踪，也可方便地进行地形分析。

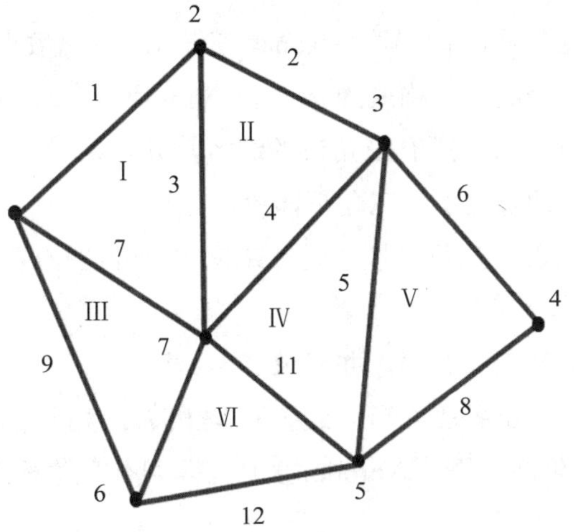

图 2.25　Delaunay 三角网

表 2.22　点文件

点 ID	x	y	属性
1	x_1	y_1	z_1
2	x_2	y_2	z_2
…	…	…	…
7	x_7	y_7	z_7

表 2.23　三角形拓扑文件

三角形 ID	三角形顶点			邻接三角形		
	1	2	3	1	2	3
I	1	2	7	II	III	×
II	2	3	7	IV	I	×
…	…	…	…	…	…	…
VI	6	7	5	IV	×	III

注：×代表无。

（3）Voronoi 多边形数据结构

Voronoi 多边形是荷兰气象学家 A. H. Thiessen 提出的根据离散分布的气象站降雨量来计算平均降雨量的方法，故又称泰森多边形。它是由一组由连接两邻点直线的垂直平分线组成的连续多边形组成，是对空间平面的一种剖分，其特点是多边形内的任何位置离该多边形的样点的距离最近，离相邻多边形内样点的距离远，且每个多边形内含且仅包含一个样点。

建立 Voronoi 多边形算法的关键是将离散数据点合理地连成三角网，即构建 Delaunay 三角网，其步骤为：

①离散点自动构建三角网，即构建 Delaunay 三角网。对离散点和形成的三角形编号，记录每个三角形是由哪 3 个离散点构成的。

②找出与每个离散点相邻的所有三角形的编号，并记录下来。这只要在已构建的三角网中找出具有一个相同顶点的所有三角形即可。

③对与每个离散点相邻的三角形按顺时针或逆时针方向排序，以便下一步连接生成 Voronoi 多边形。

④计算每个三角形的外接圆圆心，并记录之。

⑤根据每个离散点的相邻三角形，连接这些相邻三角形的外接圆圆心，即得到 Voronoi 多边形。对于三角网边缘的 Voronoi 多边形，可作垂直平分线与图廓相交，与图廓一起构成 Voronoi 图。

如图 2.26 所示的 Voronoi 多边形数据结构包括一组文件（表 2.24 至表 2.27），在记录相邻 Voronoi 单元序号时，统一采用逆时针方向。当某样点的 Voronoi 单元的边界就是地理区域的边界时，将 Voronoi 边与地理区域边界的交点也作为顶点，但使用特殊标识符予以区分。

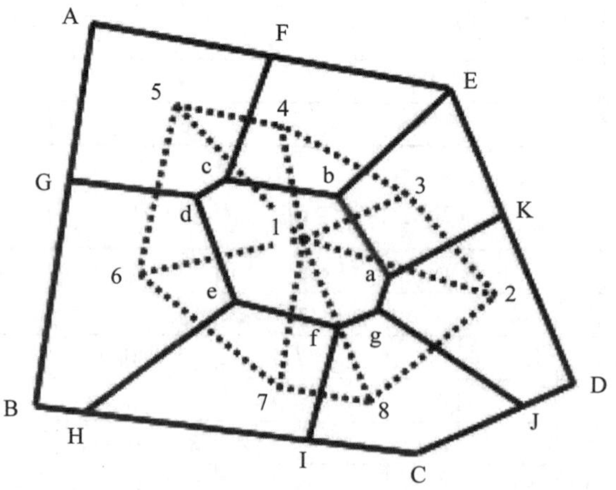

图 2.26 Voronoi 多边形

表 2.24　样点文件

样点 ID	样点坐标	样点属性值
1	(x_1, y_1)	A_1
2	(x_2, y_2)	A_1
…	…	…
8	(x_8, y_8)	A_8

表 2.25　Voronoi 单元邻接关系

Voronoi 单元 ID	相邻 Voronoi 单元 ID
1	2，3，4，5，6，7，8
2	3，1，8
…	…
8	2，1，7

表 2.26　Voronoi 单元顶点组成表

Voronoi 单元 ID	顶点 ID
1	V_a，V_b，V_c，V_d，V_e，V_f，V_g
2	V_a，V_g，D，J，K
…	…
8	V_f，V_g，C，I，J

表 2.27　Voronoi 顶点信息表

Voronoi 顶点 ID	Voronoi 顶点坐标	Voronoi 顶点标识
V_1	(x_1, y_1)	
V_2	(x_2, y_2)	
…	…	
A	(x_A, y_A)	边界点
B	(x_B, y_B)	边界点
…	…	

2.5.5　三维数据结构

三维矢量数据结构的表示有多种方法，其中运用最普遍的是具有拓扑关系的八叉树表示法和三维边界表示法。

（1）八叉树表示法

八叉树数据结构可以看作二维栅格数据中的四叉树在三维空间的推广。该数据结构是将所要表示的三维空间 V 按 X、Y、Z 三个方向从中间进行分割，把 V 分割成 8 个立方体；然后根据每个立方体中所含的目标来决定是否对各立方体继续进行 8 等分的划分，一直划分到每个立方体被一个目标所充满，或没有目标，或其大小已成为预先定义的不可再分的体素为止。图 2.27 为某一三维空间物体的八叉树结构示例。

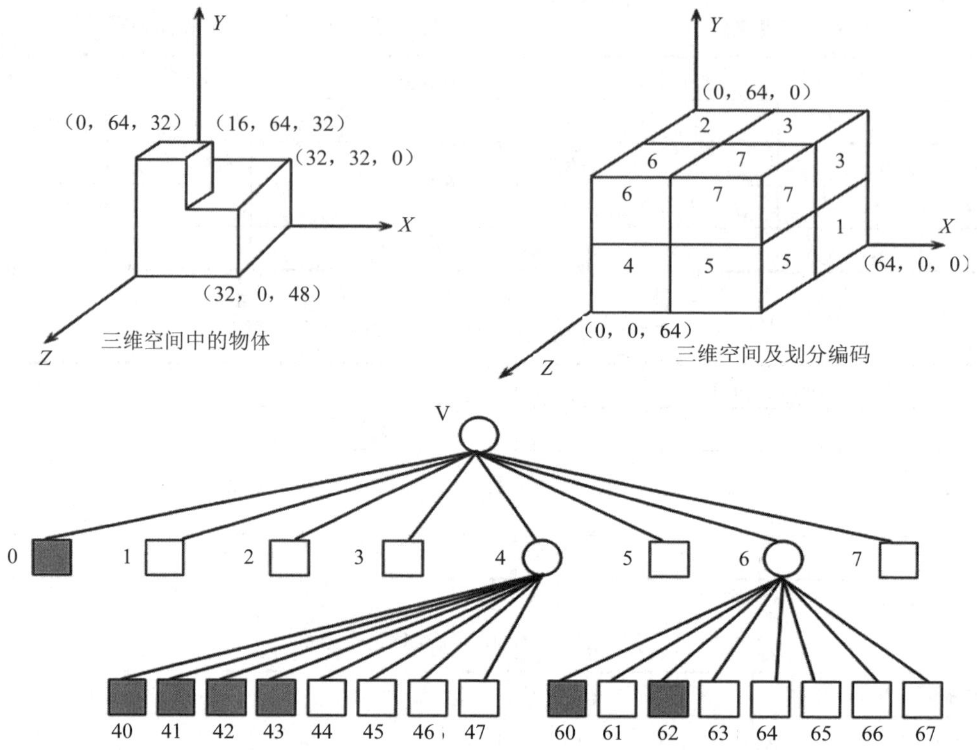

图 2.27 八叉树数据结构示例

八叉树的主要优点在于可以非常方便地实现有广泛用途的集合运算（例如，可以求两个物体的并、交、差等运算），而这些恰是其他表示方法难以处理或者需要耗费许多计算资源的地方。不仅如此，由于这种方法具备有序性及分层性，对显示精度和速度的平衡、隐线和隐面的消除等带来了很大的方便。

（2）三维边界表示法

在形形色色的三维物体中，平面多面体在表示与处理上均比较简单，而且又可以用它来逼近其他各种物体。多面体的每一个表面都可以看作一个平面多边形。为了有效地表示它们，总要指定它的顶点位置以及由哪些点构成边、哪些边围成一个面，这样一些几何与拓扑的信息。这种通过指定顶点位置、构成边的顶点以及构成面的边来表示三维物体的方法称为三维边界表示法。

比较常用的三维边界表示法采用 3 张表来提供点、边、面的信息。它们分别是：顶点表，用来表示多面体各顶点的坐标；边表，指出构成多面体某边的两个顶点；面表，给出围成多面体某个面的各条边。对于后两个表，一般使用指针来指出有关的边、点存放的位置，如图 2.28 所示。

顶点表

V_1	$x_1\ y_1\ z_1$
V_2	$x_2\ y_2\ z_2$
V_3	$x_3\ y_3\ z_3$
V_4	$x_4\ y_4\ z_4$

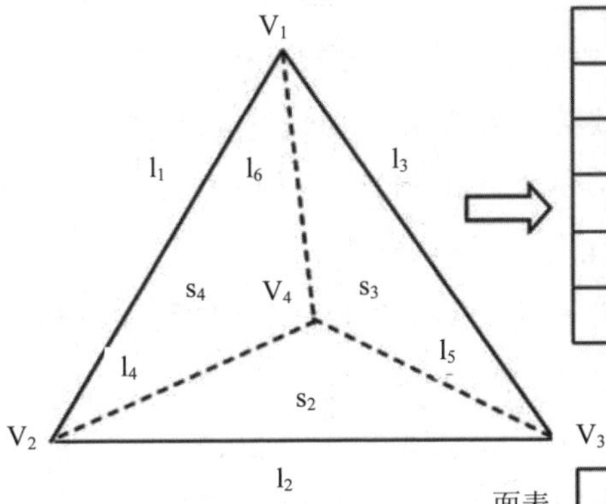

边表

l_1	$v_1\ v_2$
l_2	$v_2\ v_3$
l_3	$v_3\ v_1$
l_4	$v_2\ v_4$
l_5	$v_4\ v_3$
l_6	$v_1\ v_4$

扩充

扩充后的边表

l_1	$v_1\ v_2$	$s_1\ s_4$
l_2	$v_2\ v_3$	$s_1\ s_2$
l_3	$v_3\ v_1$	$s_1\ s_3$
l_4	$v_2\ v_4$	$s_2\ s_4$
l_5	$v_4\ v_3$	$s_2\ s_3$
l_6	$v_1\ v_4$	$s_3\ s_4$

面表

s_1	$l_1\ l_2\ l_3$
s_2	$l_2\ l_4\ l_5$
s_3	$l_5\ l_3\ l_6$
s_4	$l_1\ l_4\ l_6$

图 2.28　三维边界表示法

三维边界表示法的特点是：详细记录了构成物体形体的所有几何元素的几何信息及其相互连接关系，以便直接存取构成形体的各个面、面的边界以及各个顶点的定义参数，有利于以面、边、点为基础的各种几何运算和操作。边界表示构模在描述结构简单的 3D 物体时十分有效，但对于不规则的 3D 物体则很不方便，且效率低下。

思考题

1. 什么是空间实体？它具有哪些特征？
2. 简述空间实体的基本类型及其表达方式。
3. 地球表面、大地水准面及地球椭球体面之间具有什么关系？
4. 空间实体分类和编码的方法有哪些？
5. 简述空间拓扑关系的概念、类型及意义。
6. 简述矢量数据结构主要的编码方式及其优、缺点。
7. 简述栅格数据结构主要的编码方式及其优、缺点。

8. 什么是 TIN？它具有哪些优点？

9. Voronoi 多边形数据结构的特点有哪些？

主要参考资料

[1] 地理信息系统原理在线教程开放地理空间实验室.https：//www.osgeo.cn/gis-tutorial/index.html.

[2] 龚健雅，秦昆，唐雪华，等. 地理信息系统基础（第二版）. 北京：科学出版社，2021.

[3] 胡鹏，黄杏元，华一新. 地理信息系统教程. 武汉：武汉大学出版社，2002.

[4] 黄杏元，马劲松. 地理信息系统概论（第三版）. 北京：高等教育出版社，2008.

[5] 陆守一. 地理信息系统. 北京：高等教育出版社，2004.

[6] 汤国安，刘学军，闾国年，等. 地理信息系统教程（第二版）. 北京：高等教育出版社，2019.

[7] 邬伦. 地理信息系统——原理方法和应用. 北京：科学出版社，2004.

[8] 许捍卫，马文波，赵相伟，等. 地理信息系统教程. 北京：国防工业出版社，2010.

[9] 张王菲，姬永杰. GIS 原理与应用. 北京：中国林业出版社，2018.

[10] 赵军，胡耀文，凌善金，等. 地图学. 北京：科学出版社，2021.

[11] 龚健雅. GIS 中矢量栅格一体化数据结构的研究. 测绘学报，1992（4）：259-266.

第3章 空间数据采集方法及处理

GIS 应用范围广、市场需求大、软件更新快、应用开发多样。在我国，GIS 的应用进入了所有与空间信息相关的领域，贯穿政府部门决策、企业生产和居民日常生活。GIS 产业的高速发展也离不开国家对高新技术发展的政策支持。随着高新技术的发展，GIS 正在融入 IT 主流，并与其他专业领域相结合，进一步拓展信息技术的应用与作用。在 GIS 的各种应用中，数据是核心，掌握空间数据的采集和处理方法是 GIS 应用的提前和基础。

3.1 地理信息系统空间数据源

GIS 空间数据源是指建立 GIS 空间数据库所需要的各种类型数据的来源（表 3.1）。GIS 空间数据源多种多样，并随系统功能的不同而不同。空间数据可分为原始数据（第一手数据）或经过处理加工后的数据（第二手数据），又可分为非电子数据和电子数据。大多数 GIS 中的数据是第二手数据，同时是电子数据。第二手数据主要包括地图、统计图表、数据库等。GIS 空间数据采集的任务就是将非电子的第一手数据或第二手数据变成电子数据，并进一步加工处理成符合 GIS 要求的空间数据。

表 3.1　不同数据种类及其来源

项目	第一手数据	第二手数据
非电子数据	平板测量、工程测量	地图 统计图表
	笔记	
	航空照片	
	人口普查	
	社会经济调查	
电子数据	全站仪、GPS 数据、地球物理、地球化学、遥感数据	数据库

3.2 地理信息系统空间数据类型

3.2.1 空间数据的使用

计算机软、硬件的飞速发展，为网络 GIS 的快速发展带来了可能。GIS 在网络上的应用离不开空间数据信息的传输与使用。随着信息技术的深入发展，网络安全形势日益严峻，利用网络干涉他国内政以及开展大规模网络监控、窃密等活动时有发生，严重危害国家政治安全和用户信息安全，关键信息基础设施遭受攻击破坏，危害国家经济安全和公共利益。而地理空间信息的使用不仅限于专业人士，在各行各业都得到了广泛的应用。空间数据信息在各个领域应用，就要在网络上进行传输共享，空间数据在网络上传输共享时会引发一系列的安全问题，威胁国家安全和主权及社会的稳定。因此，要特别重视空间数据的使用安全问题。

（1）用户访问空间数据的安全问题

地理空间数据是需要数据生产者采集和处理后才能获得的，并且针对不同的专题和不同要求所需要的地理空间数据是不一样的。在地理空间数据的采集和处理过程中需要耗费大量的人力、物力，因此，地理空间数据的共享并不代表能够随便任意地使用，在网络上能够免费共享的地理空间数据是非常有限的。在许多部门中地理空间数据已经得到广泛的应用，不同的数据使用者对数据需求的层次不同。对于不同用户的需求，服务器提供相应层次的数据。但有些非法用户使用非法手段在空间数据访问环节上实施一些非法行为以获取地理空间数据。

（2）空间数据在网络上的传输安全问题

授权用户要获取相应的数据时，数据信息通过网络从信息提供服务器传输给授权用户。数据在网络上传输会遇到很多安全性问题，如数据在传输途中被恶意用户中断或破坏，被未授权用户截取复制等。非法用户在截取空间数据信息后，空间数据信息就无法到达授权用户。非法用户可能会利用空间数据信息做出危害他人或国家安全的行为，威胁人民生命财产安全和社会秩序。

（3）授权用户接收空间数据信息的安全问题

授权用户接收空间数据信息的安全问题主要是指非法用户利用授权用户计算机安全策略的缺陷采用一定的手段来获取空间数据信息。例如，通过相应的病毒潜伏在用户端的服务器上，一旦空间数据传输到达用户接收端，病毒就使客户端处于瘫痪状态，非法用户就能获取相应的空间数据。

信息安全问题是任何一种信息系统都需要面对的问题，在空间数据信息共享使用时应使空间数据信息的风险降到最低，在无人机数据采集、高精度大比例尺空间数据的使用中更需要注意。为了使我们的网络环境更加安全，营造更好的空间数据共享氛围，维护国家网络安全，需要每一位网络用户的参与。

3.2.2 GIS 数据源类型划分

GIS 数据源种类丰富，总体包括以下类型：

（1）地图

各种类型的地图是 GIS 最主要的数据源，因为地图是地理数据的传统描述形式，是具有共同参考坐标系统的点、线、面的二维平面形式的表示，内容丰富。图上实体间的空间关系直观，而且实体的类别或属性可以用各种不同的符号加以识别和表示。我国大多数 GIS 系统的图形数据大部分来自地图。

点——居民点、采样点、高程点、控制点等。

线——河流、道路、构造线等。

面——湖泊、海洋、植被等。

注记——地名注记、高程注记等。

地图数据主要用于生成 DLG 数据、DRG 数据或 DEM 数据。

但地图存储介质存在一些缺陷。由于地图多为纸质，都存在不同程度的变形，具体应用时须对其进行纠正；地图现势性较差，由于传统地图更新需要的周期较长，造成现存地图的现势性不能完全满足实际需要；由于地图投影的存在，使得对不同地图投影的地图数据进行交流前，须先进行地图投影的转换。

（2）遥感影像数据

遥感影像数据是 GIS 的重要数据源，用于提取线划数据和生成数字正射影像数据、DEM 数据。遥感影像数据含有丰富的资源与环境信息，在 GIS 支持下，可以与地质、地球物理、地球化学、地球生物、军事应用等方面的信息进行信息复合和综合分析。遥感影像数据是一种大面积的、动态的、近实时的数据源，遥感技术是 GIS 数据更新的重要手段。

中国科学院空天信息创新研究院-中国遥感卫星地面站是国家发展改革委布局建设的国家重大科技基础设施，也是我国历史最长的遥感数据资料库。自 2011 年起，地面站通过对地观测数据共享网开始实施“对地观测数据共享计划”；向国内外用户免费共享存档的部分公益遥感卫星影像数据。为进一步扩大“对地观测数据共享计划”的社会影响，自 2022 年开始，中国遥感卫星地面站委托国家对地观测科学数据中心发布中国遥感卫星地面站共享数据专用门户，在国家综合地球观测数据共享平台继续推进“对地观测数据共享计划”，保持共享数据资源的持续更新，为用户提供遥感卫星数据及数据应用解决方案。目前，国内卫星已为农林、水利、国土、测绘、规划、交通、减灾、国防、科研、教育等多家单位提供数据及技术服务，并得到用户认可。中国遥感卫星地面站目前已提供 Landsat-5/7/8、IRS-P6、Envisat-1、ERS-2、THEOS-1 等 7 颗卫星的中国区域历史存档数据的共享下载（表 3.2），未来将有更多卫星数据陆续发布和更新。

表 3.2　中国遥感卫星地面站可下载卫星遥感数据

卫星名称	时期	数据条目数	数据量/GB	提供方式
Landsat-5	1986 年 4 月—2011 年 11 月	37 362 景	14 983	元数据集、实体数据
Landsat-7	1999 年 7 月—2004 年 9 月	19 499 景	11 049	元数据集、实体数据
Landsat-8	2013 年 5 月—2019 年 12 月	334 560 景	531 270	元数据集、实体数据
IRS-P6	2005—2012 年	7 850 景	4 051	元数据
Envisat-1	2003 年 12 月—2012 年 3 月	13 335 景	6 761	元数据集、实体数据
ERS-2	1995 年 11 月—2011 年 7 月	19 767 景	7 099	元数据集、实体数据
THEOS-1	2008 年 10 月—2014 年 10 月	17 237 景	3 519	元数据集、实体数据

但是因为每种遥感影像数据都有其自身的成像规律、变形规律，所以对其的应用要注意影像的纠正、影像的分辨率、影像的解译特征等方面的问题。

（3）文本资料

文本资料是指各行业、各部门的有关法律文档、行业规范、技术标准、条文条例等，如边界条约等。这些也属于 GIS 的数据。各种文字资料在一些管理类的 GIS 系统中，有很多应用，如在城市规划管理信息系统中，各种城市管理法规及规划报告在规划管理工作中起着很大的作用。

（4）数字数据

目前，随着各种专题图的制作和各种 GIS 系统的建立，直接获取数字图形数据和属性数据的可能性越来越大。数字数据也成为 GIS 信息源不可或缺的一部分。但对数字数据的采用需注意数据格式的转换和数据的精度、可信度的问题。

（5）实测数据

野外试验、实地测量等获取的数据可以通过转换直接进入 GIS 的地理数据库，以便于进行实时分析和进一步应用。GPS 所获取的数据也是 GIS 的重要数据源。

（6）多媒体数据

多媒体数据（包括声音、录像等）通常可通过通信口传入 GIS 的地理数据库中，目前其主要功能是辅助 GIS 的分析和查询。

（7）已有系统的数据

GIS 还可从其他已建成的信息系统和数据库中获取相应的数据。由于规范化、标准化的推广，不同系统的数据共享和可交换性越来越强。这样就拓展了数据的可用性，增加了数据的潜在价值。

3.3　地理信息系统数据获取的主要手段

数据获取就是运用各种技术手段，通过各种渠道收集数据的过程。目前我国服务于地理信息系统的数据获取工作包括两方面内容：空间数据的获取和属性数据的获取。它们在过程上有很多不同，但也有一些具体方法是相通的。空间数据获取的手段主要包括野外数据采集、现有地图数字化、摄影测量、遥感图像处理等。属性数据获取包括获取及获取后的分类和编码，主要是来自相关部门的观测数据、测量数据、各类统计数据、专题调查数据、文献资料数据等。此外，遥感图像解译也是获取属性数据的重要渠道。本节将对空间数据和属性数据的获取作系统介绍。

3.3.1　空间数据获取

空间数据的获取主要是完成基础数据的获取与输入，其目标是对现有的地图、外业观测成果、航空照片、遥感图像、文本资料等不同来源的数据进行处理，使其能够为专业 GIS 软件或者系统所识别、存储、分析及应用。主要有以下 4 种方法。

（1）野外数据采集

野外数据采集是 GIS 数据采集的基础手段。对于大比例尺的城市地理信息采集而言，野外数据采集是主要手段。

1）平板测量

平板测量采集的是非数字化数据。虽然其现在已不是 GIS 野外数据采集的主要手段，但由于它的成本低、技术容易掌握，少数部门和单位仍然在使用。平板测量包括小平板测量和大平板测量，测量的产品都是纸质地图。在传统的大比例尺地形图的生产过程中，一般在野外测量绘制铅笔草图，然后用小笔尖转绘在聚酯薄膜上，之后可以晒成蓝图提供给用户使用。当然也可以对铅笔草图进行跟踪或扫描数字化使平板测量结果转变为数字化数据。

2）全野外数字测图

全野外数据采集设备是全站仪加电子手簿或电子平板配以相应的采集和编辑软件，作业分为编码和无码两种方法。数字化测绘记录设备以电子手簿为主。还可以采用电子平板内外业一体化的作业方法，即利用电子平板便携机在野外进行碎部点展绘成图。全野外数据采集测量工作包括图根控制测量、测站点的增补和地形碎部点的测量。采用全站仪进行观测，用电子手簿记录观测数据或经计算后的测点坐标。每一个碎部点的记录，通常有点号、观测值或坐标，除此以外还有与地图符号有关的编码以及点之间的连接关系码。这些信息码以规定的数字代码表示。信息码的输入可与地形碎部测量同时进行，即观测每一碎部点后按草图输入碎部点的信息码。地图上的地理名称及其他各种注记，除一部分根据信息码由计算机自动处理外，不能自动注记的需要在草图上注明，在内业通过人机交互编辑进行注记。

全野外空间数据采集与成图分为 3 个阶段：数据采集、数据处理和地图数据输出。数据采集是在野外利用全站仪等仪器（图 3.1）测量特征点，并计算其坐标，赋予代码，明确点的连接关系和符号化信息。再经编辑、符号化、整饰等成图，通过绘图仪输出或直接存储成电子数据。数据采集和编码是计算机成图的基础，这一工作主要在外业完成。内业进行数据的图形处理，在人机交互方式下进行图形编辑，生成绘图文件，由绘图仪绘制地图。

图 3.1　南方全站仪 NTS332R 示意图

通常工作步骤为：先布设控制导线网，然后进行平差处理得出导线坐标，再采用极坐标法、支距法或后方交会法等，获得碎部点三维坐标。

3）空间定位测量

空间定位测量成果也是 GIS 空间数据的主要数据源。目前，常用的空间定位系统 GNSS 主要有我国的北斗卫星导航系统（BeiDou Navigation Satellite System，BDS，简称北斗系统）、美国的全球定位系统（GPS）、俄罗斯的全球导航卫星系统（GLONASS）以及欧洲的伽利略导航卫星系统（GALILEO）。其中，我国的 BDS 于 2020 年全球组网，目前已经为我国及全球用户提供快速、高精度的定位、导航和授时服务，未来也必将为 GIS 提供更为丰富、高效的空间定位数据。

GPS 自建立以来，因其方便快捷、精度较高，迅速在各行业和部门广泛应用。GPS 在一定程度上改变了传统野外测绘的实施方式，并成为 GIS 数据采集的重要手段，在许多应用型 GIS 中都得到了应用，如车载导航系统。GPS 有 3 个组成部分：卫星、控制系统和用户。现在共有 24 颗卫星在距离地面大约 20 183 km 的轨道高度上以每日绕地两周的速度运行着。6 条轨道按轨道面夹角 60°间距分开。每条轨道与赤道面的交角为 50°，每条轨道上有 4 颗卫星。每颗卫星发射两种频率的无线电波用于定位。第一频率 L1，位于 1 575.42 MHz；第二频率 L2，位于 1 227.6 MHz。载波频率由两种伪码和 1 条导航消息调制而成，载波频率及其调制由卫星上的原子钟控制。

我国自 2003 年开始部署建立 BDS，现已建成面向全球服务的全天候、实时卫星导航定位系统。北斗系统由 5 颗地球静止轨道卫星和 30 颗地球非静止轨道卫星组网而成。北斗系统是我国独有的全球卫星导航系统，是着眼于国家安全和经济社会发展需要，自主建设、独立运行的卫星导航系统，为全球用户提供全天候、全天时、高精度的定位、导航和授时服务。

测距交会确定点位是卫星定位测量的基本原理。应用测距后方交会原理，可由 3 个以上地面已知点（控制站）交会出卫星的位置，反之利用 3 个以上卫星的已知空间位置又可交会出地面未知点（用户接收机）的位置（图 3.2）。GNSS 卫星发射测距信号和导航电文，用户用 GNSS 接收机在某一时刻 i 同时接收到 3 颗 GNSS 卫星信号，测量出测站 P 到 3 颗 GNSS 卫星的距离 S_1、S_2、S_3，并计算出该时刻 GNSS 卫星的空间坐标为（X^j、Y^j、Z^j）（j=1，2，3）。用距离交会法解算出测站 P 的位置（X_p、Y_p、Z_p），其理论观测方程式为

$$\begin{cases} S_1^2=(X_p-X^1)^2+(Y_p-Y^1)^2(Z_p-Z^1)^2 \\ S_2^2=(X_p-X^2)^2+(Y_p-Y^2)^2(Z_p-Z^2)^2 \\ S_3^2=(X_p-X^3)^2+(Y_p-Y^3)^2(Z_p-Z^3)^2 \end{cases} \tag{3.1}$$

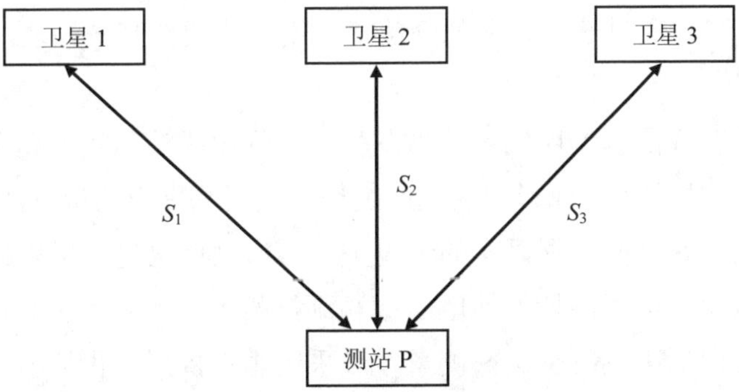

图 3.2　GNSS 空间定位测量原理

因此，利用 GNSS 卫星导航定位时，必须同时跟踪至少 3 颗卫星。为保证计算结果的可靠性，实际测量时，通常获取至少 4 颗卫星的信号。

（2）现有地图数字化

现有地图数字化是指根据现有纸质地图，通过手扶跟踪或扫描矢量化的方法，生产出可在计算机上进行存储、处理和分析的数字化数据。

1）手扶跟踪数字化

早期地图数字化所采用的工具是手扶跟踪数字化仪。这种设备是利用电磁感应原理，当使用者在电磁感应板上移动游标到图件的指定位置，按动相应的按钮时，电磁感应板周围的多路开关等线路可以检测出最大信号的位置，从而得到该点的坐标值。这种方式数字化的速度比较慢，工作量大，自动化程度低，数字化精度与作业员的操作有很大关

系，所以目前已基本上不再采用。

2）扫描矢量化

目前，地图数字化一般采用扫描矢量化的方法。根据地图幅面大小，选择合适规格的扫描仪，将纸质地图扫描生成栅格图像。经过几何纠正后，即可进行矢量化。

对栅格图像的矢量化有软件自动矢量化和屏幕鼠标跟踪矢量化两种方式。软件自动矢量化工作速度较快、效率较高，但是由于软件智能化水平有限，其结果仍然需要再进行人工检查和编辑。屏幕鼠标跟踪矢量化的作业方式主要是应用 GIS 软件对栅格图像进行数字化，其精度和工作效率得到了显著提升。屏幕鼠标跟踪矢量化常用的 GIS 软件有 ArcGIS、GeoScene、SuperMap、MapGIS 和 GeoStar 等。基于专业 GIS 软件可对扫描获取的栅格数据进行屏幕鼠标跟踪矢量化，同时可对矢量化结果数据进行编辑、处理。

矢量化之前，通过扫描获得的是栅格数据，其数据量较大。此外，扫描获得的数据还存在噪声和中间色调像元的处理问题。噪声是指不属于地图内容的斑点污渍和其他模糊不清的东西形成的像元灰度值。噪声范围广，没有简单有效的方法能将其完全消除，有的软件能去除一些小的脏点，但有些地图内容如小数点等和小的脏点很难区分。对于中间色调像元，则可以通过选择合适的阈值，选用一些软件等来处理，如 Photoshop 等。

（3）摄影测量

摄影测量技术在我国基本比例尺地形图生产过程中扮演了重要角色，我国绝大部分 1∶1 万和 1∶5 万基本比例尺地形图的生产过程中使用了摄影测量方法。随着数字摄影测量技术的推广，在 GIS 空间数据采集的过程中，摄影测量也起着越来越重要的作用。

①摄影测量原理：摄影测量包括地面摄影测量和航空摄影测量。地面摄影测量一般采用倾斜摄影或交向摄影；航空摄影测量一般采用垂直摄影。摄影机镜头中心垂直于聚焦平面（胶片平面）的连线称为相机的主轴线。航测上规定当主轴线与铅垂线方向的夹角小于 3°时为垂直摄影。摄影测量通常采用立体摄影测量方法（图 3.3）采集某一地区空间数据。

对同一地区同时摄取两张或多张重叠的相片，在室内的光学仪器上或计算机内恢复它们的摄影方位，重构地形表面，即把户外的地形表面“搬到”室内进行观测。航测上对立体覆盖的要求是当飞机沿一条航线飞行时相机拍摄的任意相邻两张相片的重叠度（航向重叠）不少于 55%，在相邻航线上的两张相邻相片的旁向重叠应保持在 30%。

②数字摄影测量的数据处理流程：数字摄影测量一般指全数字摄影测量，它是基于数字影像与摄影测量的基本原理，应用计算机技术、数字影像处理、影像匹配模式识别等多学科的理论与方法，提取所摄对象用数字方式表达的集合与物理信息的摄影测量方法。数字摄影测量是摄影测量发展的新阶段。与传统摄影测量不同的是，数字摄影测量所处理的原始影像是数字影像。数字摄影测量继承立体摄影测量和解析摄影测量的原理，

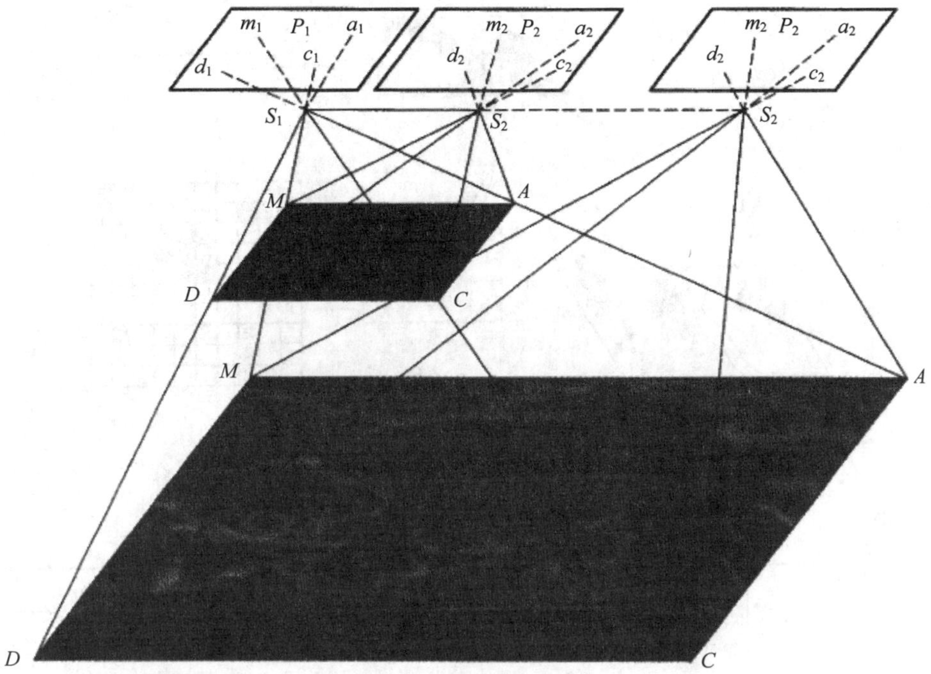

图 3.3　立体摄影测量原理

同样需要内定向、相对定向和绝对定向。不同的是数字摄影测量直接在计算机内建立立体模型。由于数字摄影测量的影像已经完全实现了数字化，数据处理在计算机内进行，所以可以加入许多人工智能的算法，使它进行自动内定向、自动相对定向、半自动绝对定向。不仅如此，还可以进行自动相关、识别左右相片的同名点、自动获取数字高程模型，进而生产数字正射影像。还可以加入某些模式识别的功能，自动识别和提取数字影像上的地物目标。

（4）遥感图像处理

通常所称的遥感影像数据是指卫星遥感影像，其信息获取方式与航空相片不同。遥感成像基本原理如图 3.4 所示。

地面接收太阳辐射，地表各类地物对其反射的特性各不相同，搭载在卫星上的传感器捕捉并记录这些信息，之后将数据传输回地面，然后将所得数据经过一系列处理，得到满足 GIS 需求的数据。遥感数据的处理与具体的数据类型（卫星影像、雷达影像）和存储介质等因素相关。遥感数据处理的主要内容见表 3.3。

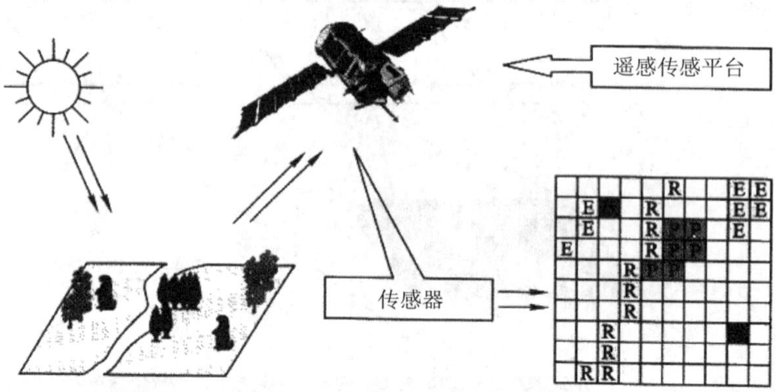

图 3.4　遥感原理示意图

表 3.3　遥感数据处理的主要内容

遥感数据处理	再生校正	图像重建
		图像复原
		辐射量校正
		几何校正
		镶嵌
	变换	灰度信息变换
		空间信息变换
		几何信息变换
		数据压缩
		总体测定
	分类	分类
		区域分割
		匹配

基本处理流程如下：

①观测数据的输入：采集的数据包括模拟数据和数字数据两种，为了把相片等模拟数据输入处理系统中，必须用胶片扫描仪等进行 A/D 变换。对数字数据来说，因为数据多记录在特殊的数字记录器（HDDT 等）中，所以必须转换到一般的数字计算机都可以读出的计算机兼容磁带（Computer Compatible Tape，CCT）等通用载体上。

②再生、校正处理：对于进入处理系统的观测数据，首先进行辐射量失真及几何畸变的校正，对于 SAR 的原始数据需要进行图像重建；其次，按照处理目的进行变换、分类，或者变换与分类相结合的处理。

③变换处理：变换处理意味着从某一空间投影到另一空间上，通常在这一过程中观测数据所含的一部分信息得到增强。因此，变换处理的结果多为增强的图像。

④分类处理：分类是以特征空间的分割为中心的处理，最终要确定图像数据与类别之间的对应关系。因此，分类处理的结果多为专题图的形式。

⑤处理结果的输出：处理结果可分为两种情况，一种是经 D/A 变换后作为模拟数据输出到显示装置及胶片上；另一种是作为地理信息系统等其他处理系统的输入数据而以数字数据输出。

（5）机载激光雷达获取

机载激光雷达测量系统主要包括三大部件：机载激光扫描仪、航空数码相机、定向定位系统（POS 系统）（图 3.5）。

机载激光扫描仪　　航空数码相机　　POS 系统（GPS+IMU）

图 3.5　机载激光雷达测量系统设备

①机载激光扫描仪：机载激光扫描仪采集三维激光点云数据，测量地形同时记录回波强度及波形，是激光雷达的核心，一般由激光发射器、接收器、时间间隔测量装置、传动装置、计算机和软件组成。工作原理是线激光器发出的光平面扫描物体表面，面阵 CCD 采集被测物面上激光扫描线的漫反射图像，在计算机中对激光扫描线图像进行处理，依据空间物点与 CCD 面阵像素的对应关系计算物体的景深信息，得到物体表面的三维坐标数据，快速建立原型样件的三维模型。

②航空数码相机：航空数码相机拍摄采集航空影像数据。利用高分辨率的数码相机获取地面的地物地貌真彩或红外数字影像信息，经过纠正、镶嵌可形成彩色正射数字影像，对目标进行分类识别后可作为纹理数据源。

③POS 系统：POS 系统测量每一瞬间的空间位置与姿态，其中 GPS 确定空间位置，IMU 惯导测量仰俯角、侧滚角和航向角数据。机载激光雷达采用动态载波相位差分 GPS 系统，利用安装在电机上与激光雷达相连接的和设在一个或多个基准站的至少两台 GPS 信号接收机同步而连续地观测 GPS 卫星信号，同时记录瞬间激光和数码相机开启脉冲的

时间标记，再进行载波相位测量差分定位技术的离线数据后处理，获取激光雷达的三维坐标。

3.3.2 属性数据获取

属性数据即空间实体的特征数据，一般包括名称、等级、数量、代码等。属性数据的内容有时直接记录在栅格或矢量数据文件中，有时则单独输入数据库存储为属性文件，通过关键码与图形数据相联系。属性数据一般采用键盘输入。输入的方式有两种：一种是对照图形直接输入；另一种是预先建立属性表输入属性，或从其他统计数据库中导入属性，然后根据关键字与图形数据自动连接。

（1）属性数据的来源

在国家资源与环境相关标准规范中，一般将专业数据分为社会环境、自然环境和资源与能源基本数据等。

①社会环境数据：社会环境数据一般包括城市与人口、交通网、行政区划、地名、文化和通信设施 5 类。这 5 类数据可从人口普查办公室、民政部、国家测绘地理信息局，以及林业、文化、教育、卫生和邮政等相关部门获取。

②自然环境数据：自然环境数据一般包括地形数据、海岸及海域数据、水系及流域数据、基础地质数据 5 类。这 5 类数据可以从国家测绘地理信息局、水利部以及地质、矿产、地震、石油等相关部门和机构获取。

③资源与能源基本数据：资源与能源基本数据一般包括土地资源相关数据、气候和水热资源相关数据、生物资源相关数据、矿产资源相关数据和海洋资源相关数据 5 类。这 5 类数据可从中国科学院、国家测绘地理信息局及农、林、气象和水电等相关部门获取。

（2）属性数据的分类

属性数据的分类，是根据系统的功能以及相应的国际、国家和行业空间信息分类规范和标准，将具有不同空间特征和语义的空间要素区别开来的过程，目的是在空间数据的逻辑结构上将数据组织为不同的信息层，并标识空间要素的类别。

属性数据一般采用线分类法对空间实体进行分类，即将分类对象按选定的空间特征和语义信息，逐次地分成相应的若干层级的类目，并排列成一个有层次的、逐级展开的分类体系。同级类之间是并列关系，下级类与上级类间存在隶属关系，同级类不重复、不交叉。从而将地理空间的空间实体组织为一个层级树，因此也称层级分类法。我国《国土基础地理信息数据分类与代码》（GB/T 13923—1992）将地球表面的自然和社会基础信息分为 9 个大类，分别为测量控制点、水系、居民地、交通、管线与垣栅、境界、地形与土质、植被和其他类，在每个大类下又依次细分为小类、一级类和二级类。

（3）属性数据的编码

属性数据的编码是指确定属性数据的代码的方法和过程。代码是一个或一组有序的易于被计算机或人识别与处理的符号，是计算机鉴别和查找信息的主要依据。编码的直接产物就是代码，而分类分级则是编码的基础。

对于要直接记录到栅格或矢量数据文件中的属性数据，则必须先对其进行编码，将各种属性数据变为计算机可以接受的数字或字符形式，便于 GIS 存储管理。属性数据编码一般基于以下 5 个原则：①编码的系统性和科学性；②编码的一致性和唯一性；③编码的标准化和通用性；④编码的简洁性；⑤编码的可扩展性。

属性数据编码方案的制定：在属性数据分类编码的过程中，应力求规范化、标准化，有可遵循标准的尽量依标准。如要对交通 GIS 系统数据进行编码就有许多规范及行业标准（表 3.4）。

表 3.4 与交通 GIS 相关的国家及行业标准

标准文号	标准名称
GB 2260—95	中华人民共和国行政区划代码
GB 10114—88	县以下行政区划代码编制规则
GB 12409—90	地理格网
GB/T 15660—95	1∶0.5 万、1∶1 万、1∶2.5 万、1∶5 万、1∶10 万地形图要素与代码
GB 917.1—917.2	公路路线命名编号和编码规则
JT 22—90	公路管理养护单位代码编制规则
JTJ 073—96	公路养护技术规范
GB 920—89	公路路面等级与面层类型代码
GB/T 919—94	公路等级代码
GB 1708—89	公路桥梁命名编号和编码规则
GBJ 124—88	道路工程术语标准
GB/T 4754—94	国民经济行业分类与代码

如果没有适用的标准可遵循，可依照以下编码的一般方法，制定有一定适用性的编码标准：列出全部制图对象清单；制定对象分类、分级原则和指标，将制图对象进行分类、分级；拟定分类代码系统；设定代码及其格式；设定代码使用的字符和数字、码位长度、码位分配等；建立代码和编码对象的对照表，这是编码最终成果档案，是数据输入计算机进行编码的依据。

属性的科学分类体系无疑是 GIS 中属性编码的基础。目前，较为常用的编码方法有层次分类编码法与多源分类编码法两种基本方法。

①层次分类编码法：层次分类编码法是按照分类对象的从属和层次关系为排列顺序的一种编码方法，它的优点是能明确表示出分类对象的类别，代码结构有严格的隶属关系。

②多源分类编码法：又称独立分类编码法，是指对于一个特定的分类目标，根据诸多不同的分类依据分别进行编码，各位数字代码之间并没有隶属关系。

在实际工作中，往往将以上两种编码方法结合使用，以达到更理想的效果。

3.4 空间数据处理方法及原理

每一个地理信息系统所包含的空间数据都应具有统一的地理数学基础，包括坐标系统、地图投影等，当在一个系统内使用不同来源的空间数据时，它们之间可能会有不同的投影方式和坐标系统，需要进行坐标变换以使它们具有统一的空间参照系统，因为统一的数学基础是运用各种分析方法的前提。扫描得到的图像数据和遥感影像数据往往会有变形，与标准地形图不符，这时需要对其进行几何纠正。当需要对空间现象进行空间模拟与预测时，还需要进行空间插值，将离散点的测量数据转换为连续的数据曲面，以便与其他空间现象的分布模式进行比较。以上各种问题的处理均属于空间数据处理的范畴。

空间数据处理是GIS在应用过程中因数据来源、格式等不同而面临的首要问题，包括数据变换（几何纠正、投影变换）、数据提取（类型提取、窗口提取和空间插值）和数据重构（结构转换、格式转换和类型替换）。本节重点介绍数据变换中的几何纠正、投影变换，以及数据提取中的空间插值和数据重构中的结构转换等方法。

3.4.1 几何纠正

（1）原因

由于以下因素，扫描得到的地形图数据和遥感数据存在变形问题，须加以纠正：

①地形图的实际尺寸发生变形。

②在扫描过程中，工作人员的操作会产生一定的误差。如扫描时地形图或遥感影像没被压紧、产生斜置或扫描参数的设置不恰当等，都会使被扫入的地形图或遥感影像产生变形，直接影响扫描质量和精度。

③遥感影像本身就存在几何变形。

④地图图幅的投影与其他资料的投影不同，或需将遥感影像的中心投影或多中心投影转换为正射投影等。

⑤扫描时受扫描仪幅面大小的影响，有时需将一幅地形图或遥感影像分成几块扫描，

这样会使地形图或遥感影像在拼接时难以保证精度。对扫描得到的图像进行纠正，主要是建立要纠正的图像与标准的地形图或地形图的理论数值或纠正过的正射影像之间的变换关系，消除各类图形的变形误差。

目前，主要的变换函数有仿射变换、双线性变换、平方变换、双平方变换、立方变换和四阶多项式变换等，具体采用哪一种，则要根据纠正图像的变形情况、所在区域的地理特征及所选点数来确定。

（2）地形图几何纠正的方法

对地形图的纠正，一般采用四点纠正法或逐网格纠正法。

①四点纠正法：一般是根据选定的数学变换函数，输入需纠正地形图的图幅行、列号，比例尺，图幅名称等，生成标准图廓，分别采集 4 个图廓控制点坐标来完成。

②逐网格纠正法：该方法可在四点纠正法不能满足精度要求的情况下采用。这种方法和四点纠正法的不同点在于采样点数目不同，它是在逐方里网进行的，也就是说，对每一个方里网，都要采点。具体采点时，一般要先采源点（需纠正的地形图），后采目标点（标准图廓），先采图廓点和控制点，后采方里网点。

（3）空间数据坐标变换的主要方法

采集完毕的原始数据（图形或图像）来自不同的空间参考系统，或者数据输入时是一种投影，输出时是另一种投影，造成同一空间区域的不同数据，它们的空间参考有时并不相同。为了空间分析和数据管理，经常需要进行坐标变换，统一到同一空间参考系下。坐标变换的实质是建立两个空间参考系之间点的一一对应关系，然后利用变换方法（方程）来解算方程的参数，最终基于解算的方程完成坐标变换。常用的坐标变换方法包括二次变换、相似变换和仿射变换。

1）二次变换

二次曲线方程称为二次变换。二次变换适用于原图有非线性变形（不均匀）的情况。其公式为

$$\begin{cases} X = a_0 + a_1x + a_2y + a_{11}x^2 + a_{12}xy + a_{22}y^2 \\ Y = b_0 + b_1x + b_2y + b_{11}x^2 + b_{12}xy + b_{22}y^2 \end{cases} \tag{3.2}$$

式中，（x，y）为待纠正坐标系（原坐标系）中的坐标值，（X，Y）为控制点理论坐标（新坐标系）中的坐标值，a_0、a_1、a_2、a_{11}、a_{12}、a_{22}、b_0、b_1、b_2、b_{11}、b_{12} 和 b_{22} 分别为待解的 12 个方程参数。因此，二次变换至少要求 6 对位移关联点（控制点）坐标及理论坐标值才能求解待定参数。

2）相似变换

相似变换是由一个图形变换为另一个图形，在改变的过程中保持形状不变（大小可以改变）。相似变换考虑平移、旋转和缩放 3 种因素对坐标变换的影响。相似变换的公

式可表示为

$$\begin{cases} X = a_0 + a_1 x + a_2 y \\ Y = b_0 - a_2 x + a_1 y \end{cases} \tag{3.3}$$

式中，（x，y）为原坐标系中的坐标值，（X，Y）为新坐标系中的坐标值，a_0、a_1、a_2和b_0分别为待解的4个方程参数。求解式（3.3）至少需要2对已知关联点（控制点）。

3）仿射变换

仿射变换是在不同方向上进行不同的压缩和扩张，该方法可将球变为椭球，将正方形变为平行四边形，其综合考虑了坐标的非等比例缩放、扭曲、旋转和平移（图3.6）。

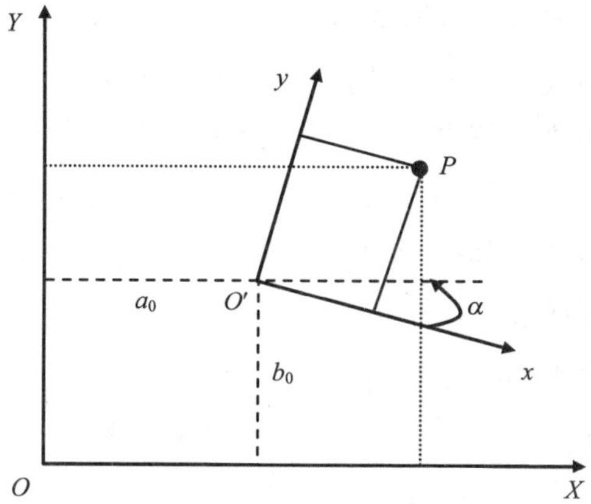

图 3.6 仿射变换原理

仿射变换是几何纠正和投影转换常用的方法，其公式为

$$\begin{cases} X = a_1 x + a_2 y + a_3 \\ Y = b_1 x + b_2 y + b_3 \end{cases} \tag{3.4}$$

式中，（x，y）为原坐标系中的坐标值，（X，Y）为新坐标系中的坐标值，a_1、a_2、a_3、b_1、b_2和b_3分别为待解的6个方程参数。求解式（3.4）需不在一直线上的3对已知控制点，通常利用4个以上关联点（控制点），采用最小二乘法原理求解待定参数。

控制点的选择好坏（精度）通常基于均方根（Root Mean Square，RMS）误差来衡量。均方根是纠正前控制点实际位置与纠正后控制点的估计位置之间偏差的估计值。纠正中选择的n个控制点在X和Y上偏差的平方和可以用来估计几何纠正的整体精度。因此，几何纠正的精度与控制点密切相关。为了确保几何纠正的精度，控制点的RMS误差需控制在一定容差范围内，如果RMS误差超出容差值，控制点就需要重新调整。

（4）遥感影像纠正的主要步骤及注意事项

遥感影像纠正时，一般选用和遥感影像比例尺相近的地形图或正射影像图作为变换标准，选用合适的变换函数，分别在要纠正的遥感影像和标准地形图或正射影像图上采集控制点（同名地物点、图廓点或地物特征点，如道路交叉点等）。具体采点时，要先采源点（影像），后采目标点（地形图）。选点时，要注意选择的点要尽量均匀分布，点的密度不能过大。如果在选点时没有注意点位的分布或点太多，不但不能保证精度，反而会使影像产生变形。另外，选点时，点位应选由人工建筑构成的并且不会移动的地物点，如渠或道路交叉点、桥梁等，尽量不要选河床易变动的河流交叉点，以免点的移位影响配准精度。

3.4.2　投影变换

（1）地图投影的类型

由于地球椭球体为不可展的曲面，而地理坐标系为球（曲）面坐标采用经纬度表示，不方便进行距离、方位、面积等参数的计算；而且，地图一般为二维平面，符合视觉心理，并方便进行距离、方位、面积等计算和各种空间分析。因此，地图制作通常需要将曲面对象进行投影形成平面地图。

地图投影按投影变形性质可分为等角投影、等积投影和等距投影；按投影面可分为圆柱投影（投影面为圆柱）、圆锥投影（投影面为圆锥）和方位投影（投影面为平面）；按椭球体和投影面的几何位置关系可分为正轴投影（投影面中心轴与地轴相互重合）、斜轴投影（投影面中心轴与地轴斜向相交）和横轴投影（投影面中心轴与地轴相互垂直）（图 3.7）；按椭球体和投影面的逻辑位置关系可分为：切投影和割投影。

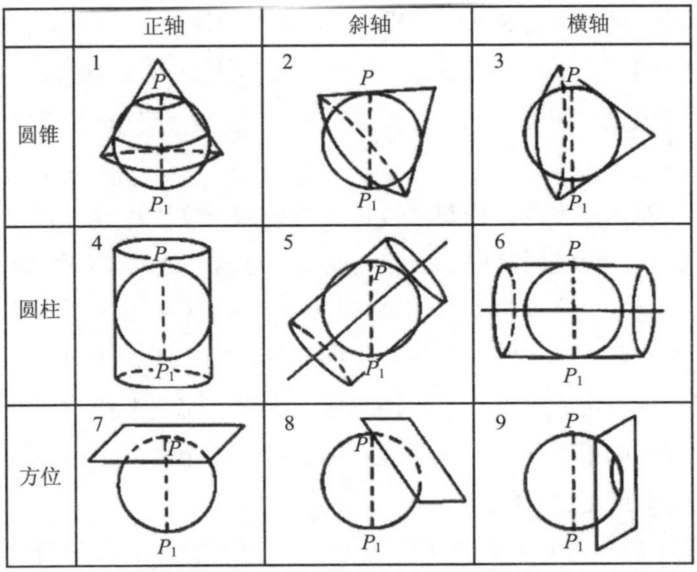

图 3.7　地图投影分类

不同的地图投影方法适用于不同的需求和应用领域。其中，等角投影较为常见，如墨卡托投影主要应用在航海和飞行导航等领域、兰勃特投影广泛应用于大规模地图制作及气象学研究中。等积投影的结果能保持投影后的面积比例不发生改变，常用于土地利用、国土空间规划和地理分布等涉及面积计算方面的应用研究。等距投影是沿某一特定方向的距离，在投影之后保持不变，即沿该特定方向长度之比等于 1。适用于沿某一特定方向量测距离的地图、教学地图和交通地图等的制作。在实际制图中，不同国家或地区的地理位置、国家或地区的形状、制图的方式等也会影响制图时投影类型的选择。

（2）我国常用的主要地图投影类型

我国基本比例尺地形图（1∶100 万、1∶50 万、1∶25 万、1∶10 万、1∶5 万、1∶2.5 万、1∶1 万、1∶5 000）除 1∶100 万地形图以外均采用高斯-克吕格（Gauss-Kruger）投影［横轴等角切圆柱投影，又叫横轴墨卡托（Transverse Mercator）投影］为地理基础；1∶100 万地形图采用兰勃特（Lambert）投影（正轴等角割圆锥投影）；海上小于 1∶50 万的地形图多用墨卡托（Mercator）投影（正轴等角圆柱投影）；大部分省区图以及大多数这一比例尺的地图也多采用兰勃特投影和属于同一投影系统的阿尔伯斯（Albers）投影（正轴等积割圆锥投影），该投影常用以编制行政区划图、人口密度图及社会经济图等，这也是我国中、小比例尺（1∶25 万或以下）的主要投影类型；为了确保影像的精确性和地理信息的准确性，我国卫星影像资料采用通用横轴墨卡托投影（Universal Transverse Mercator，UTM）。

1）墨卡托（Mercator）投影

墨卡托投影是一种“正轴等角圆柱投影”，由荷兰地图学家墨卡托（G. Mercator）于 1569 年创立。该投影是假想一个与地轴方向一致的圆柱切或割于地球，按等角条件，将经纬网投影到圆柱面上，将圆柱面展为平面后，就是一幅选定标准纬线上的“墨卡托投影”绘制出的地图。

墨卡托投影没有角度变形，由每一点向各方向的长度比相等，它的经纬线都是平行直线，且相交成直角，经线间隔相等，纬线间隔从标准纬线向两极逐渐增大（图 3.8）。墨卡托投影的地图上长度和面积变形明显，但标准纬线无变形，从标准纬线向两极变形逐渐增大，但因为它具有各个方向均等扩大的特性，保持了方向和相互位置关系的准确性。在航海和航空中常用墨卡托投影地图导航，如在航海墨卡托投影地图上，可以连接出发点到目的地之间的航程线，在地图上量出航程线的角度，然后按照罗盘的指示始终沿着这个方向航行即可到达目的地。

《海底地形图编绘规范》（GB/T 17834—1999）中规定 1∶25 万及更小比例尺的海图采用墨卡托投影，其中基本比例尺海底地形图（1∶5 万、1∶25 万、1∶100 万）采用统一基准纬线 30°，非基本比例尺图以制图区域中纬为基准纬线。

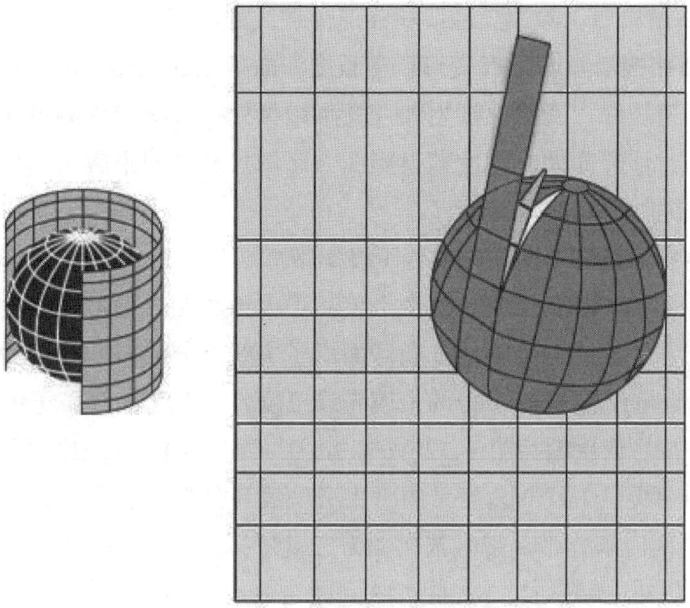

图 3.8　墨卡托投影

2）高斯-克吕格（Gauss-Kruger）投影

高斯-克吕格投影，是一种“横轴等角切圆柱投影”。由德国数学家、物理学家、天文学家高斯（C. F. Gauss）于 19 世纪 20 年代拟定，德国大地测量学家克吕格（J. Kruger）于 1912 年对投影公式加以补充，得到高斯-克吕格投影。该投影方法使用一个圆柱横切于球面上投影带的中央经线，按照投影带中央经线投影为直线且长度不变和赤道投影为直线的条件，将中央经线两侧一定经差范围内的球面正形投影于圆柱面（图 3.9）。然后将圆柱面沿过南北极的两条母线剪开展平，即得到高斯-克吕格投影平面。

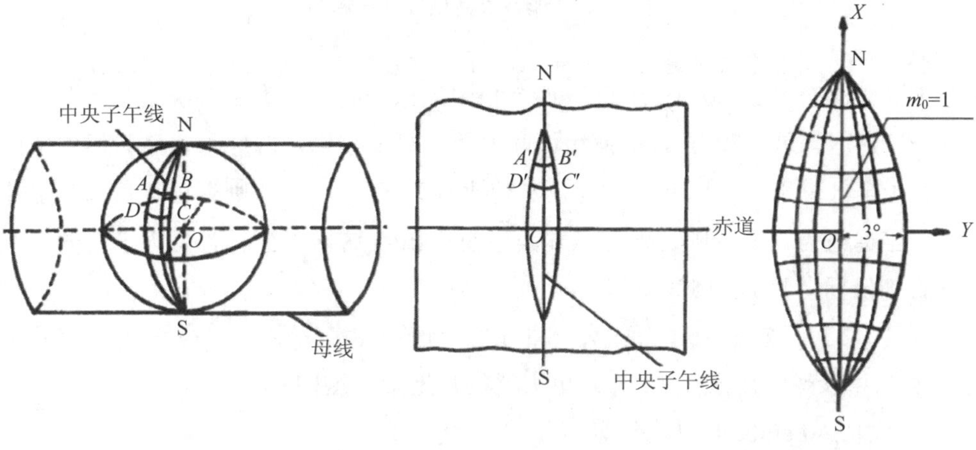

图 3.9　高斯-克吕格投影

高斯-克吕格投影后，除中央经线和赤道为直线外，其他经线均为对称于中央经线的曲线。高斯-克吕格投影没有角度变形，在长度和面积上的变形小，中央经线无变形，自中央经线向投影带边缘，变形逐渐增加，变形最大处在投影带内赤道的两端。由于投影精度高、变形小、计算简便，因此该投影在大比例尺地形图中应用，可满足工程上各种需要以及在图上进行精确的量测计算。

按一定经差将地球椭球面划分成若干投影带，这是高斯-克吕格投影中限制长度变形的最有效方法。分带时既要控制长度变形使其不大于测图误差，又要使带数不致过多以减少换带计算工作，据此原则将地球椭球面沿子午线划分成经差相等的瓜瓣形地带，以便分带投影。通常按经差 6°或 3°分为六度带或三度带。六度带自 0°子午线起每隔经差 6°自西向东分带，带号依次编为第 1、2、…、60 带（图 3.10）。三度带是在六度带的基础上分成的，它的中央子午线与六度带的中央子午线和分带子午线重合，即自 1.5°子午线起每隔经差 3°自西向东分带，带号依次编为三度带第 1、2、…、120 带。我国的经度范围西起 73°东至 135°，可分成 6°带 11（13～23 带）个，各带中央经线依次为 75°、81°、87°、…、117°、123°、129°、135°，或 3°带 22（24～45 带）个。

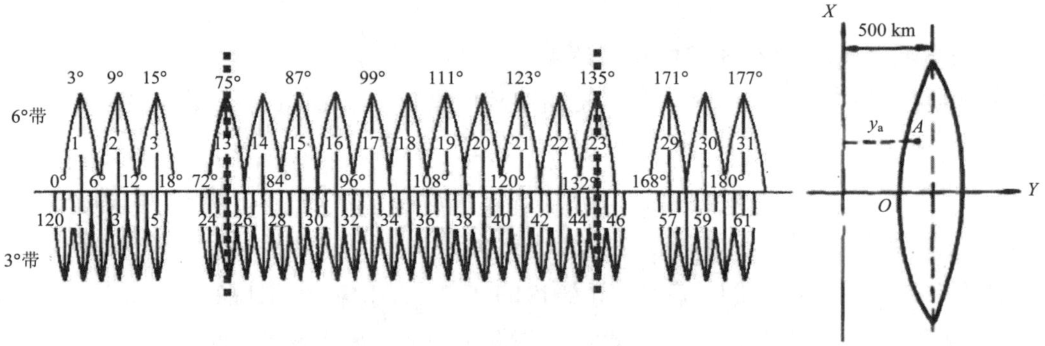

图 3.10　高斯-克吕格分带投影图

分带的结果会造成 60 个带中有 60 个相同坐标值的点，为了解决这个问题，使坐标值与点一一对应，就在原 *Y* 坐标前增加两位数，写上投影带的序号，称为通用坐标。由于我国领土全部位于赤道以北，因此，*X* 值永远为正值，而 *Y* 则有正有负，为了计算方便，使 *Y* 坐标值为正值，则将坐标纵轴西移 500 km，这样 *Y* 坐标都是大于 0 的值，结果是所有的 *Y* 坐标上都加上 500 km。

我国 1∶2.5 万至 1∶50 万的大、中比例尺地形图多采用 6°带高斯-克吕格投影，3°带高斯-克吕格投影多用于 1∶1 万及更大比例尺地形图测图。

3）兰勃特（Lambert）投影

兰勃特投影又称“正轴等角割圆锥投影”，是由德国数学家兰勃特（J. H. Lambert）

于 1772 年拟定的。设想用一个圆锥正割于球面两条标准纬线，应用等角条件将地球面投影到圆锥面上（图 3.11），然后沿一母线展开成平面。投影后纬线为同心圆圆弧，经线为同心圆半径。兰勃特投影没有角度变形，经线长度比和纬线长度比相等，适用于制作沿纬线分布的中纬度地区中、小比例尺地图。

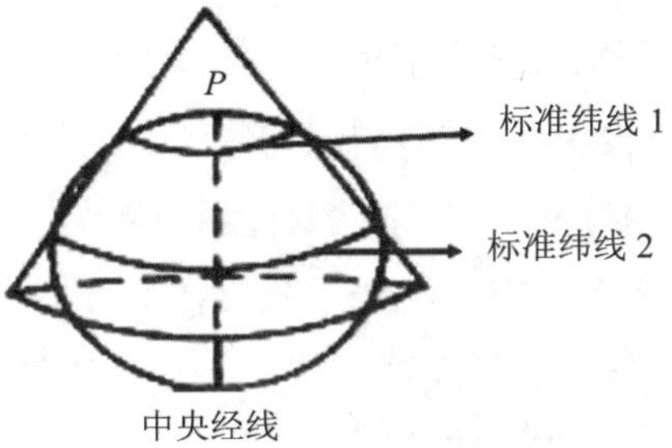

图 3.11　兰勃特投影图

兰勃特投影的变形分布规律是：①没有角度变形；②两条标准纬线上没有任何变形；③等变形线与纬线一致，即同一条纬线上的变形处处相等；④在同一经线上，两标准纬线外侧为正变形（长度比大于 1），而两标准纬线之间为负变形（长度比小于 1）。变形比较均匀，变形绝对值也比较小；⑤同一纬线上等经差的线段长度相等，两条纬线间的经纬线长度处处相等。

国际上用此投影编制 1∶100 万地形图和航空图，我国 1∶100 万地形图采用兰勃特投影，其分幅原则与国际地理学会规定的全球统一使用的百万分之一地图投影保持一致。

4）阿尔伯斯（Albers）投影

阿尔伯斯投影又称“正轴等积割圆锥投影”或“双标准纬线等积圆锥投影”，与兰勃特投影属于同一投影族，由 Heinrich C. Albers 于 1805 年拟定。该投影经纬网的经线为辐射直线，纬线为同心圆圆弧（图 3.12）。特点是两条割纬线投影后无任何变形，投影区域面积保持与实地相等。最适合东西方向分布的大陆板块，不适合南北方向分布的大陆板块。

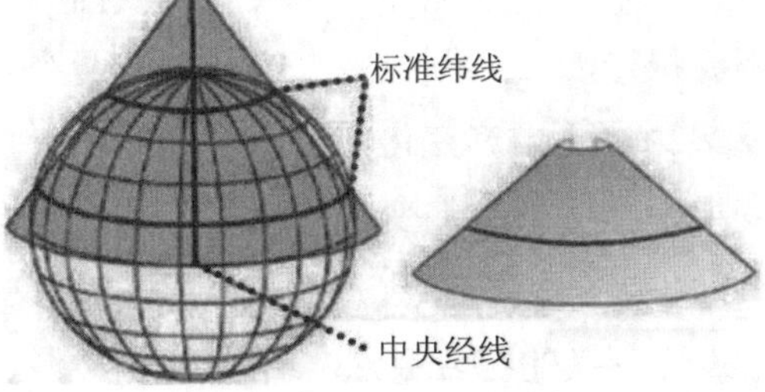

图 3.12　阿尔伯斯投影图

由于我国位于中纬度地区，我国中、小比例尺（1∶25 万或以下）地图和分省地图经常采用割圆锥投影（Lambert 投影或 Albers 投影），用以编制行政区划图、人口密度图及社会经济图等。中国地图的中央经线常位于东经 105°，两条标准纬线分别为北纬 25°和北纬 47°，各省的参数可根据地理位置和轮廓形状初步加以判定。

5）UTM 投影

UTM 投影全称为“通用横轴墨卡托投影”，又称“等角横割圆柱投影”，美国于 1948 年完成该投影的计算。UTM 投影在美国本土采用 Clarke 1866 椭球体，而在世界其他地方都采用了 WGS 84 椭球体。UTM 投影时，圆柱割地球于南纬 80°、北纬 84°两条等高圈，投影后两条相割的经线上无变形，中央经线上长度比为 0.999 6（图 3.13）。UTM 投影与高斯-克吕格投影相似，该投影角度无变形，中央经线为直线，且为投影的对称轴，中央经线的比例因子取 0.999 6，保证离中央经线左右约 330 km 处有两条不失真的标准经线。UTM 投影分带方法与高斯-克吕格投影相似，自西经 180°起每隔经差 6°自西向东分带，将地球划分为 60 个投影带。

UTM 投影已被许多国家和地区采用作为地形图的数学基础，我国的卫星影像资料常采用 UTM 投影。

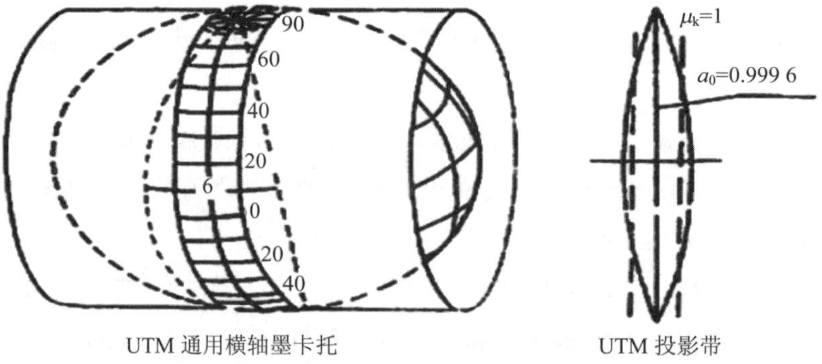

图 3.13　UTM 投影图

（3）投影变换的目的及方法

投影转换是指当系统使用来自不同地图投影类型的数据时，需要将该投影类型转换为所需要投影类型的过程。投影变换必须已知变换前后的两个空间参考的投影参数，然后利用投影式的正解和反解算法，推算变化前后两个空间参考系之间点的一一对应函数关系。投影变换是坐标变换中精度最高的变换方法。但是，有时在一些特殊情况下，即便知道变换前后的两个空间参考的投影参数、投影方式，投影变换的正解和反解也很难直接推求，此时往往采用投影变换的综合算法。目前，大多数 GIS 软件采用正解变换法来完成不同投影之间的转换，并直接在 GIS 软件中提供常见投影之间的转换。

3.4.3 空间插值

空间插值是根据已知点的数据来推求未知点数据的方法。广泛应用于具有连续变化特征现象的数值内插，如地形模拟，降雨量、温度、污染物浓度空间分布模拟等，用于解决空间模拟与预测问题，并以专题图的形式展现，为决策提供依据。常用的插值方法有很多，分类并没有统一的标准，如从数据分布规律来看，有基于规则分布的内插方法、基于不规则分布的内插方法和适合于等高线数据的内插方法等；从内插函数与参考点的关系来看，有曲面通过所有采样点的纯二维插值方法和曲面不通过采样点的曲面拟合插值方法；从内插曲面的数学性质来看，有多项式内插、样条内插、最小二乘配置内插等内插函数；从对地形曲面的理解来看，有克里金法、多层曲面管加法、加权平均法和分形内插等；从内插点的分布范围来看，有整体内插、局部内插和逐点内插法。空间内插的根本是对空间曲面特征的认识和理解，具体到方法上，则是内插点邻域范围的确定、权值确定方法（自相关程度）和内插函数的选择等三方面的问题。

（1）整体内插

整体内插，就是在整个区域用一个数学函数来表达地形曲面，如图 3.14 所示。整体内插函数通常是高次多项式，要求地形采样点的个数大于等于多项式的系数数目。当地形采样点的个数与多项式的系数相等时，这时能得到一个唯一的解，多项式通过所有的地形采样点，属纯二维插值；而当采样点个数多于多项式系数时，没有唯一解，这时一般采用最小二乘法求解，即要求多项式曲面与地形采样点之间差值的平方和最小，属曲面拟合插值或趋势面插值。从数学角度讲，任何复杂的曲面都可用多项式在任意精度上逼近，但由于以下原因，在空间内插中整体内插并不常用。

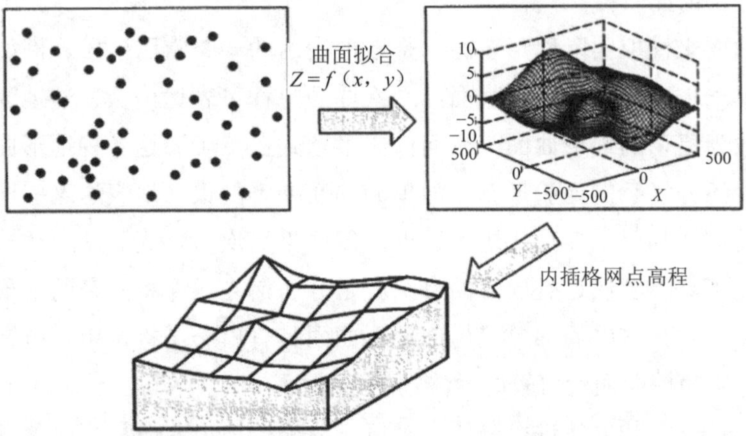

图 3.14 整体内插示意图

①整体内插函数保凸性较差。高次多项式虽然能在任意精度上逼近地形曲面，并且能使数学曲面与实际地形曲面有更多的重合点，但由于多项式是自变量幂函数和的形式，采样点的增减或移动都需要对多项式系数作全面调整，因而采样点之间会出现难以控制的振荡现象，致使函数极不稳定，从而导致保凸性较差。

②不容易得到稳定的数值解。高次多项式的系数求解一般要解算较高阶的线性方程组，计算的舍入误差和数据采样误差（平面位置误差），都会引起多项式系数发生较大变化，使高次多项式不容易得到稳定的数值解。而且这种微小的数据扰动影响，在二元高次多项式中更为严重，因为在一元函数插值时，自变量误差仅在一个方向上（x 轴），而在二维平面上，采样点的偏移方向却是无限的。

③多项式系数物理意义不明显。在低次多项式中，各个系数的物理意义非常明确，例如，线性多项式 $H=ax+by+c$ 中，a、b 分别为两个坐标轴方向的斜率，而在高次多项式中，各个系数的物理意义一般不明确，容易导致无意义的地形起伏现象。

④解算速度慢且对计算机容量要求较高。

⑤不能提供内插区域的局部地形特征。

整体内插虽然有上述缺点，但其优点也是明显的，如整个区域上函数的唯一性、能得到全局光滑连续的空间曲面、充分反映宏观地形特征等。整体内插函数常用来揭示整个区域内的地形宏观起伏态势。在空间内插中，一般是与局部内插方法配合使用，如在使用局部内插方法前，利用整体内插去掉不符合总体趋势的宏观地物特征。次数越低，拟合的表面越粗糙，实际表面拟合的效果越差，大致代表了此区域的宏观趋势；次数越高，拟合面越光滑，拟合的结果更接近实际表面。但并不是次数越高越好，次数过高使计算量大幅增加而精度提高不大，一般选用到 3 次即可。

（2）局部分块内插

利用数学曲面来模拟实际地形表面，是地形表达的一个常用手段。例如一阶线性平面可模拟具有单一坡度的斜坡地形表面，二次曲面方程可表达山头、洼地区域，而三次曲面则能描述较为复杂的地形曲面。然而低次多项式虽然可表达各种地形曲面，但一个地区却常常包含各种复杂的地貌形态，简单的曲面并不能很好地表达这些地形曲面。理论上任何复杂的曲面都可用多项式进行逼近，但由于高次多项式具有上述缺点，也不是理想的地形描述工具。解决这类问题的办法就是分而治之，即将复杂的地形地貌分解成一系列的局部单元。在这些局部单元内部地形曲面具有单一结构，由于范围的缩小和曲面形态的简化，用简单曲面就可较好地描述地形曲面。

将地形区域按一定的方法进行分块，对每一块根据地形曲面特征单独进行曲面拟合和高程内插，称为空间分块内插，如图 3.15 所示。

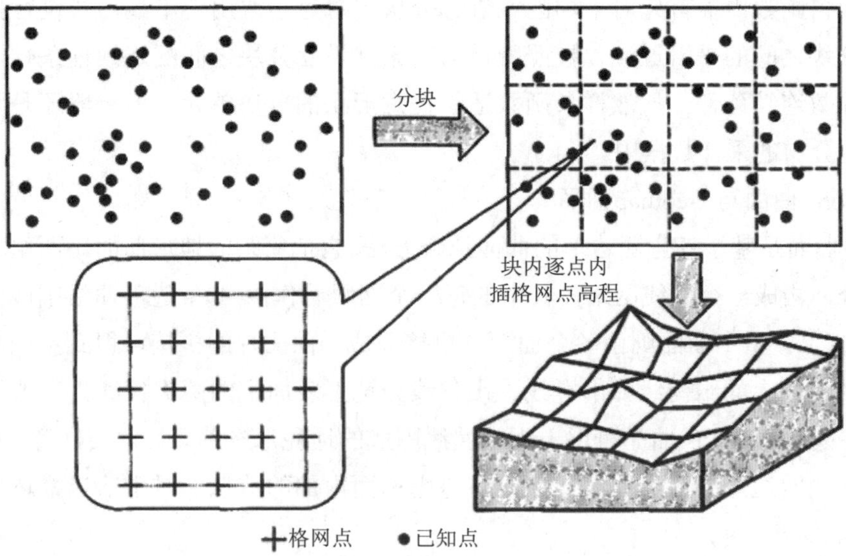

图 3.15 局部分块内插

区域分块简化了地形的曲面形态，使每一块都可用不同的曲面进行表达，但随之而来的是如何进行分块和如何保证各个分块之间的曲面的连续性。一般地可按地形结构线或规则区域进行分块，而分块大小取决于地形的复杂程度、地形采样点的密度和分布。为保证相邻分块之间的平滑连接，相邻分块之间要有一定宽度的重叠，另外一种分块之间的平滑连接是对内插曲面补充一定的连续性条件。

不同的分块单元可用不同的内插函数。常用的内插数函数有线性内插、双线性内插、多项式内插、样条函数和多层曲面叠加法等。

1）线性内插和双线性内插

形如 $H=ax+by+c$ 的多项式称为线性平面，它将分块单元内部的地形曲面视为平面。如果在线性多项式中增加了交叉项 xy，线性内插则变成双线性内插 $H=ax+by+cxy+d$，之所以称为双线性内插，是因为当 y 为常数时，表达的是 x 方向的线性函数，而当 x 为常数时，则为 y 方向的线性函数。线性内插函数中有 3 个未知数，需要 3 个采样点才能唯一确定，而双线性内插函数中有 4 个未知数，需要 4 个已知点。线性内插和双线性内插函数由于物理意义明确，计算简单，是基于 TIN 和基于正方形格网分布采样数据的 DEM 内插和分析应用的最常用的方法。

2）二元样条函数内插

所谓样条曲面，可假想为将一张具有弹性的薄板压定在各个采样点上，而其他的地方自由弯曲。从数学上讲，就是一个分段的低次多项式。多项式的次数一般不超过 3。通过样条函数，可以获取在各个采样点上具有最小曲率的拟合曲面。

二元样条函数内插首先对采样区域进行分块，对每一块用一个多项式进行拟合，为保证各个分块之间的平滑过渡，按照弹性力学条件设立分块之间的连续性条件，即公共边界上的导数连续条件。虽然样条函数适于任意形状的分块单元，但一般还是将其应用在规则格网分布的采样数据中。

3）Coons 曲面与 Geomap 曲面

Coons 曲面是基于任意四边形的曲面拟合方法。它把复杂的地形曲面用两组相交的曲线进行划分，构成一个曲线网络，其中的每一个网眼看作由 4 条边界曲线围成的曲面片（曲边四边形），整个曲面则由各个曲面片拼接而成，曲面片的拼接可得到不同程度的连续性。地形曲面上的结构线如山脊线、山谷线为地形表面上的两类棱线，一般不呈横向坡角连续，因此，Coons 曲面可用于由地性线围成的地貌形态单元。但要注意，Coons 曲面仅考虑曲边四边形的边界曲线，而没有考虑曲面内部的信息，对于恰当描述地貌形态有一定缺陷。

Geomap 曲面是 Bezier 曲面在不规则格网划分上的推广形式，它通过控制点的增加和只考虑每条边界与相邻曲面片之间的连续性条件，较为简单地解决了在不规则格网划分上的光滑曲面构造。本质上，Coons 和 Geomap 属于同一类曲面拟合，因此，Geomap 曲面在地形上应用具有与 Coons 曲面类似的不足。

4）多层曲面叠加内插

多层曲面叠加法是美国爱达荷州的 Hardy 教授于 1977 年提出的，他认为任何一个规则或不规则的连续曲面都可由若干个简单的曲面来叠加逼近。具体实现是在每个数据点上建立一个曲面，然后在垂直方向上将各个曲面按一定比例进行叠加，形成一张整体连续的曲面，曲面严格通过每一个数据点。

多层曲面叠加法的核心是简单曲面的设计，也称核函数。自该方法提出以来，已经发展出了许多种核函数的设计方法，如锥面、双曲面、三次曲面、高斯曲面（以高斯曲线为母线的旋转曲面）、Authur 法等。多层曲面函数的优点是核函数设计具有灵活性和可控性，用户可以根据自己的特定要求，在核函数中增加所需的各种信息，例如如果希望在内插过程中考虑地面坡度的信息，则可设计具有坡度特性的核函数。

5）最小二乘配置

最小二乘配置是一种基于统计的内插和测量数据处理方法，它认为一个测量数据一般由三部分构成，即趋势、信号和误差。趋势反映数据的整体变化走势，信号是局部数据之间的联系，误差则为不确定性因素的影响。最小二乘配置包括最小二乘内插、最小二乘滤波和最小二乘推估。

最小二乘配置的核心问题是如何建立数据之间的协方差矩阵，换言之，就是如何解决信号的相关性规律问题。在连续表面内插中，最小二乘配置认为数据点之间的相关规律仅与距离有关，也就是说，距离越近，协方差越大，超过一定的距离，协方差趋于零。高斯函数正好满足这一特性，因此习惯上用高斯函数来对采样点之间的相关程度进行度量。

6）克里金法

克里金法（Kriging）是法国地理数学家 G. Matheron 和南非矿业工程师 D. G. Krige 创立的地质统计学中矿品位的最佳内插方法，近年来已广泛用于 GIS 中的空间内插。克里金法与最小二乘配置比较类似，也是将变量的空间变化分为趋势、信号与误差 3 个部分，求解过程也比较相似。二者不同之处在于所采用的相关性计算方法不同，最小二乘配置采用协方差矩阵，而克里金法采用半方差（或者称为半变异函数）。克里金法的内蕴假设条件是区域变量的可变性和稳定性，也就是说，一旦趋势确定，变量在一定范围内的随机变化是同性变化，位置之间的差异仅是位置间距离的函数。通过不同数据点之间半方差的计算，可做出半方差随距离变化的半方差图，从而用来估计未采样点和采样点之间的相关系数，进而获得内差点的高程。

7）有限元内插

有限元内插是以离散方式处理连续变化量的数学方法，其基本思路是将地形曲面分割成有限个单元的集合，单元形状可为三角形、正方形等。相邻单元边界的端点称为结点，通过解求各个结点处的物理量来描述对象的整体分布。有限元通常采用分片光滑的奇次样条函数作为单元的内插函数（也称为基函数）。

有限元的解是一系列基函数的线性组合。为了求取线性组合的全部未知数，一般要列出与所求问题等价的二次泛函数取极小值的条件。有限元内插的计算量与前述方法的不同之处在于，有限元取决于分块范围内单元结点的个数（格网点数），而不是采样点数据量。另外，与样条函数类似，有限元内插也将地表视为弹性刚体，从若干的实验分析结果来看，也非空间曲面理想的内插方法。

（3）逐点内插

所谓逐点内插，就是以内插点为中心，确定一个邻域范围，用落在邻域范围内的采样点计算内插点的高程值，如图 3.16 所示。逐点内插本质上是局部内插，但与局部分块内插有所不同，局部内插中的分块范围一经确定，在逐个内插过程中其大小、形状和位置是不变的，凡是落在该块中的内插点，都用该块中的内插函数进行计算，而逐点内插法的邻域范围大小、形状、位置乃至采样点个数随内插点的位置而变化，1 套数据只用来进行 1 个内插点的计算。

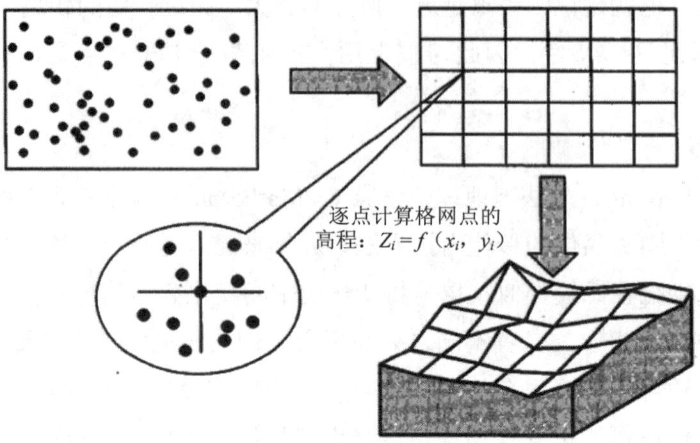

图 3.16　空间逐点内插法

逐点内插法的基本步骤为：定义内插点的邻域范围；确定落在邻域内的采样点；选定内插数学模型；通过邻域内的采样点和内插计算模型计算内插点的高程。为实现上述步骤，逐点内插法需要解决好以下 6 个问题。

①内插函数：逐点内插法的内插函数决定着空间表面精度、连续性、内插点邻域的最小采样点个数和内插计算效率。内插函数常与采样点的分布有关，目前常用的内插法有：适合于呈离散分布采样点的拟合曲面、反距离加权内插法；适合于 TIN 的线性内插法；适合于规则格网分布的双线性内插等。另外，局部内插的各种数学模型也可用于逐点内插。

②邻域大小和形状：在逐点内插中，邻域的作用是选择参加内插的采样点。逐点内插法的邻域相当于局部内插的分块，但形状和位置随内插点的位置而变动。常用的邻域有圆形、方形等。

③邻域内数据点的个数：邻域内数据点全部参加内插计算，用来进行内插计算的采样点不能太多也不能太少，太多影响计算精度（对内插计算的贡献程度太小）和处理效率，太少则不能满足内插函数的要求，邻域点的确定一般与具体的内插函数有关，通常认为 4～10 个点是比较合适的。邻域内数据点的个数常决定邻域范围的大小。邻域内数据点的个数也与采样点的分布密度有关，如果采样点分布比较均匀，邻域点选择不必考虑方向性，而当数据点分布不均匀时，邻域点确定要考虑方向性。

④采样点的权重：采样点的权重是指采样点对内插点的贡献程度，目前最常用的定权方法是按距离进行定权，即反距离权重。

⑤采样点的分布：采样点分布有离散分布、规则分布和等高线分布 3 种，理论上内插函数对采样点的分布没有任何要求，如双线性内插也适于不规则分布的采样点（任意

四边形），但以规则分布的点计算最为简单。

⑥附加信息的考虑：在地形表面内插过程中需考虑地形结构线、地物信息等附加信息，以保证地形表面模拟的真实性。即便同样的采样数据，插值函数参数的不同，也会导致插值结果发生很大的变化。

各种内插方法在不同的地貌地区和不同采点方式下有不同的误差。具体选择时要考虑各种方法的适用条件及优、缺点，同时考虑应用的特点，从内插精度、速度、计算量等方面选取合适的方法。不同插值方法的特点比较如表3.5所示。

表3.5　不同插值方法的特点比较

插值类型	特点	优点	缺点
整体内插	高次多项式，要求地形采样点的个数大于等于多项式的系数数目	整个区域函数唯一、空间曲面全局光滑连续、宏观地形特征充分反映	函数保凸性差、稳定数值解不易获取、多项式系数物理意义不明显、解算速度慢、计算机容量要求较高、内插区域的局部地形特征无法提供
局部分块内插	将地形区域按一定的方法进行分块，对每一块根据地形曲面特征单独进行曲面拟合和高程内插	将复杂的地形地貌分解成一系列的局部单元，简化地形的曲面形态，使每一块都可用不同的曲面进行表达。可较好地描述地形曲面	分块大小不易确定，要求解复杂的方程组，应用起来较为不便
逐点内插	邻域范围大小、形状、位置乃至采样点个数随内插点的位置而变化，1套数据只用来进行1个内插点的计算	方法计算简单，应用比较灵活	内插点邻域的确定不仅影响空间内插精度，也影响内插速度

一般来说，大范围地势比较复杂，用整体内插法若选取参考点个数较少，不足以逼近整个地形，而若选用较多的采样点则内插函数易出现振荡现象，很难获得稳定解。因此在空间曲面内插中通常不采用整体内插法。相对于整体内插，分块内插能够较好地保留地物细节，并通过块间一定重叠范围保持内插曲面的连续性。分块内插方法的一个主要问题是分块大小的确定。就目前技术而言，还没有一种运用智能法或自适应法进行地貌形态识别后自动确定分块大小和进行高程内插的算法。分块内插的另一个问题是要求解复杂的方程组，应用起来较为不便。逐点内插法计算简单，应用比较灵活，是较为常用的一类空间内插方法。逐点内插法的主要问题是内插点邻域的确定，它不仅影响空间内插精度，也影响内插速度。

3.4.4 结构转换

（1）矢量数据向栅格数据的转换

许多数据如行政边界、交通干线、土地利用类型、土壤类型等通常是以矢量的方式存储在计算机中。在一些特殊的空间分析中，如多层数据的复合分析，用矢量数据实现比较复杂，相较之下利用栅格数据进行处理则容易得多。因此它们的叠置复合分析更需要把其从矢量形式转变为栅格形式。

矢量数据的基本坐标是直角坐标（X，Y），其坐标原点一般取图的左下角。栅格数据的基本坐标是行和列（i，j），其坐标原点一般取图的西南角。两种数据变换时，令直角坐标 X 和 Y 分别与行与列平行，按确定的栅格大小采样。由于矢量数据的基本要素是点、线、面，因而只要实现点、线、面的转换，各种线画图形的变换问题基本上都可以得到解决。点的转换原理很简单，只需要计算出点所在的栅格行、列号即可。线的转换基本原理是计算出线所经过的所有栅格，然后将其赋予线的属性值。面的转换要复杂一些。在矢量结构中，多边形面用组成面边界的线段表示，而在栅格结构中，整个面域所在的栅格单元都要用属性值充填。因此，要完成面域的栅格化，首先需要完成多边形边界线段的栅格化，然后用面域属性值充填。所以，矢量的面域向栅格转换又称为多边形填充。常用的多边形填充算法有内部点扩散法、射线法和扫描线法。

（2）栅格数据向矢量数据的转换

栅格向矢量转换处理的目的是将栅格数据分析的结果，通过矢量绘图装置输出，或者为满足数据压缩的需要，将大量的面状栅格数据转换为由少量数据表示的多边形边界。转换的另一个主要目的是将自动扫描仪获取的栅格数据加入矢量形式的数据库。栅格向矢量转换的过程比较复杂，通常有两种情况：一种情况是本身为遥感影像或已栅格化的分类图在矢量化前首先要做边界提取，然后将它处理成近似线画图的二值图像，最后才能将它转换成矢量数据；另一种情况通常是从原来的线画图扫描得到栅格图。二值化后的线画宽度往往占据多个栅格，这时需要进行细化处理后才能矢量化。处理流程如图 3.17 所示。

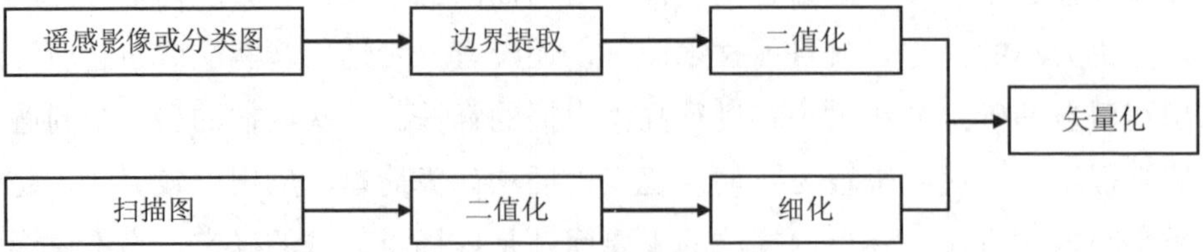

图 3.17 栅格转矢量流程

矢量化过程如下：

①从图幅西北角开始，按顺时针或逆时针方向，从起始点开始，根据 8 个邻域进行搜索，依次跟踪相邻点，找出线段经过的栅格。

②将栅格（i，j）坐标变成直角坐标（X，Y）。

③生成拓扑关系，对于矢量表示的边界弧段，判断其与原图上各多边形的空间关系，形成完整的拓扑结构，并建立与属性数据的联系。

④去除多余点及曲线圆滑。由于搜索是逐个栅格进行的。必须去除由此造成的多余点记录以减少冗余。搜索结果曲线因受栅格精度限制可能不够圆滑，需要采用一定的插补算法进行光滑处理。常用的算法有线性迭代法、分段三次多项式插值法、正轴抛物线平均加权法、斜轴抛物线平均加权法、样条函数插值法等。

思考题

1. 简述何为 GIS 空间数据源。
2. 简述 GIS 空间数据采集的主要内容及方法。
3. 简述空间数据处理的类型。
4. 简述空间数据几何纠正的原因及步骤。
5. 简述我国常用的投影类型。
6. 简述栅格向矢量结构转换的原因及主要步骤。
7. 简述空间插值的基本原理及主要方法。
8. 请运用所学知识对巢湖水质状况的空间差异进行评估。请写出解决的思路和方案（需要的数据、应用的方法和具体操作）。

主要参考资料

[1] 王庆光. GIS 应用技术. 北京：中国水利水电出版社，2012.

[2] 宋小冬. 地理信息系统实习教程. 北京：科学出版社，2013.

[3] 马驰. 地理信息系统原理与应用. 武汉：武汉大学出版社，2012.

[4] 袁堪省. 现代地图学教程. 北京：科学出版社，2014.

[5] 宋彦. 城市空间分析 GIS 应用指南. 北京：中国建筑工业出版社，2015.

[6] 黄杏元，马劲松. 地理信息系统概论（第三版）. 北京：高等教育出版社，2008.

[7] 科普 | 墨卡托投影. https://m.thepaper.cn/baijiahao_26410321.

[8] 墨卡托投影、高斯-克吕格投影、UTM 投影及我国分带方法. https://blog.csdn.net/zhaojie2013/article/details/20039233.

[9] 地图投影 | 你常见的地图原来用的是它！中国地图出版集团，2022 年 5 月 23 日.

第4章 空间数据库原理

数据库（Database，DB），顾名思义，是储存数据的仓库。通常是指按一定格式长期存储在计算机设备上，为多个用户共享的互相关联的数据集合。空间数据库是指地理信息系统在计算机物理存储介质上存储的与应用相关的地理空间数据的总和，一般是以一系列特定结构的文件的形式组织在存储介质之上的。空间数据库管理系统是地理信息系统的核心，每一次空间数据库管理系统的技术变革都带来 GIS 软件技术的革新。随着对地观测技术的快速发展，需要存储和管理的空间数据量急剧增加，类型也越来越多样。数据库的规模、响应速度、共享程度等已经成为一个部门、城市乃至整个国家信息化程度的重要标志。

4.1 地理时空数据的特征

4.1.1 空间特征

每个空间对象都具有空间坐标，即空间对象隐含了空间分布特征。这意味着在空间数据组织方面，要考虑其空间分布特征。除通用性数据库管理系统或文件系统关键字的索引和辅关键字索引以外，一般需要建立空间索引。

4.1.2 非结构化特征

在当前通用的关系数据库管理系统中，数据记录一般是结构化的。即它满足关系数据模型的第一范式要求，每一条记录是定长的，数据项表达的只能是原子数据，不允许嵌套记录。而空间数据则不能满足这种结构化要求。若将一条记录表达一个空间对象，它的数据项可能是变长的，例如，1 条弧段的坐标，其长度是不可限定的，它可能是2 对坐标，也能是 10 万对坐标；另外，1 个对象可能包含另外的 1 个或多个对象，例如，1 个多边形，它可能含有多条弧段。若 1 条记录表示 1 条弧段，在这种情况下，1 条多边形的记录就可能嵌套多条弧段的记录，所以它不满足关系数据模型的范式要求，这就是空间图形数据难以直接采用通用的关系数据管理系统的主要原因。

4.1.3　空间关系特征

除了前面所述的空间坐标隐含空间分布关系，空间数据中记录的拓扑信息也表达了多种空间关系。这种拓扑数据结构一方面方便了空间数据的查询和空间分析，另一方面也增加了空间数据一致性和完整性维护的复杂性。特别是有些几何对象，没有直接记录空间坐标的信息，如拓扑的面状目标，仅记录组成它的弧段的标识（图 4.1），因而进行查找、显示和分析操作时都要操纵和检索多个数据文件方能实现。

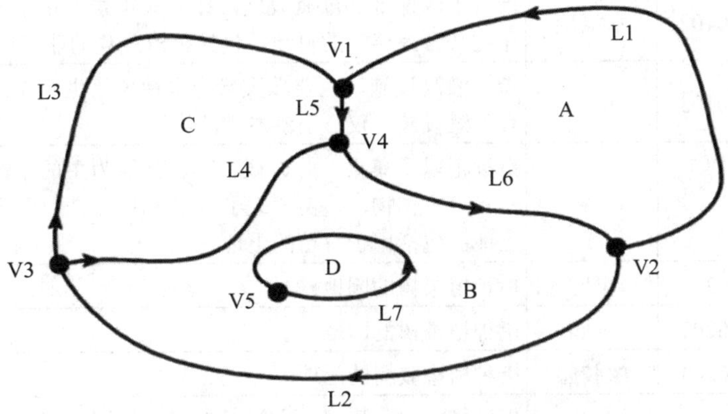

图 4.1　矢量数据的拓扑关系

4.1.4　分类编码特征

一般来说，每一个空间对象都有一个分类编码，而这种分类编码往往属于国家标准，或行业标准，或地区标准，每一种地物的类型在某个 GIS 中的属性项个数是相同的。因而在许多情况下，一种地物类型对应于一个属性数据表文件。当然，如果几种地物类型的属性项相同，也可以多种地物类型共用一个属性数据表文件。如表 4.1 中的多个二级类地物可共用 1 个一级类地物属性代码。

表 4.1 土地利用现状分类表

一级类		二级类		含义
编码	名称	编码	名称	
01	耕地			指种植农作物的土地，包括熟地，新开发、复垦、整理地，休闲地（含轮歇地、轮作地）；以种植农作物（含蔬菜）为主，间有零星果树、桑树或其他树木的土地；平均每年能保证收获一季的已垦滩地和海涂；耕地中包括南方宽度<1.0 m、北方宽度<2.0 m固定的沟、渠、路和地坎埂；临时种植药材、草皮、花卉、苗木等的耕地，以及其他临时改变用途的耕地
		0101	水田	指用于种植水稻、莲藕等水生农作物的耕地；包括实行水生、旱生农作物轮种的耕地
		0102	水浇地	指有水源保证和灌溉设施，在一般年景能正常灌溉，种植旱生农作物（含蔬菜）的耕地；包括种植蔬菜的非工厂化的大棚用地
		0103	旱地	指无灌溉设施，主要靠天然降水种植旱生农作物的耕地，包括没有灌溉设施，仅靠引洪淤灌的耕地
02	园地			指种植以采集果、叶、根、茎、汁等为主的集约经营的多年生木本和草本作物，覆盖度大于 50%和每亩株数大于合理株数 70%的土地；包括用于育苗的土地
		0201	果园	指种植果树的园地
		0202	茶园	指种植茶树的园地
		0203	橡胶园	指种植橡胶树的园地
		0204	其他园地	指种植桑树、可可、咖啡、油棕、胡椒、药材等其他多年生作物的园地
03	林地			指生长乔木、竹类、灌木的土地，以及沿海生长红树林的土地；包括迹地，不包括城镇、村庄范围内的绿化林木用地、铁路、公路征地范围内的林木，以及河流、沟渠的护堤林
		0301	乔木林地	指乔木郁闭度≥0.2 的林地，不包括森林沼泽
		0302	竹林地	指生长竹类植物，郁闭度≥0.2 的林地
		0303	红树林地	沿海生长红树植物的林地
		0304	森林沼泽	以乔木森林植物为优势群落的淡水沼泽
		0305	灌木林地	指灌木覆盖度≥40%的林地，不包括灌丛沼泽
		0306	灌丛沼泽	以灌丛植物为优势群落的淡水沼泽
		0307	其他林地	包括疏林地 0.1≤树木郁闭度<0.2 的林地、未成林地、迹地、苗圃等林地
……				

4.1.5　海量数据特征

空间数据量是巨大的，通常称海量数据。之所以称为海量数据，是指它的数据量比一般的通用数据库要大得多。一个城市地理信息系统的数据量可能达几十吉字节，如果考虑影像数据的存储，可能达几百吉字节。这样的数据量在城市管理的其他数据库中是很少见的。正因为空间数据量大，所以需要在二维空间上划分块或者图幅，在垂直方向上划分层来进行组织。

4.1.6　多尺度性特征

尺度是空间数据的重要特征，是指数据表达的空间范围的相对大小和时间的相对长短，所以不同尺度所表达的信息密度有很大的差异。一般来说，尺度变大信息密度变小，但并不是呈简单的比例变化。根据不同层次和不同领域的用户对 GIS 的要求和使用不同，空间数据在不同的尺度条件下展现出以下 3 个特征：

①同一地物在不同的尺度条件下可以表现为不同的几何外形；

②同一属性的地物在不同尺度条件下出现聚类、合并或者消失现象；

③同一地物在不同尺度的表达中会表现出不同的属性。

4.2　空间数据库类型

在数据库系统中，现实世界中的事物及联系是用数据模型描述的，数据库管理系统就是在一定的数据模型的基础上实现的。数据库各种操作功能的实现是基于不同的数据模型的，因此，数据库的核心问题是数据模型。空间数据库的类型可按照其所采用的数据模型来进行分类。常用的空间数据库类型包括传统的层次数据库和网状数据库、关系数据库、面向对象数据库、对象-关系型数据库、三维数据库、XML 数据库、时空数据库等。

4.2.1　层次数据库

层次模型数据库系统是最早研制成功的数据库系统，采用的是数据处理中发展较早的一种数据模型——层次模型，其最成功的案例是国际商业机器公司（International Business Machines Corporation，IBM）的 IMS（Information Management System）系统。

层次模型的特点是将数据组织成有向有序的树结构，用树结构来表示实体间的联系，将数据组织成一对多（或双亲与子女）关系的结构，如行政机构、家族关系等。层次模型具有以下 3 个特点：

①层次模型由处于不同层次的各个结点组成，有且只有 1 个结点没有双亲结点，这个结点为根结点；

②除根结点外，其余各结点有且只有 1 个上一层结点作为其双亲结点；

③层次模型一般只能表示实体间一对多的联系，不能用来表示多对多的联系，拥有 2 个或以上双亲的结点必然在数据库中要重复出现多次。

以图 4.2 所示，地图 M 中有两个面实体 I 、II 。I 多边形由 a、b、e 组成，II 多边形由 b、c、d 组成。a 边的两个端点是 1、2，b 边的两个端点是 2、4，c 边的两个端点是 2、3，d 边的两个端点是 3、4，e 边的两个端点是 1、4。用层次模型可以表示为图 4.3。

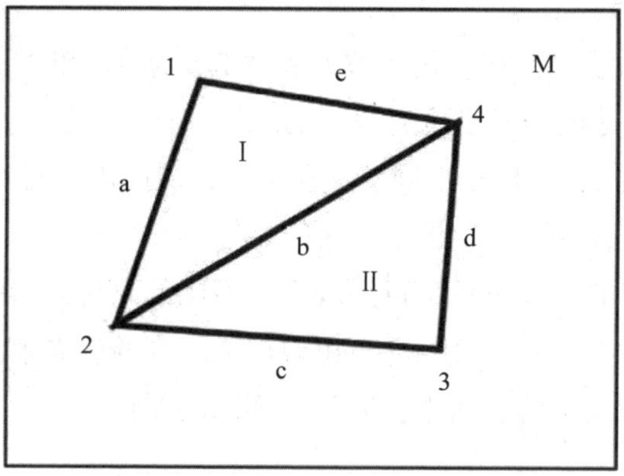

图 4.2　点、线和多边形的空间关系表示

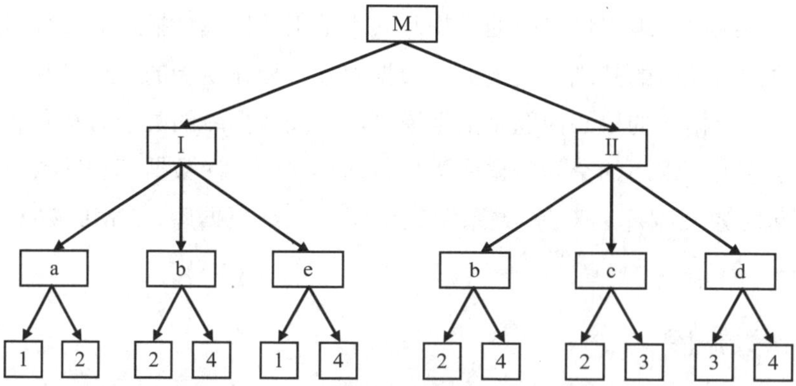

图 4.3　用层次模型表示地图 M

层次模型能较好地反映空间数据的属性特征，按照传统的覆盖地图制图理论，空间数据的层次模型如图 4.4 所示。

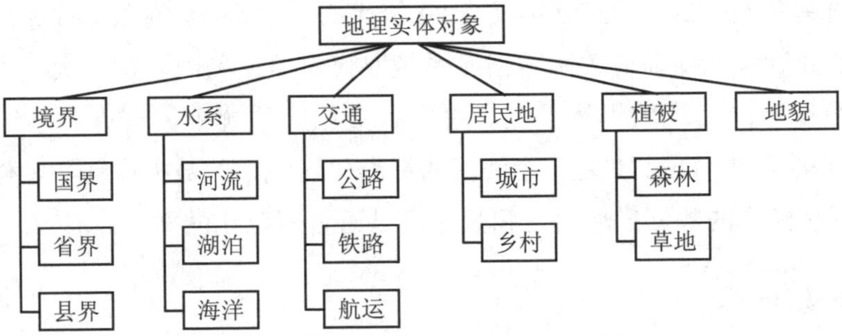

图 4.4　空间数据的层次模型

4.2.2　网状数据库

网状数据库是采用网状模型的数据库。在现实世界中客体的联系更多的是非层次关系的，用层次模型表示非树形结构是很不直接的，网状模型可以克服这一弊病。网状模型用网状结构表示各类实体及其间的联系，可以更直接地描述现实世界，如交通网络、水系结构等。网状模型具有以下 3 个特点：

①在网状结构中，允许 1 个以上的结点没有双亲。

②一个结点可以有多于一个的双亲。

③网状模型可以用来表示多对多的联系。

网状模型比层次模型更具普遍性。层次结构实际上是网状结构的一个特例。与层次模型一样，网状模型表示实体间的联系主要是通过指针来实现的，即把有联系的实体用指针连接起来。网状数据库可以明确而方便地表示数据间的复杂关系，数据冗余小，但指针数据增加数据量，指针的建立和维护是非常重大的任务。

以有向图表示的网络结构，每个结点依然表示数据库中的 1 个记录类型（实体），图 4.2 中地图 M 用网状模型可以表示为图 4.5。

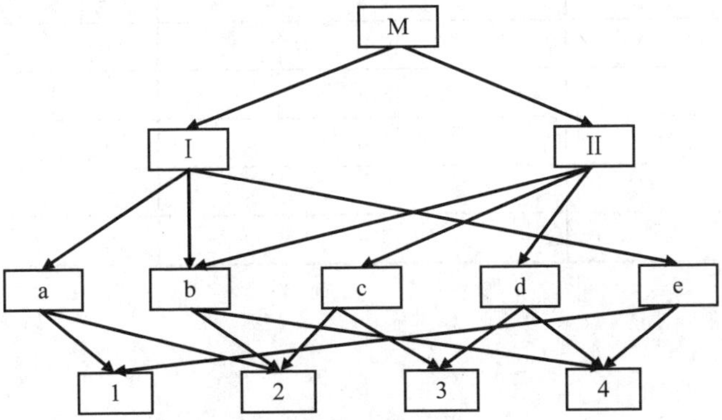

图 4.5　用网状模型表示地图 M

网状数据库系统在 20 世纪 70 年代与 80 年代初非常流行，在数据库系统产品中占主导地位，虽然其近年来逐渐被关系数据库系统取代，但在美国、加拿大等国家，由于历史原因网状数据库的用户数仍然很多。在网状数据库系统中，有许多系统是以美国的 DBTG 为标准实现的。DBTG 是一个美国的标准化组织中的数据库任务工作组提出的报告，是一个网状模型的数据描述语言和数据操纵语言规范化的文本。

4.2.3 关系数据库

关系数据库是建立在关系模型基础上的数据库，其借助集合代数等概念和方法来处理数据库中的数据。关系模型的是 1970 年美国 IBM 公司的 E.F. Codd 在 *Communication of the ACM* 上发表的论文“A Relational Model of Data for Large Shared Data Banks”中提出的。关系模型的基本思想是用二维表形式表示实体及其联系。二维表中的每一列对应实体的一个属性，其中给出相应的属性值；每一行形成一个由多种属性组成的多元组，或称元组，与其特定实体相对应。实体间联系和各二维表间联系采用关系描述或通过关系直接运算建立。主流的关系数据库有 Oracle、DB2、Sqlserver、Sybase 和 Mysql 等。

关系数据库有以下优点：①结构灵活，可满足所有用布尔逻辑运算和数字运算规则形成的询问要求；②能搜索、组合和比较不同类型的数据；③加入和删除数据方便；④适用于地理属性数据的模型。其缺点在于许多操作都要求在文件中顺序查找满足特定关系的数据，若数据库很大，这一查找过程要花费很长时间。

图 4.2 中的地图 M 用关系模型表示如表 4.2、表 4.3 和表 4.4 所示，由于空间数据 polygon 不是内建数据类型，没有相关的操作，必须将其转换为多个表级联方式存储，需要同时在多个表之间不断地查询，效率低，扩展性差。

表 4.2 多边形表

多边形编号	边编号	边长
I	a	30
I	b	40
I	c	30
II	b	40
II	c	25
II	d	28

表 4.3　边表

边编号	起结点编号	终结点编号
a	1	2
b	2	4
c	2	3
d	3	4
e	4	1

表 4.4　结点表

结点编号	x	y
1	19.8	34.2
2	38.6	25.0
3	26.7	8.2
4	9.5	15.7

4.2.4　面向对象数据库

（1）基本概念

随着数据库技术的不断发展以及各应用领域对数据库要求的不断提高，把面向对象的设计方法同数据库技术相结合而产生的用以支持非常规应用领域的新一代数据库系统——面向对象数据库（OODB）已成为当今数据库的发展方向之一。

面向对象方法起源于面向对象编程语言，常用的有 JAVA 和 C++等。面向对象方法以人们认知现实世界的方式作为其基本的起点。许多具体的事物或事件、抽象的概念、规则等组成客观世界。任何感兴趣的概念都可以转化为“对象”。对象模型强调地理空间中的单个地理对象，任何对象无论大小，只要能从概念上与其相邻的其他现象分离开来，都可以被确定为一个对象，适用于对具有明确边界的地理现象进行抽象建模。

面向对象数据模型（OODM）是将面向对象的概念模型转化为面向对象的数据库系统的概念模型。对象间的关系可以分为分类关系、群体关系和关联关系。从某种意义上说，在关系模型、网状模型和层次模型的基础上发展出了面向对象式的语义关联模型。面向对象方法是把对象作为最基本的要素，以此作为分析问题、解决问题的整体中枢。除数据和操作的封装特性之外，面向对象的数据模型还涉及分类、概括、聚集和联合 4 个抽象概念，以及继承和传播两个语义模型的工具。

①对象：由描述该对象的状态的一组数据和表达它的行为的一组数据组合而成，是数据和行为的统一表达体。如地图上的一个湖泊或一个建筑物是一个对象，一块耕地也是一个对象。

②属性和方法：每个对象都有属性和方法。对象的所有属性和这些属性的当前值（通常是动态的）都是对象的状态，属性可以是单值的，也可以是多值的。例如，湖泊的坐标数据描述了它的位置和形状。方法是对对象的所有操作，如使用函数和指令对对象的数据进行操作。

③类：是同类对象的集合，是具有相同属性和同样操作的对象的组合。对象则是类的实例。例如，一个土地利用GIS中（图4.6），包括耕地、园地、居民点等类型，而城镇居民点中又有建筑物、街道、公园等类型，某小区一号楼是建筑物类中的一个实例，即对象。

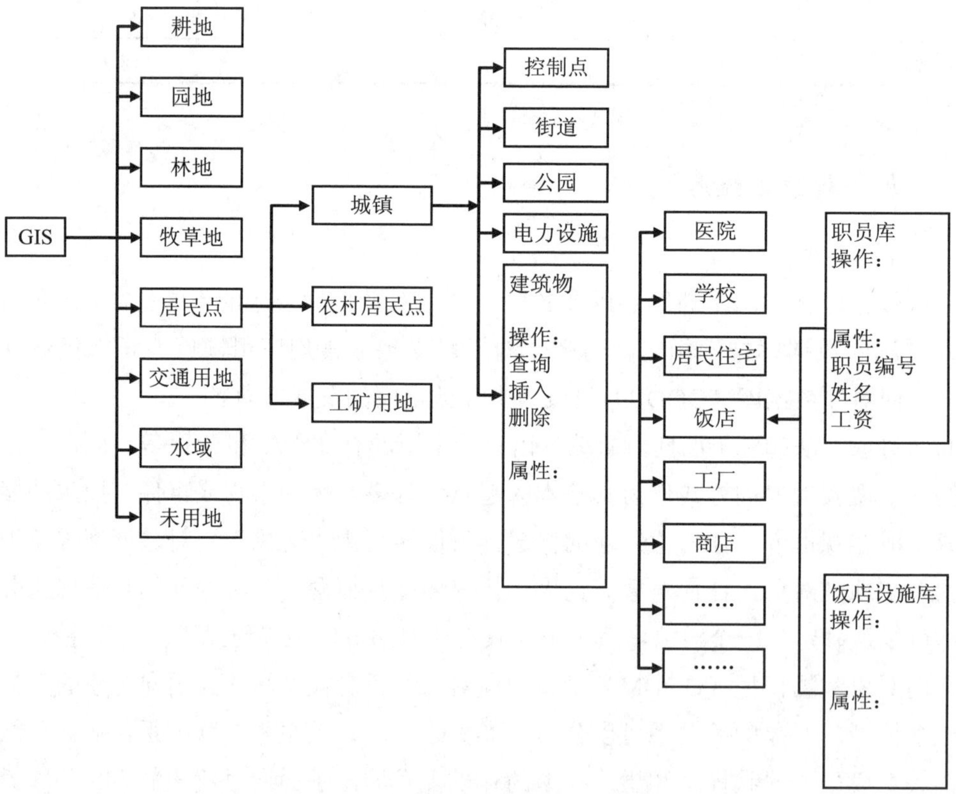

图4.6 面向对象的GIS数据库

④封装：对象和类的概念的主要特性之一就是面向对象的封装。封装是把过程和数据封闭起来，对数据的访问只能通过接口来实现。面向对象的计算理念是由这个想法衍生出来的，即被封闭起来的对象通过一个外部的接口访问其他对象。定义了一个对象，就要定义对象中的成员哪些充当外部接口，哪些是需要隐蔽保护起来的。

⑤分类：把具有部分相同属性和方法的实体对象进行归类抽象的过程，表示为对象间“从属”的关系，如将城市管网中的供气管、给水管、有线电视电缆等作为类。

⑥概括：把具有部分相同属性和方法的类进一步抽象为超类的过程，如将供水管线、供热管线等概括为“管线”这一超类，它具有各类管线所共有的“材质”“管径”等属性，也有“检修”等操作。

⑦聚集：聚集是把一组属于不同类的若干对象组合起来，形成一个更高级别的复合对象的过程。复合对象中的个体对象称作它的组件对象，表示为对象间“整体和部分”的组合关系。如将地籍权属界线与内部建筑物聚集为“宗地”类。

⑧联合：把一组属于同一类的若干具有相同属性的对象组合起来，形成一个新的几何对象的过程。组合对象中的个体对象称作它的成员对象。联合不同于概括，概括是对类的进一步抽象得到超类，而联合是对类中的具体对象进行合并得到新的对象。例如，在供水管线类中，某些管线段进行了防腐处理，则可把它们联合起来构成“防腐供水管类”。

⑨继承：在现实生活中，对对象的分类经常不是一次就可以细分的，一般是先粗略地分类，再在分出来的类里面进行细致分类，使类之间的关系可以有一个完整的系统性呈现。这种粗分的类与细分的类之间的关系就是类的继承。一类对象可继承另一类对象的属性和方法，即子类可以继承父类的所有属性。通过继承不仅子类能获得父类的属性，子类的子类也可以。

⑩传播：传播是作用于联合和聚集的语义工具，它通过一种强制的手段将子对象的属性信息传播给复杂对象。也就是说复杂对象的某些属性值不单独描述，而是从它的子对象中提取或派生。例如，一个多边形的位置坐标数据，并不直接表达，而是在弧段和结点中表达，多边形仅提供一种组合对象的功能和机制，借助传播的工具可以得到多边形的位置信息。这一概念可以保证数据库的一致性，因为独立的属性值仅存储一次，不会因空间投影和几何变换而破坏其一致性。

基于以上面向对象思想，开放地理空间信息联盟（Open GIS Consortium，OGC）组织给出了适用于二维地理实体及其关系表达的面向对象空间数据逻辑模型，并用统一建模语言（Unified Modeling Language，UML）表示，如图 4.7 所示。图 4.8 是基于矢量的地质空间面向对象建模实例。

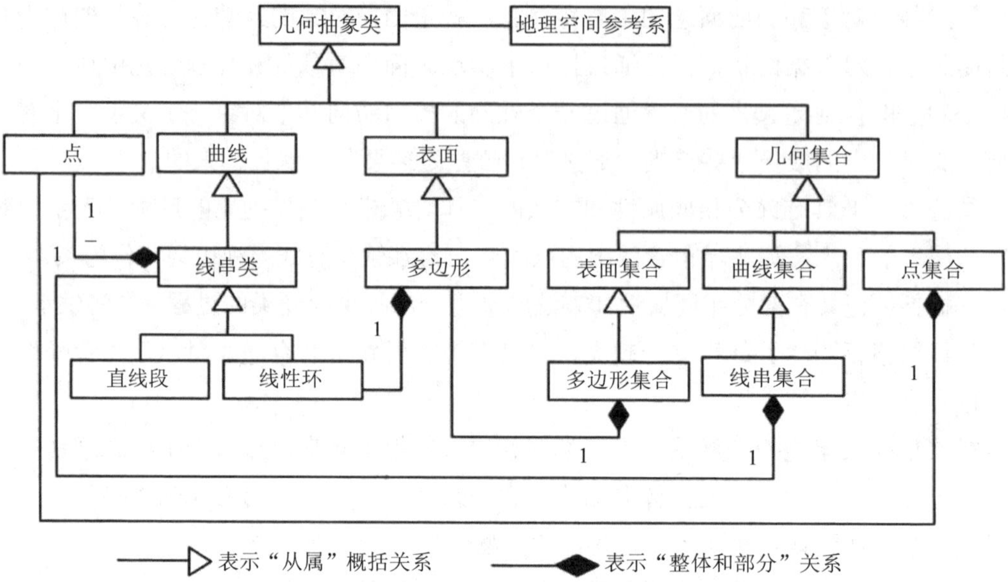

图 4.7　Open GIS 面向对象空间实体模型

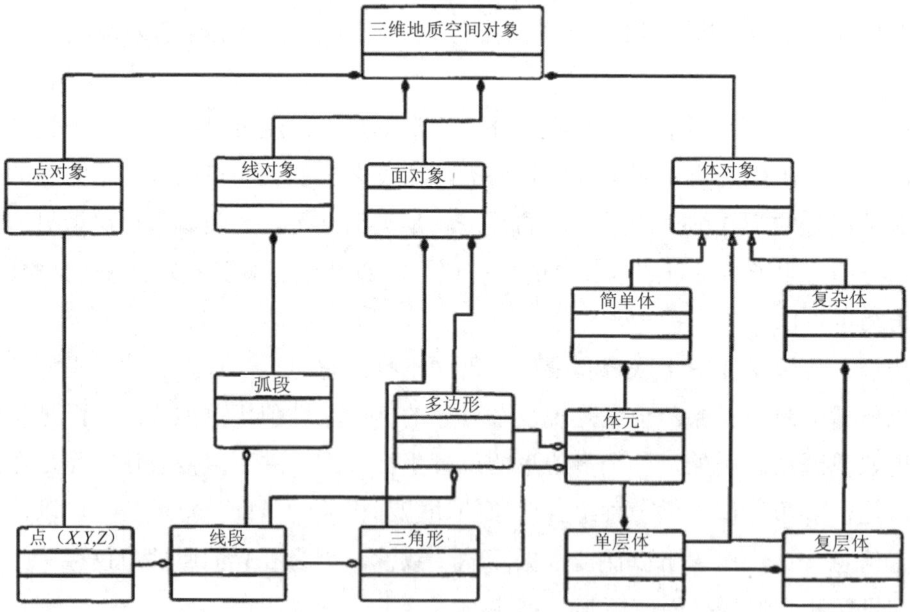

图 4.8　基于矢量地质空间面向对象数据模型

（2）实例——Geodatabase

Geodatabase 是随着 ESRI 公司的 ArcGIS 系列 GIS 平台软件一起推出的，它结合了面向对象数据库、关系数据库两者的优点，实现了严格意义上的地理空间数据、连续空间要素的无缝存储以及对对象属性的整体约束等，是一种新型的面向对象的地理数据模型。Geodatabase 中的数据对象更接近于逻辑数据模型中定义的对象，使得空间数据更面向实际的应用领域，不再是无意义的点、线和面，添加了更贴切的“自然”行为，从而使 GIS 数据库中的要素更加智能化，便于地理信息系统的开发和应用。

Geodatabase 中包括的元素及结构如图 4.9 所示。

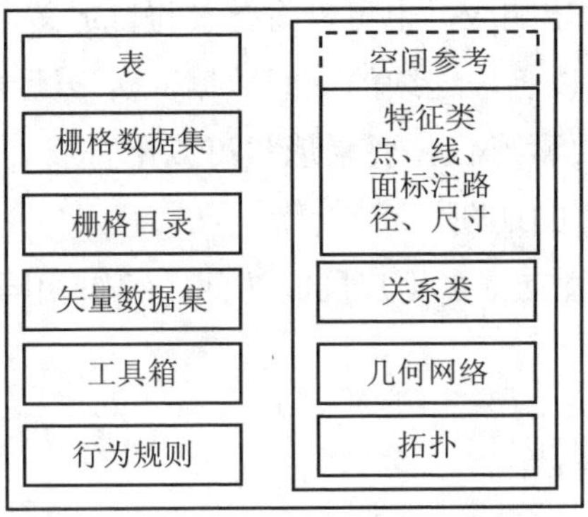

图 4.9　Geodatabase 的组成结构

根据数据的存储形式，目前 Geodatabase 可以分为个人级别地理数据库和企业级别地理数据库两种类型。

①个人级别地理数据库（Personal Geodatabase）。它是单机环境下小型 GIS 项目的首选数据库。Personal Geodatabase 采用微软的 Access 数据库来存储属性表，和企业级别地理数据库最大的差别是不能实现多用户并发访问等复杂应用，它的最大数据容量只有 2 GB。

②企业级别地理数据库（Enterprise Geodatabase）。它使用大型关系数据库（如 Oracle、IBM DB2）加上 ArcSDE（空间数据引擎），这种地理数据库应用范围很广，可以支持海量数据的有序存储，可以实现多用户并发访问、事物管理、数据库恢复和空间数据无缝管理等。

Geodatabase 是 ESRI 公司研制开发出的第三代地理数据模型，它弥补了 CAD 和 Coverage 数据模型的不足，具有以下特点：

①是地理数据统一存储的仓库，有了具体的空间参考，成为严格意义上的地理空间数据库。空间参考包括坐标系统（Coordinate System）、投影（Projection）、精度（Precision）和空间域（Spatial domain）。

②可以设置检查规则，对空间数据进行规则检验，使空间数据的录入和编辑更加精确，满足用户需求。

③空间数据不再是无意义的点、线、面，而有了具体的含义，可将特征行为存储在特征表里。空间数据一般存储为矢量数据、栅格数据及属性表。如一个 RDBMS 表中可

以存储一个要素集合，表的每行保存一个要素，每行的 shape 字段存储要素的空间几何或形状信息。

④用户可以直观地处理数据模型。Geodatabase 包含与用户所需数据模型相对应的数据对象，可以操作他们感兴趣的现实对象，如灯塔、道路、湖泊等。

⑤可以形象地表达空间数据之间的相互关系。在地图显示中，要素是动态的，它们能根据相邻要素的变化快速做出响应，也可以将要素与自定义查询或分析工具关联到一起。

⑥在 Geodatabase 中可以管理连续的空间数据，实现无缝无分块的海量要素的存储。

⑦可以更形象地定义要素形状。要素形状可以用直线、圆弧、椭圆弧和贝塞尔曲线来定义，可以制作内容丰富的地图。

⑧Geodatabase 数据模型支持多用户同时访问、编辑相同的地理数据，并可以协调出现的冲突。

4.2.5 对象-关系型数据库

（1）基本概念

随着面向对象技术在计算机软件领域、应用领域和工程领域的不断渗透，各大数据库厂商开始考虑对传统关系数据库加以扩展，增加面向对象的特性，将面向对象技术与关系数据库相结合，建立对象-关系型数据库管理系统（ORDBMS）。这种数据库系统既支持已经被广泛使用的 SQL，具有良好的通用性，又具有面向对象特性，支持复杂对象和复杂对象的行为，是对象技术和传统关系数据库技术的最佳融合。

目前对象-关系型数据库被广泛用于非传统的数据库领域。对于地理信息系统而言，对象-关系型数据库的提出和不断成熟，使得地理空间对象（即点、线、面等）可以作为一种新的类型存储到空间数据库中。这种新的数据类型的特点是：通过坐标来表示空间对象以及对空间对象的操作。通常一个关系中的空间数据量是非常庞大的。找到一种高效的空间数据访问方式（Access Method，AM）以快速地检索到空间数据成为人们关切的问题。

许多数据库厂商在数据库管理系统中进行扩展，使之能直接存储和管理非结构化的空间数据，如 Oracle 公司的 Oracle Spatial、IBM 公司的 DB2 Spatial Extender、微软的 SQL Server Spatial、开源的 PostGIS 等。它们都是利用对象-关系型数据库宿主提供的对类、继承、用户自定义类型、用户自定义函数、用户自定义索引和规则等的支持，对各种空间对象、操作函数及其索引进行预先定义，形成不同的空间数据类型，支持空间数据的存储、管理与分析。其基本原理是利用 BLOG 字段存储空间对象的坐标数据。这些数据库实现了空间数据和属性数据的统一管理。进行数据访问时，先将查询语句通过函数转换成标准的 SQL 语句再进行查询访问。

对象-关系型数据库的模式在管理方式上具有以下 3 个特点。

①对象-关系模式不仅支持基本的空间数据类型，如点及点簇（point）、线及线串（line string）、多边形（polygon）、弧段（arc line string）、组合多边形（arc polygon）、复合多边形（compound polygon）、圆（circle）等，还允许自定义复杂空间对象并可以在 Oracle 数据库中创建包含复杂对象的表格。这里复杂空间对象是指由多种数据类型或用户自定义的数据类型构成的对象。

②使用对象-关系模式更容易建立空间索引，更方便执行空间查询。Spatial 中的创建和更新空间索引的语句都由基本的 SQL 语句完成，并且其索引机制由服务器维护，不需要用户参与，降低了出错的概率。在关系模式中用户需要自己维护相应的索引表，包括索引表的创建与索引的生成两个步骤。

③Spatial 的对象-关系模式遵循传统数据库系统中所有的数据库特性，并按照这样的目标将关系数据库系统与面向对象数据库系统两方面的特征相结合。对象-关系模式中，空间对象类型仍然支持原来的 SQL 接口，如快速提交、备份与恢复、行级锁定、分区表、并行查询、导入导出、装载等通用规则并支持继承的操作。

（2）实例——Oracle Spatial

Oracle Spatial 是最早实现空间数据管理的数据库管理系统。Oracle 早在 7.2 版就引入了内嵌式空间扩展技术 MultiDimension（MD）。早期的版本不支持对象的定义，空间几何对象的坐标串主要依靠关联表来存储，空间数据的管理效率较低。从 Oracle 8i 起，Oracle 使用新的 SDO_GEOMETRY 数据类型来存储空间数据，其定义如下：

```
CREATE TYPE SDO_GEOMETRY AS OBJECT（
SDO_GTYPE NUMBER，
SDO_SRID NUMBER，
SDO_POINT SDO_POINT_TYPE，
SDO_ELEM_INFO MDSYS.SDO_ELEM_INFO_ARRAY，
SDO_ORDINATES MDSYS.SDO_ORDINATE_ARRAY
）;
```

SDO_GTYPE 是一个 NUMBER 类型，用以表示所存储对象的类型。

SDO_SRID 是一个 NUMBER 类型，表示所存储几何对象的空间坐标系的标识。

SDO_POINT 是一个点类型，仅当 SDO_ELEM_INFO 以及 SDO_ORDINATES 为 NULL 时，它才有效。它含有 X、Y、Z 3 个分量时，用于表示一个三维点坐标。

SDO_ELEM_INFO 是一个变长数组类型，是一个三元组序列，这个三元组是<offset，elemtype，interpretation>，其中 offset 表示子元素的坐标起始序号，elemtype 表示子元素类型，interpretation 表示对象数据的性质。

SDO_ORDINATES 是一个变长数组类型，里边存储的就是空间实体的所有坐标数据。

通过读取 SDO_ELEM_INFO 中的内容，可以准确地解析 SDO_ORDINATES 中的坐标信息，SDO_GEOMETRY 对象类型实际上是一种具备自描述能力的对象类型，可以用来描述点、直线串、弧线串、复杂线串、多边形、复杂多边形、多线串（简单与复杂）、多多边形等各种类型的空间实体。对象-关系型数据库体系如图 4.10 所示。

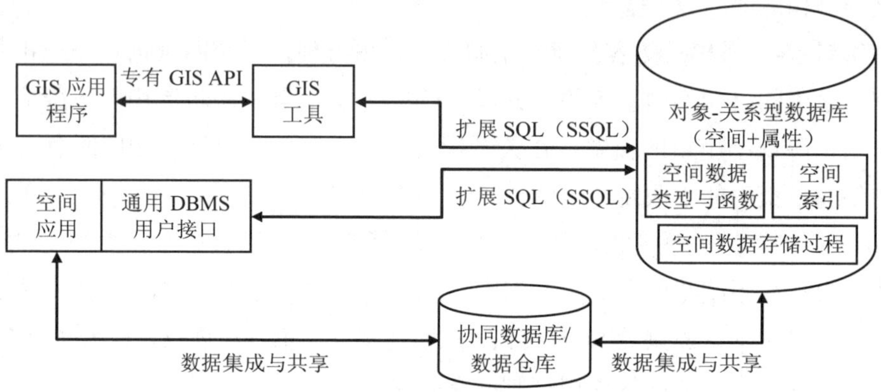

图 4.10 对象-关系型数据库体系

4.3 空间数据库构建原理及流程

本节以校园数据库为案例，将理论与实践有机结合，详细介绍从地图到空间数据库的构建原理和流程。

4.3.1 需求分析

随着校园信息化建设的不断深入，校园用户希望将空间分析和可视化的功能添加到核心业务中，实现信息共享。为此需要开发校园空间数据库，实现校园空间数据与核心业务数据的融合。

经过前期充分调研，确定校园空间数据库的服务群体分为两类：普通用户和管理人员。其中，普通用户又包括教职工、学生和外访者。教师可以从中查询授课教室的设备配置情况，以便更好地准备教学用具；学生可以从中获取图书馆每类书籍所在的楼层和位置，以便快速找到所需书籍；外访者可以从中了解校园面积，查看校园分布，准确到达要去的地点；管理人员则肩负着建立、更新、维护、管理校园基础地理空间数据库之责，以保证数据的有效性、正确性和现势性。校园基础地理空间数据库需求关系如图 4.11 所示。

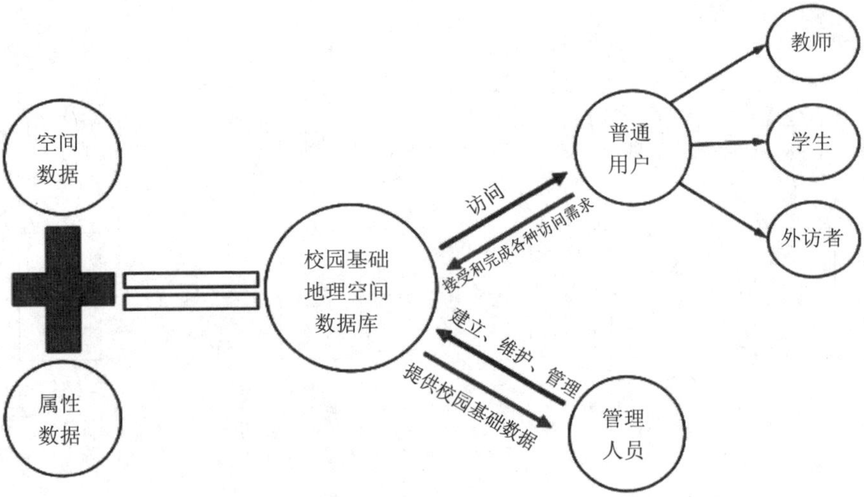

图 4.11　校园基础地理空间数据库需求关系图

数据库内容包括以下几个方面：

①基础地理数据，包括地形、道路、绿地、建筑物、背景影像等数据，主要有矢量数据、栅格数据、数字高程模型数据、校园高分遥感影像和三维数据等。

②专题数据，主要分为校园规划数据、停车位数据、充电桩位置数据等。

③业务数据，主要用来存储组织机构相关的信息。按照业务类型的不同可以把业务数据划分为业务部门数据、统计数据、业务管理数据。这 3 类数据的每一项又可以细分为许多子项，每一个子项都有可以表示其特征的数据项，通过这些特定的数据项，将各个子项关联起来。

④元数据，主要分为数据的属性（如名称、数据类型、数据大小等），数据的结构（如数据的字段、数据列等），数据的来源、存储位置、拥有者，数据的操作权限等。

4.3.2　概念模型设计

概念模型设计是对用户需求信息的综合分析、归纳。表示概念模型最有力的工具是 E-R 模型，即实体-联系模型，包括实体、联系和属性 3 个部分。根据对校园空间数据库的分析，结合校园地理要素的实际类型，将校园这一实体分为绿地、室外球场、水域、广场、学校、桥、机构、建筑物、道路、教职工、停车位 11 类空间实体。其中，除机构和教职工外，其他实体都具有空间和非空间属性，定义为要素。上述实体各自的属性如图 4.12 中与其相连的椭圆所示。图中菱形所示为实体之间的联系，如 1 个“桥”连接 2 条“道路”，1 个“桥”跨越 1 片“水域”，1 个类型为地面停车位的“停车位”位于 1 条“道路”上，1 个行政机构或教学机构在 1 个“建筑物”办公，“教职工”属于 1 个“机构”。

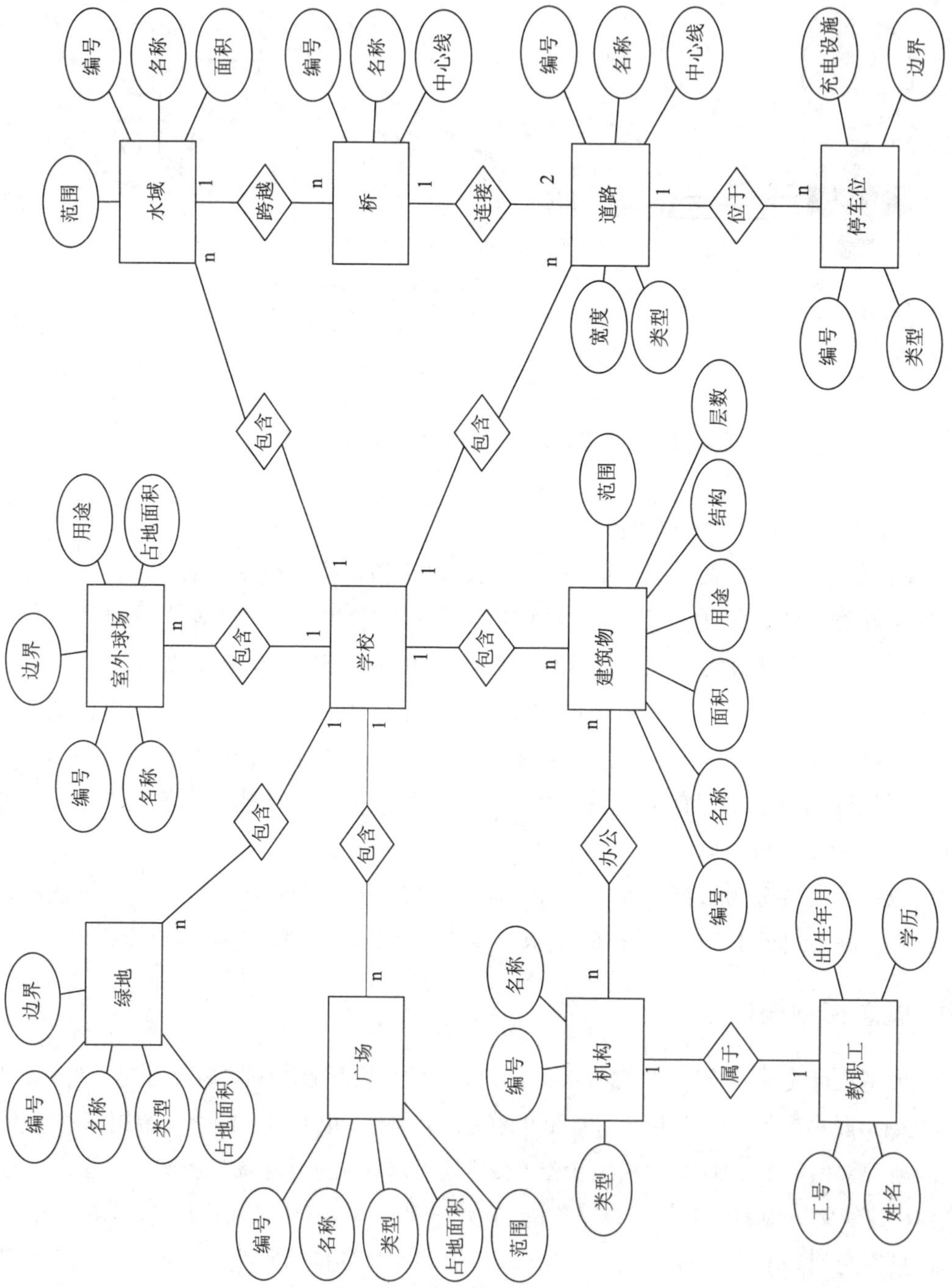

图 4.12 校园空间数据库 E-R 模型

4.3.3　逻辑设计

（1）Geodatabase 数据模型

目前主流的 Geodatabase 数据模型能清晰、准确地反映现实世界中空间对象的信息（如建筑物、道路、路灯、树等），而不再是无意义的点、线、面，从而使得空间数据库中的要素更加智能化，便于 GIS 的开发和应用。本案例中，空间数据模型中的矢量数据用点、线、面来表示；栅格数据用栅格结构来表示；地表用不规则三角网（TIN）来表示；与空间位置无关的数据用对象来表示；地理位置等用地址数据来表示（表 4.5）。

表 4.5　空间实体在 Geodatabase 中的表达方式

实体	地理表现方式	Geodatabase 要素
建筑物	面	多边形要素
道路	线或面	线要素或多边形要素
水域	面	多边形要素
绿地	面	多边形要素
桥	线或面	线要素或多边形要素
室外球场	面	多边形要素
停车位	面	多边形要素
广场	面	多边形要素
路灯	点	点要素
机构	对象	对象
教职工	对象	对象
DEM	栅格	栅格
遥感影像	栅格	栅格
……	……	……

空间数据库建设前期，需要对地理信息进行分类和编码，目的是科学、准确地表达地理对象的属性信息，方便对空间数据进行管理、应用和共享。校园空间数据库采用层次分类编码法，在地理信息分类的基础上，根据编码的基本原则，采用三级分类体系，按照一级类、二级类、三级类的层次设计编码结构，一级类码、二级类码、三级类码均为 2 位数字码，如表 4.6 所示。

表 4.6 校园空间数据库编码方案

一级类		二级类		三级类	
编码	名称	编码	名称	编码	名称
01	建筑物	0101	教学楼	010101	主教楼
				010102	逸夫楼
				……	……
		0102	综合楼		
		0103	实训楼		
		0104	学院楼		
		0105	图书馆		
		0106	校医院		
		0107	食堂		
		0108	学生宿舍		
		0109	教师公寓		
		……	……		
02	绿地	0201	草坪		
		0202	绿化林		
		0203	花坛		
		0204	水域		
		……	……		
03	广场	0301	广场		
		0302	停车场	030201	室内停车场
				030202	室外停车场
04	球场	0401	足球场		
		0402	篮球场		
		0403	网球场		
		……	……		
05	道路	0501	主干道路		
		0502	次要道路		
		0503	桥		

Geodatabase 属性数据结构设计包括以下两方面：

①空间数据属性结构设计。校园空间数据库中各地理要素类的属性数据以属性表（关系表）的形式存储，并依附于其对应的要素类。在属性表中，通过系统自动生成的 Shape 字段来记录各要素对象的空间数据。Shape 字段为几何类型 geometry（点、线、面），不

仅记录要素的类型，而且存储各要素对象的坐标数据，系统可以通过它自动计算得到线状要素的长度和面状要素的面积。根据校园基础地理空间数据库概念模型设计结果，采用关系模式表示各地理要素类的属性结构（系统自动生成的属性除外），以下仅列举部分：表 4.7 所示为建筑物矢量数据属性结构设计，表 4.8 所示为道路矢量数据属性结构设计。

表 4.7　建筑物矢量数据属性结构设计

字段名称	字段代码	字段类型	字段长度	小数位数	约束条件
ID	OID	Object ID			
Shape	Shape	Geometry			
建筑物编号	JZBH	Char	20		必填
建筑物名称	JZMC	Char	20		必填
占地面积	Area	Number	10	2	可填
……	……	……	……	……	……

表 4.8　道路矢量数据属性结构设计

字段名称	字段代码	字段类型	字段长度	小数位数	约束条件
ID	OID	Object ID			
Shape	Shape	Geometry			
道路编号	DLBH	Char	20		必填
道路名称	DLMC	Char	20		必填
宽度	Length	Number	10	2	可填
类型	DLlX	Char	20		可填
……	……	……	……	……	……

②非空间数据属性结构设计。非空间数据采用表来记录数据，通过建筑物编号或建筑物名称来关联空间数据。以建筑物基本信息表为例，其属性结构设计如表 4.9 所示。

表 4.9　建筑物基本信息表

字段名称	字段代码	字段类型	字段长度	小数位数	备注
建筑物编号	JZBH	Char	20		主键
建筑物名称	JZMC	Char	20		
用途	YT	Char	20		
层数	CS	Number	10		
结构	JG	Text			
……	……	……	……	……	……

（2）对象-关系模型

根据图 4.12 中的 E-R 图，我们可以将每个空间要素或非空间实体转化为表，其中空间要素可以转化为带有几何体扩展类型的二维要素表，如表 4.10 至表 4.19 所示。

表 4.10　绿地（greenbelt）

字段名称	字段英文名称	字段类型	主键	外键	备注
编号	id	Char（10）	是		
名称	name	Char（20）			
类型	type	Char（20）			
占地面积	area	Float8			
边界	boundary	Geometry			其几何类型限定为 MultiPolygon

表 4.11　室外球场（court）

字段名称	字段英文名称	字段类型	主键	外键	备注
编号	id	Char（10）	是		
名称	name	Char（20）			
用途	use	Char（20）			
占地面积	area	Float8			
边界	boundary	Geometry			其几何类型限定为 MultiPolygon

表 4.12　水域（waterbody）

字段名称	字段英文名称	字段类型	主键	外键	备注
编号	id	Char（10）	是		
名称	name	Char（20）			
面积	area	Float8			
范围	boundary	Geometry			其几何类型限定为 Polygon

表 4.13　道路（road）

字段名称	字段英文名称	字段类型	主键	外键	备注
编号	id	Char（10）	是		
名称	name	Char（20）			
宽度	wide	Float8			
类型	type	Char（20）			
中心线	centerline	Geometry			其几何类型限定为 MultiLineString

表 4.14　桥（bridge）

字段名称	字段英文名称	字段类型	主键	外键	备注
编号	id	Char（10）	是		
名称	name	Char（20）			
所跨水域	waterbodyid	Char（10）		是	
道路 1	road1id	Char（10）		是	
道路 2	road2id	Char（10）		是	
中心线	centerline	Geometry			其几何类型限定为 MultiLineString

表 4.15　停车位（parkingspot）

字段名称	字段英文名称	字段类型	主键	外键	备注
编号	id	Char（10）	是		
类型	type	Char（20）			
充电设施	charging	Char（20）			
所在道路	roadid	Char（10）		是	
范围	boundary	Geometry			其几何类型限定为 Polygon

表 4.16　建筑物（building）

字段名称	字段英文名称	字段类型	主键	外键	备注
编号	id	Char（10）	是		
名称	name	Char（20）			
面积	area	Float8			
用途	use	Char（20）			
结构	structure	Char（20）			
层数	floor	Integer			
范围	boundary	Geometry			其几何类型限定为 MultiPolygon

表 4.17　广场（square）

字段名称	字段英文名称	字段类型	主键	外键	备注
编号	id	Char（10）	是		
名称	name	Char（20）			
类型	type	Char（20）			
占地面积	area	Float8			
范围	boundary	Geometry			其几何类型限定为 MultiPolygon

表 4.18 机构（organization）

字段名称	字段英文名称	字段类型	主键	外键	备注
编号	id	Char（10）	是		
名称	name	Char（20）			
类型	type	Char（20）			
所在建筑物	buildingid	Char（10）		是	

表 4.19 教职工（staff）

字段名称	字段英文名称	字段类型	主键	外键	备注
工号	id	Char（10）	是		
姓名	name	Char（20）			
出生年月	birthday	Char（20）			
学历	education	Char（20）			
所在机构	organizationid	Char（10）		是	

目前多数空间数据库管理系统用 GEOMETRY 代替所有的几何类型，如简单的 POINT、复杂的 MultiPolygon 等。对于 E-R 图中的“跨越”关系可以通过“桥”表中“所跨水域”进行限制。同样的“连接”关系可以通过“桥”表中“道路 1”“道路 2”进行限制；“位于”“办公”和“属于”关系分别通过“停车位”表中“所在道路”“机构”表中“所在建筑物”和“教职工”表中“所在机构”进行限制。

4.3.4 空间数据库构建

（1）Geodatabase 空间数据库构建

空间数据库的主要构建步骤：一是数据预处理；二是数据库建立；三是数据入库。校园空间数据库建库之前需要对大量的矢量数据、栅格数据及属性数据进行预处理。

①矢量数据的处理。主要依靠 GIS 平台对校园图像进行矢量化，在对校园地图进行配准后，采集道路、建筑物、水域、绿地、广场等数据，然后进行拓扑处理、坐标和投影变换。

②栅格数据的处理。栅格数据的处理对象主要是校园遥感影像，需要应用遥感影像处理软件对校园遥感影像进行处理。

③属性数据的处理。本案例中属性数据分为两种，一种是记录在建筑物等空间要素类数据中的属性数据；另一种是单独的属性数据，如机构、教职工等。属性数据需要录入编制好的属性表中，数据录入时要确保没有错漏。

建立基于 ArcSDE 的空间数据库首先需要安装建库软件（桌面版 GIS、ArcGIS）、数据库管理系统软件（如 SQL Server）企业版以及数据库引擎 ArcSDE，然后进行 ArcSDE For SQL Server 的连接配置。

数据入库通常采用 ArcCatalog 提供的 Import 和 Load 工具，以图形操作界面分别对不同类型的数据进行入库。这种方式操作简便，不要求用户有编程基础，并且可以批量导入空间数据或非空间数据。由于校园空间数据库包含不同类型的数据，需要分类进行入库。矢量数据利用 ArcCatalog 提供的 Import 工具导入；栅格数据采用 ArcCatalog 提供的 Load 工具导入。属性数据以表格形式存在，利用 Import 工具批量导入。

（2）对象-关系型空间数据库构建

本节以开源的 PostgreSQL 为例，介绍利用 SQL 语句在 PostgreSQL 空间数据库中建立校园空间数据库、数据表以及插入空间数据。

首先，采用 SQL 语句创建数据库，命名为 SCHOOL，语法如下：

```
CREATE DATABASE SCHOOL;
```

创建好数据库后，可以通过 GIS 软件连接 Postgresql 数据库，将 GIS 软件中的空间数据直接导入 SCHOOL 数据库，本书重点介绍采用 SQL 语言进行表的定义，定义的内容主要包含表的名称、列的名称、列的数据类型以及完整性约束条件。其基本格式如下：

```
CREATE TABLE    <表名>（
                      <列名>    <数据类型> [列级完整性约束条件]
                     [，<列名> <数据类型> [列级完整性约束条件]]
                      ……
                      [，表级完整性约束条件]
                     ）；
```

空间数据表与普通数据表的差别在于矢量数据表含有几何字段，栅格数据表含有栅格字段。建立空间数据库可以先使用传统的 SQL 的建表语句将矢量数据的属性表按字段建立，只设置一个 ID 作为属性对要素进行标识，然后利用函数 AddGeometryColumn 为上一步创建的数据表添加一个特定类型、特定投影、特定维数的几何字段，该字段用于存储相同类型、相同投影与相同维数的矢量数据几何信息。另一种方式是直接建立含有几何字段 Geometry 的空间数据表，具体代码如下：

绿地:

```
CREATE TABLE GREENBELT(
        ID VARCHAR(10) NOT NULL PRIMARY KEY,     /*列级完整性约束条
件,ID 是主码,且不能为空值*/
        NAME VARCHAR(20),
        TYPE VARCHAR(20),
```

```
        AREA FLOAT8,
        BOUNDARY GEOMETRY);                 /*GEOMETRY 为几何字段类型*/
球场:
CREATE TABLE COURT(
        ID VARCHAR(10) NOT NULL PRIMARY KEY,      /*列级完整性约束条
件,ID 是主码,且不能为空值*/
        NAME VARCHAR(20),
        USE VARCHAR(20),
        AREA FLOAT8,
        BOUNDARY GEOMETRY);                 /*GEOMETRY 为几何字段类型*/
水域:
CREATE TABLE WATERBODY(
        ID VARCHAR(10) NOT NULL PRIMARY KEY,      /*列级完整性约束条
件,ID 是主码,且不能为空值*/
        NAME VARCHAR(20),
        AREA FLOAT8,
        BOUNDARY GEOMETRY);                /*GEOMETRY 为几何字段类型*/
道路:
CREATE TABLE ROAD(
        ID VARCHAR(10) NOT NULL PRIMARY KEY,      /*列级完整性约束条
件,ID 是主码,且不能为空值*/
        NAME VARCHAR(20),
        WIDE FLOAT8,
        TYPE VARCHAR(20),
        CENTERLINE GEOMETRY);               /*GEOMETRY 为几何字段类型*/
桥:
CREATE TABLE BRIDGE(
        ID VARCHAR(10) NOT NULL PRIMARY KEY,      /*列级完整性约束条
件,ID 是主码,且不能为空值*/
        NAME VARCHAR(20),
        WATERBODYID VARCHAR(10) REFERENCES WATERBODY(ID),      /*列
级完整性约束条件,ID 是主码,且不能为空值*/
        ROAD1ID VARCHAR(10) REFERENCES ROAD(ID),      /*列级完整性约束
```

```
条件,ROAD1ID 是外码,含义是桥连接的道路 1,被参照表是 ROAD*/
        ROAD2ID VARCHAR(10) REFERENCES ROAD(ID),     /*列级完整性约束
条件,ROAD2ID 是外码,含义是桥连接的道路 2,被参照表是 ROAD*/
        CENTERLINE GEOMETRY);                /*GEOMETRY 为几何字段类型*/
停车位:
CREATE TABLE PARKINGSPOT(
        ID VARCHAR(10) NOT NULL PRIMARY KEY,     /*列级完整性约束条
件,ID 是主码,且不能为空值*/
        TYPE VARCHAR(20),
        CHARGING VARCHAR(20),
        ROADID VARCHAR(10) REFERENCES ROAD(ID),     /*列级完整性约束
条件,ROADID 是外码,含义是所在道路,被参照表是 ROAD*/
        BOUNDARY GEOMETRY);                /*GEOMETRY 为几何字段类型*/
建筑物:
CREATE TABLE BUILDING(
        ID VARCHAR(10) NOT NULL PRIMARY KEY,     /*列级完整性约束条
件,ID 是主码,且不能为空值*/
        NAME VARCHAR(20),
        AREA FLOAT8,
        USE VARCHAR(20),
        STRUCTURE VARCHAR(20),
        FLOOR INTEGER,
        BOUNDARY GEOMETRY);                /*GEOMETRY 为几何字段类型*/
广场:
CREATE TABLE SQUARE(
        ID VARCHAR(10) NOT NULL PRIMARY KEY,     /*列级完整性约束条
件,ID 是主码,且不能为空值*/
        NAME VARCHAR(20),
        TYPE VARCHAR(20),
        AREA FLOAT8,
        BOUNDARY GEOMETRY);                /*GEOMETRY 为几何字段类型*/
机构:
CREATE TABLE ORGANIZATION(
```

```
    ID VARCHAR(10) NOT NULL PRIMARY KEY,    /*列级完整性约束条件,ID 是主码,且不能为空值*/
    NAME VARCHAR(20),
    TYPE VARCHAR(20),
    AREA FLOAT8,
    BUILDINGID VARCHAR(10) REFERENCES BUILDING(ID));    /*列级完整性约束条件,BUILDINGID 是外码,含义是所在建筑物,被参照表是 BUILDING */
```

教职工:

```
CREATE TABLE STAFF(
    ID VARCHAR(10) NOT NULL PRIMARY KEY,    /*列级完整性约束条件,ID 是主码,且不能为空值*/
    NAME VARCHAR(20),
    BIRTHDAY VARCHAR(20),
    EDUCATION VARCHAR(20)
    ORGANIZATIONID VARCHAR(10)REFERENCES
ORGANIZATION(ID));/*列级完整性约束条件,ORGANIZATIONID 是外码,含义是所在部门,被参照表是 ORGANIZATION */
```

建立好空间数据表后,可以将空间数据和非空间数据分别插入上述定义的表中,其基本格式如下:

①插入单个元组。

```
INSERT INTO    <表名>
               [(<列名 1>[,<列名 2>…])]
               VALUES(<常量 1>[,<常量 2>…])
               ;
```

②插入子查询结果。

```
INSERT INTO    <表名>    [(<列名 1>[,<列名 2>…])]
               SELECT 语句;
```

例如,在校园数据库的水域表中插入湖泊的数据,具体代码如下:

```
INSERT INTO WATERBODY VALUES(1,'易海',0.2,ST_GeomFromText('POLYGON ((52 18,66 23,73 9,48 6,52 18))',4326));
```

4.4　基于数据库的查询检索

空间数据库的一个主要功能是进行空间数据的查询与检索。数据查询是根据用户的要求，从空间数据库中检索出满足给定条件或位置的空间对象或属性特征的空间数据子集，提供给用户作进一步的处理。

对空间数据的查询按功能可大致分为以下几种类型：

1）简单的空间查询

如根据鼠标点击或者拉框某一范围所指的空间位置，高亮查找出该位置的空间图形及它们的属性，或选定某一属性记录查询到对应的空间实体。

2）针对存储在关系数据库中的非空间属性数据进行查询

通常情况下采用结构化查询语言（Structured Query Language，SQL）进行简单或复杂的属性数据查询，同时与之相匹配的空间图形也通过相连接的 FID 号被查询出来。常规的关系数据库的 SQL 语言可以作为属性数据的查询语言，适合关系表的查询与操作，无法表达空间关系及空间运算操作。例如查询面积大于 100 km^2 的湖泊，如图 4.13 所示，查询结果在属性表和空间图形中都高亮显示。

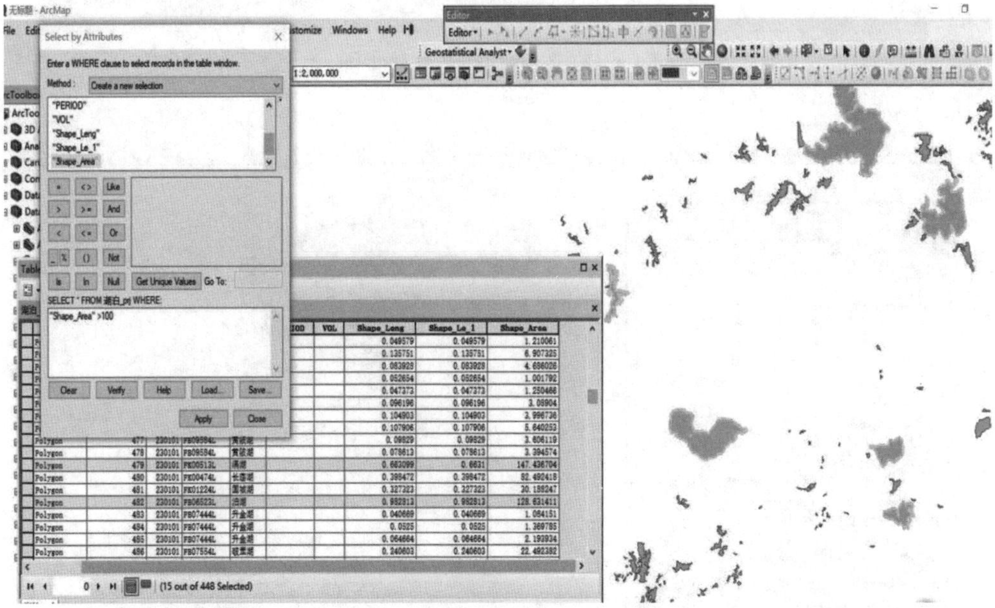

图 4.13　针对非空间属性数据的查询

3）针对空间关系的查询

这是空间数据库相对一般数据库系统所独有的功能，主要针对空间实体间存在的拓扑、顺序、距离、方位等关系的查询。下面从以下两方面举例介绍。

①针对空间实体间存在的拓扑关系的查询。查询点、线、面等空间实体间是否存在相等、相离、相交、叠加、包含、相接等空间拓扑关系。例如，查询某国道线实体经过的行政区面实体，如图 4.14 所示；查询与某市面实体相邻的其他行政区面实体，如图 4.15 所示。

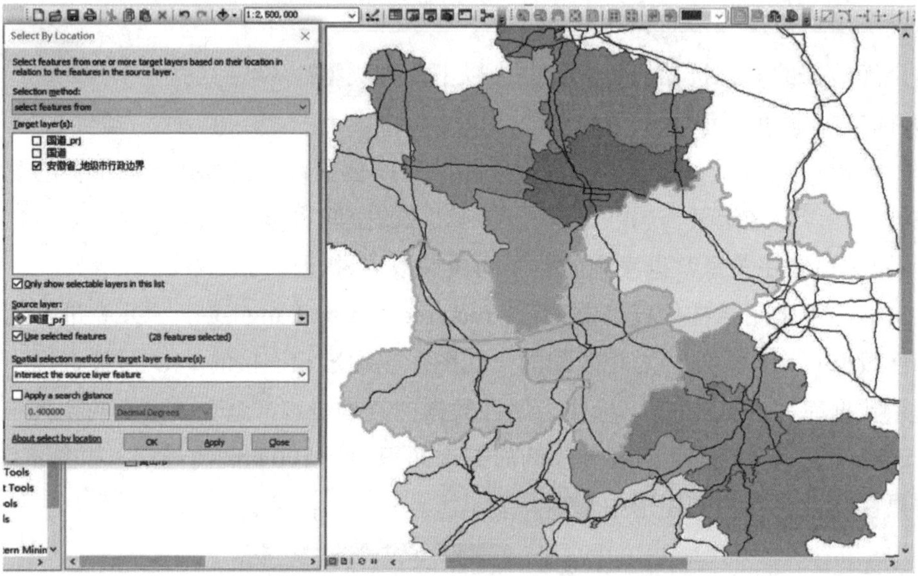

图 4.14 针对拓扑关系的查询

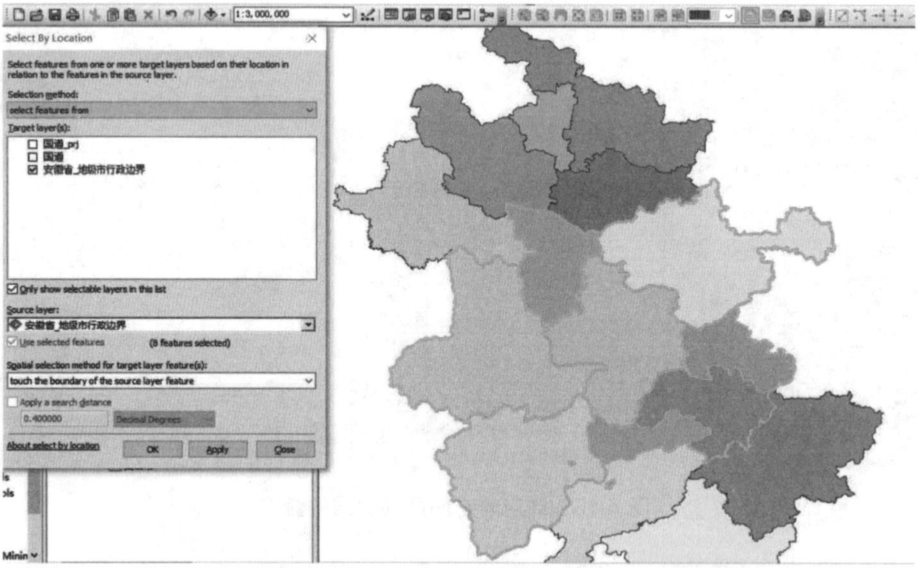

图 4.15 查询与某市行政边界相邻的其他行政区面实体

②针对空间实体间存在的拓扑、距离等多种关系的查询。查询点、线、面等空间实体的某一距离范围内与其他空间实体是否存在相等、相离、相交、叠加、包含、相接等空间拓扑关系。例如，查询距离湖泊 1 km 范围内的所有县（市），如图 4.16 所示；查询距离县城驻地 10 km 范围内的所有湖泊，如图 4.17 所示。

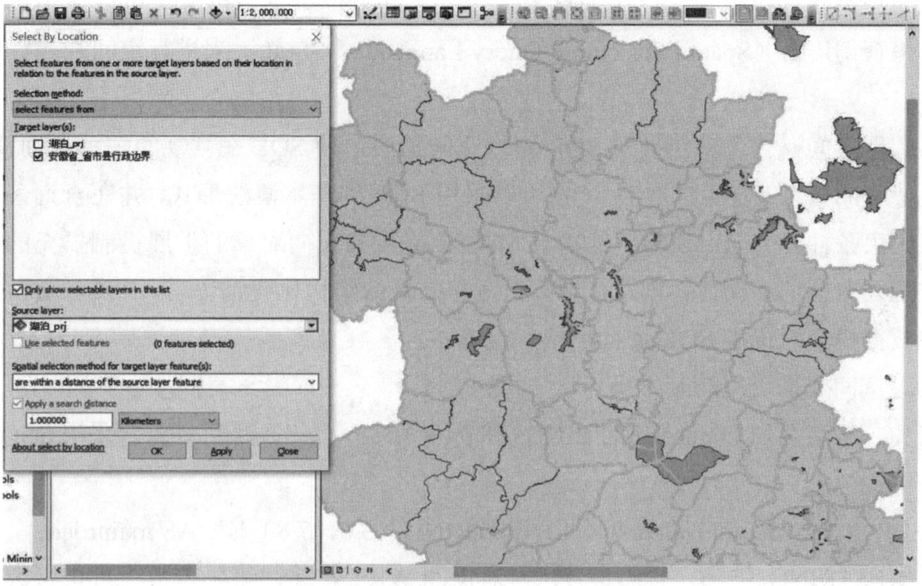

图 4.16　查询距离湖泊 1 km 范围内的所有县（市）

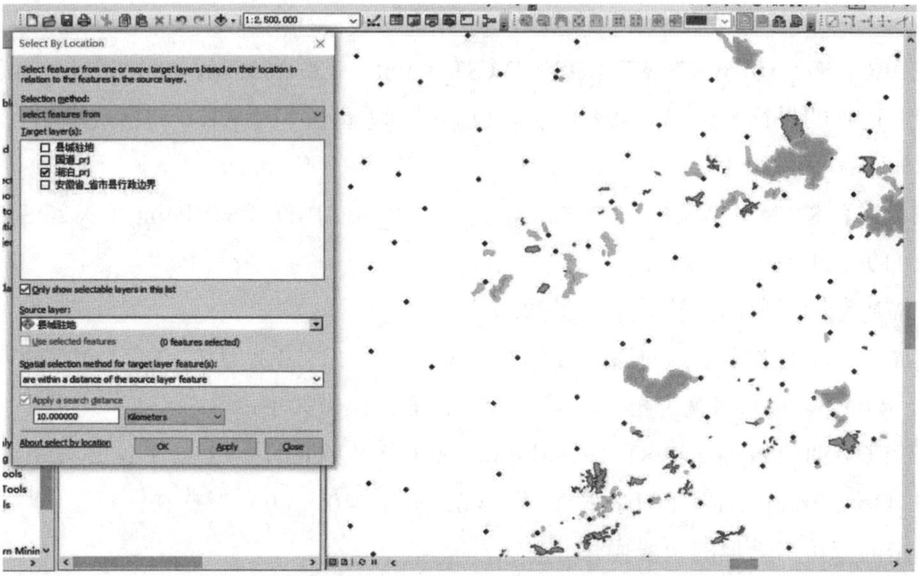

图 4.17　查询距离县城驻地 10 km 范围内的所有湖泊

4）既针对空间位置关系又包含属性信息查询的联合查询

空间属性联合查询的实现可以分步借助单独的空间关系查询和属性查询来实现。例如，从中国地图上查询与北京的距离小于 2 000 km、长江以南、人口数大于 100 万的城市。查人口数大于 100 万的城市，属于属性查询；查同北京的距离小于 2 000 km 的城市，属于空间距离查询；查长江以南的城市，属于空间方位查询。再者，可以采用扩展的空间结构化查询语言（Spatial Structured Query Language，SSQL）来进行空间和属性的联合查询。

要实现空间操作，就需要对 SQL 进行空间扩展，使 SQL 在常规的关系查询基础上，可以支持空间查询。空间扩展的 SQL 可以采用 SQL 的基本语法形式，并在查询条件中加入空间约束条件的算子。SSQL 是基于 SQL99 提供的面向对象的扩展机制扩充的一种用于实现空间数据的存储、管理、查询、更新与维护的结构化查询语言。SSQL 通常基于某种空间数据模型对标准 SQL 进行扩展，包括：

①对空间数据类型的基本操作。

例如，构造名为 mainroad 的 LINESTRING（5 6，7 8）几何对象。采用 SSQL 语言操作如下：

SELECT ST_GeomFromText（‘LINESTRING（5 6，7 8）’） AS mainroad;

‘LINESTRING（5 6，7 8）’为几何对象的 WKT 描述，第二参数为可选参数，一般为空间参考（SRID）对应的整数值。

再如，设置某个点的大地坐标系为 WGS84，并以 EWKT 的格式输出，空间查询语句如下：

SELECT ST_ASEWKT（ST_SetSRID（ST_Point（−123.365556，48.428611），4326））;

将上述点的坐标系由 WGS84 转换为投影坐标系，并以 EWKT 的格式输出，空间查询语句如下：

SELECT ST_ASEWKT（ST_Transform（ST_SetSRID（ST_Point（−123.365556，48.428611），4326），3785））;

②描述空间对象间拓扑关系的函数。

例如，判断两个多边形对象 POLYGON（（1 1，2 1，2 3，1 1））、POLYGON（（3 0，3 2，4 0，3 0））间是否相交，采用 SSQL 语言操作如下：

SELECT ST_Intersects（ST_GeomFromText（‘POLYGON（（1 1，2 1，2 3，1 1））’），
ST_GeomFromText（‘POLYGON（（3 0，3 2，4 0，3 0））’））;

③空间分析与处理的一般操作。

例如，为道路表 ROAD 中 ID 号为’050102’的几何对象的建立距离为 10 的缓冲区，代码如下：

```
SELECT ST_Buffer（CENTERLINE，10）
FROM ROAD
WHERE ROAD.id ='050102';
```

ST_Buffer（CENTERLINE，10）函数用来获取几何对象的缓冲区，CENTERLINE 表示需要进行缓冲区操作的几何对象的空间属性，10 表示缓冲区距离。

再例如，计算点（10 20）和点（20 60）在二维坐标空间中的距离。

```
SELECT  ST_Distance（ST_GeomFromText（'POINT（10 20）'），
ST_GeomFromText（'Point（20 60）'））；
```

思考题

1. 简述空间数据相较传统数据有哪些特征。
2. 简述常见的空间数据库有哪些类型。
3. 简述空间数据库构建的原理及流程。
4. 简述基于空间数据库的查询检索有哪些类型。

主要参考资料

[1] 龚健雅. 空间数据库管理系统的概念与发展趋势. 测绘科学，2001（3）：2，4-9.

[2] 李伟芬，丁静，苗卿. 空间数据多尺度研究综述. 电脑知识与技术（学术交流），2007（13）：134-136.

[3] Oracle Corporation. Oracle Spatial Users Guide and Reference Release 9. 0. 1. Oracle Technical White Paper，2001.

[4] 马娟. 空间数据库技术应用. 北京：测绘出版社，2018.

[5] 郭新慧，张和生. 第三代地理数据模型——Geodatabase 及其实现. 太原科技大学学报，2008，29（1）：5-8.

[6] Abraham Silberschatz，Henry F. Korth，S. Sudarshan. Database System Concepts. 北京：机械工业出版社，2012.

[7] 程昌秀，等. 空间数据库管理系统概论. 北京：科学出版社，2012.

[8] 崔铁军. 地理空间数据库原理（第二版）. 北京：科学出版社，2022.

[9] 吴信才. 空间数据库. 北京：科学出版社，2015.

[10] 郝忠孝. 空间数据库理论基础. 北京：科学出版社，2013.

[11] 武芳，等. 空间数据库原理. 武汉：武汉大学出版社，2017.

[12] 唐成. PostgreSQL 修炼之道：从小工到专家（第 2 版）. 北京：机械工业出版社，2020.

[13] 陈鲁皖，王卫红. 空间数据库实验指导教程. 成都：西南交通大学出版社，2014.

[14] 张宏，乔延春，罗政东. 空间数据库实验教程. 北京：科学出版社，2015.

第 5 章
空间分析原理及方法

空间分析（Spatial Analysis）是 GIS 最具生命力的核心功能，也是 GIS 区别于一般的信息系统、CAD 或者电子地图系统的显著标志之一。GIS 的奠基人之一 Michael F. Goodchild 曾指出 GIS 真正的功能在于其利用空间分析技术对空间数据进行分析。GIS 正是以其强大的空间分析功能，成为解决复杂的规划和管理问题、区域可持续发展和全球变化等问题的重要工具。

5.1 空间分析概述

5.1.1 空间分析的概念

空间分析的思想由来已久，但其作为独立的概念提出则源自 20 世纪 60 年代地理和区域科学的计量革命。起初主要是将定量分析手段用于分析点、线、面的空间分布模式，后来更多的是强调地理空间本身的特征、空间决策过程和复杂空间系统的时空演化过程分析。地理学空间分析的思想为 GIS 提供了重要的思想精髓，同时 GIS 的诞生也极大地促进了空间分析方法的发展与应用。

关于空间分析的定义，不同的学者有不同的看法，侧重点也各不相同。有的侧重于统计分析与建模，有的侧重于空间信息的提取和传输；有的侧重于地理学，有的侧重于地图学；但都从不同方面对空间分析的内涵进行了阐释。GIS 的奠基人之一 Michael F. Goodchild 提出空间分析是对数据的空间信息、属性信息或二者共同信息的统计描述或说明。Haining 认为空间分析是基于地理对象的空间布局的地理数据分析技术。Landis 则认为空间分析是指为了制定规划和决策，应用逻辑模型或数学模型来分析空间数据的技术。Baily 和 Open-shaw 认为空间分析是对于地理空间现象的定量研究，其常规能力是操纵空间数据使之成为不同的形式，并且提取其潜在的信息。我国学者李德仁认为空间查询和空间分析是指从 GIS 目标之间的空间关系中获取派生的信息和新的知识。郭仁忠将空间分析定义为基于地理对象的位置和形态特征的空间数据分析技术，其目的是提取和传输空间信息。汤国安等认为空间分析是在一系列空间算法的支持下，以地学原理为依托，根据地理对象在空间中的分布特征，获取地理现象或地理实体的空间位置、空间形态、空间关系、时空演变和空间相互作用等信息并预测其未来发展趋势的分析技术。刘湘南等认为空间分析是运用空间思维解决空间问题的方法论，是集空间数据分析和空间模拟于一体的技术，围绕研究问题的“空间”本质建立分析模型，通过地理计算和空间表达挖掘潜在空间信息，以解决空间问题。虽然这些学者提出的定义不尽相同，但存在共同点：即空间分析是对空间信息的获取，是对空间问题的求解过程，其核心在于“空间”，而“空间”的本质是“位置”。空间分析是把研究对象的地理空间位置作为重要变量的系统性应用，包括对研究对象的地理空间位置的描述、分析和预测。与空间位置有关的描述、关联和预测方法是空间分析区别于其他数据分析的一个重要特征。现代意义的空间分析是指在计算机技术的支撑下，提取地理对象在位置、属性、关系等方面的信息，以支持特定的空间决策问题。

5.1.2 空间分析的目的

空间分析的主要目标是揭示地理空间特征以解决空间问题，具体包括：

①认知：有效获取空间数据，并对其进行科学的组织描述，利用数据再现事物本身，如绘制风险图。

②解释：理解和揭示地理空间数据的背景过程，认识事件的本质规律，如住房价格中的地理邻居效应。

③预报：在认识、掌握事件发生的现状与规律的前提下，运用有关预测模型对未来的状况做出预测，如病毒的传播模型。

④调控：对地理空间发生的时间进行调控，如合理分配资源。

5.1.3 空间分析的类型

空间分析从不同的视角具有多种分类方法。

（1）按照 Goodchild 提出的空间分析框架

按照 Goodchild 提出的空间分析框架，空间分析分为查询式分析和产生式分析。前者旨在回答用户所提出的问题，如空间集合分析和空间数据查询等；后者旨在通过分析获取新的信息，尤其是综合信息，如数字地形分析、叠加分析、缓冲区分析、网络分析、空间统计分析等。

（2）按照空间数据的形式

按照参与空间分析运算的空间数据的形式，可以把 GIS 空间分析分为矢量数据空间分析和栅格数据空间分析。前者如矢量叠加分析、缓冲区分析、网络分析等；后者如地图代数、距离分析、密度分析、栅格统计分析等。

（3）按照空间数据的特征

空间数据具有空间特征和属性特征，按照空间数据的特征，可以把 GIS 空间分析分为空间数据的空间特性分析和非空间特性分析。前者包括空间位置分析、空间分布分析、空间形态分析和空间关系分析等；后者主要是基于数据库的统计分析。

（4）按照分析方法

按照分析方法，可以将 GIS 空间分析归纳为以下 GIS 系统提供的空间分析和专用空间模型分析。前者主要包括查询检索分析、空间形态分析、地形分析、叠加分析、缓冲区分析、网络分析、空间统计分析等；后者是指在 GIS 支持下通过建立一定的数学模型实现地理现象的分析和模拟，这也是 GIS 应用深化的重要标志。

（5）按照空间分析的级别

回顾 GIS 空间分析的过去并预测其发展趋势，可以将 GIS 空间分析方法按照级别划分为基本空间分析、空间统计分析和智能化空间分析 3 种类型。基本空间分析是指最初发展的基础性空间分析用于解决基本空间问题的分析算法，如叠加分析、缓冲区分析等。空间统计分析是将经典的统计学方法引入空间问题的分析之中，主要包括基于对象模型的空间统计分析和基于场模型的地统计分析。智能化空间分析是随着人工智能与大数据技术的发展，将机器学习方法引入时空大数据分析中建立的智能化分析方法，是目前国内外学者广泛关注的热点。

5.1.4　空间分析的常用方法

空间分析的常用方法包括量算分析、统计分析、空间查询分析、叠加分析、缓冲区分析、网络分析和其他分析方法等。

（1）量算分析

量算分析是最基本的空间分析方法，也是其他高级分析方法的基础。通过量算分析，可以得到坐标、距离、长度和面积的等几何参数。

（2）统计分析

统计分析是对空间数据进行分类、统计、综合评价，是探索地理信息的最简单方法，包括统计图表分析、描述统计分析、回归分析和趋势面分析等。基于栅格的统计分析还包括像元统计、邻域统计和分区统计等。

（3）空间查询分析

空间查询分析是按照一定的条件，寻找符合条件的空间实体及其相应的属性。查询方法包括基于空间要素、空间属性、空间关系和空间位置进行查询。

（4）叠加分析

叠加分析是将同一地区不同地理对象的图层在同一空间参照系下进行叠加，对多个数据图层进行逻辑运算，以产生空间区域的多重属性特征或建立地理对象之间的空间对应关系。

（5）缓冲区分析

缓冲区分析是对空间对象（点、线、面等实体）依据一定的距离建立邻近区域的过程。缓冲区分析的目的是为某项分析或决策提供依据，用以识别这些实体或主体对邻域所产生的辐射度或影响度。

（6）网络分析

网络分析是通过研究网络的状态及模拟和分析资源在网络上的流动和分配情况，对网络结构及其资源等的优化问题进行研究的空间分析方法。

（7）其他分析方法

除以上分析方法外，空间分析还包括空间插值、地统计分析、表面分析、三维分析、水文分析、聚合聚类分析、模型的建立与模型分析等。

5.1.5 空间分析的一般过程

空间分析通常涉及多种空间分析操作的组合，好的空间分析过程设计将十分有利于问题的解决。一般过程包括：

（1）明确分析的目的和标准

明确分析的目的和标准是对 GIS 所要解决问题的定义和规划。分析的目的定义了所要回答的问题，而标准则具体规定了将如何利用 GIS 回答所提出的问题。例如，要为某城市确定适合建造一个新的公园的位置，其标准可能为：①公园的位置既要交通便利又要环境安静，也就是说距主要公路的距离要适当；②公园应设计成环绕一个天然的小河流；③使公园的可利用面积最大，公园中应很少或没有沿河流分布的沼泽地。

（2）准备空间数据

数据准备在信息系统的建立过程中是一个非常重要的阶段。在这个阶段，GIS 用户需要投入大量的资金和人力来建立地理数据库。在做空间分析之前，地理数据库还可能要做一些修改，如转换单位、略去数据库中的某些部分等。这个阶段往往要生成新的属性数据库或在原有数据库中增加新的属性项。对于数据准备的要求随研究对象而异。在进行分析之前，对数据准备进行全面的考虑，将有助于更有效地完成工作。

（3）进行空间分析操作

基于 GIS 软硬件系统，为了得到所需数据，可能需要进行多种操作（检索提取、缓冲、叠置等），每一步的空间操作都用来满足所提出的一项标准。

（4）评价和解释分析结果

根据空间分析结果所得到的属性表进行表格分析和评价，以确定其有效性。如果觉得分析还有局限性和缺点，可以进一步修改，返回适当的步骤重新分析。

（5）输出分析结果

空间分析的成果往往表现为图件或报表。图件用于凸显地理关系，而报表则用于概括表格数据并记录计算结果。

5.2　DEM 空间分析

5.2.1　数字地形模型相关概念

（1）数字地形模型

数字地形模型（Digital Terrain Model，DTM）是描述地面特性的空间分布的有序数值阵列，是地表形态属性信息（如高程、坡度、坡向、曲率等）的数字化表达，是带有空间位置特征和地形属性特征的数字描述。

（2）数字高程模型

数字高程模型（Digital Elevation Model，DEM）通过有限的地形高程数据实现对地形曲面的数字化模拟，它表示地表区域上地形的三维向量的有限序列，即地表单元上高程的集合。

（3）DTM 与 DEM 的区别与联系

DEM 是地面特性为高程的 DTM，二者都是地面特性的离散数字的一种数学表达。DEM 描述地面的起伏，DTM 包括地面起伏和属性（如坡度、坡向、曲率等）两个含义。DEM 是 DTM 的子集，是 DTM 最基本的组成部分。

5.2.2　数字高程模型

（1）DEM 的主要表达模式

地表高程的变化可采用不同的方式进行表达。目前，DEM 的表达主要有点模式、线模式和函数模式。

点模式是利用分布在地形表面的各种地形特征点（如山顶、坡脚点、鞍部、坡度变化点等）来表达地面高程的变化。地形特征点在分布上可采取规则布点方案，即规则格网（Grid），也可采取不规则布点方案，即不规则三角网（TIN）。

线模式是利用等高线来描述地面高程的变化，其存储格式通常为 DLG（Digital Line Graphic），即数字线划图方式。每条线均由一组高程值相同的点组成。等高线是表达地形最常见的形式，其地形特征线也是表达地面高程的重要数据源，如山脊线、谷底线及坡度变换线等。

函数模式是用数学方法进行地形曲面的表达，既可以根据区域内所有的采样点，采用全局内插方法（如傅里叶级数、高次多项式）拟合统一的地形曲面；也可以将区域划分成规则的或不规则的区域，然后在每个分块区域内进行局部拟合来模拟地形曲面。

（2）DEM 的主要类型

DEM 的主要类型包括等高线 DEM、规则格网 DEM 和不规则三角网（TIN）。

1）等高线 DEM

等高线 DEM 是由一系列等高线集合和它们的高程值构成的一种地面高程模型。等高线 DEM 能反映地面高程、山体、坡度、山脉走向等基本地貌形态及变化，但是无法描绘微小地貌形态及变化所表示的地形起伏，缺乏明暗变化的立体感效果，地形参数计算效率低。

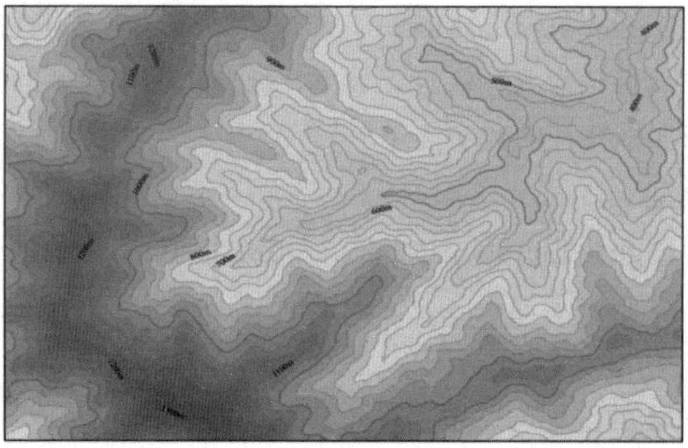

图 5.1　等高线 DEM 示意图

2）规则格网 DEM

规则格网 DEM 是将地形曲面划分为一系列的规则格网单元，每一个规则格网单元对应一个地形特征值（如地面高程），其定义可表示为

$$\mathrm{DEM}=\{Z_{ij}\}\ (i=1,\ 2,\ 3,\ \cdots,\ m;\ j=1,\ 2,\ 3,\ \cdots,\ n) \tag{5.1}$$

规则格网 DEM 通过区域内覆盖的规则格网均质记录对应点的高程，将连续的地形曲面转换为计算机可处理和存储的离散数据，并且在检索点的高程以及计算坡度、坡向、曲率等局部参数时非常便捷。规则格网 DEM 可以有多种可能的格网划分方式，如正方形、矩形、正三角形、正六边形等，但以正方形格网单元最为简单，也是最常用的一种划分方式。许多国家都采用规则格网数据组织形式，如美国 USGS DEM 和我国 1∶5 万比例尺以下的 DEM。

在规则格网 DEM 对地形表达和数字地形分析中，对每个格网所表示的数值的解释有所不同，主要有以下两种解释：第一种是格网栅格观点（grid），认为该格网单元的数值是其所有点的高程值，即格网单元内部是同质的，格网单元对应的实际单元区域内高程处处相等，任何落在该格网单元内的点与该格网单元的值是相同的，这种 DEM 表达的是一个不连续的表面，如图 5.2（a）所示；第二种是点栅格观点（lattice），认为该网格单元的数值是其格网中心点的高程或格网单元的平均高程值［图 5.2（b）］，此时 DEM 表达的是一个连续的表面，格网单元内任意点的高程均可通过内插方法估算。

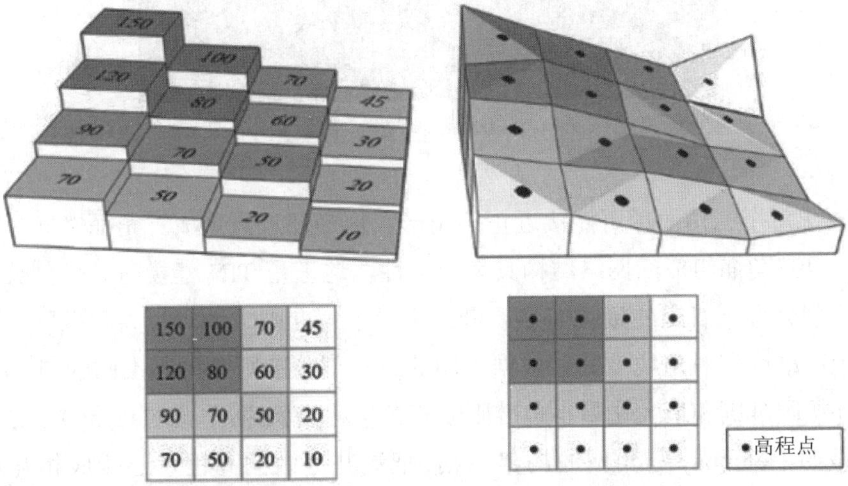

（a）格网栅格　　（b）点栅格

图 5.2　格网栅格和点栅格及其定义的 DEM

规则格网的高程矩阵数据结构简单，易于与遥感影像集成，适用于大区域宏观地形特征。格式应用最广泛，坡度、坡向等地形参数计算效率高，流域提取方便。规则格网 DEM 的优点是数据结构简单，数据中无须记录各点的坐标，通过简单的运算可以访问任何位置；简化了对象的空间变化描述，使空间关系（邻接、方向、距离等）更加明确；其矩阵结构易于与栅格数据结合，可以快速进行逻辑运算和叠置运算。然而，其缺点也十分明显，如分辨率过高会造成简单地形上的数据冗余，分辨率过低会导致对起伏程度变化大的区域描述不精确、对地形地貌特征（如山峰、洼坑、山脊、山谷）表达不准确。

3）不规则三角网（TIN）

TIN 是直接用原始数据采样点构建的一种地形表达方法，其本质是用一系列互不重叠、互不交叉的三角面来近似模拟地形表面，从而构成不规则的三角网（图 5.3）。高程值连同 x，y 坐标一起存储在结点，再由结点构成三角面。TIN 的数学特性可以表述为三维空间的分段线性模型，在整个区域内连续但不可微。

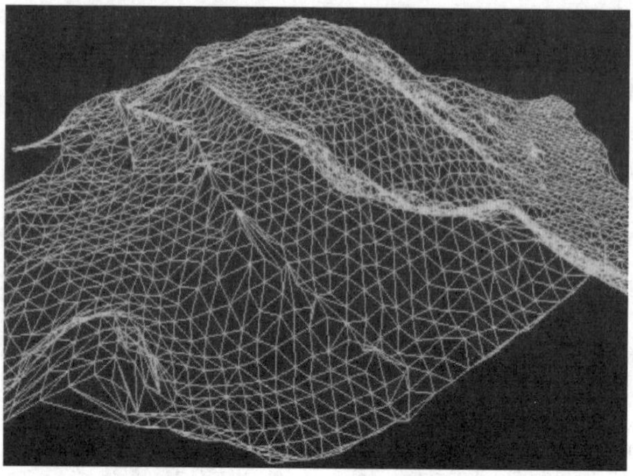

图 5.3　不规则三角网示意图

TIN 要求每个三角面尽可能接近正三角形，用最邻近点形成三角面（即三角面边长之和最小）且三角面组成的网络结构具有唯一性，这正是 TIN 建模时三角剖分的原则。目前，三角剖分准则有空外接圆准则、最大化最小角准则、最短距离和准则、张角最大准则、面积比准则和对角线准则。依据不同的三角剖分准则会得到不同的 TIN，而同时满足有空外接圆准则和最大化最小角准则的三角网称为狄洛尼（Delaunay）三角网。TIN 的构建是按照 Delaunay 三角网的构建原则，把这些离散的高程点连接成相互连续的三角面。

TIN 能较好地反映地形结构线（如山脊线和山谷线）等地形基本特征，但其数据结构复杂，适用于小区域地形可视化和地形特征计算。TIN 的地形参数计算效率优于等高线 DEM，但低于规则格网 DEM。

（3）DEM 的创建方法

1）基于采样点的空间插值法

基于采样点的空间插值法是规则格网 DEM 创建的常用方法。创建规则格网 DEM 的整体思路为：首先，在二维平面上对研究区域进行格网划分，形成覆盖整个研究区的格网空间结构；其次，利用分布在格网点周围的地形采样点内插计算格网点的高程值；最后，按一定的格式输出，形成该地区的格网 DEM，如图 5.4 所示。

格网点上高程值的空间内插计算是 DEM 创建的关键环节。空间内插的实质是根据分布在内插点周围的采样点的高程求取未知点的高程，在数学上属于数值分析中的插值问题。空间插值的理论假设是空间位置上越靠近的点，越可能具有相似的特征值，而距离越远的点，其特征值相似的可能性越小。空间插值方法正是依据该假设设计的，按照内插范围分为整体插值、局部插值和逐点移面插值。

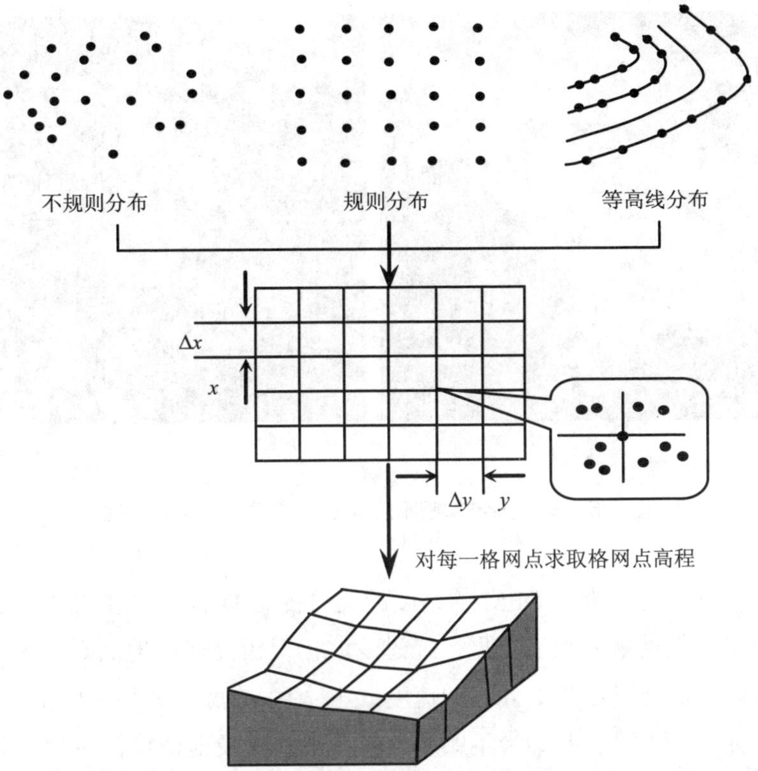

图 5.4　基于规则格网采样点或不规则离散数据点内插生成 DEM

整体插值是用研究区域所有采样点的数据进行全区域特征拟合，如边界内插法、趋势面分析等。局部插值是用插值点邻近的采样点来估计高程值，如最邻近点法（泰森多边形方法）、移动平均插值方法（距离倒数插值法）、样条函数插值方法、空间自协方差最佳插值方法（克里金插值）、不规则三角网方法等。逐点移面插值是以待插点为中心，确定一个邻域范围，用该邻域内的采样点计算内插点的高程值。

2）基于点云数据的 DEM 构建法

机载激光雷达作为一种新兴的空间数据采集技术，具有快速高效、数据量全面细致、与实际地表贴合度高、自动化程度高的特点，且能缩短构图周期，并提供更精确的地表数据的高程信息，为获取高质量 DEM 构建提供了重要支撑。点云滤波和点云抽稀是基于点云数据构建 DEM 的基础和关键。滤波的目的是尽可能获取关键地面点，剔除非地面点，基本保留地面起伏形态和地面信息。目前，学者们提出了多种点云滤波算法，如形态学滤波、渐进加密不规则三角网滤波、布料模拟滤波等。图 5.5 是基于渐进加密不规则三角网滤波的点云数据。

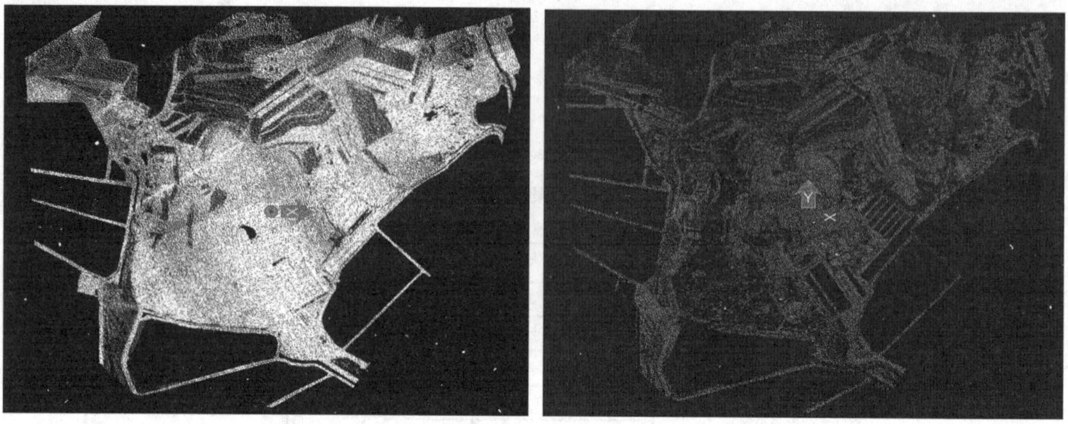

（a）滤波前　　（b）滤波后

图 5.5　基于渐进加密不规则三角网滤波的点云数据

点云抽稀的目的是在维持 DEM 的精度的同时提高 DEM 构建的速度。因为当地形平坦时，采集所得大数据量的点云数据，经过滤波仍保留高密度地面点，无论是构建 TIN 还是直接进行内插均会降低数据处理的速度，且对生成的 DEM 精度的提升较少。国内外常用的点云抽稀算法大致可归纳为不顾及地形特征和顾及地形特征两类。图 5.6 是组合按平面距离和高差抽稀方法和按构模关键点抽稀方法得到的地面点云数据。

图 5.6　原始数据（左）和抽稀率为 10%的地面点云数据（右）

点云滤波和点云抽稀以后，可利用不规则三角网内插法、反距离加权插值法、克里金插值法等进行 DEM 构建。图 5.7 是基于不规则三角网内插法生成的 DEM 专题图。

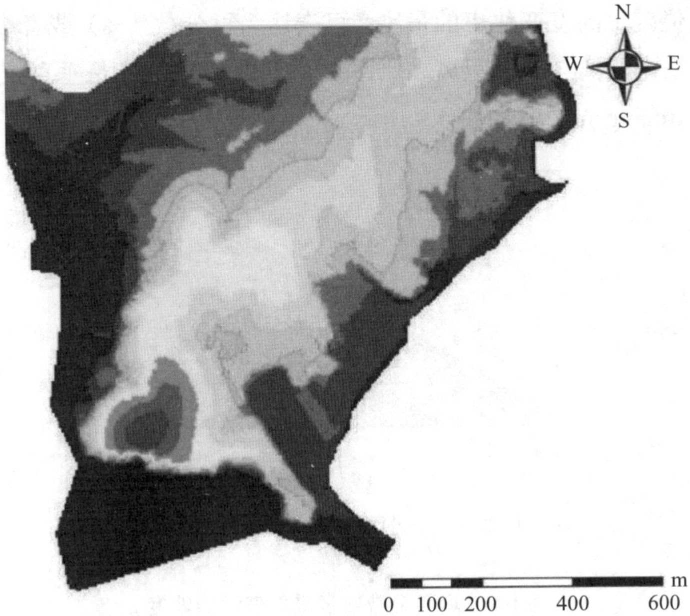

图 5.7　基于不规则三角网内插法生成的 DEM 专题图

5.2.3　数字高程模型的主要应用

（1）地形因子提取

1）坡度、坡向

坡度（Slope）定义为地表单元的法向与 Z 轴的夹角，即切平面与水平面的夹角；坡向（Aspect）是地表单元的法向量在水平面上的投影与 Y 轴之间的夹角（Y 轴为正北方向），如图 5.8 所示。

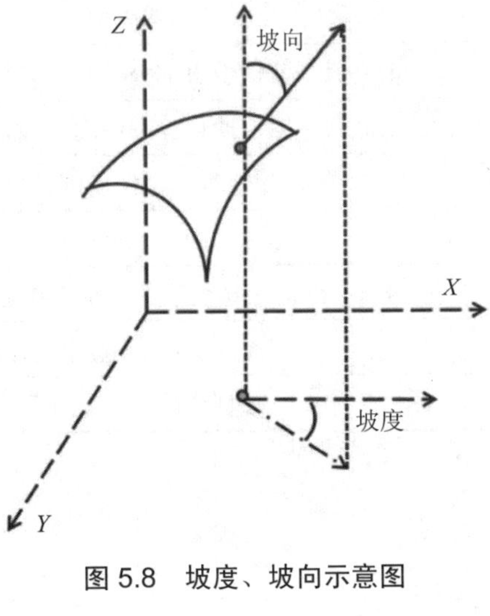

图 5.8　坡度、坡向示意图

坡度是地表位置上高度变化率的量度，可表达为百分数（%）或者度数（°）。其中，百分数坡度等于垂直距离与水平距离之比率乘以 100，度数坡度是垂直距离与水平距离之比的反正切值（arctangent），如图 5.9 所示。

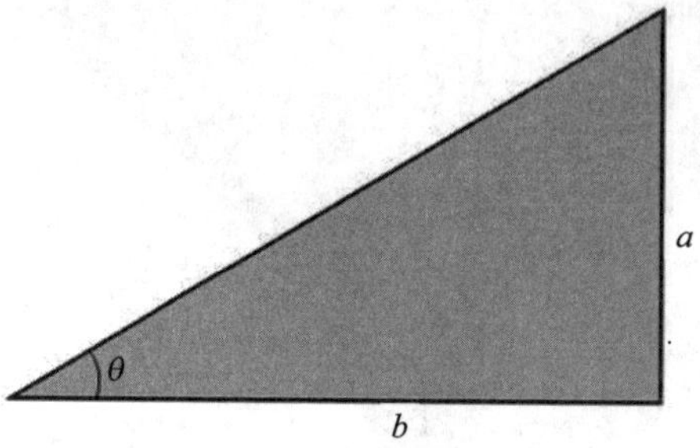

$$\theta(\%)=\frac{h}{d}\times 100 \quad \theta(°)=\arctan\frac{h}{d}$$

图 5.9 以百分数或者度数表示的坡度

坡向是斜坡方向的量度，单位为度（°），一般以正北方向为 0°开始，按照顺时针方向移动，回到正北方向以 360°结束。

坡度、坡向是点函数，它们是定义在点上的，只有理论意义而不具备地理意义，因此在实际应用中，需要根据一定的标准进行分类。例如土地利用中的坡度分类（表 5.1），或者根据坡向将坡面分为阳坡、半阳坡、半阴坡、阴坡等，如图 5.10 和表 5.2 所示，这样它们才具有一定的地理意义。

表 5.1 坡面特征分析的自然地域导向表

坡度	地形表现
＜3°	平坦平原、盆地中央部分、宽浅谷地底部、台面
3°～5°	山前地带、山前倾斜平原、冲积、洪积扇、浅丘、岗地、台地、谷地等
5°～15°	山麓地带、盆地周围、丘陵
15°～25°	一般在 200～1 500 m 的山地中
25°～35°	大于 1 000 m 山地坡面的上部（接近山顶部分）
35°～45°	大于 1 000 m 山体坡面的上部
＞45°	地理意义的垂直面

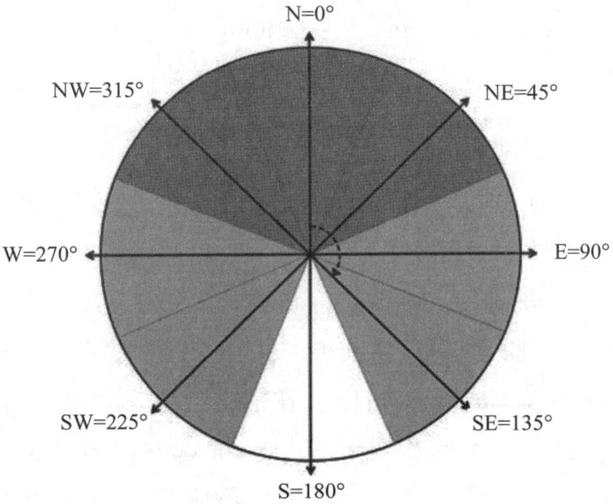

图 5.10　坡向分类

表 5.2　坡向及其地理意义

坡向	地形坡向	俗称
0°±22.5°	北 N	阴坡
45°±22.5°	东北 NE	半阴坡
315°±22.5°	西北 NW	
90°±22.5°	东 E	
270°±22.5°	西 W	半阳坡
135°±22.5°	东南 SE	
225°±22.5°	西南 WE	
180°±22.5°	南 S	阳坡
不存在	不存在	平地

注：表中俗称适用于北半球，南半球则正好相反。

坡度和坡向间接反映了地形起伏的形态和结构，二者紧密联系，坡度反映地表坡面的倾斜程度，坡向反映地表坡面的倾斜方向。作为地形特征分析和可视化的基本要素，坡度和坡向在流域单元、景观单元和形态测量等研究中处于十分重要的地位。坡度和坡向与其他参数联合使用时，有助于森林蓄积量估算、土壤侵蚀监测与评价、土地利用与水土保持、野生动植物保护、野生生物栖息地适宜性、选址分析及其他领域问题的解决。

当地形曲面表达为 $z=f(x, y)$ 时，给定点的坡度、坡向可通过下列公式计算而得（均以度数为单位）：

$$\alpha = 180° - \tan^{-1}\left(\frac{f_y}{f_x}\right) + 90° \times \left(\frac{f_x}{|f_x|}\right) \tag{5.2}$$

$$\beta = \arctan\sqrt{(f_x)^2 + (f_y)^2} \tag{5.3}$$

式中，α 为坡度；β 为坡向；f_x 为东西方向上高程的变化率；f_y 为方南北向上高程的变化率。

由式（5.3）可知，求解地面某点的坡度和坡向，关键在于 f_x 和 f_y 的求解。不同的模型结构可能得出不同的坡度、坡向计算结果，并且计算方法也不尽相同。常用的方法有 Fleming 和 Hoffer（1979）及 Unwin（1981）提出的二阶差分法、Sharpnack 和 Akin（1969）提出的三阶不带权差分法、ArcGIS 中采用的由 Horn（1981）提出的三阶反距离平方权差分法和基于 TIN 的坡度坡向计算方法。图 5.11 是基于三阶反距离平方权差分法得到的 DEM、坡度和坡向。

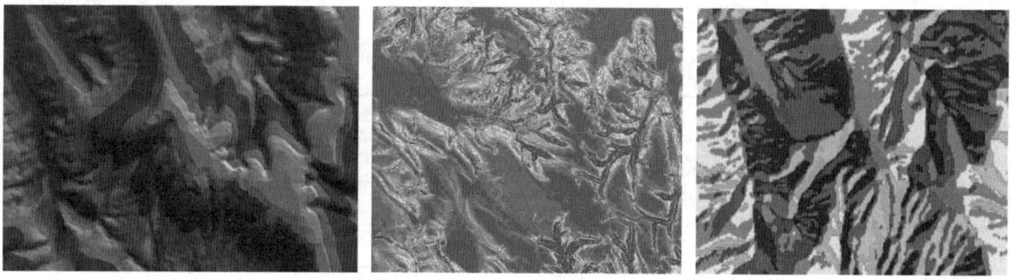

（a）DEM　　（b）坡度　　（c）坡向

图 5.11　DEM、坡度和坡向

2）地形表面曲率

地形表面曲率是局部地形曲面在不同截面方向上的形状、凹凸变化的反映，它们是平面点位的函数。地形表面曲率反映了地形结构和形态，同时影响着土壤有机物含量的分布，在地表过程模拟、水文、土壤等领域有重要的应用价值和意义。

为了实际应用的需要，人们发展和提出了多种曲率。对于地面任意点而言，最小曲率（Minimum Curvature）、最大曲率（Maximum Curvature）、平均曲率（Average Curvature）、高斯曲率（Gaussian Curvature）等是地形曲面的固有属性。

假设地形曲面为 S：$z=f(x, y)$，曲面 S 上任意点 $P(x, y)$，图 5.12 中过 P 点的法向量为 n，则 P 点的法截面 N 为过 n 的任意平面，N 与地形曲面的交线为法截线。由微分几何可知，法截线可以有无数个，但存在互相垂直的两个法截线（即图中的 aa' 和 bb'），表示在给定的表面点上分别具有最大曲率 k_{max} 和最小曲率 k_{min}，其对应的曲率半径为 R_{max} 和 R_{min}，是下列方程关于曲率半径 R 的两个根：

$$(rt-s^2)R^2+\left[2pqs-(1+p^2)t-(1+q^2)r\right]Rh+h^4=0 \tag{5.4}$$

式中，R 为曲率半径；p、q、r、s、t 是高程偏导数，$p=\dfrac{\partial f}{\partial x}$，$q=\dfrac{\partial f}{\partial y}$，$r=\dfrac{\partial^2 f}{\partial x^2}$，$s=\dfrac{\partial^2 f}{\partial x\partial y}$，$t=\dfrac{\partial^2 f}{\partial y^2}$。

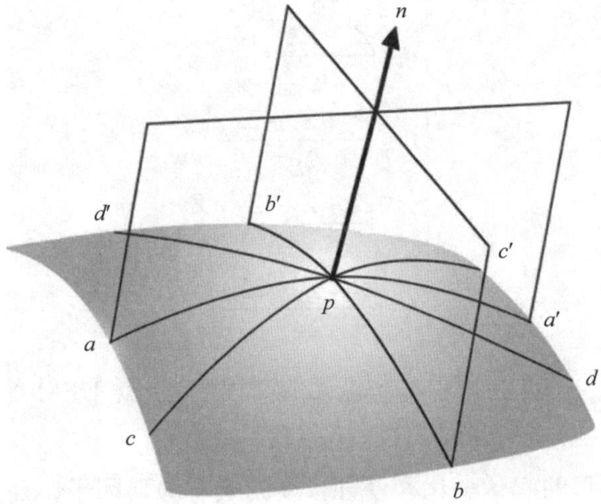

图 5.12　曲面曲率几何含义

最大曲率和最小曲率分别为

$$k_{\max}=\frac{1}{R_{\max}} \tag{5.5}$$

$$k_{\min}=\frac{1}{R_{\min}} \tag{5.6}$$

平均曲率 k_a 则定义为最大曲率 $k_{\max}$ 和最小曲率 $k_{\min}$ 的算术平均值，即

$$k_a=\frac{1}{2}(k_{\max}+k_{\min})=\frac{(1+q^2)r-2pqs+(1+p^2)t}{2(1+p^2+q^2)^{\frac{3}{2}}} \tag{5.7}$$

而高斯曲率 k_G 则定义为最大曲率 $k_{\max}$ 和最小曲率 $k_{\min}$ 的乘积，即

$$k_G=k_{\max}\times k_{\min}=\frac{rt-s^2}{(1+p^2+q^2)^2} \tag{5.8}$$

由此可知，曲率计算的实现与地形曲面的二阶导数有关。与坡度和坡向类似，曲率也可以通过不同算法计算而得，一种常用算法是由 Zevenbergen 和 Thorne（1987）提出

的不完全四次曲面法，采用二次多项式方程拟合一个 3×3 的局部窗口，其函数式为

$$f(x,y)=Ax^2y^2+Bx^2y+Cxy^2+Dx^2+Ey^2+Fxy+Gx+Hy+I \tag{5.9}$$

式中，系数 A～I 可以根据 3×3 局部窗口中的 9 个已知高程值及其像元大小来完全确定。中心点处的各阶偏导数为

$$\begin{cases} p=\dfrac{Z_6-Z_4}{2g} \\ q=\dfrac{Z_8-Z_2}{2g} \\ r=\dfrac{Z_4+Z_6-2Z_5}{2g^2} \\ s=\dfrac{Z_9+Z_1-Z_7-Z_3}{4g^2} \\ t=\dfrac{Z_2+Z_8-2Z_5}{2g^2} \end{cases} \tag{5.10}$$

式中，Z_1～Z_8 是待求像元周围 8 个像元的高程值；g 是 DEM 像元的大小。

3）粗糙度

粗糙度是表示地形的起伏变化和侵蚀程度的宏观地形因子，是衡量地表侵蚀程度的重要量化指标，一般定义为地表单元的曲面面积与其在水平面上的投影面积之比，公式如下：

$$R=\frac{S_{曲面}}{S_{水平}} \tag{5.11}$$

式中，R 为粗糙度；$S_{曲面}$为格点面元趋势面面积；$S_{水平}$为格点面元面积。

在实际应用中，可通过 3×3 的局部窗口，采用以下公式近似计算：

$$R=\frac{1}{\cos(S)} \tag{5.12}$$

式中，S 为根据 DEM 提取的坡度因子。

（2）基于 DEM 的可视化分析

1）剖面分析

地形剖面线表现的是从地面上一点到另一点沿途的地形变化情况。剖面分析可以线代面研究区域的地貌形态、轮廓形状、地势变化、斜坡特征等。基于地形剖面分析可以提供道路规划、管网工程选线和选址等的决策依据（图 5.13）。

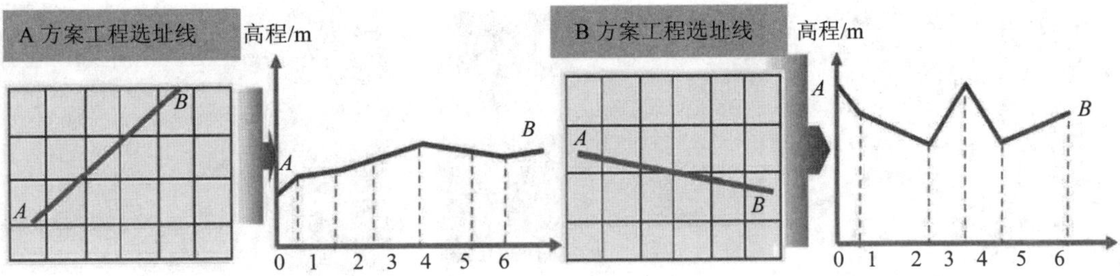

图 5.13　基于 DEM 的剖面分析案例

2）通视分析

通视分析是利用 DEM 判断地形上任意两点间是否可以相互可见的技术方法，被广泛应用于设置雷达站、观察哨、广播、电视及通信基站的工程设计、旅游景点规划和日照时数分析等。

通视分析可在任意两点间先生成一条剖面线，再在两点间形成一条直线，判断直线与剖面线是否有交点。若有交点则两点不能通视；若没有交点，再判断两点高程是否高于剖面线高程，以此判断两点是否通视，如图 5.14 所示。

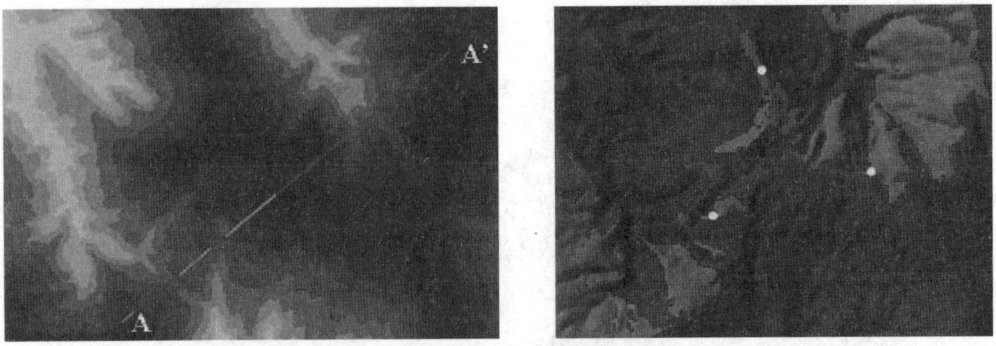

图 5.14　基于 DEM 的通视分析案例

（3）基于 DEM 的三维景观虚拟

将图像的纹理叠加到 DEM 上，能够增强地形表达的真实性，还可在 DEM 上叠加各种人工和自然地物（如河流、公路、桥梁和地面建筑等），逼真地反映地表的实际情况。基于 DEM 进行三维景观虚拟的主要步骤如图 5.15 所示。图 5.16 是基于 DEM 进行三维景观虚拟的实例。

图 5.15　基于 DEM 进行三维景观虚拟的主要步骤

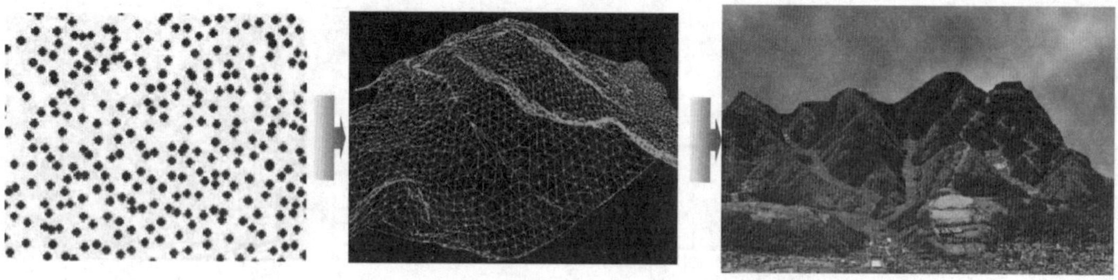

图 5.16　基于 DEM 进行三维景观虚拟的实例

（4）基于 DEM 的水文分析

水文分析是对所研究的水文变量或过程做出尽可能正确的概率描述，对防治水旱灾害和开发、利用、保护水资源的工程或非工程措施的规划、设计、施工以及管理运用有着重要的意义，也是 DEM 应用的一个重要方面，主要用于与地表水流有关的研究，如基于 DEM 的河流网提取（图 5.17）和子流域划分（图 5.18）等。

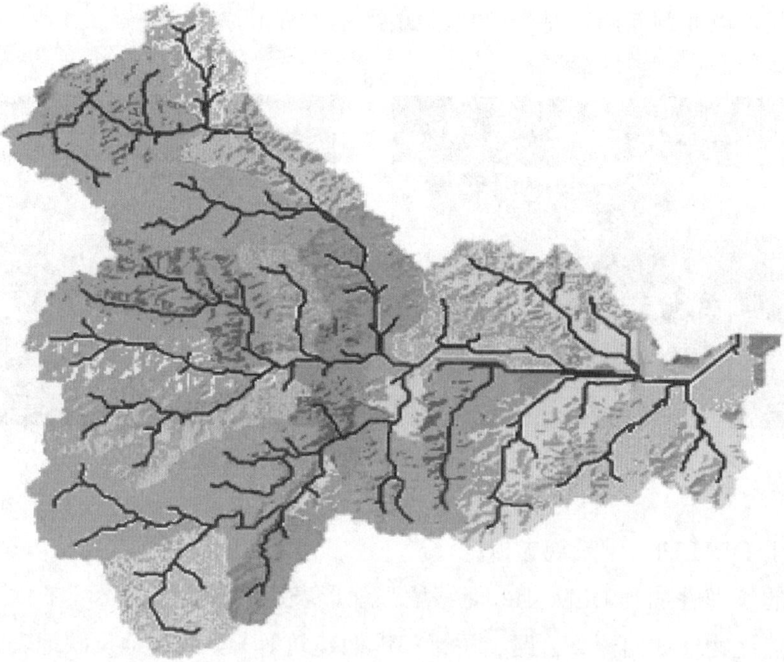

图 5.17　基于 DEM 进行河流网提取分析实例

图 5.18　基于 DEM 进行子流域划分实例

5.3　叠加空间分析

5.3.1　叠加空间分析的概念

叠加空间分析（Spatial Overlay Analysis）是地理信息系统中用来提取空间隐含信息的方法之一，指在相同的空间坐标系统下，将同一地区两个不同地理特征的空间和属性数据重叠相加，以产生空间区域的多重属性特征，或建立地理对象之间的空间对应关系。一般用于搜索同时具有几种地理属性的分布区域。

从原理上说，叠加分析是对新要素的属性按一定的数学模型进行计算分析，其中往往涉及逻辑交、逻辑并、逻辑差等运算。根据操作要素类型的不同，叠加分析可以分为点与点叠加、点与线叠加、点与多边形叠加、线与线叠加、线与多边形叠加和多边形与多边形叠加；根据操作形式的不同，分为图层擦除、识别叠加、交集操作、均匀差值、图层合并和修正更新；根据所采用的数据结构的不同，分为基于矢量数据的叠加分析和基于栅格数据的叠加分析，如图 5.19 所示。基于矢量数据的叠加分析根据叠加对象图形特征的不同，分为点与多边形的叠加、线与多边形的叠加和多边形与多边形的叠加 3 种类型。基于栅格数据的叠加分析常称为“地图代数”，包含一系列可以进行叠加分析的计算方法。

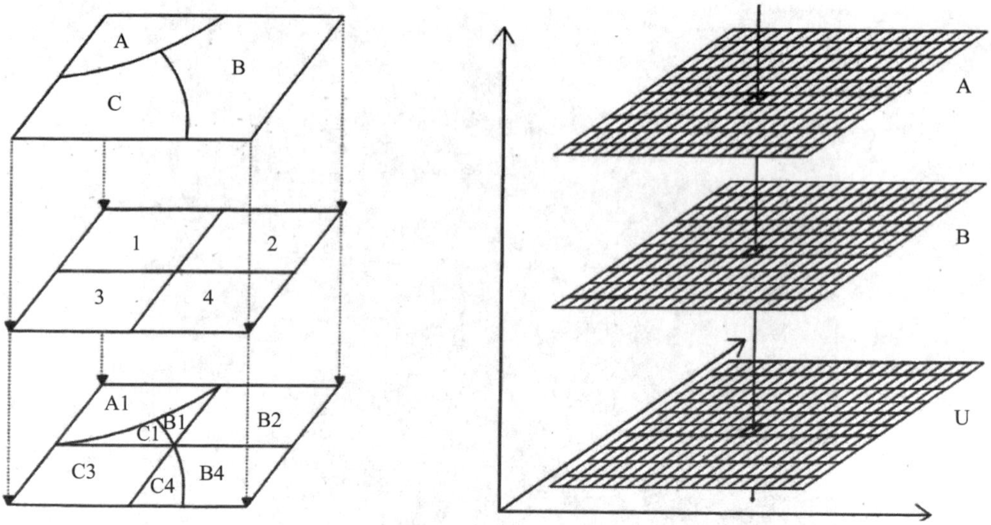

（a）矢量叠加分析　　　　　　　　（b）栅格叠加分析

图 5.19　基于矢量数据的叠加分析与基于栅格数据的叠加分析示意图

5.3.2　基于矢量数据的叠加分析

基于矢量数据的叠加分析是参与分析的两个图层的要素均为矢量数据。矢量数据的叠加算法，虽然数据存储量较小，但是运算过程较复杂。

（1）点与多边形的叠加

点与多边形的叠加是通过确定一个点状空间特征中的点落在另一个多边形空间特征中的哪一个多边形内，以便为每个点赋予新的多边形属性。例如，水井点位与规划区叠加，可找到包含每个水井的区域，如图 5.20 所示。

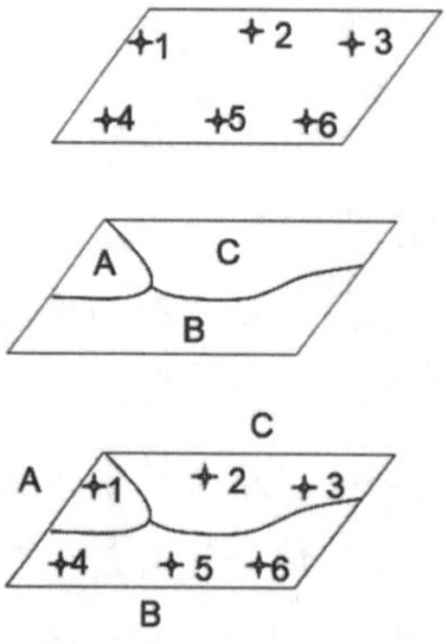

数据叠加

点号	名称	编码	功能	所属辖区
1				A
2				C
3				C
4				B
5				B
6				B

属性数据

图 5.20　点与多边形的叠加示意图

（2）线与多边形的叠加

线与多边形的叠加是通过确定一个线状空间特征中的线经过另一多边形空间特征中的哪个多边形，以便为线赋予新的多边形属性。例如，要确定一条高速公路在各个行政区内的里程数时，就需要将道路线状数据与行政区划多边形数据相叠加，GIS 计算道路线与行政区划多边形边界的交点，在交点处截断线，并对新产生的线重新编号，建立线与多边形的对应关系，同时，产生一个相应的属性数据表记录原线和多边形的属性信息，如图 5.21 所示。

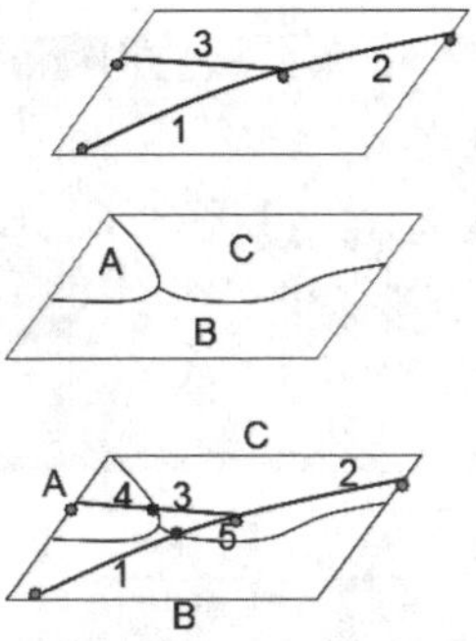

数据叠加

线号	原线号	名称	等级	所属辖区
1	1			B
2	2			C
3	3			C
4	3			A
5	1			C

属性数据

图 5.21 线与多边形的叠加示意图

（3）多边形与多边形的叠加

多边形与多边形的叠加是指将两个不同的多边形空间特征数据相重叠，产生新的多边形特征数据，用以进行地理变量的多准则分析、区域多重属性分析、地理特征动态变化分析，以及图幅要素更新、区域信息提取等。

多边形叠加分析通常有以下 6 种叠加方式：

1）联合叠加分析

联合叠合是其他叠合的基础。图层联合（Union）这个功能是将两个图层进行联合运算，派生新的图层。几何上，新图层中为输入图层叠加了多边形图层的分划信息，全部要素均被保留，若是所在的区域相互覆盖，则把多边形切割成重叠的小多边形；属性上，新图层中要素属性值包含其原始值以及多边形值。在联合分析过程中，输入要素必须是多边形。联合叠加分析原理如图 5.22 所示。

例如，一个多边形数据是某个地区的行政区域分布情况，另一个多边形数据是同一地区农作物（如棉花、大豆、玉米）的分布情况，这两个多边形数据进行联合叠加，产生新的多边形数据。其中，每一个新的多边形都包含它所属的行政区域和种植的农作物的属性信息，这将有助于进一步分别统计各个行政区域的农作物种植情况（图 5.23）。

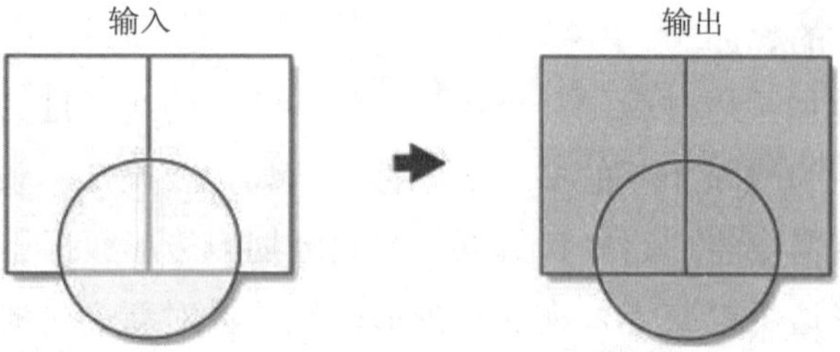

图 5.22 联合叠加分析原理图

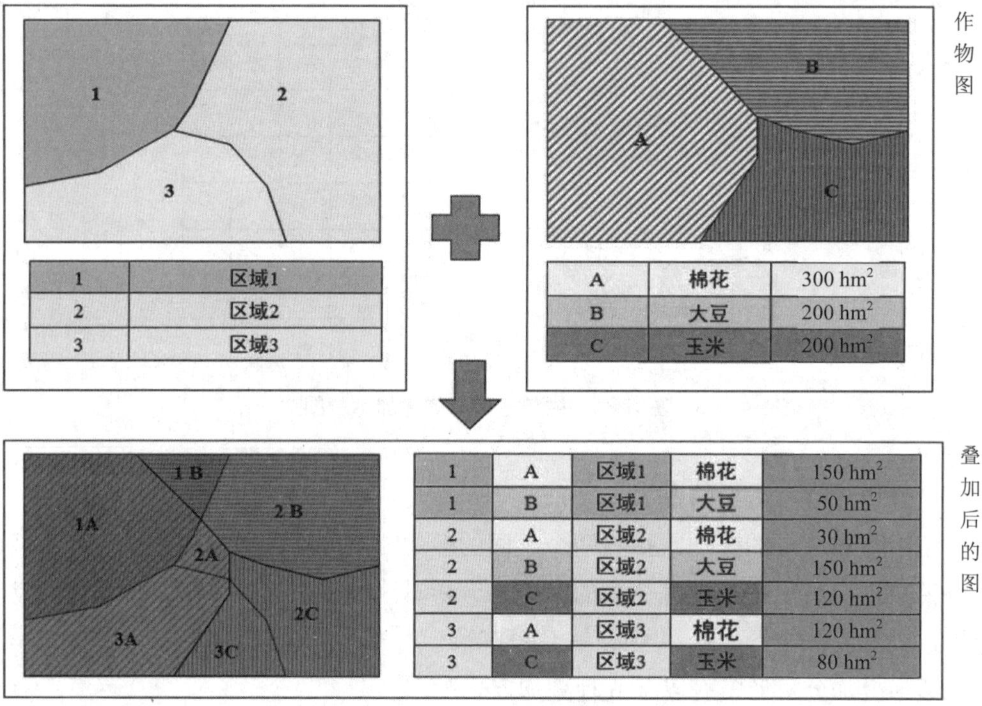

图 5.23 多边形与多边形联合叠加的应用示意图

2）相交叠加分析

相交（Intersect）操作是通过叠加处理得到两个图层的交集部分，并且原图层的所有属性将同时在得到的新的图层上显示。几何上，新图层中为输入图层叠加了多边形图层的分划信息，多边形层要素范围之外的要素被舍去；属性上，新图层中要素属性值包含其原始值以及多边形值。多边形与多边形相交原理如图 5.24 所示。

由于点、线、面 3 种要素都有可能获得交集，所以它们交集的情形有 7 种：多边形与多边形，线与多边形，点与多边形，线与线，线与点，点与点，还有点、线、面三者相交，是计算输入要素的几何交集的过程。

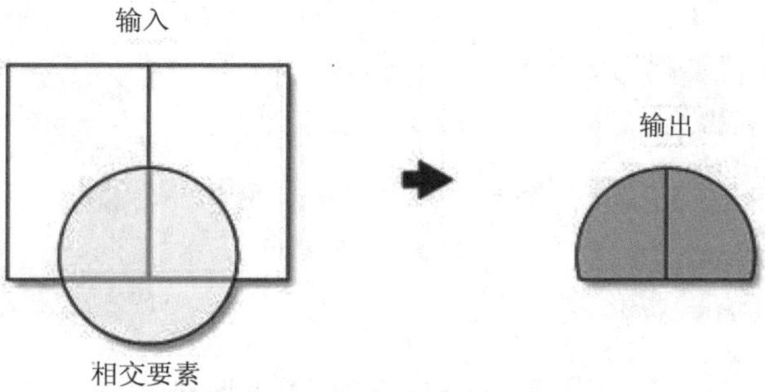

图 5.24　多边形与多边形相交原理图

3）标识叠加分析

标识（Identity）叠加是计算输入要素和标识要素的集合，输入要素与标识要素的重叠部分将获得标识要素的属性。输入要素可以是点、线或面，不能是注记要素、尺寸要素或网络要素。标识要素必须是面，或者与输入要素的几何类型相同。标识叠加主要有多边形和多边形、线和多边形、点和多边形 3 种类型。多边形与多边形标识叠加原理如图 5.25 所示。

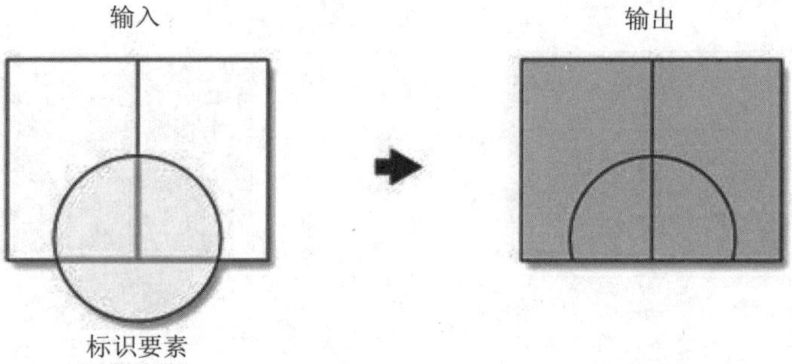

图 5.25　多边形与多边形标识叠加原理图

4）擦除叠加分析

擦除（Erase）叠加是在输入数据层中去除与擦除数据层相交的部分，形成新的矢量数据层的过程。擦除要素可以为点、线和面，点擦除要素仅用于擦除输入要素中的点，线擦除要素可用于擦除输入要素中的线和点，面擦除要素可以擦除输入要素中的点、线和面。由于面状要素比较直观形象，在此以面擦除要素为例介绍擦除分析的原理和操作，如图 5.26 所示。

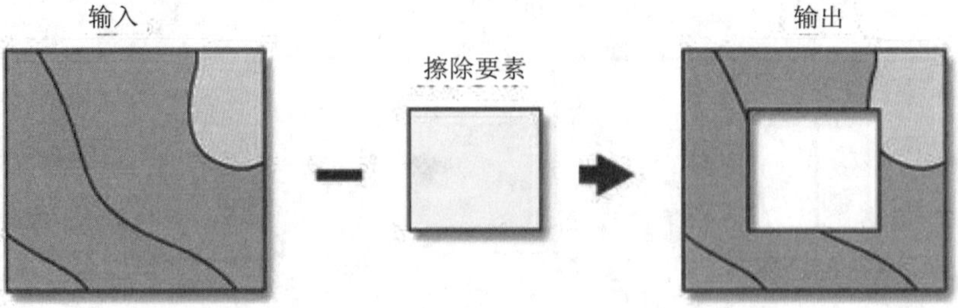

图 5.26 擦除叠加分析原理图

5）更新叠加分析

更新（Update）叠加首先对输入的图层和更新图层进行集合相交的计算，然后输入的图层中被更新图层覆盖的那一部分的属性将被更新图层的属性代替。如果两个图层均是多边形，那么两者将进行合并，并且重叠部分将被更新图层所代替，而输入图层的那一部分将被擦去。输入要素和更新要素类型必须是面；输入要素类与更新要素类的字段必须保持一致；如果更新要素类缺少输入要素类中的一个（或多个）字段，则将从输出要素类中移除缺失字段。如图 5.27 所示。

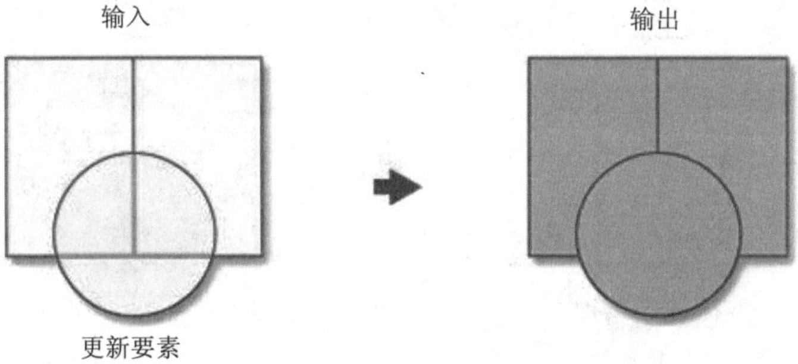

图 5.27 更新叠加分析原理图

6）交集取反分析

交集取反（Symmetrical Difference）分析是将输入要素和更新要素不重叠的部分输出到新要素中。先计算输入要素和更新要素的几何交集，再从输出要素中去除公共部分，只保留非公共部分。执行交集取反分析的输入要素和更新要素必须具有相同的几何类型，由于面状要素可以将交集取反原理较直观地展现出来，在此以多边形要素为例说明，如图 5.28 所示。

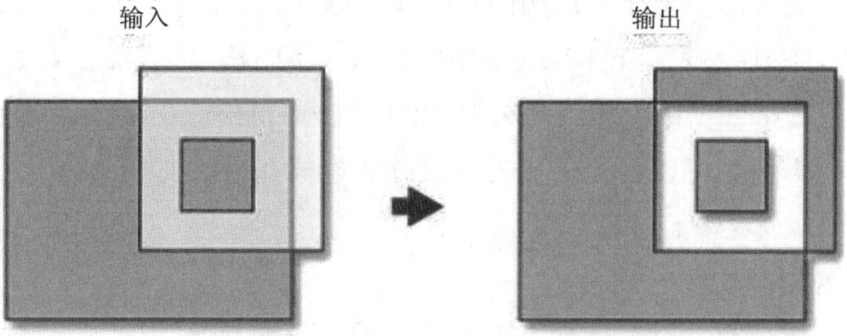

图 5.28　交集取反原理图

5.3.3　基于栅格数据的叠加分析

基于栅格数据的叠加分析的特点是，参与叠加分析的空间数据为两个或多个相同地区的相同行列数、相同单元大小的栅格数据结构。栅格数据的叠加算法可以有多个空间特征数据参与分析。基于栅格数据的叠加分析虽然数据占用存储量比较大，但是运算过程比较简单。

栅格数据常被用来进行区域适应性评价、资源开发利用和规划等多因素分析的研究工作。在数字遥感图像处理工作中，利用叠加分析可以实现不同波段遥感信息的自动合成处理，还可以利用不同时间的数据信息进行某类现象动态变化的分析和预测。GIS 中视觉信息复合是将不同专题的内容叠加显示在结果图件上，以便系统使用者判断不同专题地理实体的相互空间关系，获得更为丰富的信息。

基于栅格数据的叠加分析的方法很多，通常包括数学运算、函数运算、统计运算等。

（1）数学运算

数学运算包括算术运算符：+（加）、-（减）、*（乘）、/（除）等；布尔逻辑运算符：AND（与）、OR（或）、XOR（异或）、NOT（非）等；关系运算符：=（等于）、>（大于）、<（小于）、<>（不等于）、>=（大于等于）和<=（小于等于）等。

例如，已知两个栅格数据 Inlayer1 与 Inlayer2，如果想求出这两个数据的平均值，就可以运用算术运算符（[Inlayer1] + [Inlayer2]）/2 来获得，如图 5.29 所示。

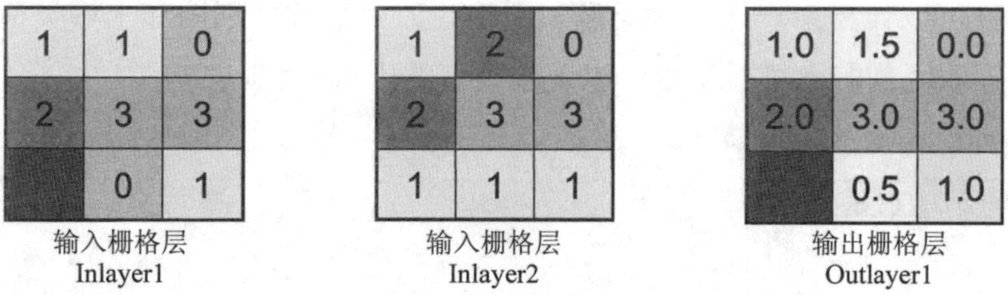

图 5.29　算术运算结果示意图

布尔逻辑叠加通常作为栅格结构的数据库查询工具。例如，可以用条件（A AND B）OR C 进行检索，其中 A 表示 pH>7.0 的，B 表示土壤结构为良性的，C 表示排水不良的，此查询条件可将栅格数据中土壤性质为黏性的、土壤 pH≥7.0 的或者排水不良的区域检索出来。布尔逻辑运算可以组合更多的属性作为检索条件，如可以加上土地类型和面积等进行更复杂的逻辑运算。

（2）函数运算

函数运算包括指数、对数函数、算术函数或三角变换等。例如，可以根据多年统计的经验方程，把降雨量（*R*）、植被覆盖度（*C*）、坡度（*S*）、坡长（*L*）、土壤可蚀性（SR）作为栅格数据多层面输入，通过算术运算或函数运算 *E*=*f*（*R*，*C*，*S*，*L*，SR）得到土壤侵蚀强度分布图，如图 5.30 所示。

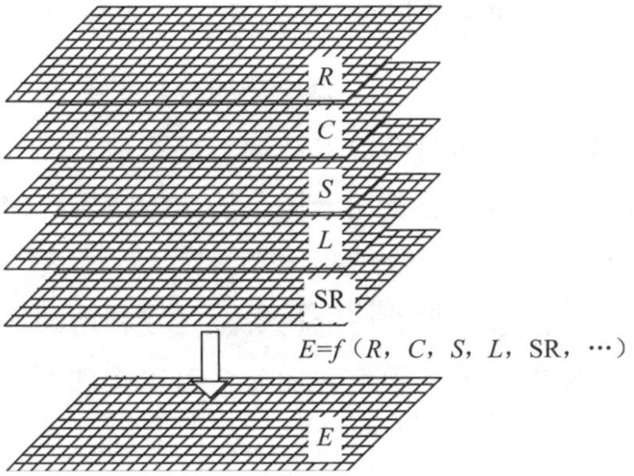

图 5.30　函数运算栅格叠加分析示意图

栅格复合叠加分析可被广泛用于地学综合分析、环境质量评价和遥感数字图像处理等领域中，具有非常广阔的应用前景。只要得到对于某项事务的关系及发展变化的函数关系式，便可运用以上方法完成各种人工难以完成的极其复杂的分析运算。因此，栅格数据叠加的核心是确定自变量与因变量的关系表达式。

（3）统计运算

统计运算包括 majority（众数）、maximum（最大值）、mean（平均值）、median（中数）、minimum（最小值）、range（范围）和 standard deviation（标准差）等统计函数。统计运算可以计算某一地区的类型和面积。如由行政区划图和土壤类型图叠图，可以计算某一行政区划的土壤类型数，以及各类型的土壤面积。

5.4　空间邻近度分析

位置是空间对象的基本特征。空间几何关系分析针对空间目标之间由位置、形状、方位、连通性和相似性等基本集合特征所形成的关系的研究。空间邻近度（proximity）描述了地理空间中两个地物距离相近的程度，确定目标对其周围地物的影响范围，邻近度分析是空间分析的一种重要手段。邻近度分析主要表达地理空间中目标地物距离相近的程度，可用于查找设定距离或行程范围内的邻近要素，描述地理要素提供服务的范围或对周围环境产生影响的范围。

在实际应用中，如研究道路沿线的大气污染、工厂（污染源）的污染影响范围、河流沿线的供水能力、河流沿线植被的保护和湖泊周边生态环境的保护等，公共设施（如商场、邮局、银行、医院、车站、学校等）的服务区域划分以确定工程建设引起的搬迁范围等，都属于邻近度分析问题。空间邻近度分析通常包括空间缓冲区分析和 Voronoi 多边形分析两种。

5.4.1 空间缓冲区分析

空间缓冲区分析是典型的以距离变换为基础的空间分析方法，通过围绕一组或一类地理要素建立一定范围的邻近多边形（缓冲区）描述地理要素的影响范围，并将缓冲区图层与其他要素图层进行叠加分析，可以分析不同地理特征的邻近性或空间影响度。

在地球科学工作中，地学研究者常要分析地震从震源扩散破坏影响的范围，环境科学研究者需要分析沿道路噪声污染影响的范围，生态学研究者需要确定围绕湖泊的生态保护区的范围。上述应用都可以通过空间缓冲区分析来解决。

（1）缓冲区的概念

为了识别某一地理要素或空间物体对其周围地物的影响度而在其周围建立的具有一定宽度的带状区域（多边形）即为缓冲区。缓冲区不包括原来的地理要素。它是一种因变量，随所研究的要素的形态而改变。

按照数学的定义，缓冲区是给定空间对象或集合后获得的它们的邻域，而邻域的大小由邻域的半径或缓冲区的建立条件来决定。因此对于一个给定的对象 A，它的矢量缓冲区可以定义为

$$\boldsymbol{P}=\{x \mid d(x,A) \leqslant r\} \tag{5.13}$$

式中，$\boldsymbol{P}$ 为与对象 A 的距离小于等于 R 的全部点的集合；d 一般是指欧氏距离，也可以是其他的距离，如网络、时间等距离；r 为邻域半径或缓冲区建立的条件。

缓冲区分析包括缓冲区的建立及区域分析。首先根据要素缓冲的条件，建立缓冲区，然后将这个缓冲区图层与其他图层进行诸如叠置分析、网络分析、服务设施查找等其他分析操作，得到所需要的结果，以便为某项分析或决策提供依据。缓冲区分析也称缓冲区操作，但有时也将缓冲区的建立称为缓冲区操作，而建立后采用的分析过程称为缓冲区分析。在实际操作过程中，矢量缓冲区和栅格缓冲区有一定的差异。

（2）空间缓冲区的类型

空间缓冲区是地理空间实体的一种影响范围或服务范围。空间缓冲区分析是围绕空间的点、线、面实体，自动建立其周围一定宽度范围内的多边形。空间缓冲区可以采用矢量方式实现，也可以采用栅格方式实现。前者称为矢量缓冲区，后者称为栅格缓冲区。在矢量缓冲区中，可分为基于点对象、基于线对象和基于面对象的缓冲区，又可建立单个、多个、多类、多级等形式的缓冲区。

1）基于点对象的缓冲区

在点对象（如地震的震源、独立地物等）的周围以点为圆心，按照设定的距离为半径作的圆，相互靠近的圆可以相互重叠，以此表示点对象的影响范围或服务区域，如地震波及的范围和城市中的超市服务的区域。缓冲的效果有融合和不融合两种，具体见图 5.31。

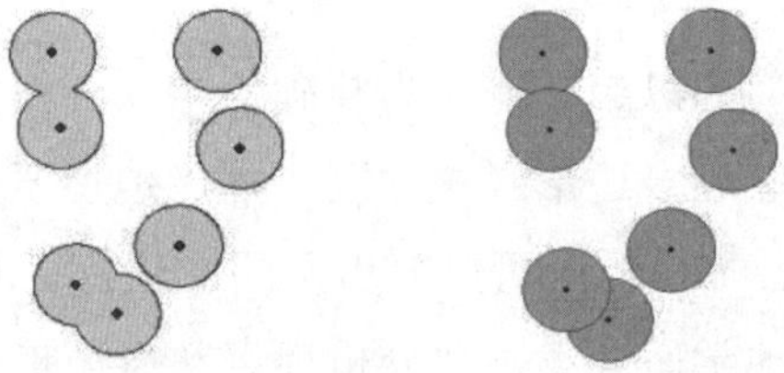

（a）融合　　（b）不融合

图 5.31　点的缓冲

2）基于线对象的缓冲区

按缓冲距离在线的两侧作平行线，在线的端点处作半圆与平行线连接成封闭的区域。相互靠近的线的缓冲区可以相互重叠，如图 5.32 所示。

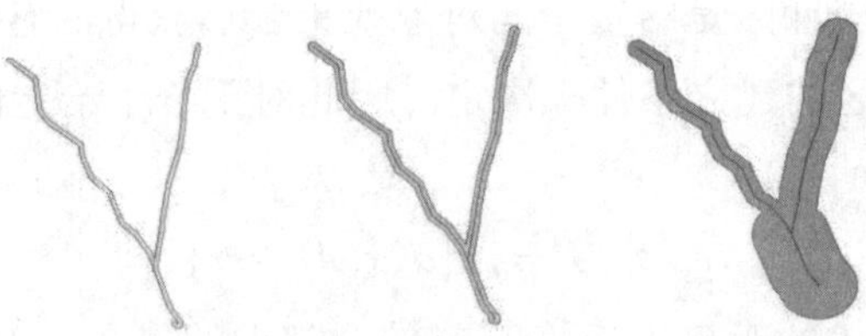

（a）单侧缓冲　　（b）双侧缓冲　　（c）不同距离缓冲

图 5.32　线的缓冲

3）基于面对象的缓冲区

与线的缓冲区类似，可以在面的外部作缓冲区，也可以在面的内部作缓冲区，同样可以在内、外都生成缓冲区，如图 5.33 所示。

空间缓冲区分析还可以根据给定的多个缓冲区距离生成多个嵌套的缓冲区多边形，称为多重缓冲区，如图 5.33 所示。多重缓冲区有利于空间分析中针对不同的距离采用不同的处理方法。同样，也可以对不同的空间实体根据需要，分别采用不同距离生成缓冲区，通常将缓冲区的距离存储在空间实体的属性表的一个字段中，GIS 可以根据该字段的数值，决定建立缓冲区的大小，如图 5.33 所示。

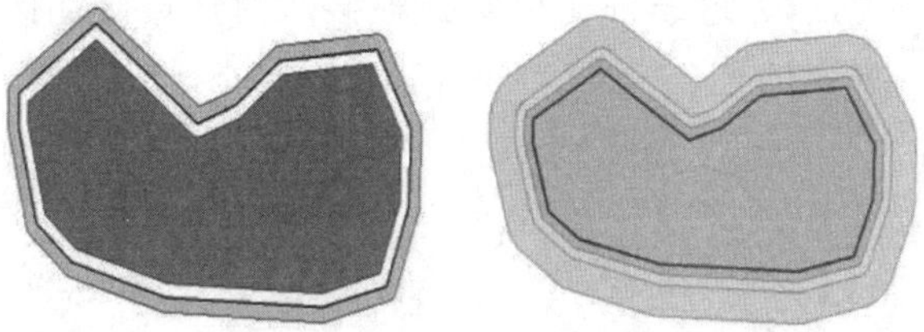

（a）内外缓冲区　　（b）不同距离的多重缓冲区

图 5.33　面的缓冲

（3）矢量缓冲区的建立

建立点状实体的矢量缓冲区以点状实体为圆心，以缓冲区距离为半径绘圆即可。线状实体缓冲区和面状实体缓冲区的建立也是以线状实体或面状实体的边线为参考线，作参考线的平行线，再考虑端点圆弧，即可建立缓冲区。对于形状比较简单的实体，其缓冲区是一个简单多边形，但对形状比较复杂的对象或多个对象集合，缓冲区则复杂得多。按照常规算法建立的缓冲区之间往往出现重叠，并可能自相交，因此需要对生成的缓冲区多边形进行合并等处理。

常见的矢量缓冲区构建有角平分线法、凸角圆弧法两种方法。

1）角平分线法

在轴线首尾点处，作轴线的垂线并按缓冲区半径 R 截出左右边线的起止点；在轴线的其他转折点上，用与该线所关联的前后两邻边距轴线的距离为 R 的两平行线的交点来生成缓冲区对应顶点（图 5.34）。

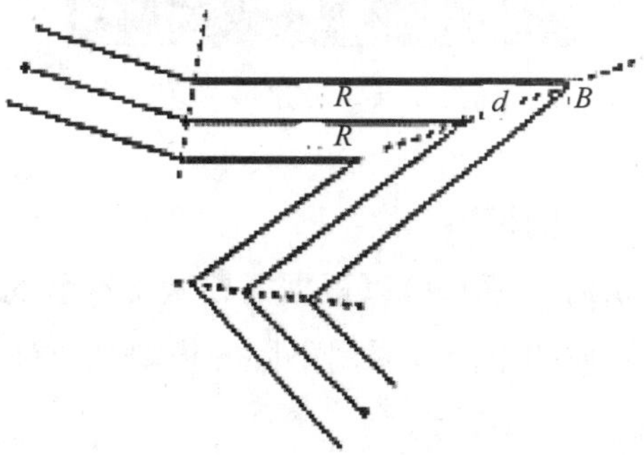

图 5.34　角平分线法

角平分线法的缺点是难以最大限度保证双线的等宽性，尤其是在凸侧角点进一步变锐时，将远离轴线顶点。

2）凸角圆弧法

在轴线首尾点处，作轴线的垂线并按双线和缓冲区半径截出左右边线起止点；在轴线其他转折点处，首先判断该点的凸凹性，在凸侧用圆弧弥合，在凹侧则用前后两邻边平行线的交点生成对应顶点。这样外角以圆弧连接，内角直接连接，线段端点以半圆封闭（图 5.35）。

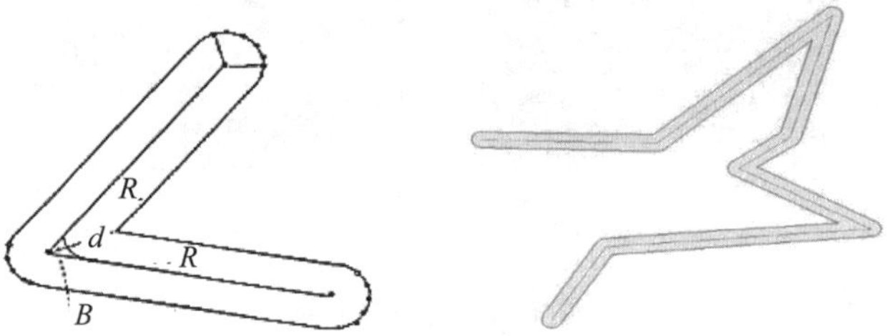

图 5.35　凸角圆弧法

（4）栅格缓冲区的建立

基于栅格结构也可以进行缓冲区分析，栅格缓冲区的生成可以通过两个步骤来实现：首先是对需要做缓冲区的栅格单元作欧式距离扩散，即计算其他栅格到需要做缓冲区的栅格的距离，形成欧式距离栅格（图 5.36）；然后按照设定的缓冲区距离提取符合要求的栅格单元。

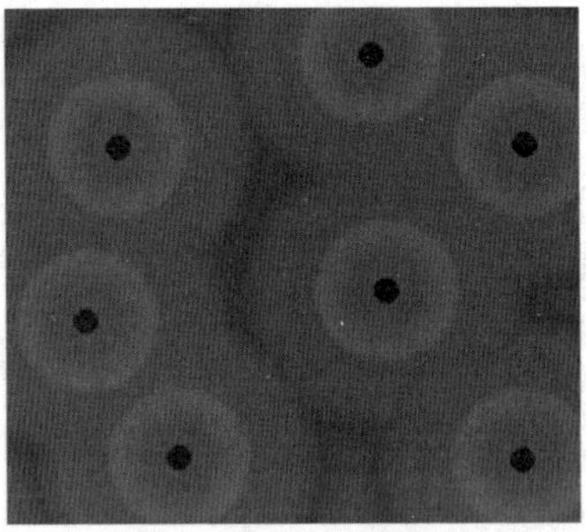

图 5.36　栅格缓冲区

（5）确定空间缓冲区半径的模型

在进行空间缓冲区分析时，通常可以根据需要做缓冲区的实体（常称为主体）的性质及其对邻近实体的影响性质的不同，采用不同的模型来计算（图 5.37）。

1）线性函数模型

用于当主体对邻近实体的影响度（F_i）随比值距离（r_i）的增加而呈线性衰减的情形，

其表达式为

$$F_i = f_0 \times (1 - r_i),\quad r_i = d_i/d_0,\quad 0 \leqslant r_i \leqslant 1 \tag{5.14}$$

2）幂函数模型

用于当主体对邻近实体的影响度（F_i）随比值距离（r_i）的增大而呈幂函数形式衰减的情形，幂函数的次数常取 2 次，其表达式为

$$F_i = f_0 \times (1 - r_i)^2,\quad r_i = d_i/d_0,\quad 0 \leqslant r_i \leqslant 1 \tag{5.15}$$

3）指数函数模型

用于当主体对邻近实体的影响度（F_i）随比值距离（r_i）的增大而呈指数形式衰减的情形，其表达式为

$$F_i = f_0^{(1-r_i)},\quad r_i = d_i/d_0,\quad 0 \leqslant r_i \leqslant 1 \tag{5.16}$$

式中：F_i 为主体对邻近实体的实际影响程度；f_0 为主体自身综合规模指数，可根据实际情况设定；d_i 为邻近实体离开主体的实际距离；d_0 为主体对邻近实体的最大影响距离。

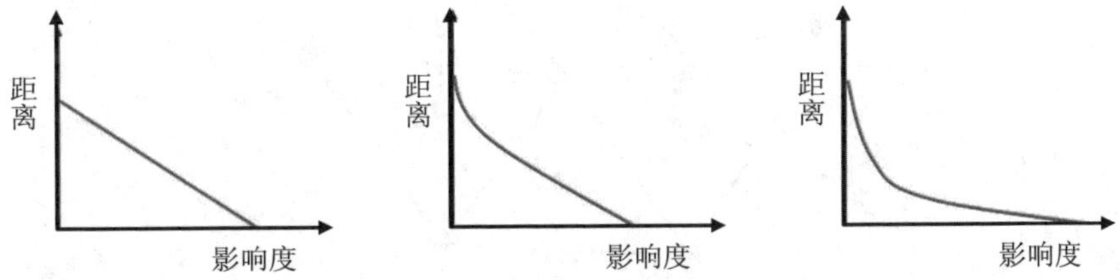

图 5.37　缓冲区距离模型

5.4.2 Voronoi 多边形分析

空间邻近度的另一种分析方法是 Voronoi 多边形分析。其原理是根据离散分布的已知数据点对研究区域进行划分，使得划分成的多边形（即 Voronoi 多边形）覆盖整个研究区域，形成 Voronoi 图，且每一个多边形中仅包含一个已知的数据点，可以用该已知数据点的数据来表达和分析该多边形内的所有其他数据点。因此，Voronoi 多边形分析常可以用于空间插值计算。

为了能根据离散分布的气象站降水数据计算某地的平均降水量，荷兰气候学家 Thiessen 于 1911 年提出上述方法，将所有相邻气象站连成三角形，并作三角形各边的垂直平分线，每个气象站周围的若干垂直平分线便围成一个多边形，用这个多边形内所包含的唯一一个气象站的降水强度来表示这个多边形区域内的降水强度，该多边形称为泰森多边形，也称为 Voronoi 多边形或 Dirichlet 多边形。

Voronoi 多边形的数学定义为

$$V(p_i)=\{p \mid d(p,p_i) < d(p,p_j), j \neq i, j=1,2,\cdots,n\} \tag{5.17}$$

式中：p_1，p_2，…，p_n 为二维平面空间 R^2 中的有限个已知点；p 为 R^2 中任意位置点；$V(p_i)$ 为第 i 个已知点所在的 Voronoi 多边形；$d(p,p_i)$ 为 p 点到 p_i 点的距离。

由上述定义可知，某个已知点所在的 Voronoi 多边形就是由到该点的距离小于到其他已知点的距离的所有点组成的集合。而相邻的 Voronoi 多边形的边界就是那些到相邻的已知点距离相等的点组成的，也就是相邻已知点连线的垂直平分线。而所有相邻已知点的连线构成了 Voronoi 多边形的对偶图，即 Delaunay 三角网，如图 5.38 所示。

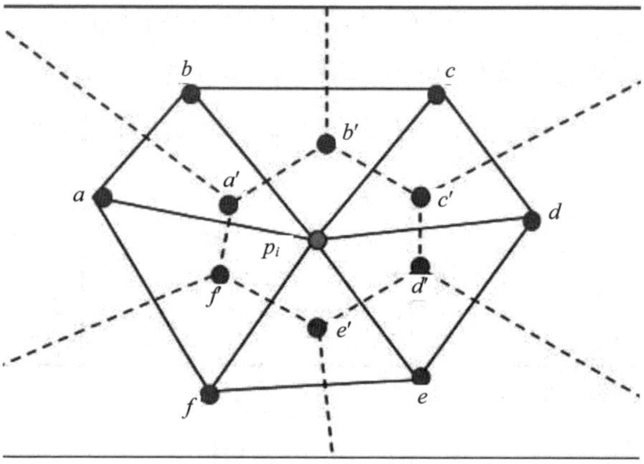

图 5.38 Voronoi 图（虚线部分）和 Delaunay 三角网（实线部分）

（1）Voronoi 多边形的特征

所有的 Voronoi 多边形都是凸多边形。其顶点是相邻已知点构成的三角形外接圆的圆心。如图 5.38 所示：顶点 e'是已知点 p_i、f 和 e 构成的三角形的外接圆圆心。所有这些外接圆的内部不包含已知点。

Voronoi 多边形具有以下特性：①每个多边形内仅含有一个控制点数据；②多边形内的点到相应控制点的距离最近；③位于多边形边上的点到其两边控制点的距离相等；④在判断一个控制点与哪些控制点相邻时，可直接根据 Voronoi 多边形得出结论，即若 Voronoi 多边形是 n 边形，则与 n 个离散点相邻。

（2）Voronoi 多边形的生成

Voronoi 多边形的生成可以采用矢量数据算法，也可以采用栅格数据算法。矢量数据算法常采用计算几何中的半平面求交算法、增量构造算法和平面扫描算法等。半平面求交算法为：设半平面 H（p_i，p_j）表示到点 p_i 的距离小于到点 p_j 的距离的点的集合，它是一个平面的一半，所以称为半平面。因此，一个点 p_i 的 Voronoi 多边形就可以看作点 p_i

与其他点形成的所有半平面的交集，即

$$V(p_i)=\bigcap_{i\neq j}H(p_i,p_j) \tag{5.18}$$

栅格数据算法是先使用栅格距离扩散计算出各个栅格单元的距离数值，然后将栅格距离数据看作数字地形数据，提取数字地形的山脊线，就形成了 Voronoi 多边形的边界线。

5.5　网络分析

5.5.1　网络分析概述

网络分析（Network Analysis）是 GIS 空间分析的重要组成部分。现实世界中存在许多复杂的网络系统，如交通道路网、输电管线、水系网和通信网络等，其都可以抽象为图或网络图的形式，以使复杂的网络直观地显示在计算机中。GIS 的网络分析依据图论和运筹学原理，在计算机系统软硬件的支持下，将与网络有关的实际问题抽象化、模型化、可操作化，根据网络元素的拓扑关系，通过考察网络元素的空间、属性数据，对网络的性能特征进行多方面的分析计算，从而为制定系统的优化途径和方案提供科学决策的依据，最终达到使系统运行最优的目的。

网络分析问题在日常生活中十分常见。例如，医院的救护车在救助病人时，要考虑如何能够最快地到达病患所在地；电力部门在设计电力输送网络时，需要考虑如何使得电力输送的覆盖面积最大、输送速度最快，输送成本尽量最小；物流公司在输送货物时，需要从诸多输送线路中进行选择，综合考虑运输时间最短的路径和运输费用最短的路径；在交通道路建设规划时，则要对道路的车流量、所处位置、所消耗的成本与所带来的社会经济和民生效应进行统筹分析，保证交通道路的便捷性，降低修建道路的成本。

上述问题可以归为网络分析主要研究的两类问题：①研究由点状实体和线状实体构成的地理网络的结构特点，同时包括优化路径求解、连通分量求解等问题；②研究资源在地理网络中的流动与分配情况，包括资源服务范围、资源运输最小距离、资源运输最小费用等问题。

5.5.2　网络分析理论基础

（1）图的概念

图论中许多基本概念如路径、赋权图、连通性等都是进行网络分析的基础。图论中的“图”是指由点集合 V 和 V 中点与点之间的连线的集合 E 构成的二元组（V，E）。V 中的元素称为结点，E 中的元素称为边。设 G=（V，E）是一个图，$e=V_iV_j$ 是其中一条边，

顶点 V_i 和顶点 V_j 分别是边 e 的起始结点和终止结点，也可以说顶点 V_i 和 V_j 是相邻的，e 与 V_i、V_j 是关联的。如果两条边有公共的顶点，则称这两条边是相邻的。连接两个结点间的边可能不止一条，如图 5.39 所示。图论中所研究的图是由实际问题抽象出来的逻辑关系图，图中点和线的位置及曲直无关紧要，点的多少和每条线连接的是哪些点才是关键。

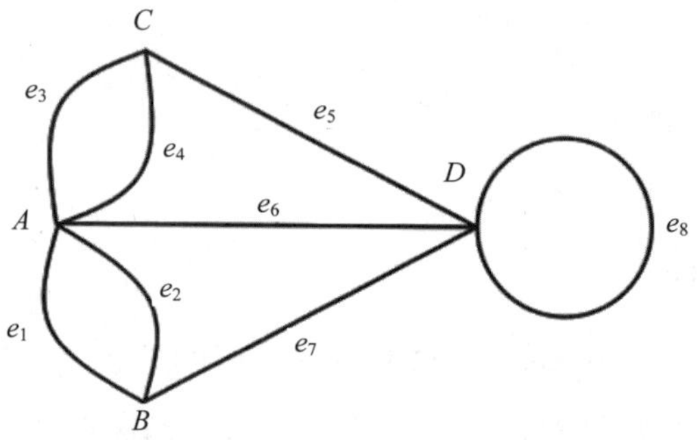

图 5.39　图的结构

如果图中的边是有向的，则称为有向图，如图 5.40 所示。在无向图中，首尾相接的一串边的集合称为路。在有向图中，顺向的首尾相接的一串有向边的集合称为有向路。通常用顺次的结点或边来表示路或有向路。起点和终点为同一结点的路称为回路（或圈）。如果一个图中，任意两个结点之间都存在一条路，称这种图为连通图。若一个连通图中不存在任何回路，则称为树，如图 5.41 所示。

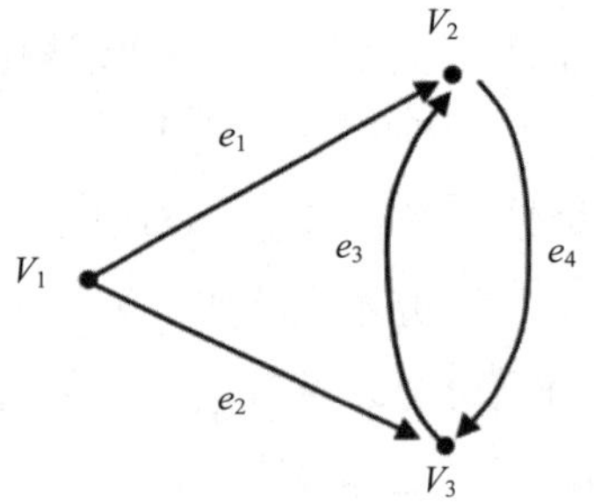

图 5.40　有向图

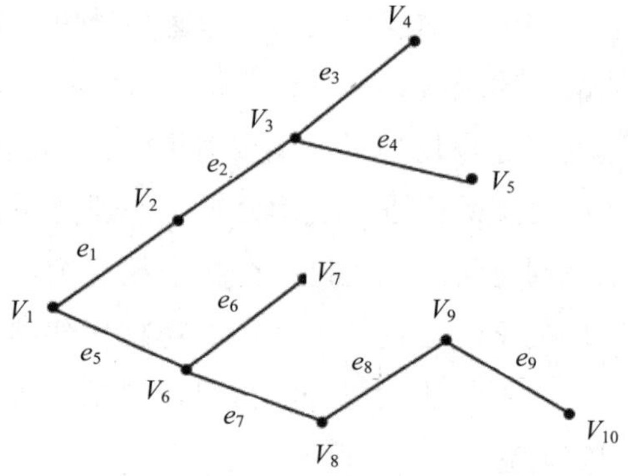

图 5.41　树

（2）邻接矩阵与关联矩阵

邻接矩阵用来表示图中任意两点间的邻接关系及其权值。如果两点间有一条弧，则邻接矩阵中对应的元素为 1；否则为 0（也可用∞表示两点间无任何连接关系），邻接矩阵为对称矩阵。有向图与其对应的邻接矩阵如图 5.42 所示。对于加权图的邻接矩阵表示，一条弧所对应的元素不再是 1，而是相应的权值。这种表示方法简单、直接，但若网络比较稀疏，会浪费大量存储空间。

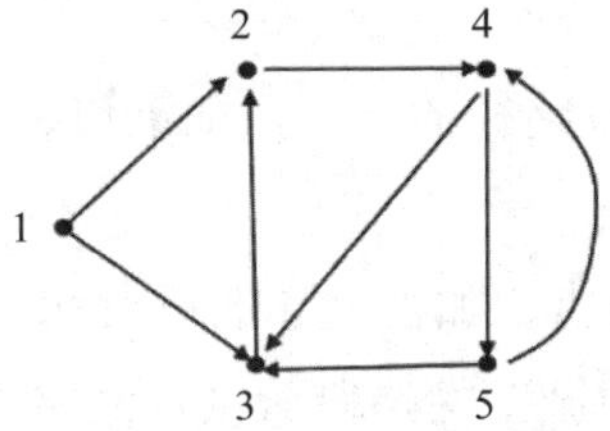

（a）有向图

$$\begin{vmatrix} 0 & 1 & 1 & 0 & 0 \\ 0 & 0 & 0 & 1 & 0 \\ 0 & 1 & 0 & 0 & 0 \\ 0 & 0 & 1 & 0 & 1 \\ 0 & 0 & 0 & 1 & 0 \end{vmatrix}$$

（b）邻接矩阵

图 5.42　有向图及其邻接矩阵

在关联矩阵中，每行对应图的一个结点，每列对应图的一条弧。如果一个结点是一条弧的起点，则关联矩阵中对应的元素为 1；如果一个结点是一条弧的终点，则关联矩阵中对应的元素为−1；如果一个结点与一条弧不关联，则关联矩阵中对应的元素为 0。图 5.43 中有向图所包含的弧为（1，2）、（1，3）、（2，4）、（3，2）、（4，3）、（4，5）、（5，3）、（5，4），则相应的关联矩阵如图 5.5 所示。

$$\begin{vmatrix} 1 & 1 & 0 & 0 & 0 & 0 & 0 & 0 \\ -1 & 0 & 1 & -1 & 0 & 0 & 0 & 0 \\ 0 & -1 & 0 & 1 & -1 & 0 & -1 & 0 \\ 0 & 0 & -1 & 0 & 1 & 1 & 0 & -1 \\ 0 & 0 & 0 & 0 & 0 & -1 & 1 & 1 \end{vmatrix}$$

图 5.43　有向图的关联矩阵

（3）空间网络的构成

矢量网络由线状要素和点状要素构成。线状要素主要为链，点状要素包括障碍点、拐点、结点、中心点和站点，如图 5.44 所示。

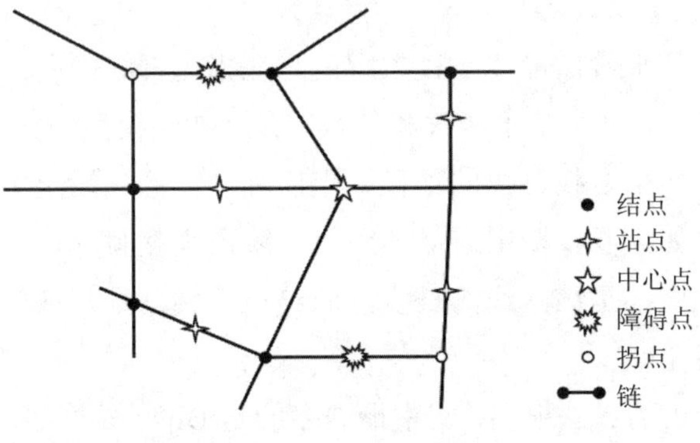

图 5.44　空间网络的基本元素

①链（Link）：连接两个结点的弧段和路径，是网络中资源运移的通道、网络中流动的管线，如街道、河流、水管等，其属性如资源流动的时间、速度，资源种类和数量，弧段长度等。

②结点（Node）：网络中任意两条线段或路径的交点，如港口、车站、发电站等，其属性如资源数量、方向数等。

③障碍点（Barrier）：资源不能通过的结点，如被破坏的桥梁和禁止通行的关口等。它是唯一不表示任何属性的元素，如道路网中施工的路段、供水网络中的水阀等。

④拐点（Turn）：在网络结点处，资源运移方向可能转变，从一个链经结点转向另一个链，在运转过程中会有阻力存在，如在十字路口禁止车辆左拐，便构成拐角。

⑤中心点（Center）：具有从链上接收或发送资源能力的结点，如水库、商业中心、电站等，其属性如资源最大容量、最大服务半径等。

⑥站点（Stop）：网络中装卸资源的结点，如车站、码头等，其属性如资源需求量，正值表示装载量，负值表示下卸量。每一次经过站点的动作都会发生资源的增或减的现象。

5.5.3 网络分析功能

（1）路径分析

路径分析在空间网络分析中占有十分重要的位置，其核心是对最佳路径和最短路径的求解。最短路径分析是根据网络的拓扑性质，在网络图中求结点之间有无路径；求从一个结点出发到其他各结点之间的最短路径，或求每对结点之间的最短路径。最佳路径分析实质上是求加权后的最短路径。例如，在交通运输中从A地到B地的最短路径，不一定是最佳路径，因为道路可能受上坡、下坡、路面质量、道路拥挤度等因素影响。为此，可对两点之间赋予权重，以表示两点之间的有效距离。救护车需要了解从医院到病人家走哪条路最快；旅客往往要在众多航线中找到费用最低的中转方案，这些都是最佳路径求解的例子。

从网络模型的角度来看，最佳路径求解就是在指定网络中两结点间找一条阻碍强度最小的路径。最佳路径的产生基于网线和结点转角（如果模型中结点具有转角数据的话）的阻碍强度。例如，如果要找最快的路径，阻碍强度要预先设定为通过网线或在结点处转弯所花费的时间；如果要找费用最低的路径，阻碍强度就应该是费用。当网线在顺逆两个方向上的阻碍强度都是该网线的长度，而结点无转角数据或转角数据都是零时，最佳路径就成为最短路径。

用于最短路径分析的算法很多，其中最著名的是Dijkstra算法，是由荷兰人迪杰斯拉特（Dijkstra）于1959年提出的。其基本思路是由近及远寻找起点到其他所有结点的最佳路径，直至到达目标结点。如图 5.45 所示，Dijkstra 算法的实现过程如下：

假设 V_1 为源点，寻找从 V_1 出发到其他结点的最短路径，集合 S 用来存储已经找到的最短路径。

①从 V_1 出发，计算 V_1 到其他结点的距离（“∞”表示结点间无法连接），遍历全表寻找最小值，发现 V_1 到 V_6 最短，在 S 中添加新路径，并且 V_6 列不再考虑。

②从 V_1—V_6 出发，计算 V_1 通过 V_6 到其他结点的距离，遍历全表发现对应路径 V_1—V_6—V_5 距离最短，添加到 S 中，V_5 列不再考虑。

③发现 V_5 不能到现存的其他任何一个结点，则继续遍历全表，发现 5 最小，将对应路径 V_1—V_6—V_2 添加到 S 中，此时 V_2 列不再考虑。

④从 V_1—V_6—V_2 出发，计算 V_1 通过 V_6 及 V_2 到其他结点的距离，后遍历全表发现 9 最小，对应的路径为 V_1—V_6—V_4，添加到 S 中，V_4 列不再考虑。

⑤从 V_1—V_6—V_4 出发，计算 V_1 通过 V_6 及 V_4 到其他结点的距离，遍历全表发现，12 是现存的最小值，对应 V_1—V_6—V_4—V_3 路径最短，添加到 S 中，V_3 列不再考虑；至此，全部列均已不再考虑，因此结束遍历。

图 5.45 中每列加粗值，为 V_1 到该结点的最短距离；从 S 列中找结尾为该列的路径。例如，V_2 列加粗值为 5，说明 V_1 到 V_2 的最短路径为 5，S 中结尾为 V_2，对应的路径为 V_1—V_6—V_2。

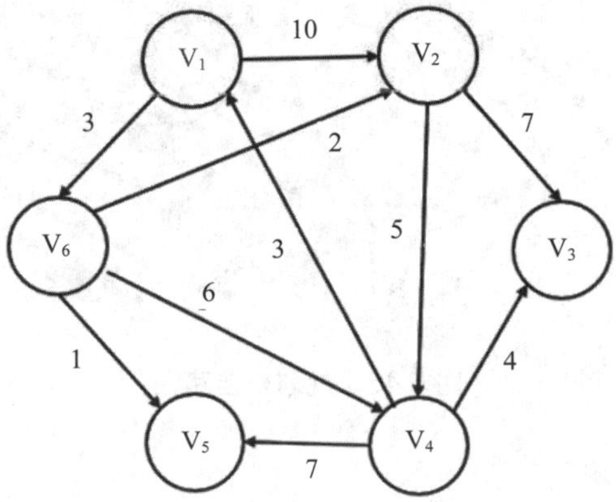

	S	V_2	V_3	V_4	V_5	V_6
1	V_1	10	∞	∞	∞	**3**
2	V_1—V_6	**5**	∞	**9**	**4**	
3	V_1—V_6—V_5	∞	∞	∞		
4	V_1—V_6—V_2		**12**	10		
5	V_1—V_6—V_4		13			
6	V_1—V_6—V_2—V_3					

图 5.45　Dijkstra 算法的基本原理

在某些情况下，用户可能要求系统能一次求出所有结点之间的最佳路径，或者要了解两结点间的第 2 条、第 3 条乃至第 K 条最佳路径。

另外一种路径分析功能是最佳游历方案的求解，包括网线游历和结点游历。网线最佳游历方案求解就是给定一个网线集合和一个结点，求解最佳路径，使之由指定结点出发至少经过每条网线一次回到起始结点。如警察需要了解巡查完其担任巡逻的各个街道的最有效线路。结点最佳游历方案求解则是给定 1 个起始结点、1 个终止结点和若干中间结点，求解最佳路径，使之由起点出发遍历全部中间结点到达终点。如图 5.46 所示，亮粗色线为考虑最优排序且时间最少的为某公司接送员工上下班的班车规划的最佳路径，深色方块为沿途停靠点。

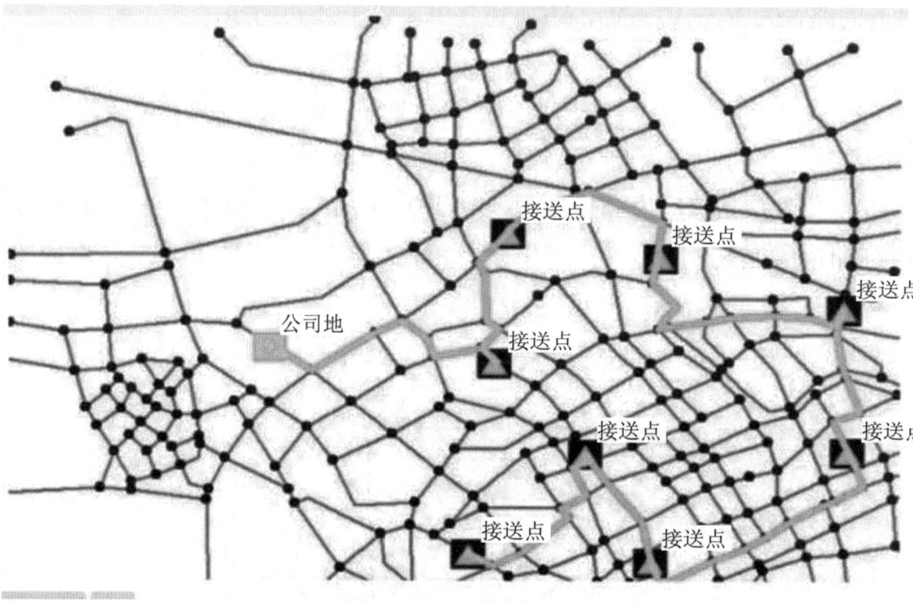

图 5.46　规划最佳路径

（2）资源分配

资源分配主要是优化配置网络资源，就是为网络中的网线和结点寻找最近（按阻碍强度的大小来确定）的中心（资源发散或汇集地）。例如为城市中的每一条街道上的学生确定最近的学校，为水库提供其供水区等。

资源分配模拟资源是如何在中心（如学校、消防站、水库等）和它周围的网线（如街道、水路等）、结点（交叉路口、汽车中转站等）间流动的，根据中心容量以及网线和结点的需求将网线和结点分配给中心，分配是沿最佳路径进行的。当网络元素被分配给某个中心时，该中心拥有的资源量就依据网络元素的需求而缩减，当中心的资源耗尽，分配就停止。例如，一所学校要依据就近入学的原则来决定应该接收附近哪些街道上的学生。这时，可以将街道作为网线构成一个网络，将学校作为一个结点并将其指定为中心，以学校拥有的座位数作为此中心的资源容量，以每条街道上的适龄儿童作为相应网线的需求，以走过每条街道的时间作为网线的阻碍强度。如此，资源分配功能就将从中心出发，依据阻碍强度由近及远地寻找周围的网线并把资源分配给它，也就是把学校的座位分配给相应街道上的儿童，直至被分配网线的需求总和达到学校的座位总数。用户还可以通过赋给中心的阻碍限度来控制分配范围。例如，如果限定儿童从学校走回家所需时间不能超过 30 min，就可以将这一时间作为学校对应的中心的阻碍限度，这样，当从中心延伸出去的路径的阻碍值到达这一限度时分配就停止，即使中心资源尚有剩余。

确切地说，资源分配问题是要在 m 个候选点中选择 P 个供应点为 n 个需求点服务，使得为这几个需求点服务的总距离（或时间或费用）为最少，称为 P 中心问题。所有 P 中心问题的解都具有 3 个性质：①每一个供应点都位于其所服务的需求点的中央；②所有的需求点都分配给与之最近的供应点；③从最优的解集中移去一个供应点并用一个不在解集中的候选点代替，会导致目标函数值的增加。著名的算法有泰茨-巴特（Teitz-Bart）算法，其基本过程如下：

①先在 m 个候选点中选 P 个候选点作为起始供应点集，记作 $P_t=\{C_1, C_2, \cdots, C_p\}$。

②将所有的需求点分配给它们最邻近的供应点，使其距离为最短，计算总的加权距离 B_i。

③从未被选取的候选点集中选一候选点 C_b，对 P_i 中的每个供应点 C_j 用 C_b 替换之，并计算其总加权距离的变化 Δb_j。

④如果用 C_b 替换某个 C_j 后，可以使总加权距离减少，那么就替换总加权距离减少最多的供应点 C_k，令 $B_i=B_i-\Delta b_k$，并将 P_t 修改为 B_i 所在的供应点。

⑤重复③～④步，直至未被选取的候选点集为空。

⑥当所有不在 P_t 中的候选点都试过后，其结果记为 P_t'，并取代 P_t，继续重复②～⑥步，如果没有任何取代能减少总的加权距离，则停止。其最后的结果 P_t' 即为所求的 P 个中心的供应点。

如图 5.47 所示，为每个销售店选定配送仓库，使销售店与仓库之间的所有加权成本之和最小，以降低运输成本。图中圆点为请求点（销售店），方形点为设施点（仓库），带星号的设施点为所确定的仓库。

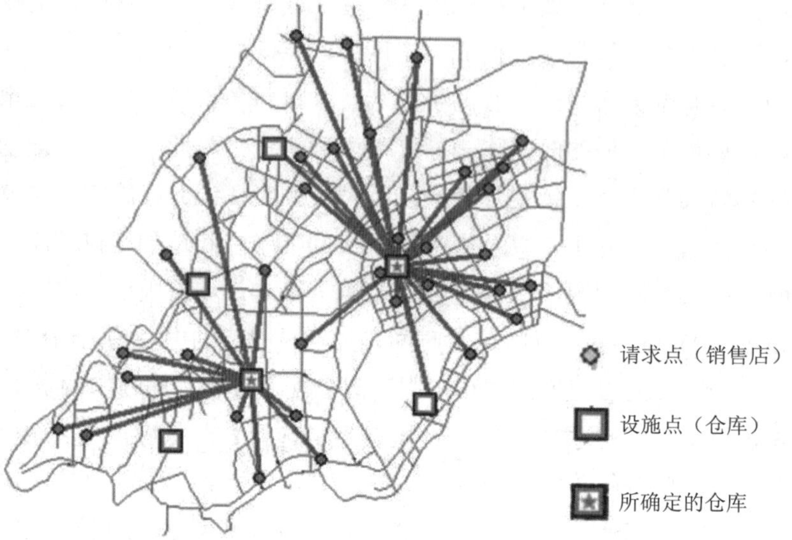

图 5.47　仓库定位分析

（3）连通分析

在地理网络中，人们常需要知道从某一点出发能够到达的全部结点或边有哪些？如何选择对用户来说成本最小的线路？这是连通分析需要解决的问题。前者是连通分量的求解问题。例如，当地震发生时，救灾指挥部需要知道，把所有被破坏的公路和桥梁考虑在内，救灾物资能否从集散地出发送到每个居民点。如果有若干居民点与物资集散地不在一个连通分量之内，指挥部就不得不采用特殊的救援方式（如派遣直升机）。

后者是最少费用连通方案的求解问题。例如，公路部门拟修建足够数量的公路，使某个县的各乡镇直接或间接地相互连接，如何使费用最少呢？如果把每一条可能修建的公路作为网线，把相应的预算费用作为网线的耗费，上述问题就转化为求一个网线集合，使全部结点连通且总耗费最少的问题。

连通分析的求解过程实际上就是对应图生成最小生成树。例如，要解决在多个城市间建立通信线路的问题，首先可用图来表示。图的顶点表示城市，边表示两城市间的线路，边上所赋的权值表示代价。对多个顶点的图可以建立许多生成树，每一棵树可以是一个通信网。如果要求出成本最低的通信网，这个问题就转化为求一个带权连通图的最小生成树问题。

构造最小生成树的依据有两条：一是在网中选择 n–1 条边连接网的 n 个顶点；二是尽可能选取权值为最小的边。已有很多算法求解此问题，其中著名的有 Kruskal 算法和 Prim 算法。Kruskal 算法也称为“避圈”算法。如图 5.48 所示，设图 G 是由 m 个结点构成的连通赋权图，则构造最小生成树的步骤如下：

①先把图 G 中的各边按权数从小到大重新排列，并取权数最小的一条边为 T 中的边；

②在剩下的边中，按顺序取下一条边。若该边与 T 中已有的边构成回路，则舍去该边，否则选进 T 中；

③重复②，直到有 m−1 条边被选进 T 中，这 m−1 条边就是 G 的最小生成树。

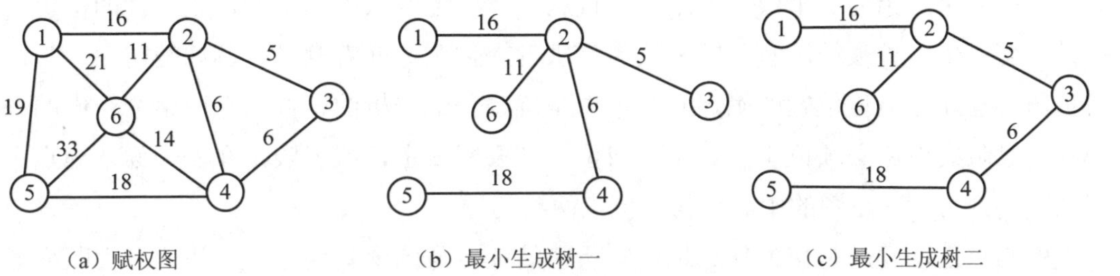

图 5.48　最小生成树的构建过程

在此，首先选边（2，3）；然后可选（2，4）或（3，4），如取（2，4），去掉（2，4）边，下一条权数最小的边为（3，4），但使用边（3，4）后会出现回路，故不可取，应去掉边（3，4）；下一条权数最小的边为（2，6）；依上述方法重复，可形成图 5.48（b）所示的最小生成树一。如果前面不取（2，4），而取（3，4），则形成图 5.48（c）所示的最小生成树二。

（4）流分析

所谓流，就是将资源由一个地点运送到另一个地点。流分析的问题主要是按照某种最优化标准（时间最少、费用最低、路程最短或运送量最大等）设计运送方案。为了实施流分析，要根据最优化标准的不同扩充网络模型，把中心分为收货中心和发货中心，分别代表资源运送的起始点和目标点。这时发货中心的容量就代表待运送资源量，收货中心的容量代表它所需要的资源量。网线的相关数据也要扩充，如果最优化标准是运送量最大，就要设定网线的传输能力；如果目标是使费用最低，则要为网线设定传输费用（在该网线上运送一个单位的资源所需的费用）。

网络流的最优化问题一直是地理网络研究的一个重要问题，主要涉及两方面：网络最大流问题和最小费用流问题。网络最大流问题是指一个网络中怎样安排网上的流，使从发货点到收货点的流量达到最大，在交通运输网络、邮政通信网络以及各种与流量（容量）问题相关的网络管理中有非常重要的应用。

在实际应用中，往往不仅要使网络上的流量达到最大，或达到要求的预定值，而且还要使运送的费用或代价最小，即最小费用流问题。其求解的过程实际上是一个多次迭代的过程，其基本思想是从零流为初始可行流开始，在每次迭代过程中对每条边赋予容量、费用、现有流的流量有关的权数，形成一个赋权有向图，再用求最短路径的方法确定由发货点到收货点的费用最小的非饱和路径，沿着该路径增加流量，得到相应的新流。经过多次迭代，直至达到指定流值的新流为止。最小费用流理论为运输方案的制定、管网的布设等提供了进行优化的理论依据。

（5）选址分析

选址分析是指为一个或者多个服务设施点在一定区域内选定最佳或最优的位置，使得设施可以用一种最经济有效的方式为需求者提供服务或者商品。例如消防站、工厂、飞机场、仓库等最佳位置的确定，其本质是资源分配分析的延伸。在网络分析中的选址问题一般限定设施必须位于某个结点或位于某条网线上，或者限定在若干候选地点中选择位置，分为求网络图的中心点与中位点两类问题。

中心点选址问题是使最佳选址位置所在的顶点与图中其他顶点之间的最大距离达到最小。这类选址问题适宜于学校、医院、消防站点等一类服务设施的布局问题。例如，某镇要在其所辖的几个村之一修建一所初级中学，为这几个村服务，要求学校至最远村的距离最小。

中位点选址问题是使最佳选址位置所在的顶点到网络图中其他顶点的距离（加权距离）总和达到最小。例如，某超市要确定一个配送中心，要使该中心到超市各分店的距离之和最短，就是一个典型的中位点选址问题。

思考题

1. 谈谈你对 GIS 空间分析概念的理解，以及 GIS 中进行空间分析的一般过程。
2. 简述 DEM 的类型与应用。
3. 基于 DEM 进行三维景观虚拟的主要步骤、所需数据和基本原理是什么？
4. 简述空间叠加分析的概念、类型及其用途。
5. 简述基于矢量数据的叠加分析和基于栅格数据的叠加分析的特点。
6. 分别用矢量叠加分析和栅格叠加分析举例说明其应用过程及工作原理。
7. 简述缓冲区分析的类型，并通过案例说明其应用原理。
8. 简述网络分析的应用领域，以及迪杰斯拉特（Dijkstra）算法的基本原理。
9. 大中城市一般由多个自来水厂供水，整个城市的供水管道形成连通的管网，试设计相应的网络模型，运用资源分配来查看整个城市的自来水供水状况。

主要参考资料

[1] 地理信息系统原理在线教程开放地理空间实验室. https：//www.osgeo.cn/gis-tutorial/index.html.

[2] 邓敏，刘启亮，吴静. 空间分析. 北京：测绘出版社，2015.
[3] 龚健雅，秦昆，唐雪华，等. 地理信息系统基础（第二版）. 北京：科学出版社，2021.
[4] 黄杏元，马劲松. 地理信息系统概论（第三版）. 北京：高等教育出版社，2008.
[5] 黎夏，刘凯. GIS 与空间分析——原理与方法. 北京：科学出版社，2006.
[6] 刘湘南，王平，关丽，等. GIS 空间分析（第三版）. 北京：科学出版社，2017.
[7] 陆守一. 地理信息系统. 北京：高等教育出版社，2004.
[8] 秦昆. GIS 空间分析理论与方法（第二版）. 武汉：武汉大学出版社，2010.
[9] 知乎专栏——Arcgis 教程. https：//zhuanlan.zhihu.com/p/343769227.
[10] 杨慧. 空间分析与建模. 北京：清华大学出版社，2013.
[11] 胡鹏，黄杏元，华一新. 地理信息系统教程. 武汉：武汉大学出版社，2002.
[12] 牛强. 城市规划 GIS 技术应用指南. 北京：中国建筑工业出版社，2017.
[13] 宋彦，彭科. 城市空间分析 GIS 应用指南. 北京：中国建筑工业出版社，2017.
[14] 李志林，朱庆. 数字高程模型. 武汉：武汉大学出版社，2003.
[15] 汤国安，刘学军，闾国年. 数字高程模型及地学分析的原理与方法. 北京：科学出版社，2005.
[16] 余锦慧. DEM 局部地形形态误差度量模型. 南京：南京师范大学地理科学学院，2021：26-27.
[17] 张康聪（Kang-stung Chang）. 地理信息系统导论. 陈健飞，等译. 北京：科学出版社，2016：292-307.
[18] 周启鸣，刘学军. 数字地形分析. 北京：科学出版社，2006：35-38，59-61，87-105.
[19] 赵颖怡. 基于三维激光点云的高原山坡沙地地形因子与植被恢复关系研究. 武汉：武汉大学遥感信息工程学院，2019：26-28.
[20] 李德仁，程涛. 从 GIS 数据库中发现知识. 测绘学报，1995，24（1）：37-44.
[21] 郭仁忠. 空间分析. 2 版. 北京：高等教育出版社，2001.
[22] 刘湘南，黄方，王平，等. GIS 空间分析原理与方法. 2 版. 北京：科学出版社，2008.
[23] Landis J. GIS 技术综述，咄咄逼人的地理信息系统世界. 北京：测绘出版社，1995.
[24] Goodchild M F. A Spatial Analytical Perspective of Geographical information System. International Journal of Geographical Information Systems，1987，1（4）：327-334.
[25] Haining R. Designing spatial data analysis modules for geographical information systems in spatial analysis and GIS. Fotheringham and Regerson（ed）：Taylor & Francis Press，1994.
[26] Bailey T C，Gatrell A C. Interactive spatial data analysis. New York：John Wiley & Sons Inc.，1995.
[27] Openshaw S，Openshaw C. Artificial intelligence in geography. Chichester，UK：John Wiley & Sons Inc.，1997.
[28] Chang K. Introduction to Geographic Information Systems. New York：McGraw-Hill，2007.
[29] Fleming M D，Hoffer R M. Machine processing of Landsat MSS data and DMA topographic data for forest cover type mapping，Purdue University，Laboratory for Applications of Remote Sensing，LARS

Technical Report 062879，1979.

[30] Horn B K P. Hill shading and the reflectance map . Proceedings of IEEE，1981，69（1）：14-47.

[31] Sharpnack D A.，Akin G. An algorithm for computing slope and aspect from elevations. Photogrammetric Survey，1969，35：247-248.

[32] Unwin. Introductory spatial analysis. London and New York：Methuen，1981.

[33] Zevenbergen Lyle W，Thorne Colin R. Quantitative analysis of land surface topography. Earth Surface Processes & Landforms，1987，12（1）：47-56.

[34] Zhou Q，Liu X. Error analysis on grid-based slope and aspect algorithms. Photogrammetric Engineering & Remote Sensing，2004，70（8）：957-962.

第 6 章 地图制作原理与产品输出

地图是人类最古老、最基本的认知和表达地理世界的工具之一，也是分析地理问题、揭示地理规律不可或缺的手段。随着现代信息技术的不断发展，地图在数据来源、生产方式、表达形式及应用模式等方面都发生了根本性变化，进入了数字化表达、网络化传输、大众化应用的新时代。作为 GIS 的一项基本功能，地图制图一直是 GIS 的传统应用领域。利用 GIS 技术，结合传统的地图学理论和方法，可以高效地制作多种形式的地图产品。

6.1 地图数据的重要性及涉密地图管理

6.1.1 地图数据的重要性

地理信息是国家重要的基础性、战略性信息资源，广泛应用于资源环境、国土规划、城乡建设、交通物流和军事作战等领域，在经济社会发展和国防建设中发挥着极其重要的作用。

从古至今，以地图为主要表现形式的地理信息一直是军事战争和人们生产生活中不可或缺的重要信息。随着地理信息技术与互联网、物联网、移动通信、大数据等新技术的融合，地图的制作、发布和应用变得越来越广泛，地图的内容和形式更加多样化，地图应用更加大众化。高德地图等各类地图应用类 App 已成为人们日常生活的必备产品。社会大众可通过网络非常方便快捷地制作和发布地图，享受地图浏览、位置查询、兴趣点标注、驾车路线规划、交友定位等各种基本地理信息服务。然而，在现代地图给人们的生活带来极大便利的同时，所面临的地理信息安全问题也更加突出。地理信息安全具有主权性、涉密性、精准性、基础性和共享性 5 个基本特征，事关国家政治安全、国防安全和经济安全。

①主权性：地图是国家领土主权的名片，是国家主权和领土完整的象征，体现了国家在主权方面的意志和在国际社会中的政治、外交立场，具有严密的科学性、严肃的政治性和严格的法定性。敏感地理信息的发布和泄露可能导致领土和外交纠纷，给国家安全带来危害。如在南海诸岛等岛屿归属问题引发的外交事件中，外方多次借地图说事，我国也多次以地图作为重要证据予以严厉驳斥。2002 年浙江某工厂批量生产的地球仪，将“台湾”标注为“一个独立的国家”，并将“台北”标注为“首都”，有境外媒体报道“中国生产的地图已经承认台湾为一个独立的国家”，台独分子也乘机兴风作浪，造成了恶劣的政治影响。

②涉密性：地理信息数据成果大多属于国家秘密，且范围广、数量大、涉及面宽、保密期限长，直接关系国家战略安全，是现代战争实施远程精确打击的基础性工具，是境外敌对势力窃密活动的重要领域。

③精准性：地理信息描述的地球表面自然要素和人工设施的空间位置、时间变化和动态特征等属性信息，数据精准，内容丰富，是地理信息安全敏感性的重要指标。

④基础性：地理信息作为基础性信息资源，服务领域空前广泛，已经走向各行各业，走进千家万户。地理信息的应用越广泛，地理信息安全的责任越重。

⑤共享性：地理信息的共享性越强，地理信息安全的风险越大。网络普及使得地理信息发布和应用需求日益增强，技术进步使得地理信息的获取、传输和拷贝更加容易。地图作为移动互联网的入口，为移动互联网的应用带来了革命性的变化。GPS 等定位技术在智能手机、手表、车辆等移动设备中的广泛应用，使得公众获取较高精度的位置信息成为可能。公开自己私自编制的地图，参与谷歌的地图“标注”，使用手机、汽车导航的 GPS 定位服务形成的行动轨迹，都有可能在不经意间泄露涉密地理信息。

近年来，我国地图市场发展快速，地图的随意编制、违规发布现象时有发生，甚至出现损害我国领土主权、安全和利益的“问题地图”。据统计，2021 年全国共发现近 1.8 万张互联网“问题地图”。其主要表现形式有三种：一是部分互联网网站中登载的地图未依法履行地图审核程序，相关地图存在将我国台湾地区按独立国家表示、错绘我国国界线、漏绘南海诸岛和钓鱼岛等重大错误；二是部分地图上登载了不宜公开甚至涉密的内容，如国防、军事设施、未经公开的港口机场和未经国家批准公开发表的各项经济建设数据等涉及国家秘密的内容；三是部分网站或者网民通过国外网站下载使用损害我国领土主权和海洋权益的“问题地图”。“失之毫厘，谬以千里”。地图无小事，规范使用地图，一点都不能错。

6.1.2　涉密地图的管理

（1）涉密地图的危害

涉密地图的公开或泄露，将会产生不同程度的危害：

①特别严重的危害：会严重损害国家安全、领土完整、民族尊严，导致严重外交纠纷，严重威胁国防战略安全或者削弱国家整体军事防御能力。

②比较严重的危害：会对国家重要军事设施的安全，对国家安全警卫目标、设施的安全造成严重威胁。

③一般危害：会使保护国家秘密的措施可靠性降低或者失效，削弱国家局部军事防御能力和重要武器装备克敌效能，对国家军事设施、重要工程安全造成威胁。

（2）涉密地图（测绘成果）定密依据和机构

定密依据：《中华人民共和国保守国家秘密法》第十一条，国家秘密及其密级的具体范围，由国家保密行政管理部门分别会同外交、公安、国家安全和其他中央有关机关规定。军事方面的国家秘密及其密级的具体范围，由中央军事委员会规定。国家秘密及其密级的具体范围的规定，应当在有关范围内公布，并根据情况变化及时调整。

定密机构：国家测绘地理信息局、国家保密局。

（3）测绘成果密级分类、内容和范围

涉密测绘成果即属于国家秘密范围的测绘成果。判定标准是《测绘管理工作国家秘密范围的规定》对涉密成果的名称、密级、保密期限和控制范围均作出明确的规定。测绘成果密级分为三级 19 项：绝密 4 项、机密 7 项、秘密 8 项。各密级控制范围（保管、使用）均有严格规定，保密期限均为长期。

（4）涉密地图（测绘成果）保密管理规定

①《中华人民共和国宪法》《中华人民共和国刑法》《中华人民共和国行政许可法》《中华人民共和国行政处罚法》。

②《中国共产党章程》和《中国共产党纪律处分条例》等党内规定。

③《中华人民共和国保守国家秘密法》及《中华人民共和国保守国家秘密法实施条例》。

④《中华人民共和国测绘法》及《中华人民共和国测绘成果管理条例》。

⑤《中华人民共和国国家安全法》及《中华人民共和国国家安全法实施细则》。

⑥《中华人民共和国公务员法》及《行政机关公务员处分条例》。

⑦《中华人民共和国档案法》及《中华人民共和国档案法实施条例》。

⑧《中华人民共和国保守国家秘密法》配套的规章制度、《中华人民共和国测绘法》配套的规章制度。

⑨国家测绘地理信息局的有关规定。

6.1.3 地图脱密技术

地图脱密是指通过技术处理，将秘密级测绘成果中包含的涉及国家安全的地理要素空间位置精度和属性内容进行处理后，转为符合公开测绘成果使用的方法。脱密处理的原则是完全删除地图数据中含有涉密的地理要素及其他属性信息，进行空间位置技术处理，以达到国家规定的可公开的空间位置精度，将空间位置精度降至国家安全要求的范围以内。

地理要素脱密从空间和属性两个方面进行处理，主要对涉密的空间地物数据和属性数据进行直接删除，并对选取要素的空间位置使用专业脱密技术进行位移和空间位置精度随机干扰，使得脱密后的数据不易用一定的纠正方法恢复纠正，避免要素泄密。主要的脱密处理方法有数学变换干扰法、要素综合移位法、特征点的普化法和行政地理名称特殊普化法。数字变换干扰法包括投影转换法（图 6.1）、图幅变换法、误差随机干扰法等。特征点的普化法对特征点的处理包括几何精度的弱化、图形特征的钝化（即折线曲化，图 6.2）和空间关系的修补三个方面。

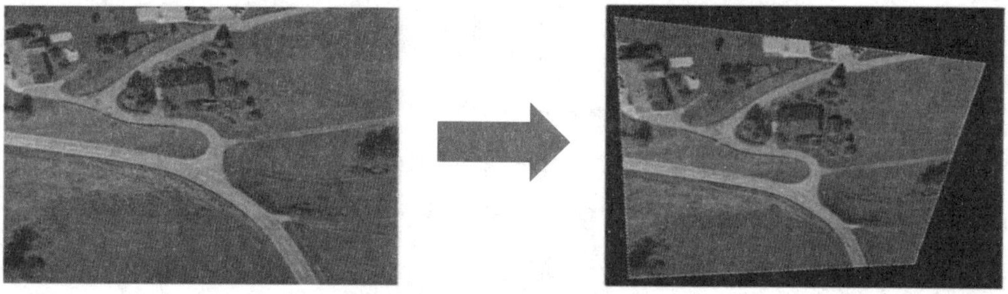

图 6.1　投影转换法

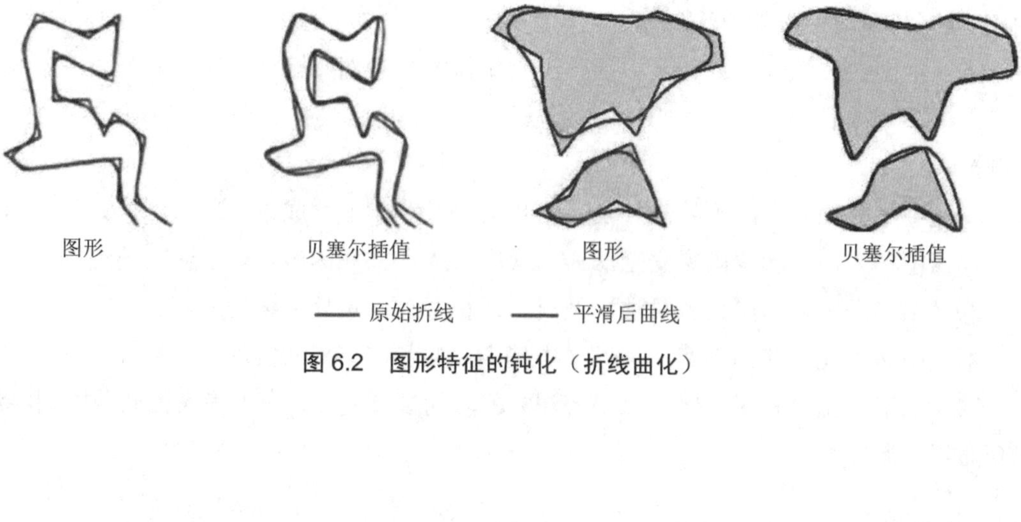

图 6.2　图形特征的钝化（折线曲化）

6.2　地理信息系统地图产品的主要类型及输出方式

6.2.1　主要类型

地图的种类繁多，根据不同的分类指标，可以有以下 5 种不同的分类。

（1）按地图表达内容划分

1）普通地图

普通地图是综合全面地反映一定制图区域内自然要素和社会经济现象一般特征的地图。地图内包含地形、水系、土壤、植被、居民点、交通网和境界线等地理要素。

普通地图根据图幅范围又可分为地形图和地理图（也称一览图）。地形图是按国家统一规范编制的系列比例尺地图，我国基本比例尺地形图包括 8 种比例尺：1∶100 万、1∶50 万、1∶25 万、1∶10 万、1∶5 万、1∶2.5 万、1∶1 万和 1∶5 000。地理图是以自然地理或行政区划单元为制图区域，相对概括地表示制图区域内自然地理与人文社会经济要素基本特征的地图，图 6.3（a）为安徽省地图。

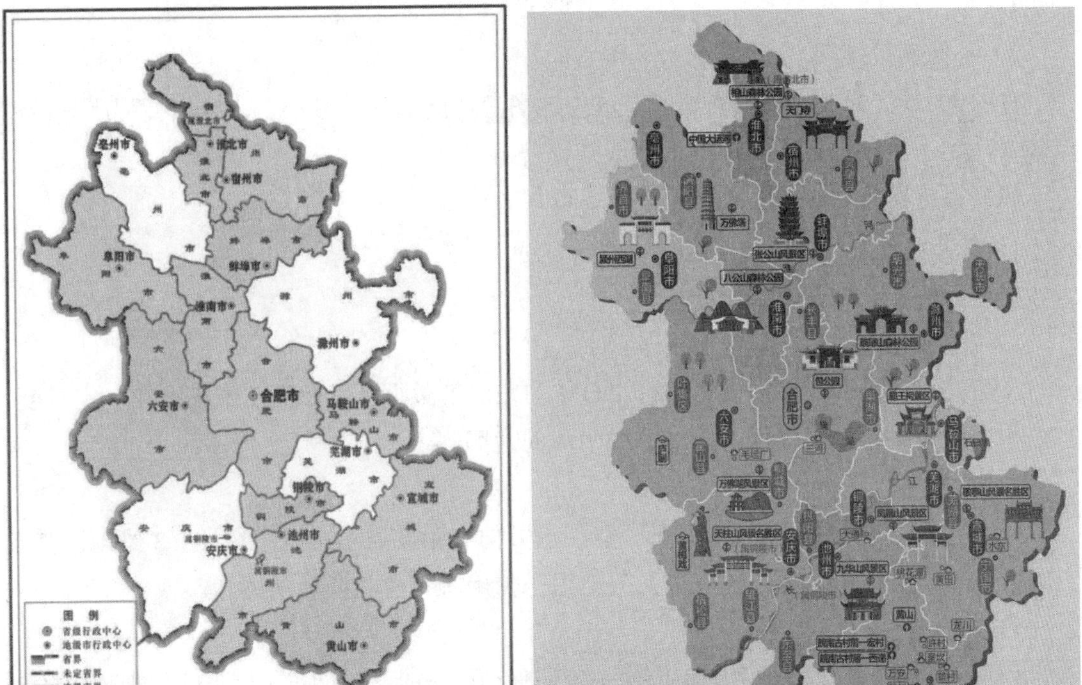

（a）普通地图　　（b）专题地图

图 6.3　普通地图与专题地图

2）专题地图

专题地图是突出地表示一种或几种自然现象和社会经济现象的地图，侧重于表达专题要素的空间分布、时间变异及数量、质量特征。图 6.3（b）为安徽省旅游人文地图。

专题地图由专题要素和地理基础（底图）两部分构成。专题要素突出表示自然或社会经济现象，地理基础则用来表明专题要素的空间位置与地理背景。专题要素的表达方法有定点符号法、线状符号法、质底法、范围法、点值法、等值线法、定位图表法、分级比值法、分区图表法和动线法等。

（2）按地图缩放比例划分

1）大比例尺地图

1∶10 万及更大比例尺的地图，能详尽而精确地表示地形地物，往往在实测或实地调查的基础上编制而成，可在图上进行量算，作为地市、县乡规划，工程项目设计施工和其他专业调查使用，是编制中、小比例尺地图的基础资料。

2）中比例尺地图

介于 1∶10 万和 1∶100 万之间的地图，表示的内容较为概略，一般是根据大比例尺地图或有关卫星影像资料经制图综合而成，供全国性部门和机关做总体规划和专业普查使用。

3）小比例尺地图

1∶100 万及更小比例尺的地图，这种地图随着比例尺的减小，内容概括程度高，精度较低，用于全国及更大范围的规划或知识普及等。

（3）按地图维数划分

1）2 维地图

即一般的平面地图。

2）2.5 维地图

一般的立体地图，是根据 DEM、DOM、DLG 等数据，以及真三维模型在一定高度、视角和光照效果，按照轴侧投影的方式生成的地图。

3）3 维地图

3 维地图是真正的三维立体显示，能任意方向和角度显示三维图像。在 3 维地图基础上利用虚拟现实技术，形成“可进入”地图，使用者有身临其境的感觉。

4）4 维地图

4 维地图是除三维立体外，再增加一维属性值，一般是时间维，可反映地理现象的动态变化。

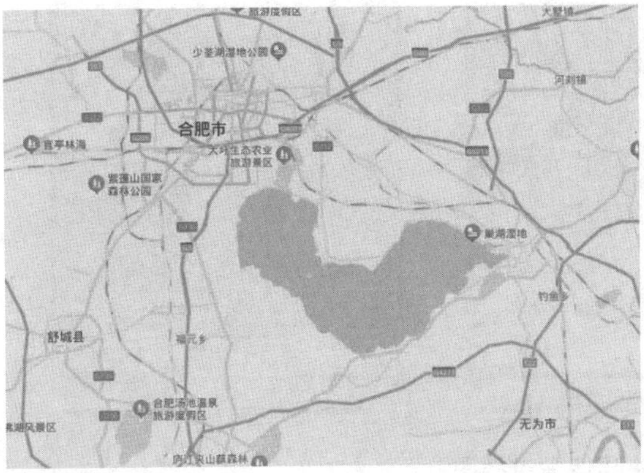

2 维地图

2.5 维地图

3 维地图

4 维地图

图 6.4　不同维度地图

（4）按地图时态特征划分

1）静态地图

静态地图是记录某一瞬时地理信息的地图。

2）动态地图

动态地图是指以动画、交互、虚拟现实等方式反映自然和人文现象变迁和运动的地图。如反映人口的迁徙、疫情的实时动态等。图 6.5 为印度洋海啸传播过程图。

（5）按地图存储介质划分

1）纸质地图

纸质地图是指以纸张及其替代（如纺织品等）为媒介的地图。GIS 为快速制作纸质地图提供了技术保障。

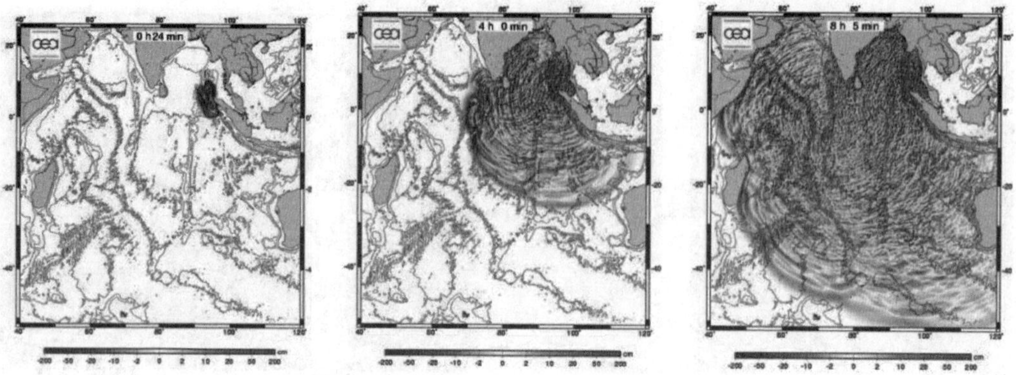

图 6.5 印度洋海啸传播过程图

2）数字地图

数字地图是以地图数据库为基础，以数字形式存储在计算机外储存器上的地图数据，包括栅格和矢量的数字图形，地图性质不可视。现代数字地图主要由数字正射影像图（Digital Orthophoto Map，DOM）、数字高程模型（Digital Elevation Model，DEM）、数字栅格地图（Digital Raster Map，DRG）、数字线划地图（Digital Line Graphic，DLG）以及复合模式组成，称为“4D”产品。

3）电子地图

电子地图是数字地图在电子屏幕上的符号化显示，也称屏幕地图。电子地图具有数据与软件集成、使用的人机交互性、显示的实时动态性、信息的共享性、表达的多媒体性和制图的适应性等特点。作为新一代地图产品，电子地图随着计算机技术、网络技术、全球导航定位技术的发展，以及手机等移动智能设备的普及，其形式也不断延伸，产生了在线网络地图、基于位置服务的移动地图等新的地图产品，极大地促进了地图的社会化应用和地图市场的繁荣。

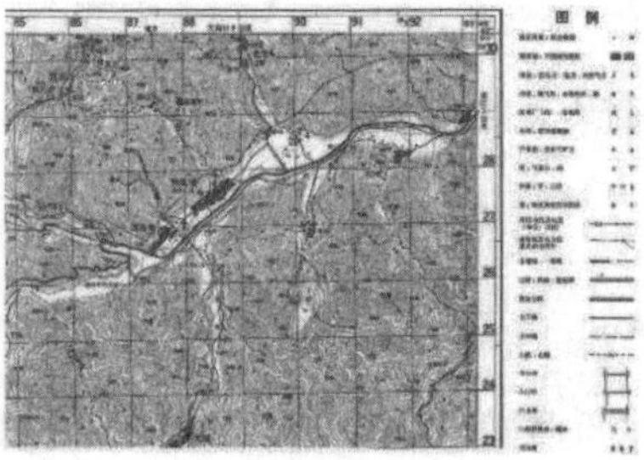

（a）纸质地图

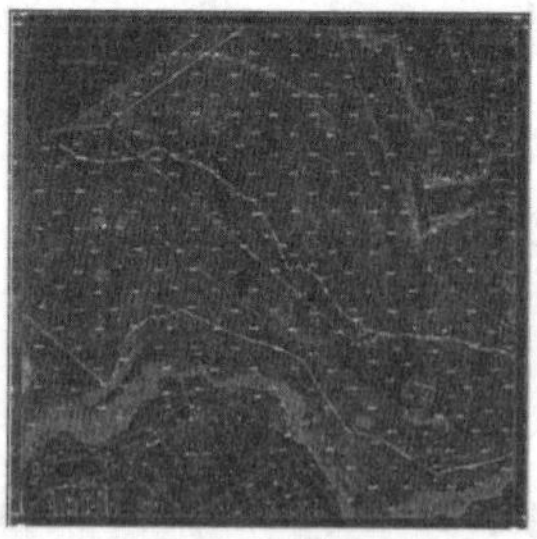

（b）数字线划地图

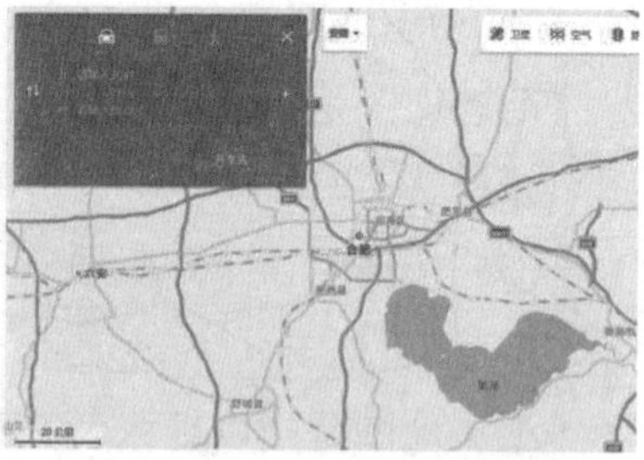

（c）电子地图

图 6.6 不同存储介质地图

6.2.2　输出方式

目前，一般 GIS 软件都为用户提供 3 种主要的图形、图像输出和属性数据报表输出方式：屏幕显示、矢量绘图和打印输出。

（1）屏幕显示

屏幕显示是由光栅或液晶的屏幕显示图形、图像，主要用于系统与用户交互式的快速显示，是比较廉价的输出产品，需以屏幕摄影方式做硬拷贝，可用于日常的空间信息管理和小型科研成果输出。

（2）矢量绘图

矢量绘图通常采用矢量数据方式输入，根据坐标数据和属性数据将其符号化，然后通过制图指令驱动制图设备；也可以采用栅格数据作为输入，将制图范围划分为单元，在每一单元中通过点和线构成的颜色、模式表示，其驱动设备的指令依然是点和线。矢量绘图指令在矢量绘图设备上可以直接实现，也可以在栅格制图设备上通过插补将点、线指令转化为需要输出的点阵单元，其质量取决于制图单元的大小。矢量绘图一般用来绘制高精度的比较正规的大图幅图形产品。

（3）打印输出

打印输出一般是直接由栅格方式进行，常用的设备有点阵打印机、喷墨打印机和激光打印机。激光打印机绘制的图像品质高、绘制速度快，已成为当前 GIS 地图产品的主要输出设备。

6.3　地理信息系统地图制作方法、流程和综合实例

6.3.1　地图制作方法

地图是按照一定的法则，有选择地以二维或多维形式与手段在平面或球面上表示地球（或其他星球）若干现象的图形或图像，它具有严格的数学基础、符号系统、文字注记，并能用地图概括原则，科学地反映出自然和社会经济现象的分布特征及其相互关系。

地图制作是数据可视化和表达输出的过程。传统的地图制作主要有实测和编绘成图两种方式。实测制图分为航测法成图和野外实测制图两种类型。航测法成图是利用航空影像来测制地图；野外实测制图是采用测量仪器测定地球表面局部区域的地物、地貌的空间位置和几何形状，并按照一定的比例尺绘制成地图。传统编绘成图是用根据多种制图资料，如实测地形图、统计资料和遥感影像等，通过手工勾绘、整理数据、设计符号和整饰地图等，编制成为用户所需的各类型的地图。

随着计算机技术的发展，计算机制图已经取代传统的地图制图，成为现代地图制图

的主要方式。计算机制图是通过数据库技术和数字处理方法来实现的，地理信息以数字形式在系统内部传递，因此又被称为全数字制图。数字制图技术的发展使地图学与 GIS 有机地结合起来。GIS 脱胎于计算机地图制图，而 GIS 的发展又推动着计算机地图制图水平的飞跃。地图是 GIS 输出的主要产品形式，GIS 的空间数据采集、存储、管理、分析和显示功能，为计算机地图制图提供了有力的工具，突破了传统手工制图的局限性，具有可视性强、精度高、速度快的特点，极大地提高了地图产品的适应性、现势性、动态性和用户的广泛性。

6.3.2 GIS 地图制作流程

传统的地图制作分为地图设计、原图编绘、出版准备、地图印刷 4 个阶段。GIS 地图制图仍以传统的制图原理为基础。例如，制图资料的选择、地图比例尺和地图投影的确定、地图内容和表示法、地图内容的制图综合等，都同传统制图没有实质性的区别。从地图学的角度来看，只是一种技术手段的变化，从而对制图工艺产生重大影响。如图 6.7 所示，GIS 制作地图的流程一般分为地图设计、数据输入、数据处理和图形输出 4 个阶段。

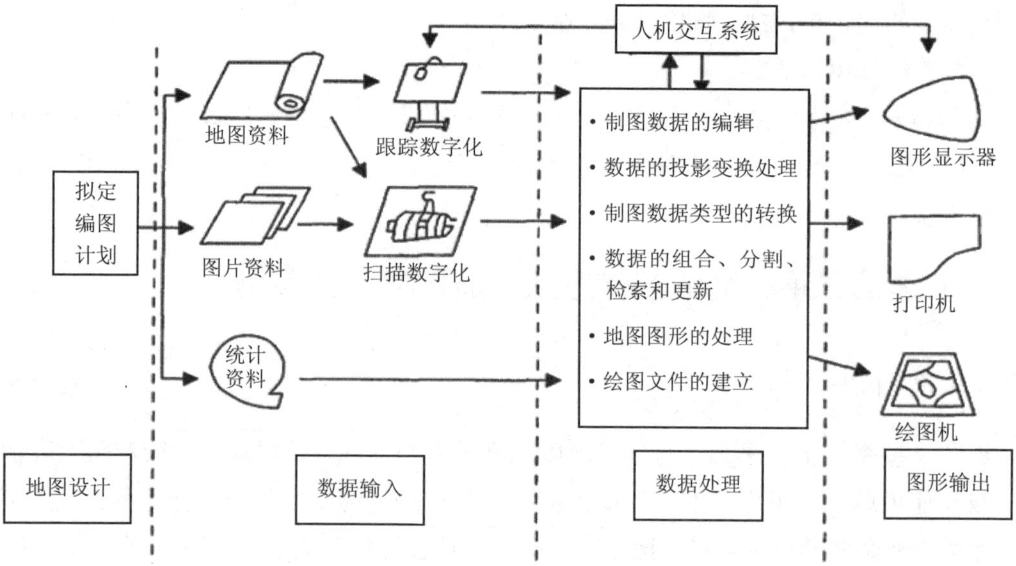

图 6.7 计算机制图流程

（1）地图设计

地图设计在地图制图工作中具有重要的地位。该阶段是在明确制图目的和要求的前提下，根据地图的用途和使用者特点，收集和分析制图资料，有针对性地研究制图区域地理特征，确定制图资料、地图投影和比例尺、地图内容和表示方法，进行地图符号的设计和图面设计等，最后写出地图设计书。资料选择除考虑其内容外，还要顾及数字化的方法，并进行数字化的准备工作，如确定要素的分层。

（2）数据输入

数据输入是获取数据的阶段，要将制图资料数字化，建立数据库，供计算机处理和应用。根据制图资料的种类不同，分为地图资料数字化、图片资料数字化、统计资料数字化和文字资料数字化，其中地图资料数字化最为重要。

地图是 GIS 重要的数据来源，一般采用扫描矢量化的方法输入。根据地图幅面大小，选择合适规格的扫描仪，对纸质地图扫描生成栅格图像。然后在经过几何校正之后，进行分层矢量化。对栅格图像的矢量化有软件自动矢量化和屏幕鼠标跟踪矢量化两种方式。软件自动矢量化工作速度较快、效率较高，但是由于软件智能化水平有限，其结果仍然需要再进行人工检查和编辑。

图片资料包括遥感影像和其他普通图片资料。遥感影像是地理信息的重要数据来源，需通过专业软件处理和分析才能得到制图所需的数据。其他普通图片资料一般采用扫描的方式得到数字图像。统计资料和文字资料一般采用键盘输入计算机。

（3）数据处理

数据处理是在输入与输出之间的阶段，是数字制图的核心工作，包括数据的检索、更新、选取、变换等。数字化信息输入计算机后要进行两个方面的处理：一是对数字化信息本身做规范化处理，主要包括数据检查、纠正，重新生成数字化文件，转换特征码，统一坐标原点，进行比例尺的变换，不同资料的数据合并归类等；二是为实施地图编制而进行的数据处理，包括地图数学基础的建立，不同地图的投影变换，对数据进行选取和概括，各种专门符号、图形和注记的绘制处理，图形单元的修改与增删、图幅拼接、坐标变换、符号化等。

（4）图形输出

图形输出是将经过数据处理的绘图文件输出为图形，可以在显示器的屏幕上显示，也可以通过绘图仪、打印机等设备输出。

6.3.3　地图制作要求和意识

地图制作是为了准确、清晰地传递信息，在制作地图时需要考虑以下 4 个方面。

（1）明确的使用目的

地图的使用目的和目标受众决定了制图的标准，比如普通地图一般起科普性作用，有严格明确的制图标准；而故事地图本身只是阐述一个或多个事件，则可以有多样的呈现方式和有趣的交互方式。

（2）正确的数学基础

地图的数学基础包括椭球体、坐标参考系、地图投影和比例尺。在地图制图过程中尤其应该注意的是坐标系和投影方式的选择。

（3）契合主题的符号设计

地图是各种符号按照一定的规律组织起来的信息综合体，地图通过符号来表示制图对象的位置、类型、级别等属性。地图符号应当具有清晰性、概括性、感知性、逻辑性和系统性。

（4）和谐平衡的图面布局

地图的图面布局对应地图三要素中的整饰要素，体现了地图的美观性，其和谐平衡体现在图面清晰易读、图面层次分明、视觉平衡与整体协调等方面。

此外，地图的制作还应有版图意识和规范意识。我国《地图管理条例》对地图编制、地图审核、地图出版、互联网地图服务等作出了明确的规定。作为制图从业人员应当严格遵守国家法律法规，自觉维护国家主权、保障地理信息安全。根据《地图管理条例》第八条，地图上不得表示下列内容：危害国家统一、主权和领土完整的；危害国家安全、损害国家荣誉和利益的；属于国家秘密的；影响民族团结、侵害民族风俗习惯的；法律、法规规定不得表示的其他内容。在制作地图时，还应当根据场景、比例尺等的不同，参照对应的国家标准或行业标准制图。

6.3.4 综合制图实例

下面以安徽省非物质文化遗产分布图的制作为例，阐述 GIS 制图的基本过程。本次制图基于 ArcMap 软件进行数据的处理与出图整饰，结合 PS 软件对成图进行修改与完善。

（1）数据准备

1）安徽省非物质文化遗产相关资料

通过查阅资料与网络检索，整理出安徽省非物质文化遗产的清单和具有代表性的图片；通过坐标拾取方法获取各个非物质文化遗产的坐标，录入 Excel 表中，结果如表 6.1 所示。

表 6.1 安徽省非物质文化遗产数据

非物质文化遗产名称	经度	纬度	遗产类别	起源地	起源时期
豆腐传统制作技艺	117.006 389	32.631 847	传统技艺	淮南市	汉代
祭祖习俗（徽州祠祭）	118.345 437	29.721 892	民俗	黄山市	明代
刻铜（杜氏刻铜）	115.820 436	32.896 061	传统美术	阜阳市	民国时期
孔雀东南飞传说	116.836 593	30.739 449	民间文学	安庆市怀宁县	汉代
老子传说	116.221 609	33.498 567	民间文学	亳州市涡阳县	汉代
龙舞（手龙舞）	118.585 444	30.073 292	传统舞蹈	宣城市绩溪县	宋代
傩舞（跳五猖）	119.186 466	31.132 682	传统舞蹈	宣城市郎溪县	清代

非物质文化遗产名称	经度	纬度	遗产类别	起源地	起源时期
四平调	116.372 524	34.448 428	传统戏剧	宿州市砀山县	民国时期
唢呐艺术（灵璧菠林喇叭）	117.564 557	33.547 892	传统音乐	宿州市灵璧县	清代
灯舞（无为鱼灯）	117.908 579	31.308 844	传统舞蹈	芜湖市无为县	北宋
渔鼓道情	116.953 585	34.194 269	传统戏剧	宿州市萧县	民国时期
柳编	115.947 476	31.835 263	传统美术	六安市霍邱县	明代
庐剧	118.359 513	31.748 244	传统戏剧	马鞍山市和县	清代
黄梅戏	117.233 443	31.826 578	传统戏剧	合肥市	清代

2）基础地理数据

根据制图需要，所准备的基础地理数据主要包括安徽省省、市、县界数据，安徽省各市位置分布数据，安徽省主要铁路和公路数据、安徽省主要河流数据。数据均为.shp格式的矢量文件。

（2）数据处理

1）生成安徽省非物质文化遗产分布图层

打开 ArcMap，新建空白制图文档，在其中新建点图层，为点图层添加 *X*、*Y* 坐标数据，*X* 和 *Y* 分别对应安徽省非物质文化遗产 Excel 表中的经度和纬度，获得安徽省非物质文化遗产空间分布图层，如图 6.8 所示。

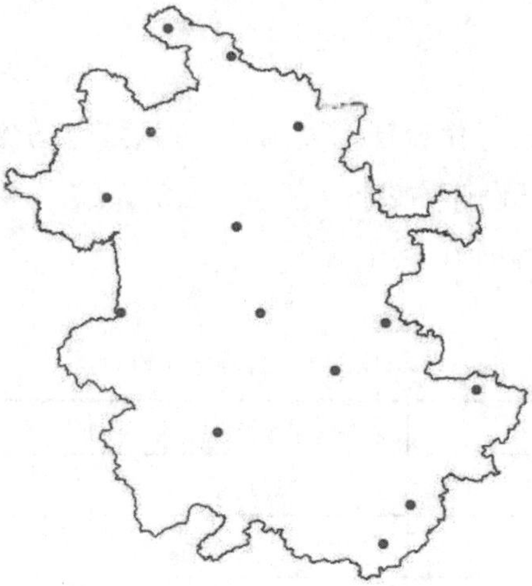

图 6.8　安徽省非物质文化遗产分布

2）添加地理底图数据

将搜集到的安徽省基础地理数据加入制图文档中，在内容列表中调整各图层显示的优先级，使得各数据能够以正确的优先级显示在 ArcMap 图形显示区中，如图 6.9 所示。

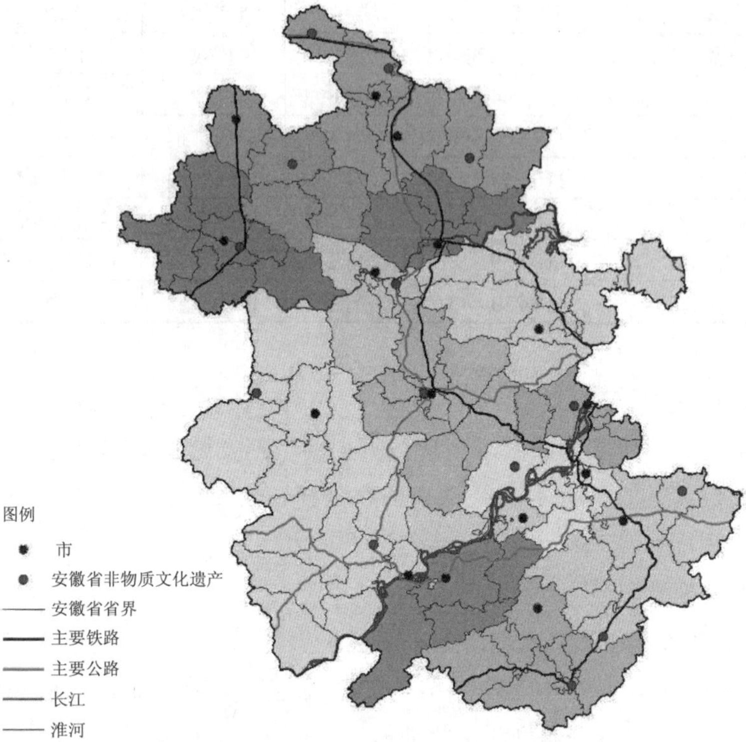

图 6.9　添加地理底图数据

（3）地图符号化设计

对所有地理要素进行符号化设计，要求各地理要素能够清晰美观地显示在地图上，符合出图要求，各要素符号设计如表 6.2 所示。然后，添加各要素文字标注，并设置适宜的字体格式和放置方式。

表 6.2　地图符号化设计

要素名称	要素类型	符号化设计
安徽省非物质文化遗产	点要素	★
市	点要素	⊙
省界	线要素	
县界	线要素	
主要公路	线要素	

要素名称	要素类型	符号化设计
主要铁路	线要素	
主要河流	线要素	
县区	面要素	

（4）整饰出图

在完成各地理要素的符号化设计后，打开 ArcMap 布局视图进行制图。首先按照页面大小设置适宜的制图比例尺，使各要素能够完整、清晰、恰当地显示在布局视图中；然后添加图名、注记、指北针、比例尺、图例等地图要素，并放置在合适的位置；导出地图，调整合适的分辨率，使地图要素清晰可见。

利用 ArcMap 整饰地图具有一定的局限性，因此可采用 PS 等软件对地图作进一步美化加工。这里利用 PS 软件为原图空白背景添加了图片，使地图更加美观。同时插入安徽省各非物质文化遗产具有代表性的图片，使地图所传达的信息更加直接，让读图者可以初步了解非物质文化遗产的具体特征。图 6.10 为最终成果图。

图 6.10　安徽省非物质文化遗产分布

思考题

1. 简述地图数据的重要性及涉密地图公开或泄露产生的危害。
2. 简述 GIS 地图产品的主要类型及输出方式。
3. 简述 GIS 地图制作流程及注意事项。

主要参考资料

[1] 艾自兴，龙毅. 计算机地图制图. 武汉：武汉大学出版社，2005.
[2] 地图制图基础（二）：地图的内容. https：//blog.csdn.net/supermapping/article/details/124844642.
[3] 地图制图基础（三）：地图制作要求. https：//blog.csdn.net/supermapping/article/details/125651602.
[4] 地图制图基础（四）：制图意识. https：//blog.csdn.net/supermapping/article/details/125885411.
[5] 地图制图基础（一）：地图的分类. https：//blog.csdn.net/supermapping/article/details/124705468.
[6] 傅宏. 公众版地图地理要素脱密处理方法. 地理空间信息，2010，8（4）：133-134.
[7] 顾根全，厉朝阳，汤煜康. 涉密地理信息数据保密管理的对策研究. 保密科学技术，2014（12）：31-34.
[8] 关于涉密地图的保密管理，你知道哪些？ https：//www.sohu.com/a/351085846_100015541.
[9] 华玉民. 图书馆特种馆藏——涉密地图资料的管理与使用//2009 全国测绘科技信息交流会暨首届测绘博客征文颁奖论文集，2009.
[10] 科普|数字地图制图技术. https：//www.thepaper.cn/newsDetail_forward_8498202.
[11] 林海. 基于 GIS 的测绘地理数据脱密方法及应用. 中国水运（下半月），2014，14（7）：336-337，340.
[12] 闾国年，汤国安，赵军. 地理信息科学导论. 北京：科学出版社，2019.
[13] 马耀峰，胡文亮，张安定，等. 地图学原理. 北京：科学出版社，2010.
[14] 邱春霞. 现代地图学原理. 北京：科学出版社，2021.
[15] 汤国安，刘学军，闾国年，等. 地理信息系统教程. 北京：高等教育出版社，2007.
[16] 王家耀，孙群，王光霞，等. 地图学原理与方法（第 2 版）. 北京：科学出版社，2014.
[17] 吴信才主，徐世武，万波. 地理信息系统原理与方法. 北京：电子工业出版社，2014.
[18] 易树柏. 论地理信息安全在国家安全中的作用. 理论界，2016（8）：40-48.
[19] 赵军，颉耀文，凌善金，等. 地图学. 北京：科学出版社，2021.
[20] 中国地图，一点都不能错——地图制作四步曲. https：//baijiahao.baidu.com/s？id=1742603319966019280&wfr=spider&for=pc.

[21] 周卫，朱长青，吴卫东. 地理信息的安全特征综述. 测绘通报，2015（10）：122-125.

[22] 朱长青，任娜，徐鼎捷. 地理信息安全技术研究进展与展望. 测绘学报，2022，51（6）：1017-1028.

[23] 祝国端，郭礼珍，尹贡白，等. 地图设计与编绘（第 2 版）. 武汉：武汉大学出版社，2010.

[24] 天地图 • 安徽（安徽省地理信息公共服务平台）. https：//zrzyt.ah.gov.cn/site/tpl/1034671051？contentId=151.

第7章 GIS 在资源调查与灾害监测中的应用

自然资源种类繁多，矿产、湿地、森林和河流等均可称为自然资源。自然资源调查的形式分为基础调查和专项调查。由于自然资源调查统计工作量较大，短期内完成调查任务耗时费力，且数据统计等工作的错误率较高。因此，在自然资源调查过程中运用 GIS 技术，可满足自然资源影像高分辨率处理需求，通过全方位搜集、整理调查区域内与自然资源有关的一切信息，并将信息上传至数据库，方便专职人员调取；若需长期观察自然资源动态，还可调用多组卫星全天候关注某类自然资源变化趋势，实时将观察结果传输至 GIS，进而为动态调查分析自然资源提供条件。灾害监测主要对某地区发生自然灾害的可能性进行实时监测与预警，自然灾害的类型包括地质灾害、气象灾害、环境灾害、生态灾害和海洋灾害等。我国建立了从中央到地方的水文、气象、海洋、生物、地震及地质灾害的监测、分析与预报系统，形成了遍布各地、相互交织的灾害监测和预警网络。整个预测预警的过程都需要应用遥感、遥测、导航定位和 GIS 等技术，而通过 GIS 软件分析处理得到的空间结果可服务于空间分析、专题制图、灾害监测预警平台等。

7.1 我国地理国情监测的时代背景

地理国情监测通过对地理国情进行动态测绘和统计，从地理的角度来综合分析和研究国情，为政府、企业和社会各方面提供真实可靠和准确权威的地理国情信息。对地理国情进行持续监测，分析其变化和趋势，将为资源与生态环境保护、战略规划制定、区域协调发展、重大战略与重大工程实施、经济发展方式转变、突发事件处置、重大国际问题应对等提供有力支撑。2013 年 3 月 5 日，国务院印发《关于开展第一次全国地理国情普查的通知》，决定于 2013—2015 年开展第一次全国地理国情普查工作。2017 年 4 月，我国首次对外发布地理国情普查公报。第一次全国地理国情普查首次全面准确地摸清了地理国情家底，获取陆地国土范围内全覆盖、无缝隙、高精度的“山水林田湖草”地理国情信息，形成了一系列数据成果、技术标准和科技创新成果，在引导科学决策、服务生态文明建设、重大国情国力调查等方面发挥了重要作用。

7.1.1　开展地理国情监测的重要性

地理国情监测是了解国情、把握国势、制定国策的重要支撑，是推进国家治理体系和治理能力现代化的有力武器，是加快生态文明建设、美丽中国建设的必然选择，是测绘地理信息事业转型的重要支撑。当前，我国经济发展进入新常态，开展地理国情监测，持续、全面掌握权威、客观、准确、动态的地理国情信息，是政府和社会大众的迫切需求。2013 年 3 月 5 日，《国务院关于开展第一次全国地理国情普查的通知》（国发〔2013〕9 号）正式下发，决定开展第一次全国地理国情普查工作，旨在为开展常态化地理国情监测奠定基础，常态化地理国情监测也成为地理国情普查数据成果的应用和延续。

7.1.2　地理国情监测内容

根据地理学内容，可将地理国情监测划分为两个方面：基础地理国情监测和专题地理国情监测（图 7.1）。基础地理国情监测即针对基础地球表面覆盖现象，研究最真实的客观存在，反映地表信息，建立空间位置关系以及监测的时序关系，形成地理国情监测的基础。专题地理国情监测即针对地表专题应用以及重大工程项目应用等方面，进行专题信息监测，其中包括主体功能区监测，自然灾害、重大工程等方面的监测等。基础地理国情监测又包含自然地理国情监测和人文地理国情监测，自然地理国情监测内容强调自然地理环境的特征、结构及其地域分布规律；人文地理国情监测侧重分析研究地球表面人类各种社会经济活动，实现国情信息在地理空间上的可视化与空间化。

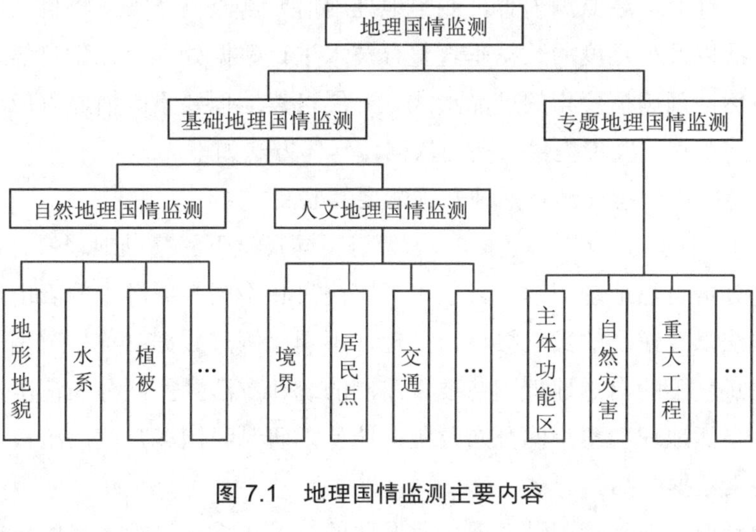

图 7.1　地理国情监测主要内容

7.1.3 地理国情监测方法

地理国情监测综合采用 RS、GIS、人工智能（Artificial Intelligence，AI）、空间数据综合分析等技术手段，以当年 4—6 月航空、航天影像为主要数据源，经正射纠正后，通过影像比对、内业解译、外业调查、内业编辑等工序，完成监测工作，汇总形成地理国情信息数据库，开展统计、分析与评价，为自然资源管理等工作提供数据支撑（图 7.2）。

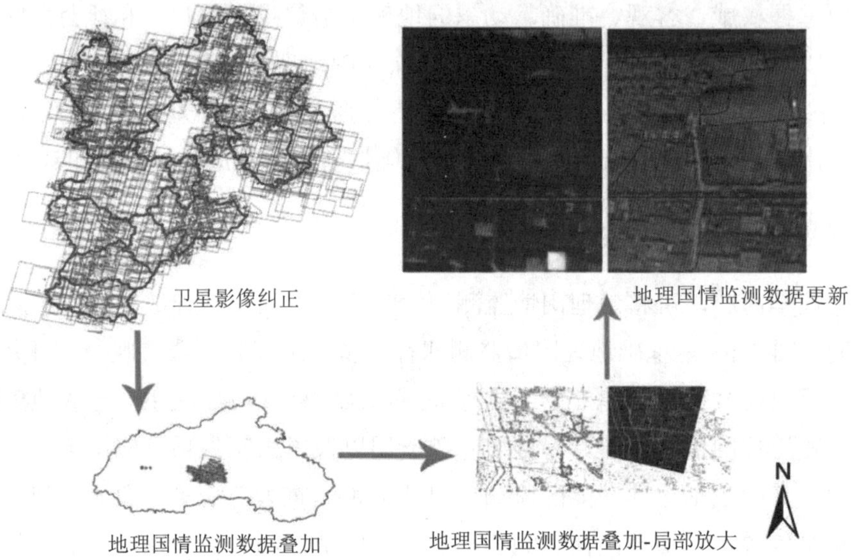

图 7.2 地理国情监测总体流程

具体来说，针对上述监测内容，制定地理国情要素监测方案，将自然地理要素通过统计理论与方法以及多尺度的数据垂直整合技术进行数据处理，探索自然地理要素变化规律，研究自然地理国情要素的产品形式，开展自然地理要素国情监测应用示范，为我国的经济建设、规划与发展提供必要的依据。具体方法如下：

（1）多尺度、多时态连续自然地理国情要素监测

根据已有 1∶100 万、1∶25 万、1∶5 万等不同尺度下的基础地理信息数据及多源遥感数据，通过分析自然地理国情要素在不同比例尺和不同数据源中的表现形式，制定最优数据整合方法以及统一的数据接口，处理好不同比例尺数据名称、范围之间的衔接关系，研究不同尺度下的自然地理国情要素监测的统计方法及空间分布情况，包括植被、水系、荒漠等自然地理要素空间分布及国情统计，研制我国多尺度的植被、水系、荒漠等自然地理要素数据产品。

为了建立针对自然地理国情要素变化发现的技术体系，进行多尺度自然地理国情要素变化规律分析研究。总结以及分析自然地理国情要素在不同比例尺下的表现形式，选

取适用于变化发现的多尺度数据进行变化规律分析。制定分类自然地理国情要素的监测周期，进行周期性监测，形成多时态连续自然地理国情要素监测数据。利用横向多个不同时间间隔的时态序列监测数据，进行自然地理要素的变化发现，提取自然地理要素变化率及变化量，通过统计分析及比较分析，总结不同尺度的自然地理国情要素变化时间周期及趋势，为自然地理国情要素变化监测提供依据。

（2）专题地理国情监测

主要利用地理国情普查成果、基础性监测成果、多时相高分辨率遥感影像和大地基准观测数据，以及历史基础地理信息、经济社会专题数据等，通过数据融合与配准等处理，形成变化监测数据集，采用变化检测与变化分析技术，开展国情信息定量化、空间化连续监测，形成内容丰富、形式多样、准确可靠的地理国情监测成果。利用主/被动遥感数据进行监测，收集历史数据，选择距调查年度不超过 1 年的多光谱遥感数据作为监测信息源，数据的季相要保持相对一致。参考地表覆盖普查成果、专业部门的历史专题数据及相关辅助资料，根据具体监测内容和数据源，选取监测基准时间。采用直接类别合并和空间分析的方法直接从地表覆盖普查、历史专题数据整合成果中归并得到一些目标类别，以此作为这些重要地理国情信息变化监测的本底基础图件。

利用影像对影像的多源多时相遥感影像对比、影像对矢量数据、矢量数据对矢量数据变化检测分析等技术，判断目标对象是否变化，确定变化区域，鉴定变化类别，并生成初步的变化模板和变化图斑。综合利用自动检测出的变化模板或者变化图斑、地理国情信息普查成果、历史专题数据和国家基础地理信息成果，通过计算机辅助识别与人工识别相结合的方法，开展内业解译与判读，确保变化检测结果的可靠性。在内业判读与检查的基础上，对变化信息解译成果进行检查、修正等，必要时对内业无法准确判断的区域进行外业核查，形成满足专题地理国情监测要求的成果。根据监测成果数据入库规范标准，对入库数据进行数据质量检查，检查合格后，将不同的数据根据尺度、格式、数学基础、时点进行分类，然后入库。采用的主体技术方法如图 7.3 所示。

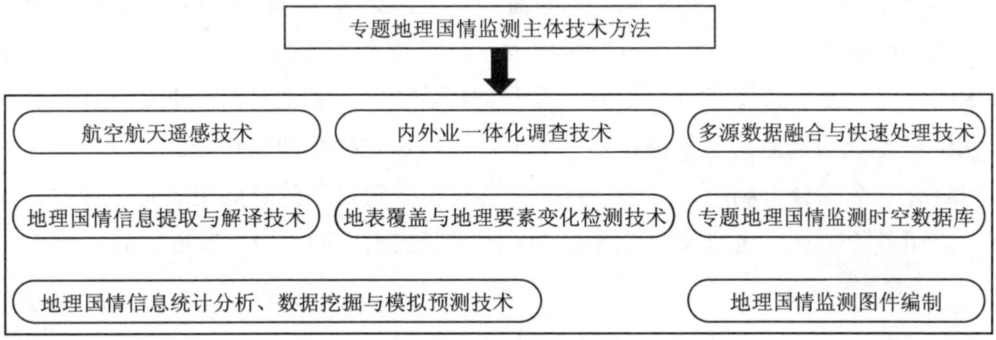

图 7.3　专题地理国情监测主体技术方法

在城市地区，可将高分辨率航空遥感数据与高精度 DSM 数据相结合快速找出高程降低和增高信息，从而准确提取地表覆盖变化区域的轮廓，提取城市内部结构信息，例如建筑物现状与变化空间信息，建筑物楼层、占地面积等。

对于光学影像获取困难的地区，利用同一季相的多时相机载或星载 SAR 影像作为监测数据源，利用多时相 SAR 变化检测技术，采用自动或半自动方法提取变化信息。例如可利用卫星雷达干涉测量（InSAR）、时间序列 InSAR 等遥感技术，结合水准和 GPS 观测等获取的少量点上的形变测量值，获取覆盖研究区的面状地表形变速度和形变量信息，进行地表沉降监测。

（3）构建国土空间基础信息平台

为实现自然资源管理“两统一”的目标与格局，落实国家“互联网+”行动计划、国家大数据战略、人工智能战略、创新驱动发展战略等科技创新措施，各部门原有的信息化成果需要打破孤立局面，实现标准化、多维度、多层面的数据大集中。利用云计算、大数据、人工智能等新技术，构建国土空间基础信息平台，推进国土空间全域全要素的数字化和信息化，构建国土空间数字化生态，逐步形成数据精细化、规划协同化、审批高效化、监管全程化、决策科学化、服务一体化的智慧国土空间治理局面。图 7.4 所示为 MapGIS 国土空间基础信息平台解决方案，技术选型上遵循“先进成熟、稳定高效、安全可靠”的原则，采用分布式、云计算、大数据等先进技术，基于 MapGIS 大数据与云平台（I2GSS），搭建出“1+1+N”（即 1 个大数据中心+1 个云管理与服务平台+N 个应用服务）模式的国土空间基础信息平台，实现参建体系内国土空间基础信息的纵横联通、共建共享、深度融合。

7.2 地理国情监测对地理信息系统的需求及技术规范

GIS 是采集、存储、管理、分析和描述整个或部分地球表面（包括大气层在内）与空间和地理分布有关的数据的空间信息系统。它依赖地理学、测绘学、统计学等基础性学科，其功能取决于计算机硬件与软件技术、航天技术、遥感技术和人工智能与专家系统技术的发展（图 7.5）。此外，GIS 又是一门以应用为目的的信息产业，已深入各行各业。GIS 是地理国情监测的支撑技术，为地理国情监测提供数据管理、数据建模、空间化、可视化、数据分析利用、地学计算、动态模拟、数据表达、成果表示、成果管理和数据共享服务的工具。地理国情监测是 GIS 的重要应用领域和应用发展方向之一。

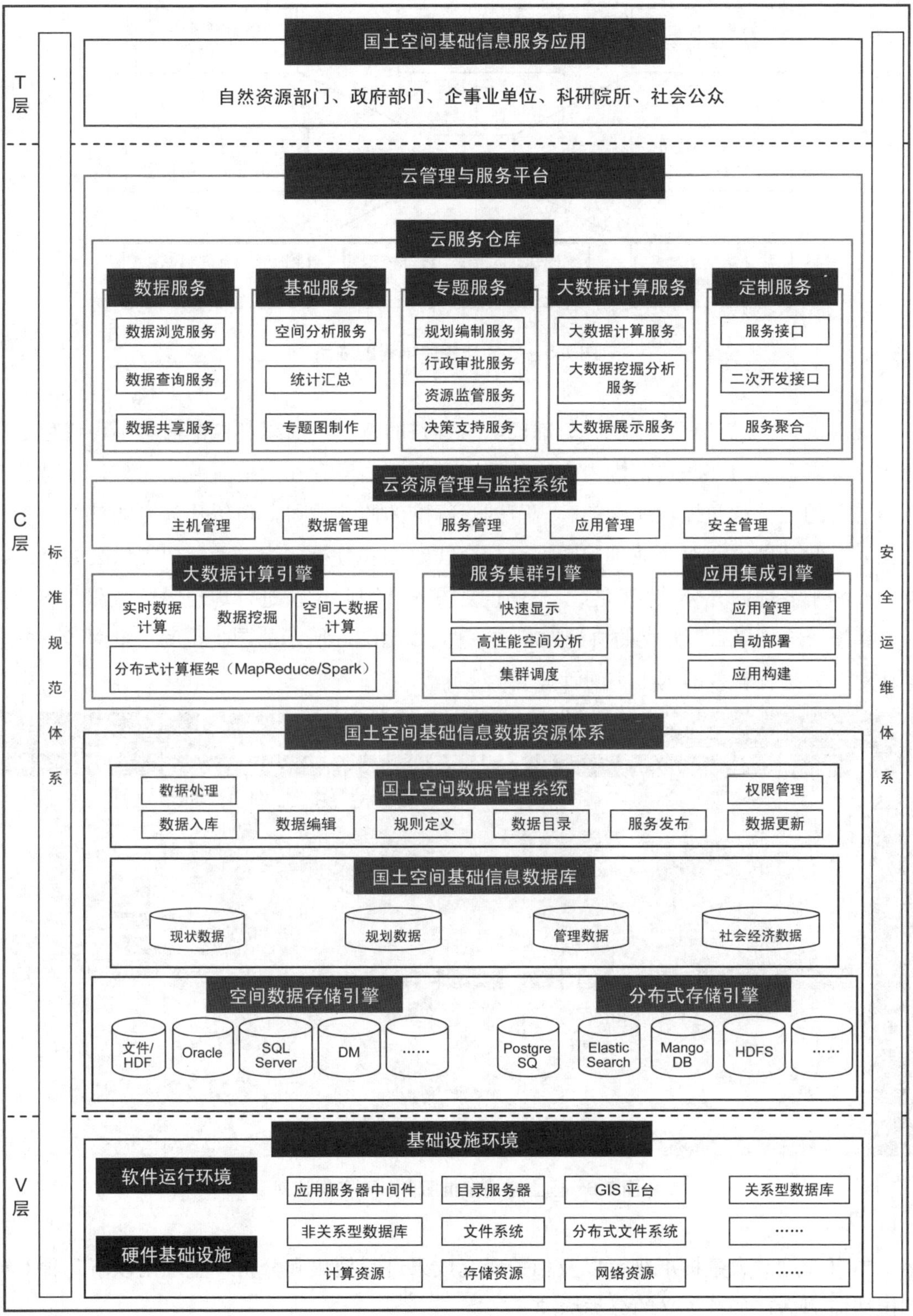

图 7.4　国土空间基础信息平台体系结构

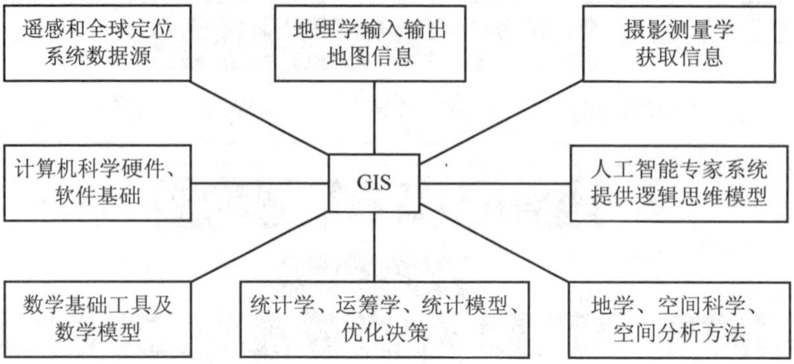

图 7.5　GIS 与相关学科的联系

地理国情信息具有跨行业、跨部门、跨学科的特性，所以其监测内容不可避免地与相关业务主管部门在职责范围内实施的管理和监测内容存在一些重叠。另外，地理国情监测的目的之一就是提供统一的、规范的、标准的监测成果，可以作为专业部门的工作底图。在此基础上，对专业部门数据进行空间定位和分析，为专业部门提供公共基础数据，有利于各部门充分共享信息，避免重复投入。因此，在进行地理国情监测内容分类时，要考虑与专业部门分类的协调性和共享性。如图 7.6 所示的国土空间审批服务——多屏比对，可进行有效的国土空间管理。

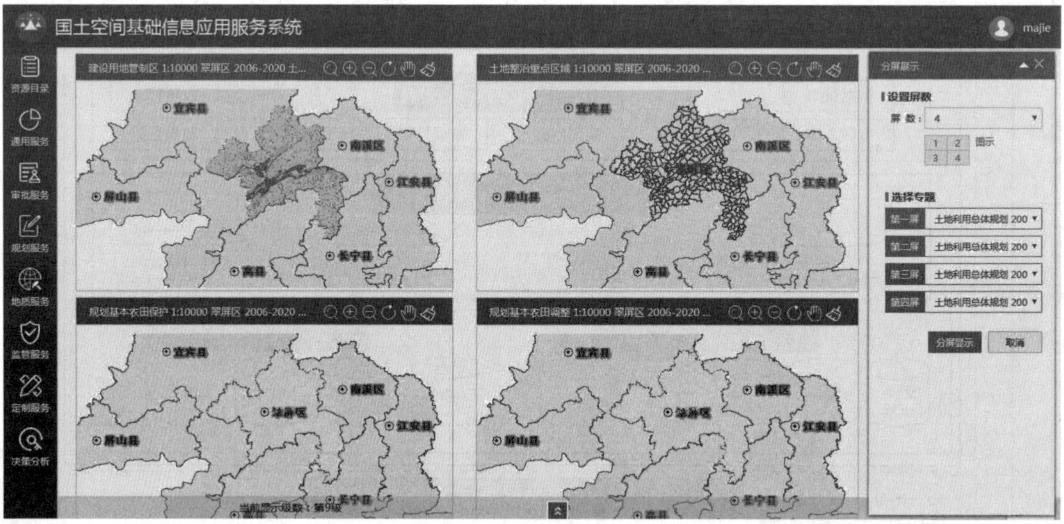

图 7.6　国土空间审批服务——多屏比对

本书通过对大量标准规范以及相关研究成果进行搜集和分析，整理出以下几种对地理国情监测具有参考意义的分类标准。

①《土地利用现状分类》（GB/T 21010—2007）。

②《林业资源分类与代码——森林类别》（GB/T 14721.1—1993）。

③《林业资源分类与代码——自然保护区》（GB/T 15778—1995）。

④《湿地分类》（GB/T 24708—2009）。

⑤《公路等级代码》（GB/T 919—2002）。

⑥《地理国情监测技术规程》（DB11/T 1952—2022）。

⑦《地理国情监测数据成果可靠性评估技术规程》（T/CAGIS 7—2022）。

⑧《地理国情监测外业调查技术规定》（GQJC 07—2017）。

⑨《地理国情专题性监测技术规程》（DB22/T 3019—2019）。

⑩《中国河流名称代码》（SL 249—2009）。

⑪《中国湖泊名称代码》（SL 261—98）。

⑫《中国水库名称代码》（SL 259—2000）。

⑬《国家发改委自然资源和地理空间基础信息库建设项目标准》（XB/T—2009）。

⑭《科学数据分类规范与分类词表》。

⑮《中国沙漠（沙地）类型编码》。

7.3　地理信息系统在资源调查中的应用

7.3.1　农业资源

20 世纪 70 年代，GIS 开始应用于农业，在土地资源调查、土地资源评价和农业资源管理、规划等方面取得重大进展，随着 20 世纪 90 年代计算机技术的发展和农业信息化程度的提高，GIS 在农业领域的应用不断普及和深入，广泛应用于区域农业可持续发展研究、土地的农作物适宜性评价、农业生产管理、农田土壤侵蚀与保护研究、农业生产潜力研究、农业系统模拟与仿真研究、农业生态系统监测，以及区域农业资源调查规划管理及农业投入产出效益与环境保护、病虫害防治。近年来，以信息技术与农业技术有机结合为特征的“数字农业”得到了迅速发展，GIS 与 GNSS、RS、DSS（决策支持系统）和 Internet 等高新技术结合，成为数字农业技术体系的核心技术，尤其在“精准农业”中得到了广泛应用。GIS 在农业方面的应用主要体现在以下 7 个方面。

①农业资源管理与区划。农业资源包括自然资源和社会经济资源，分为土地、水、气候、人口和农业经济资源五大类，通过 GIS 可以对指定区域的农业资源实现可视化管理，包括报表定制、查询、专题图显示与打印输出、基本统计与趋势模型分析和基本辅助决策等，以及资源调查评价、产业布局划分等。

②种植业管理。GIS 因其强大的海量空间数据管理能力可以实现对粮食、棉花、油

料、糖料、水果、蔬菜、茶叶、蚕桑、花卉、麻类、中药材、烟叶、食用菌等种植业信息的管理。此外，还可以实现耕地质量管理，指导科学施肥，监测植物疫情、种植业产品供求信息分析与发布等，以及开展耕地质量管理（研究土壤养分空间分布规律、进行耕地地力评价、制作耕地资源专题图）、作物监测与估产、病虫草害防治等。

③畜牧、草原管理与应用，主要有畜禽养殖管理、动物防疫和草原建设等。

④渔业水产管理与应用。目前，GIS 和遥感技术主要应用在渔业资源动态变化的监测、渔业资源管理、海洋生态与环境监测、渔情预报和水产养殖等方面。

⑤精准农业。精准农业也称精确农业、精细农作，是近年来国际上农业科学研究的热点领域，其含义是按照田间每一操作单元的具体条件，精细准确地调整各项土壤和作物管理措施，最大限度地优化使用各项农业投入（如化肥、农药、水、种子和其他方面的投入量），以获取最高产量和最大经济效益，同时减少化学物质使用，保护农业生态环境，保护土地等自然资源（图 7.7）。

图 7.7 基于农田 GIS 的田块属性信息专题分析功能

⑥环境监测、农产品安全。农产品质量与安全问题已成为制约我国新阶段农业发展的“瓶颈”之一，不仅影响我国农产品的质量，也削弱了我国农产品在国际市场上的竞争力，从而影响人民群众的身体健康和生活质量。因此，需要建立基于 GIS 的农产品安全生产管理与溯源信息子系统，加强对农业生态地质环境的调查、监测与综合性评价研究以及农产品的安全管理。

⑦农业灾害预防。农业灾害主要是指气象灾害、地质灾害、生物灾害和其他自然灾害。近年来，我国农业灾害频频发生，洪涝、干旱、暴雪、热干风等灾害对农业生产和社会安定造成了严重影响，建设基于 GIS 的灾害监测预警子系统，实现最新灾害显示、逐日灾害显示、灾害年对比显示、灾害累积显示、背景数据查询等功能，对防灾减灾有重要作用。

7.3.2　林业资源

林业生产制造行业的管理决策人员面对着各种各样的数据信息，如林地应用情况、植物群落遍布特点、土壤条件、社会经济发展等，这些数据信息既有空间数据又有属性数据，对这些数据信息开展综合分析可以直接找到解决问题的有效方法。使用传统方式并不是一件非常容易的事，而运用 GIS 却高效便捷。林业 GIS 是将林业企业生产管理的方法和特性融入 GIS 当中，产生一套为林业生产制造管理服务的管理信息系统，如森林草原防火 GIS（图 7.8），以降低林业信息资源管理的劳动效率，节约经费支出，提升管理效益。

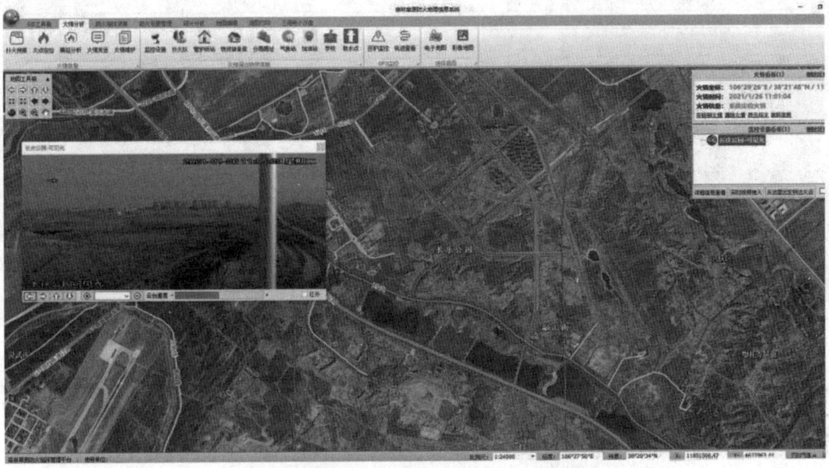

图 7.8　森林草原防火 GIS

GIS 在林业上的运用过程大概分成以下 3 个环节，即

①作为山林调研的工具。创建自然地理资料库，运用 GIS 绘制山林分布图及生成标准和规范的表格。

②作为资源剖析的工具。已不再局限于绘图和简易查询，而是以图形及数据信息的重新处理等剖析工作为特点，用以各种各样总体目标的剖析和计算新的信息内容。

③作为山林运营管理的工具。通过创建各种各样实体模型和拟定经营方案等，可以直接用以管理决策的全过程。

7.3.3　土地资源

GIS 技术最初在土地资源开发与管理上的应用主要是土地利用现状调查和城镇地籍调查图件和属性数据的存储、查询等管理工作等，基本上没有数据的空间分析及其他决策功能。随着技术的不断发展，目前，GIS 在土地科学中的应用主要包括土地评价工作

（土地的适宜性或多宜性评价、土地的生产潜力评价、土地持续利用评价、城市地价评估、耕地地价评估等）、土地利用规划（包括土地利用总体规划、土地利用多目标规划）、土地利用与土地覆被现状分类与制图以及土地利用与土地覆被动态监测（图 7.9）。

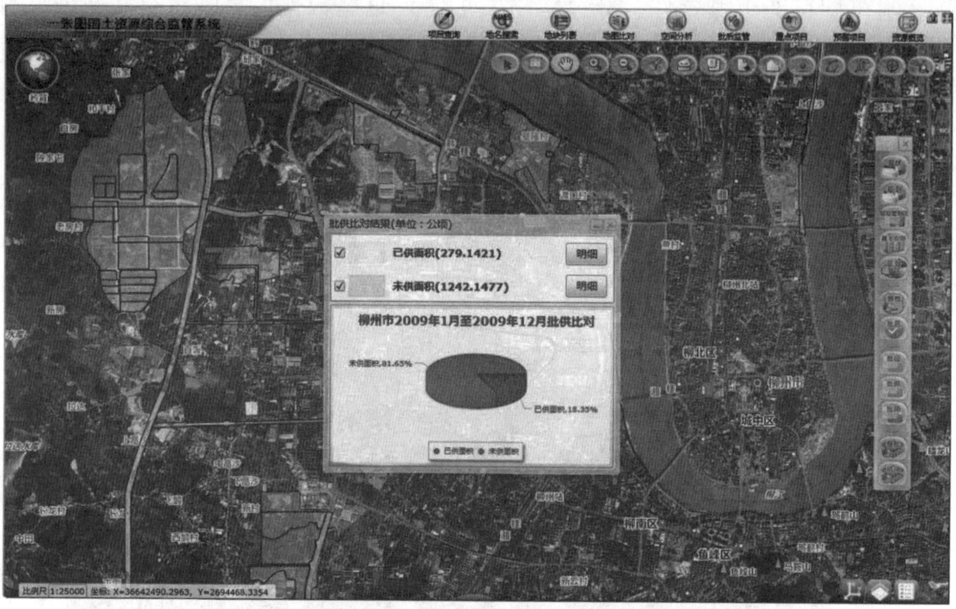

图 7.9　国土资源综合监管系统

GIS 技术在土地资源调查和评估中的应用主要体现在以下 6 个方面：

①土地资源数据的收集与存储。GIS 技术能够收集土地边界、土地所有权、土地类型、土地用途等信息，并将其存储在数据库中，为土地资源管理提供基础数据支撑。

②土地利用现状调查。GIS 技术在土地资源开发与管理上的应用起初主要是土地利用现状调查和城镇地籍调查，包括图件和属性数据的存储、查询等管理工作。

③土地评价与土地利用规划。随着 GIS 技术的发展，其在土地科学中的应用扩展到了土地评价（如土地利用适宜性评价、土地生产潜力评价等）和国土空间规划（包括国土空间总体规划和相关专项规划等）。如利用 GIS 技术评估土地利用的适宜性和可持续性，制作土地利用潜力图，为规划和管理提供支持。

④土地利用与土地覆被现状分类与制图。GIS 技术用于土地利用与土地覆被的分类和制图，为土地资源的可视化和分析提供支持。

⑤土地利用变化监测及驱动因素分析。GIS 技术可以监测不同时间点的土地利用情况，识别和量化土地利用类型的分布和变化，为土地利用调控提供科学依据，并且帮助分析土地利用变化的驱动因素，整合经济、社会、环境等多种数据源，为土地利用决策提供支持。

7.3.4　水资源

随着全球工业、经济的发展，水短缺、水污染等问题日益突出。为此，2015 年国务院正式印发《水污染防治行动计划》（简称“水十条”）。在水资源调查评估中，对于信息的采集、处理和分析是关键步骤，但相关数据均具有空间分布特征，传统的方法难以发挥作用。GIS 强大的空间数据管理和分析功能，在空间信息处理上有独到的优势，是研究区域水文水资源、水环境空间差异的有力工具。GIS 技术通过整合和分析空间数据，能够提供空间数据管理、分析和可视化等重要功能，为水资源的管理、保护和利用提供科学依据，提高水资源管理效率和决策的科学性。主要包括以下 4 个方面：

①水资源量的空间分布评估。GIS 技术可以集成多源数据，创建积水体、河流网络、地下水水位等的空间分布图，显示各区域可利用水资源的分布情况（图 7.10）。此外，GIS 技术还可用于构建水文模型，监测和分析自然水文循环中的各个组成部分，如降雨、径流、蒸发等，并将其可视化，辅助理解和管理水循环过程。

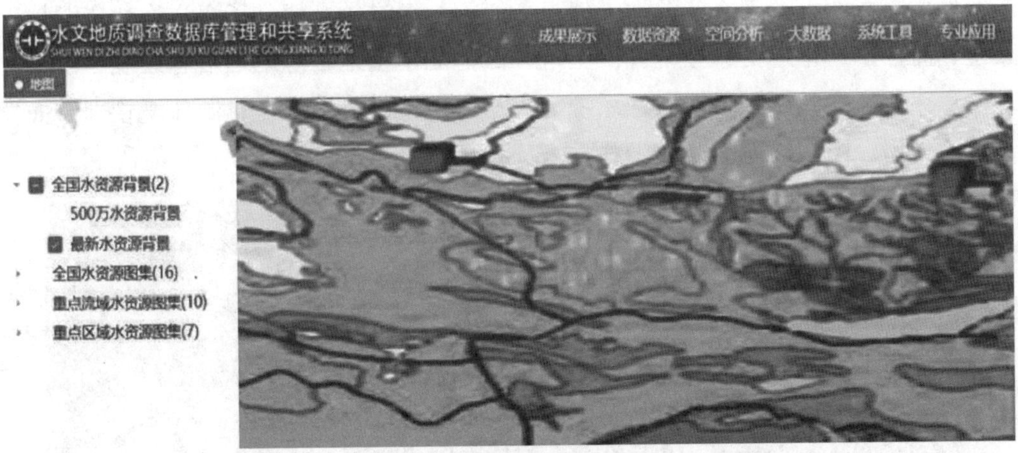

图 7.10　全国水资源空间部分数据管理和共享系统

②水资源优化配置。GIS 技术可以评估不同地区的水资源供应能力和水需求状况，通过空间叠加分析技术，辨识水资源供需平衡状况，指出优化资源配置的可能性。GIS 技术还能制作水利设施的空间分布图，运用数字地形模型（DTM）和水文模型，模拟不同调度策略下的流域响应、水资源分布及潜在的影响。

③灌溉系统规划与管理。GIS 技术在灌溉系统的规划中，主要用于地理信息数据的获取与处理、灌溉水资源评估和灌溉系统模型建立。在灌溉系统管理中，GIS 技术与物联网技术结合，实现灌溉的自动化和智能化，提高灌溉效率，节约水资源。

④河道水污染预测与水环境容量计算。GIS 技术可以进行水质模型的构建、河流监

测断面的布设，以及河流监测断面沿河道距离的计算，为河道水污染预测和水环境容量计算提供支持。

7.3.5 资源环境管理

资源环境管理的内容包括资源环境状况、动态变化、开发利用及保护的合理性评估、监督、治理、跟踪等方面。由于资源环境的空间和时间的非均匀性，利用以空间信息管理及分析为主要功能的 GIS 对资源环境进行管理才能够实现真正的有效管理。GIS 在资源环境管理中的应用在国外有成功的经验，加拿大于 20 世纪 70 年代已经开始用 GIS 进行土地与其他基础设施的管理，美国和欧洲一些发达国家和地区也在 20 世纪 80 年代相继开展了 GIS 在土地、林业、生物资源等方面管理业务中的应用。目前，在我国 GIS 在一些资源环境管理领域已得到应用。例如，林业领域建立了森林资源地理信息系统、荒漠化监测地理信息系统、湿地保护地理信息系统等；农业领域建立了全国土壤地理信息系统、草地生态监测地理信息系统等；水利领域建立了流域水资源管理信息系统、各种灌区地理信息系统、全国水资源地理信息系统等；海洋领域建立了海洋渔业资源地理信息系统、海洋矿产地理信息系统等；土地领域建立了土地资源地理信息系统、矿产资源地理信息系统、自然资源执法监管系统等。这些地理信息系统在资源环境管理方面发挥了一定的作用。图 7.11 为自然资源执法智能预警监管系统。

图 7.11 自然资源执法智能预警监管系统

7.4　地理信息系统在灾害监测中的应用

从国内外发展状况看，地理信息系统技术在重大自然灾害和灾情评估中有着广泛的应用。从灾害类型看，它既可用于火灾、洪灾、泥石流、雪灾和地震等突发性自然灾害，又可用于干旱、土地沙漠化、森林虫灾和环境危害等非突发性自然灾害。GIS 技术在灾害监测和管理中的应用是多方面的，提供了强大的空间数据分析和管理能力，以下是一些关键应用：

①灾害评估。GIS 能够利用高分辨率遥感影像快速获取灾害现场信息，评估灾害范围和损害程度，如建筑物损毁、农田淹没面积等，为资源调度和救援优先级排序提供支持。

②灾害预测。GIS 整合历史灾害数据、气候模型、地理环境信息与遥感观测数据，利用空间分析和机器学习算法，预测灾害发生的可能性和强度，如洪水、地震、台风等。

③应急响应与重建规划。GIS 在灾害响应阶段实时追踪救援队伍、物资分布、避难所位置，辅助决策者高效协调救援行动，并为制订科学合理的重建计划提供决策支持。

④技术集成。GIS 技术与其他信息技术如物联网、大数据、人工智能深度融合，提升灾害管理的智能化水平，并加强国际技术交流与合作，推动全球灾害数据共享机制的建立。

7.4.1　地质灾害监测和评估

地质灾害是指全球地壳自然地质演化过程中，由于地球内动力、外动力或者人为地质动力作用导致的自然地质灾害和人为的自然灾害突发事件。由于降水、地震等自然作用，地质灾害在世界范围内频繁发生。我国地质灾害包括滑坡、崩塌、泥石流、地面沉降等，具有类型多样、分布广泛、危害性大的特点。地质灾害危险性评价着重于根据多种影响因素和区域选择来评估在某个区域中某个阶段发生的地质灾害程度。以此预测和分析未来某个地形单位发生地质灾害的可能性。根据地质灾害的孕育和发展机理，现有的数据资料和技术，以及实际应用需要，评价目标和研究经费等因素，采用适当的方法，通过模型评估并分析研究区域对地质灾害的危险性。GIS 技术在地质灾害监测和评估中的应用，不仅提高了灾害管理的效率和精度，而且为灾害防治和应急响应提供了强有力的技术支持。GIS 技术在地质灾害监测和评估中的应用是多方面的，涵盖了从数据采集、风险评估到预警和应急响应等多个环节。

①地质灾害危险性评估。GIS 技术能够帮助评估特定区域内地质灾害发生的可能性和危险性，通过分析影响因素和区域特性来预测未来灾害发生的风险。

②易发性评价。GIS 技术用于构建易发性评价指标体系，提取地形、地貌、地层岩性、地质构造等指标，进行相关性分析和权重确定，进而分析和评价滑坡、崩塌和泥石流等地质灾害的易发性。

③风险评价。GIS 技术结合危险性评价和易损性评价，考虑人口、建筑、交通等易损性因素，进行地质灾害风险评价，提取并分析风险评价结果。

④灾后重建规划。GIS 技术在灾害发生后，可用于应急救援路径规划、恢复重建选址分析以及震后生态环境变化分析，为灾后重建提供决策支持。

⑤地质灾害监测预警平台。以 GIS 地理信息系统作为三维可视化平台，构建地质灾害预警模型，实现科学化、标准化、信息化的物联网智能化服务系统。GIS 技术结合 3DGIS 和数字孪生技术，构建三维可视化监测预警平台，集成传感器数据、信息采集、预警模型等，实现地质灾害的实时监测和预警（图 7.12）。

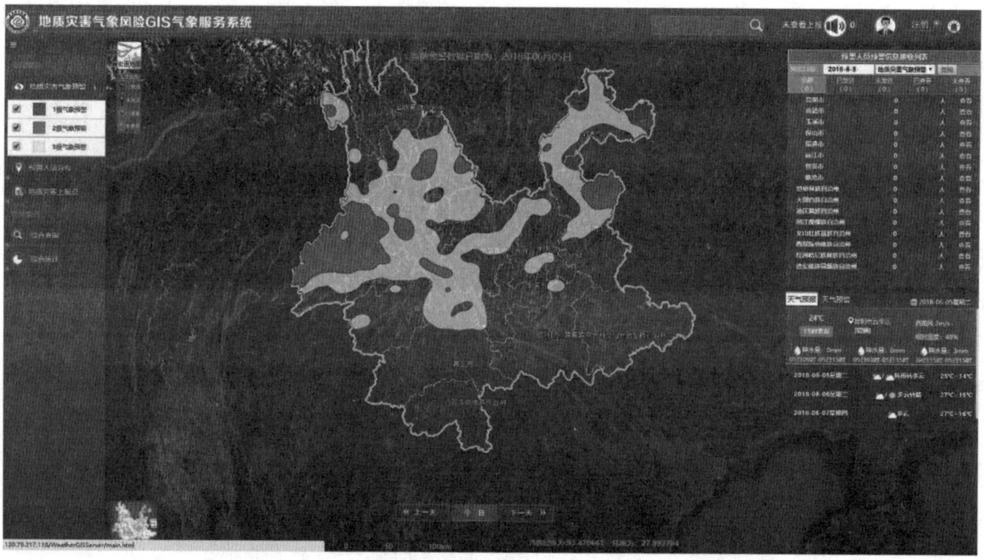

图 7.12　地质灾害气象风险 GIS 气象服务系统

7.4.2　气象灾害监测和评估

气象灾害是一种常见的自然灾害，主要由大气运动引起，包括旱灾、山洪、雷暴、沙尘暴、台风、飓风、龙卷风、暴雨、雪灾和冰雹等。气象灾害给人类社会造成的破坏与损失难以估计，会对人民生命构成严重威胁，是需要重点防范的自然灾害之一。气象灾害风险并非简单的可能引发气象灾害的因素导致的，而是多方面因素共同作用导致的。进行气象灾害风险区划，主要从致灾因子、潜在易损性等方面进行考虑。致灾因子主要是指会导致气象灾害的相应气象事件，如降雨、刮风、下雪等。通过分析致灾因子频率、时间、强度等，能够得到致灾因子的危险系数。潜在易损性则是指气象灾害可能对自然环境、社会经济、人民生命安全的损害程度以及人类的防灾抗灾能力。将这些影响气象灾害破坏程度的因素运用合适的公式进行计算，就能得到相应的气象灾害风险指数，进而进行合理的区划（图 7.13）。

图 7.13　气象灾害风险管理系统

下面以冰雹灾害、暴雨洪涝和干旱灾害风险区划为例，介绍自然灾害 GIS 评估的基本方法：

①冰雹灾害风险区划。需要从其灾害风险形成的各个因素考虑。一般来说，其风险指数的计算基于以下公式完成：

$$FDRI = VE^{we}VH^{wh}VS^{ws}(10-VR)^{wr} \tag{7.1}$$

式中，FDRI 代表冰雹灾害风险指数；VE、VH、VS、VR 分别表示冰雹灾害风险形成的各个影响因素，即冰雹灾害环境敏感性、引致冰雹灾害因子的危险性、承灾体的易损性与防灾抗灾能力；we、wh、ws、wr 分别表示上述因素的权重。

利用相关气象数据，计算得到研究区各地冰雹灾害风险指数，然后按照风险大小划分为 4 个等级，最后基于 GIS 技术绘制出冰雹灾害风险区划图。

②暴雨洪涝灾害风险区划。与冰雹灾害类似，同样是从灾害风险的形成因素进行综合考虑，并利用公式 $FDRI = VE^{we}VH^{wh}VS^{ws}(10-VR)^{wr}$ 计算其风险指数。在得到暴雨洪涝灾害风险指数后，同样利用 GIS 技术划分暴雨洪涝灾害风险等级，并在此基础上绘制得到研究区暴雨洪涝灾害风险区划图。

③干旱灾害风险区划。干旱灾害风险区划与冰雹、暴雨洪涝灾害风险区划类似。同样是基于灾害风险形成因素进行考虑，但一般不考虑干旱灾害环境敏感性。相应地，在计算干旱灾害风险系数时，其公式也变作了 $FDRI = VH^{wh}VS^{ws}(10 - VR)^{wr}$ 。其他步骤同冰雹、暴雨洪涝灾害风险区划。

7.4.3 农业病虫害监控与预报

我国是农业耕作面积较大的国家，在农业生产中容易因各类病虫害而造成农作物的大规模减产甚至绝收，同时我国农业病虫害还具有爆发时间短、扩散速度快、受灾面积大、持续时间长等特征，其不仅与我国农业病虫害防治技术水平较低有关，而且与我国农业病虫害监测与预报技术不完善有一定的联系。传统的农业病虫害监测预报工作的难点在于灾情的掌握和灾情信息的数据化等，鉴于任何农业病虫害的暴发都存在一定的规律性，可利用 GIS 技术对其灾情信息进行数据化处理并为病虫害预报和防治工作提供有力支持。

WebGIS 是网络时代的地理信息系统，改善了传统地理信息系统的信息获取、分析、共享与发布功能，是地理信息系统发展史上的一次革命。WebGIS 系统较之桌面版的 GIS 系统，安装与维护成本大大降低，并借助 Internet，实现了 GIS 各种应用信息的共享。在技术方面，WebGIS 具有平台的独立性优势，降低了对计算机的软硬件要求，并可以缓解运算负载的问题。综合 WebGIS 以上优势，同时利用数据库技术结合空间数据引擎技术综合管理遥感、气象与病虫害模型、基础空间数据等信息，建立了全国县级尺度的病虫害预测预报系统（系统功能结构见图 7.14）。该系统结合预报模型对以上信息进行空间运算与分析，得到地区或区域的病虫害危险等级，发布区域病虫害等级预报分布、可能蔓延路径、多年同时期病害等级距平分析图等，实时提供给管理者或用户直观、有效、准确的病虫害预报信息，为防治决策提供有力支持，最终达到高效防治病虫害的目的。

系统功能整体框架包括数据发布、病虫害预报与诊断、系统管理三大部分（图 7.15）。数据发布是系统设计出发点，发布病虫害预测预报专题图、表，预测报告，防治报告等信息。病虫害预报与诊断是系统的核心功能：一是通过集成专家病虫害预测模型，输入相关的病虫害预报模型参数，计算获得病虫害危险等级；二是建立遥感病虫害反演模型，据此处理遥感监测影像，获得病虫害危险等级分布等专题图。系统管理作为整个系统的基础，包括注册用户的管理、系统数据管理与维护。图 7.15 为农业病虫害综合管理大数据平台。

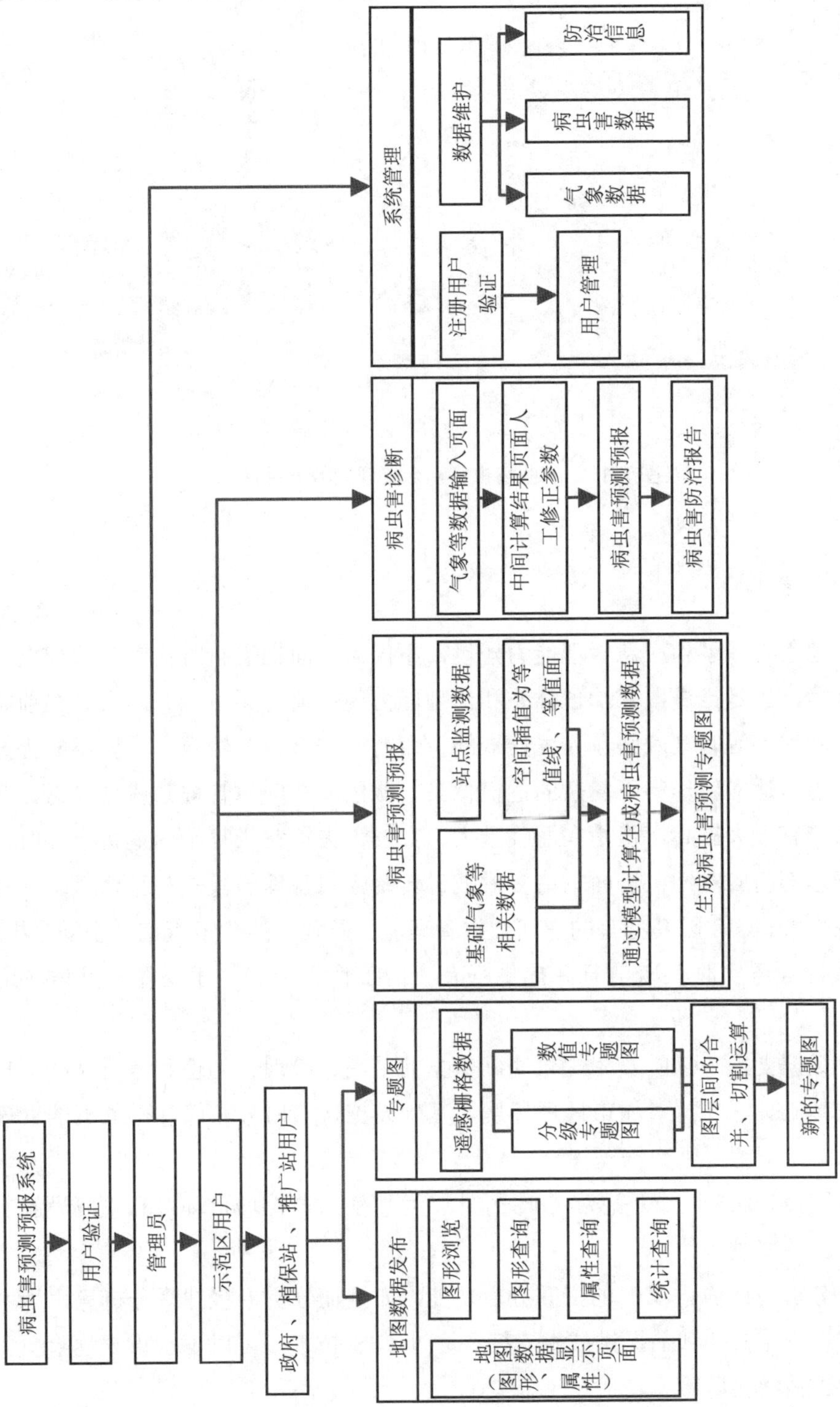

图 7.14　基于 WebGIS 的作物病虫害监测预报系统功能结构

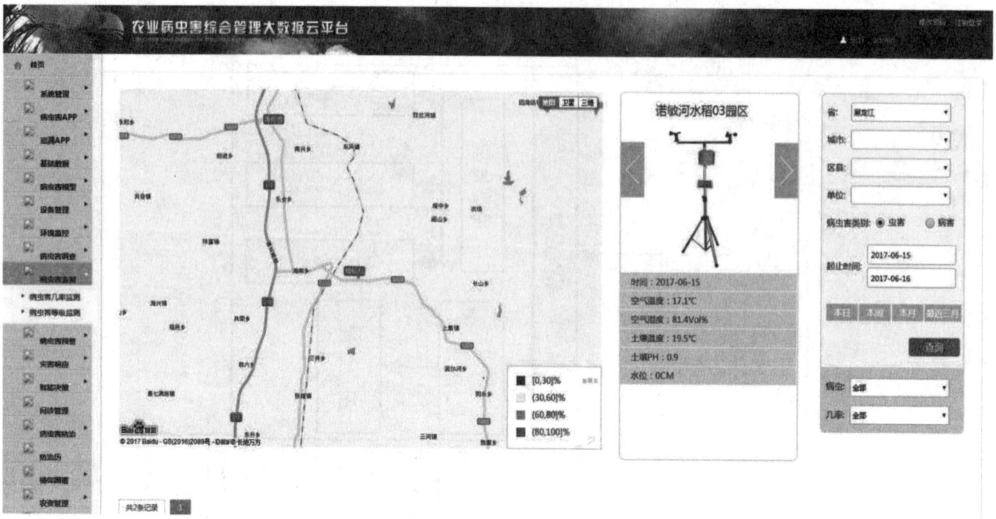

图 7.15 农业病虫害综合管理大数据平台

7.4.4 应急管理

加强应急管理体系和应急管理能力建设，不仅为全面推进新时代国家治理提供了坚实的安全保障，也是推进国家治理体系和治理能力现代化的题中应有之义。当前重大危机事件与自然灾害等时刻威胁着人民群众的生命财产安全，各级政府需要不断提升自身应急管理能力，适应新形势下复杂的危机背景。诚然，在应急管理部成立之后，我国应急管理能力已有很大提高，但是在面临重大、突发、灾害背景复杂的危机事件时，地方政府应急管理部门应对危机仍面临诸多挑战，传统应急管理的模式与现代风险社会的危机之间存在张力。GIS 因其特有的空间数据管理能力及强大的检索查询、空间分析功能，能为应急管理业务实时获取信息并提供强有力的工作平台和技术支撑。具体应用表现如下：

①基础数据支持。GIS 技术提供空间数据的采集、管理、处理和分析功能，是城市应急管理的基础。它支持对城市地理环境、基础设施、人口分布等基础数据的管理，为风险评估和资源配置提供数据支撑。

②监测监控。GIS 结合遥感和 GPS 技术，可以实时监控城市环境和重要设施，及时发现和响应各种突发事件。

③风险分析与评估。GIS 的空间分析功能，如叠加分析、缓冲区分析等，为城市风险隐患的辨识、分析和评估提供技术支持。通过 GIS 技术，可以识别重大危险源和重点防护目标，评估潜在风险。

④应急响应与资源部署。在突发事件发生时，GIS 技术可以帮助进行事件定位、周

边环境查询、地图标绘等，快速有效地进行应急响应和资源部署。

⑤灾后恢复与重建。GIS 技术在灾后用于评估损失、确定优先级、资源分配和跟踪重建进展，辅助灾后恢复和重建工作。

⑥三维可视化。GIS 的三维可视化技术提供了更加直观的风险表达和决策支持，有助于更好地理解复杂场景和进行有效沟通。

图 7.16 为智慧应急消防指挥信息系统平台架构。该应用平台充分运用大数据、云计算、移动互联网、地理信息等技术，依托消防信息网及指挥调度网、边界接入平台和 GIS 地图，实现灭火救援“一张图”（基于一张图实现指挥、调度、分析、决策多个功能）。

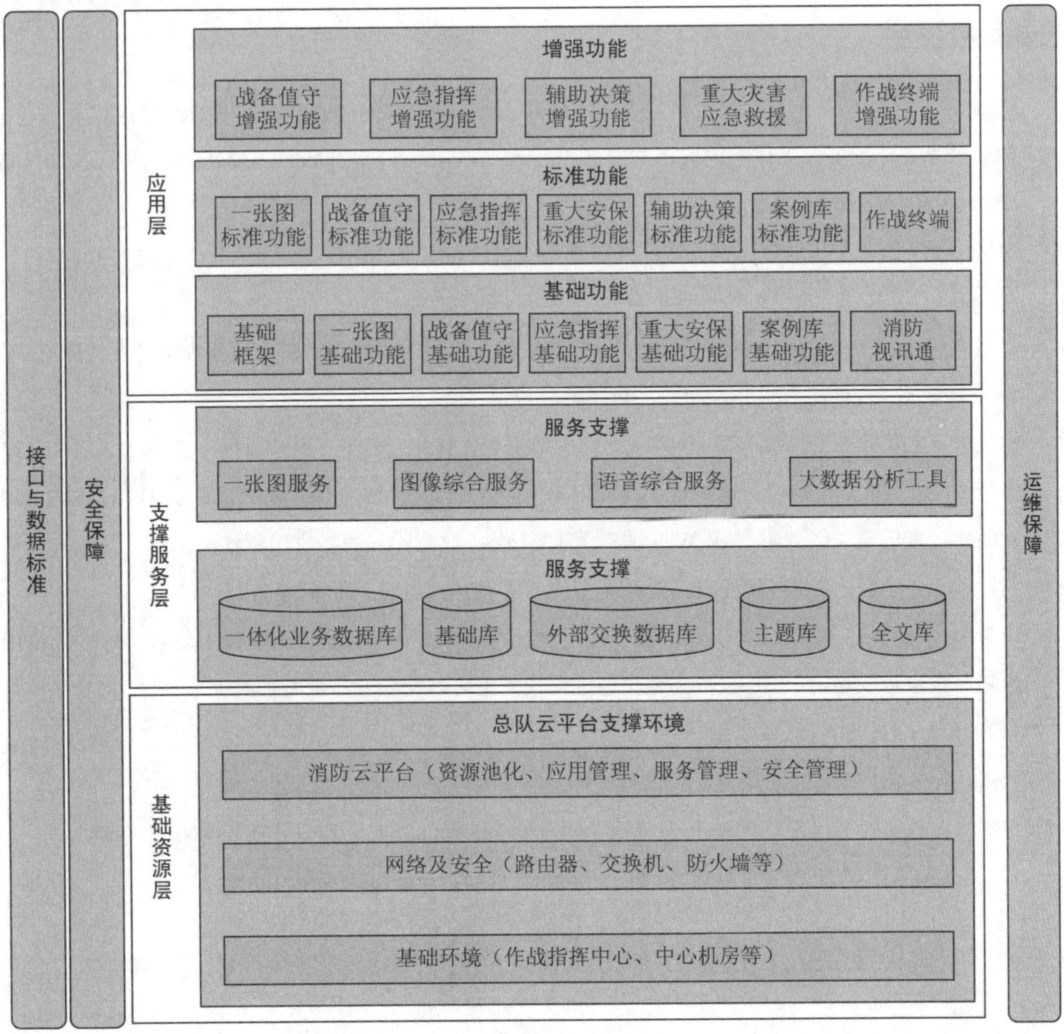

图 7.16　智慧应急消防指挥信息系统平台架构

思考题

1. 简述 GIS 对地理国情监测的重要意义。
2. 简述 GIS 在资源调查与灾害监测中的基本原理。
3. 选取一种资源类型，分析 GIS 如何结合其他技术来提升资源调查的效率。
4. 气象灾害（冰雹、暴雨洪涝和干旱灾害）监测中 GIS 如何发挥作用？
5. 谈一谈 GIS 技术在应急管理体系和应急管理能力建设中扮演什么角色。

主要参考资料

[1] MapGIS 国土空间基础信息平台解决方案. https：//www.sohu.com/a/368042797_120511437.

[2] GIS 技术在环境资源工作中的应用与发展. https：//www.cgs.gov.cn/ddztt/ddyw/dzdcxx/wxyzx/201603/t20160309_288986.html.

[3] 勾昆，刘恒飞，李伟. 地理国情监测在线核查系统设计与实现. 测绘与空间地理信息，2023，46（z1）：96-100.

[4] 赵晓燕，李永平，谈树成. GIS 支持下 CF 与信息量耦合模型的攀枝花市矿山地质灾害易发性评价. 云南大学学报（自然科学版），2022，44（4）：754-764.

[5] 徐佳沅，文薪荐，王思敏，等. 一站式地理大数据智能化平台构建. 测绘通报，2020，12：132-137.

[6] 谢贤健. 四川省城市建设用地扩张及其占用耕地的时空特征. 水土保持研究，2024，31（3）：342-249.

[7] 付品德，秦耀辰，闫卫阳，等. Web GIS 原理与技术. 北京：高等教育出版社，2018.

[8] 赵勇胜，林学钰，等. 环境及水资源系统中的 GIS 技术. 北京：高等教育出版社，2018.

[9] 毕慧萍，王苗苗. 基于 GIS 的农作物病虫害智能监测方法. 农业工程技术，2021，41（36）：16-19.

[10] 向曦，张素金，赵婧，等. 云贵高原典型区域气象灾害时空演变特征及影响因素分析. 时空信息学报，2014，31（1）：118-128.

[11] 武强，等. 基于 GIS 的地质灾害和水资源研究理论与方法. 北京：地质出版社，2001.

[12] 自然资源执法智能预警监测系统. https：//www.zcool.com.cn/work/ZNTI1MDQwNDg=.html.

[13] 智慧应急消防指挥平台管理系统. https：//product.11467.com/info/9879933.htm.

第 8 章
GIS 在生态文明建设中的应用

习近平总书记指出，生态文明建设是新时代中国特色社会主义的一个重要特征。走向生态文明新时代，建设美丽中国，是实现中华民族伟大复兴中国梦的重要内容。地理信息系统在生态文明建设中发挥着至关重要的作用，它凭借其强大的空间数据处理与分析能力，为生态环境的保护、修复、管理和规划提供了科学依据和技术支持，有效促进生态环境的保护与修复，进一步推动经济社会可持续发展与自然环境和谐共生。

8.1 “生态文明建设”战略提出的背景

8.1.1 “生态文明建设”的内涵

“生态”一词源于古希腊，意思是家或者我们的环境。1869 年，德国生物学家海克尔（E. Haeckel）首次提出生态学的概念，它是研究生物体与其周围环境相互关系的科学。“生态”可认为是生物间及生物与环境之间的相互关系与依存状态。“文明”一词，最早出自《易经·乾·文言》中“见龙在田，天下文明”。现代汉语中的“文明”是指一种社会进步状态，与“野蛮”一词相对立。英文中的“文明”（civilization）源于拉丁文“civilis”，有“城市化”和“公民化”的含义，后引申为一种先进的社会和文化发展状态，以及到达这一状态的过程。简言之，文明是人类社会发展的进步状态，是人类改造世界所创造的一切积极成果的总和。

1987 年，著名生态学家叶谦吉先生在中国学术界首次明确使用“生态文明”的概念，并将生态文明定义为“人类既获利于自然，又还利于自然，在改造自然的同时又保护自然，人与自然之间保持着和谐统一的关系”。随着人们对生态文明研究的深入，生态文明的内涵也得到了不断丰富。目前对生态文明的内涵主要从以下 3 个维度来理解。

第一个维度是从纵向的人类文明发展史出发来解释生态文明。这类观点认为，生态文明是对农业文明和工业文明的超越，是一种更为高级的人类文明形态。生态文明涵盖了社会和谐及人与自然和谐的全部内容，是实现人类社会可持续发展所必然要求的社会进步状态，人类社会将沿着“原始文明—农业文明—工业文明—生态文明”的路径演进。

第二个维度是从横向的当代社会文明系统出发进行解释，将生态文明定义为一种社会形态内部某个重要领域的文明，是人类在处理与自然关系时所达到的文明程度，在体系上与物质文明、精神文明和政治文明相对应。这类观点认为生态文明是一种物质生产与精神生产高度发展、自然生态与人文生态和谐统一的文明形态，是人们在改造物质世界的过程中，不断克服负面效应，建立有序的生态运行机制和良好的生态环境所取得的物质、精神、制度方面成果的总和。

第三个维度是从生态文明内涵的宽度来理解，包括广义和狭义两类观点。广义的生态文明主要包括 3 种生态环境，即人与自然之间的自然生态环境、人与人之间的人文生态环境、人与自身之间的心理生态环境，并分别构筑了物质文明、政治文明与精神文明的基础。生态文明建设是涵盖物质文明、精神文明与政治文明建设的综合体系。而狭义的生态文明仅指人与自然之间良好的自然生态环境。

基于不同的维度与视角，人们对生态文明的科学内涵有着诸多不同见解，但核心思想离不开人类在改造利用自然的同时，要积极改善和优化人与自然的关系，建立良好的生态环境。可以认为，生态文明以尊重和维护自然为前提，以人与人、人与自然、人与社会和谐共生为宗旨，强调人与自然环境的相互依存、相互促进、共处共融，既追求人与生态的和谐，也追求人与人的和谐。

生态文明建设并不是放弃对物质生活的追求，回到原生态的生活方式，而是超越和扬弃粗放型的生产和发展方式，是本着既对当代人负责又对后代人负责的宗旨，转变生产方式、生活方式和消费模式，节约和合理利用自然资源，保护和改善自然环境，修复和建设生态系统，为国家和民族的永续生存和发展保留和创造坚实的自然物质基础。党的十八大报告明确指出：“加快建立生态文明制度，健全国土空间开发、资源节约、生态环境保护的体制机制，推动形成人与自然和谐发展现代化建设新格局。”

目前，我国已将生态文明建设上升到关系中华民族伟大复兴的战略高度，党的十八大报告指出，“建设生态文明，是关系人民福祉、关乎民族未来的长远大计”。党的十九大报告再次强调，“建设生态文明是中华民族永续发展的千年大计”。生态文明建设战略的提出具有一定时代背景，本节主要从国际、国内两个方面进行介绍。

8.1.2 “生态文明建设”战略提出的国际背景

自 18 世纪英国工业革命开启人类现代化生活以来，人类改造生态环境的能力和范围不断扩大，改造客观世界产生的高投入、高能耗、高消费，对生态环境产生了巨大影响，全球气候变化、物种灭绝、资源短缺、环境污染等生态灾难层出不穷，严重威胁着全人类的生存和发展。以人类征服自然为主要特征的工业文明带来一系列严重的生态环境问题，引发人们对发展观进行新的思考和探索。

1962 年，美国生物学家蕾切尔·卡逊（Rachel Carson）的《寂静的春天》一书，引发了公众对环境问题的关注，环境保护问题呈现在各国政府面前。1972 年 6 月 5 日联合国在斯德哥尔摩首次召开以环境问题为主题的国际会议，各国签署了《人类环境宣言》，开始了人类共同的环保历程。1987 年，联合国世界环境与发展委员会在《我们共同的未来》中提出了“可持续发展”概念，标志着人类对环境与发展问题思考的重要飞跃。1992 年在巴西里约热内卢举行的联合国环境与发展大会通过了《里约环境与发展宣言》等一系列重要文件，确立了要为子孙后代造福、走人与自然协调发展的道路，并提出了可持续发展战略，确立了国际社会关于环境与发展的多项原则。2002 年，联合国可持续发展世界首脑会议在南非约翰内斯堡举行，通过《约翰内斯堡可持续发展宣言》和《可持续发展世界首脑会议实施计划》两个文件，重申了对可持续发展的承诺，确立了一系列新的、更具体的环境与发展目标，并设定了相应的时间表。2012 年，联合国可持续发展大会在巴西里约热内卢举行，会议通过了《我们憧憬的未来》，对可持续发展重新作出政治承诺，加强可持续发展体制框架建设，明确要在可持续发展和消除贫困背景下发展绿色经济，促进全球可持续发展共同目标的实现。

8.1.3　“生态文明建设”战略提出的国内背景

自古以来，中华文明就蕴含着丰富的生态智慧，深怀对自然的敬畏之心，提倡尊重自然、顺应自然、保护自然。其中，儒释道在各自典籍中均探讨了人与自然的关系，“天人合一”“众生平等”“道法自然”的思想蕴含着深厚的人与自然和谐共生的哲学意蕴。然而，快速发展的经济和加速推进的工业化，促使人类加大了对自然资源的攫取，打破了生态系统原有的循环和平衡，人与自然的深层次矛盾日益显现。随着生活水平的提高以及生态环境意识的觉醒，人们对美好生活环境的需求日益增加。党和政府根据国内新形势、新任务的变化，先后提出了一系列解决生态环境问题的战略思想，生态文明建设的理论体系不断得以丰富与完善。

20 世纪 70 年代，我国环境保护理念已初步形成。1972 年，我国派出代表团参加联合国首次召开的人类环境会议；1973 年，国务院召开第一次全国环境保护会议，审议通过了《关于保护和改善环境的若干规定》，将环境保护工作纳入各级政府的职能范围，成为我国环境保护事业的第一个里程碑。1978 年，第五届全国人民代表大会第五次会议通过了《中华人民共和国宪法》，首次将“国家保护环境和自然资源，防治污染和其他公害”写入宪法，为我国环境法治建设和环境保护事业的发展奠定了基础。

改革开放后，我国的环境保护政策和制度不断完善。“六五”期间，环境保护首次被纳入国民经济和社会发展计划。1983 年，国务院召开第二次全国环境保护会议，把保护环境确立为基本国策。1984 年，国务院发布《关于环境保护工作的决定》，环境保护开始纳入国民经济和社会发展计划。“七五”期间，我国环境保护计划编制工作全面展开，发布首个五年环境规划——《“七五”时期国家环境保护计划》，环境保护工作有序推进。“八五”期间，继巴西里约热内卢联合国环境与发展会议之后，我国于 1992 年 8 月制定了《环境与发展十大对策》，明确指出走可持续发展道路是中国的必然选择。“九五”期间，党中央、国务院高度重视环境保护，把环境保护作为影响经济和社会发展全局的重大问题之一，实行了污染防治与生态保护并重、生态保护与生态建设并举的方针，实施《“九五”期间全国主要污染物排放总量控制计划》和《中国跨世纪绿色工程规划》两大举措，加快了生态环境保护和建设步伐。

21 世纪以来，生态文明理念日益深入人心。“十五”期间，党的十六大提出要全面建设小康社会，其目标之一是“可持续发展能力不断增强，生态环境得到改善，资源利用效率显著提高，促进人与自然的和谐，推动整个社会走上生产发展、生活富裕、生态良好的文明发展道路”。“十一五”期间，党的十七大报告首次明确提出“生态文明”这一概念，并将“生态文明建设”确立为全面建设小康社会的目标之一。“十二五”期间，党的十八大将生态文明建设写入党章，并将其纳入中国特色社会主义“五位一体”总体布局。党的十八大以来，以习近平同志为核心的党中央进一步深化对生态文明的认知，形成了习近平生态文明思想，为我国的生态文明建设确立了明确方向。

8.2 生态经济与数字经济的关联

8.2.1 生态经济的概念

随着科技的进步和经济发展水平的提高，人口数量急剧增长、自然资源被大量开发、自然环境被不断改变，整个地球的负荷在不断加重。资源环境带来的诸多负面问题在 20 世纪 60 年代越发突出，运用传统的经济学和生态学很难解决这些问题，这促使经济学家、生态学家重新审视传统的发展模式，试图寻找生态与经济协调发展的新出路。在这种背景下，对生态经济的探讨与研究在全球范围内迅速展开，并逐渐得到各国政府和公众的认可。

通常所指的“生态经济”（Ecological Economy）主要有三种含义：一是指一门经济学科；二是指一种经济指导思想；三是指一种经济形态。作为一门经济学科的生态经济最早源自 20 世纪 60 年代后期。美国经济学家肯尼斯·鲍尔丁（Kenneth Boulding）在其论文《一门科学：生态经济学》中正式提出了“生态经济学”的概念。通常认为，生态经济学是从生态经济系统的角度，来研究和解决当前生态经济问题的一门新兴交叉学科。

作为一种经济指导思想的生态经济是在 20 世纪 60 年代初期提出的，是旨在摆脱现实社会面临的诸多困境的经济理论。生态经济理论通过研究自然生态和经济活动的相互作用，探索生态经济社会复合系统协调和可持续发展的规律性，并为资源保护、环境管理和经济发展提供理论依据和分析方法。作为一种经济形态的生态经济，即本书所指的生态经济，是指在生产力高度发展的基础上，生态与经济协调发展的经济。生态经济具有两个鲜明特点：一是具有高水平的生产力，这将其与原始社会条件下生产力水平很低、但生态与经济的矛盾不突出的经济区别开来；二是生态与经济协调，这将其与工业社会特别是后工业社会条件下生产力水平很高，但生态与经济的矛盾日益尖锐的经济相区别。

8.2.2 数字经济的概念

美国学者唐・塔普斯科特（D. Tapscott）在 1995 年出版的《数字经济：联网智力时代的承诺和风险》一书中首次提出数字经济（Digital Economy）的概念，认为基于信息技术的数字革命，使数字经济成为基于人类智力联网的新经济。1998 年 4 月 15 日，美国商务部公布了名为《浮现中的数字经济》的研究报告，着重分析信息这一核心资源对宏观经济和微观经济的决定性作用。

我国《“十四五”数字经济发展规划》指出，数字经济是继农业经济、工业经济之后的主要经济形态，是以数据资源为关键要素，以现代信息网络为主要载体，以信息通信技术融合应用、全要素数字化转型为重要推动力，促进公平与效率更加统一的新经济形态。数字经济的发展不仅受益于信息技术尤其是互联网技术的广泛应用，同时与传统经济的逐步数字化、网络化、智能化发展分不开。数字经济发展速度之快、辐射范围之广、影响程度之深前所未有，正推动生产方式、生活方式和治理方式深刻变革，成为重组全球要素资源、重塑全球经济结构、改变全球竞争格局的关键力量。目前，数字经济已成为推动全球经济复苏的关键引擎，为经济社会持续健康发展提供了强大动力。《全球数字经济白皮书（2022 年）》指出，2021 年全球 47 个主要经济体数字经济占 GDP 比重为 45.0%，同比提升 1 个百分点；47 个主要经济体数字经济同比名义增长 15.6%，高于同期 GDP 名义增速 2.5 个百分点；美中欧已形成全球数字经济发展的三极格局，其中，美国数字经济位居世界第一，规模达 15.3 万亿美元，中国位居第二，规模为 7.1 万亿美元。

8.2.3 数字经济与生态经济协同发展

生态经济与数字经济逐渐成为未来中国社会经济发展的两大方向，并不断实现有机衔接和深入融合。数字经济能够有效拓展生态经济发展新空间，为经济社会注入强劲新动能。一是数字经济在生态保护与环境治理方面能够充分发挥积极作用。利用数字经济的大数据、云计算等数据搜集和数据处理设施，构建生态环境治理平台和数据库，加强对与环境相关的各种指标的动态检测评估，有针对性地采取措施改善生态环境。二是数字经济加快产业结构优化升级。数字技术与传统产业相融合，推动产业数字化和绿色化转型，提升利用资源的效率水平。三是数字经济促进资源的有效配置。利用数字技术和互联网络收集、整合、分配资源并最大限度地实现资源的有效利用，支撑经济可持续的发展。

要注意的是，数字技术及其数字产业本身是高耗能的产业，数字经济的发展具有前置性的生态环境约束。开放数据中心委员会（ODCC）测算数据显示，2020 年中国数据中心能耗总量为 939 亿 kW·h，占我国全社会发电量的 1.27%，碳排放量为 6 464 万 t；预计到 2030 年，中国数据中心能耗总量将达到 3 800 亿 kW·h，碳排放增长率将超过 300%。中国信息通信研究院发布的《数据中心白皮书（2022 年）》指出，数据中心耗能较高，电力成本占运营总成本的 60%～70%。数字产业的高耗能特点和所面临的生态环境约束，决定了数字经济的发展必须要在绿色化和生态化的轨道上行进，数字经济与生态经济的协同是破解数字技术生态环境约束的根本途径。

8.3 空间信息技术对生态文明建设的驱动

科学技术是第一生产力，人类通过科学技术创造了大量的物质财富和精神财富。生态文明建设同样离不开科学技术的支撑。空间信息技术在生态文明建设领域发挥着重要的驱动作用。

8.3.1 空间信息技术的概念

空间信息技术（Spatial Information Technology）是 20 世纪 60 年代以来逐步发展起来的以获取、管理、分析和应用与地理位置相关的空间信息为主的信息技术的总称。空间信息技术在广义上也被称为“地球空间信息科学”，以地理信息系统、遥感、全球导航卫星系统的理论与技术为主要内容，同时结合计算机技术和通信技术，进行空间数据的采集、量测、分析、存储、管理、显示、传播和应用等。在空间信息技术中，遥感技术的发展是空间信息科学的重要技术支撑，遥感数据是地球空间信息的重要来源，它可以快速监测大面积、动态的地理目标。地理信息系统以地理空间数据库为基础，在数据处理、组织和管理方面具备很大的优势，更重要的是它为地球空间信息科学提供了对空间信息的分析、综合、认识、表达和理解等多种功能，因此，GIS 成为空间信息技术应用的重要领域。全球导航卫星系统作为一个全球性、全天候、高精度、多功能的导航、定位和定时的系统，它主要用于提供目标的空间位置，GNSS 既可以作为独立的自主数据源，又可以精确定位遥感信息。空间信息技术为空间信息资源的获取、处理、网络服务和应用提供了有力的支持，在工业、农业、国防、交通、环保等众多领域得到广泛应用，并且不断拓展范围，取得了巨大的社会效益和经济效益，受到世界各国的重视和社会公众的关注，是当前学界及相关应用行业的热门技术之一。

8.3.2　空间信息技术驱动生态文明建设

生态文明建设是一项庞杂的系统工程，涉及领域众多、职责范围广，多部门资源难以统筹、跨部门业务整合难度较大，协调联动工作机制难以形成。利用空间信息技术能够提升生态文明信息化的建设水平，实现信息化与生态文明的深度融合，较好地解决生态文明建设中存在的统筹难、整合与协调难的问题。通过建设生态大数据中心，打通数据汇聚的通道，消除已有的信息孤岛，实现生态文明各领域相关业务数据从采集、处理、汇总、发布到交换共享的全流程管理，加强生态文明建设工作在各部门间的业务协同，形成合力。

生态环境保护是生态文明建设的主阵地和根本措施。空间信息技术在生态环境保护领域发挥着重要作用。利用空间信息技术对生态环境进行监测、预警、评价与管理，能够全面加强生态环境保护。生态环境的演变周期长，一旦失衡，难以复原，将造成严重灾害。利用空间信息技术可以获取生态环境监测数据，对过去历史过程进行近似再现，并对未来的生态环境演变进行模拟，预警生态环境灾难的发生；也可以利用 GIS 进行全区域生态环境的综合评价，制定该区域的生态环境保护策略，加大生态环境保护力度，促进人与自然和谐共生，不断推进生态文明建设。

自然资源管理在生态文明建设中发挥着基础性作用。空间信息技术能够提升自然资源管理能力，在空间规划编制、资源开发利用、生态环境监测等工作中发挥着重要作用，从而促进自然资源可持续发展，实现人与自然和谐共生。

8.4　生态安全评价中的 GIS 应用案例

习近平生态文明思想指导我国生态文明建设取得了一系列新的重大成果，在践行“绿水青山就是金山银山”理念过程中需要工程技术和信息技术等作为支撑。“3S”（RS、GIS、GNSS）高新技术集成在生态文明建设中发挥着越来越重要的作用。生态安全是国家安全的重要组成部分，是区域与国家经济安全与社会安定的生态环境基础和支撑。党的十八大报告将生态安全确定为我国三大战略格局目标之一。构建国家的生态安全格局，是保障国家生态安全的重要抓手与根本措施。区域生态安全格局优化对于解决区域生态环境问题具有不可替代的作用，具有广阔的应用前景。本节以县域生态安全评价为例，介绍基于 GIS 栅格叠加空间分析进行生态安全评价。

8.4.1 基于 GIS 的县域生态安全评价原理

（1）生态安全评价主要原理

GIS 中的栅格数据叠加分析，主要是通过数学关系（经验方程）建立不同数据图层之间的联系，以揭示某种空间现象或空间过程。例如，土壤侵蚀强度与土壤可蚀性、坡度、降雨侵蚀力等因素有关，可以根据多年统计的经验方程，把土壤可蚀性、坡度、降雨侵蚀力作为数据层面输入，通过栅格数学运算得到土壤侵蚀强度分布图。

基于栅格叠加运算进行生态安全评价的前提条件为：首先，有多个相同地区的栅格数据，且不同栅格图层具有相同大小的栅格单元（分辨率相同）；其次，栅格数据具有统一的空间框架（地理坐标系和投影坐标系一致）。栅格数据叠置的核心是确定叠置条件，即确定关系表达式。该表达式可简单可复杂，主要取决于问题解决方案的数据模型或经验方程等。

本案例基于 GIS 进行生态安全评价的主要原理是：首先，确定生态安全与不同影响因子之间的关系表达式；其次，查找不同影响因子的相关数据，并形成栅格数据（空间框架统一）；最后，将每一个自变量（影响因子）作为一个图层数据，利用因变量（生态安全）和自变量（影响因子）的函数关系或经验方程（关系表达式）等在 GIS 中利用栅格叠加功能进行加权叠加，运算结果可以在每个栅格单元上生成生态安全的评价值。具体方法见图 8.1。

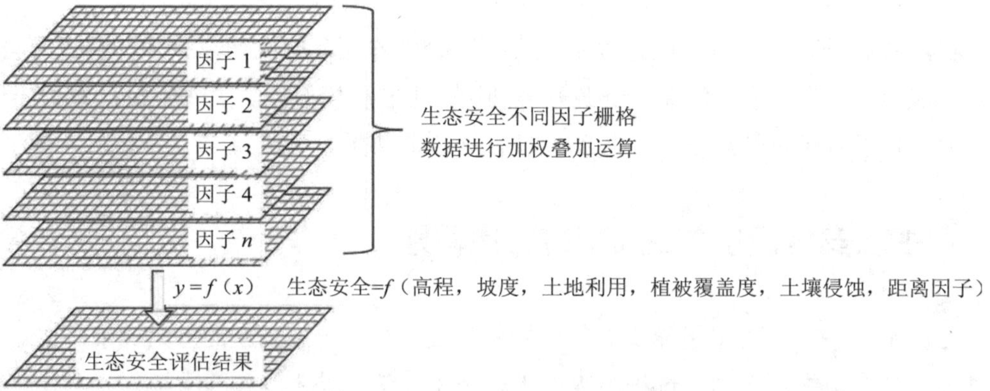

图 8.1 基于 GIS 方法的生态安全评价

（2）生态安全评价数据准备及处理

本案例中的研究区为大别山区岳西县。数据源主要包括 Landsat-8/OLI 影像数据（轨道号分别为 122/38、122/39，来源于地理空间数据云：http：//www.gscloud.cn /）、DEM 数据（格式为 GRID 的 SRTM 数字高程数据，来源于美国对地观测全球高程数据，分辨率为 90 m）和其他相关数据（主要有岳西县 1∶100 000 土壤类型图、岳西县行政区划图、城乡规划局相关规划专题图件等）。遥感影像数据处理过程包括：利用 ENVI 软件对遥感影像进行纠正、拼接、直方图匹配和影像裁剪等图像预处理；在 ENVI 软件中对裁剪后的研究区范围的遥感影像进行解译，结合研究区景观特点，将研究区分为林地、水域、农用地和建设用地 4 种景观类型。对影像的分类结果进行精度检验，其 Kappa 系数在 0.75 以上，符合研究要求；其他数据处理方式主要为空间分析提取及数字化等。

8.4.2 生态安全评价指标构建与结果分析

（1）生态安全评价中的阻力因子指标体系构建

构建科学合理的生态阻力因子指标体系对于区域生态安全评价具有重要的意义。本节基于相关研究文献并结合研究区的实际情况，最终选择坡度、高程、土地利用类型、植被覆盖度、距景点距离、距工业用地距离、距水体距离、距道路距离、距居民点距离和土壤侵蚀 10 个阻力因子指标。如表 8.1 所示。

表 8.1 研究区生态安全因子等级划分

评价因子	序号	单位	阻力值				权重
			1 级	2 级	3 级	4 级	
高程	A	m	<200	200～400	400～600	>600	0.150
坡度	B	（°）	<7	7～15	15～25	>25	0.200
土地利用类型	C	—	林地	水域	农用地	建设用地	0.050
植被覆盖度	D	%	>65	50～65	35～50	<35	0.150
土壤侵蚀	E	t/（km^2·a）	<2 500	2 500～5 000	5 000～10 000	>10 000	0.045
距景点距离	F	m	<1000	—	1 000～5 000	>5 000	0.005
距工业用地距离	G	m	>1 500	1 000～1 500	500～1 000	<500	0.045
距水体距离	H	m	<100	100～500	500～1 000	>1 000	0.200
距道路距离	I	m	>2 000	1 000～2 000	500～1 000	<500	0.100
距居民点距离	J	m	>1 500	1 000～1 500	500～1 000	<500	0.050

基于相关研究将各评价指标按生态安全水平等级由高到低分为 1～4 级，并且根据相关文献和专家打分，将各生态评价阻力因子赋予相应的权重（表 8.1）。各因子具有不同的内涵，如高程、坡度会影响土地资源在空间上的分布及其利用方式；土地利用类型会影响生态源地内部及生态源地之间的物质能量及信息交流；植被覆盖度会改善区域局部小气候，并能对生物多样性的有效恢复和保护起到积极的作用；河流具有对环境有害物质净化和改善生态功能的作用，距离河流越近，越有利于生态源地的扩展。相反，交通道路等指标因子，主要考虑其对周边土地利用产生的影响，造成土地利用结构及景观格局变化。一般来说，距离道路越近，城镇建设扩张的引力越大，从而越不利于生态源地

的空间拓展。本节对各阻力因子采用 GIS 的距离分析和重分类工具，按照表 8.1 中确定的各因子的生态阻力等级值进行重分类，得到各个因子重分类图，见图 8.2。

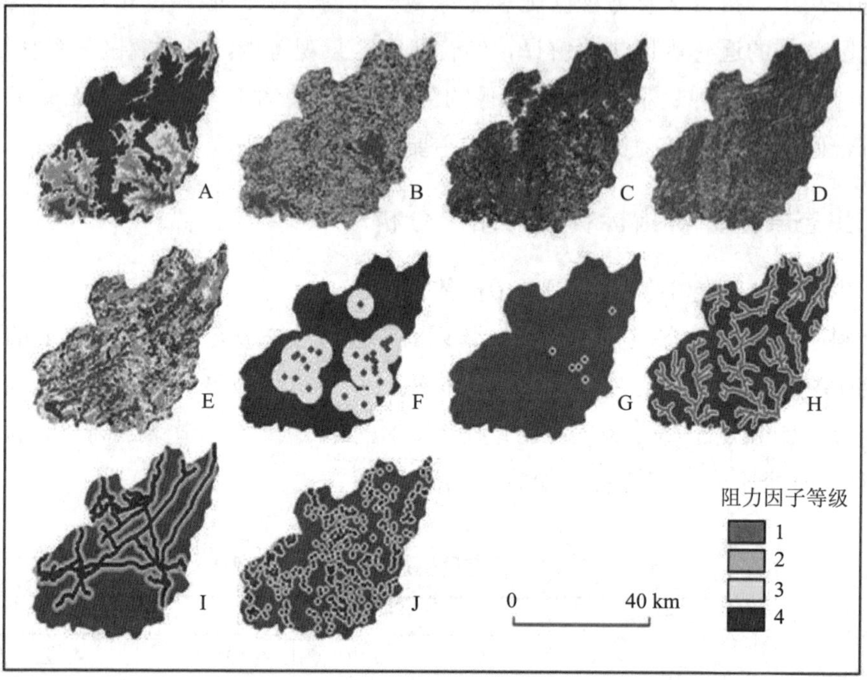

A：高程因子；B：坡度因子；C：土地利用类型因子；D：植被覆盖度因子；E：土壤侵蚀因子；F：距景点距离因子；G：距工业用地距离因子；H：距水体距离因子；I：距道路距离因子；J：距居民点距离因子

图 8.2 研究区生态安全因子重分类等级图

（2）生态安全评价

根据表 8.1 中的阻力因子和权重，利用 GIS 栅格叠加功能进行加权叠加，建立生态因子综合阻力面，对碎小图斑进一步过滤后，得到岳西县生态安全评价等级空间分布。生态因子综合阻力面空间分布显示，岳西县生态阻力值最小为 1.218 3，最大为 3.518 0，均值为 2.526 4，见图 8.3。

为了使乡镇水平上的分级更加合理，本案例先以均值 2.526 4 为界限对阻力面进行二值化，然后利用乡镇边界经 Zonal 工具对生态安全阻力栅格面进行统计，并依据研究区生态阻力值“低于均值的栅格面积”与“高于均值的栅格面积”的比值进行分级。对研究区各乡镇内的该比值范围（0.298 3～2.564 7）进行生态安全 5 级分类，即低安全（0.298 3～0.405 7）、较低安全（0.405 8～0.626 2）、中等安全（0.626 3～1.077 4）、较高安全（1.077 5～1.554 7）和高安全（1.554 8～2.564 7）。

空间分布显示，研究区生态安全格局表现为南高北低的特征（图 8.4）。

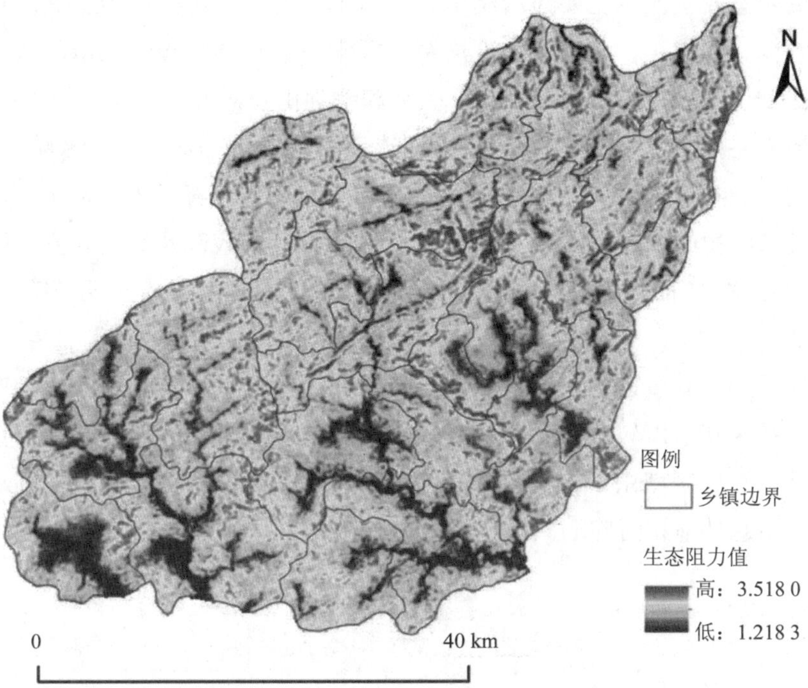

图 8.3　研究区生态栅格阻力面

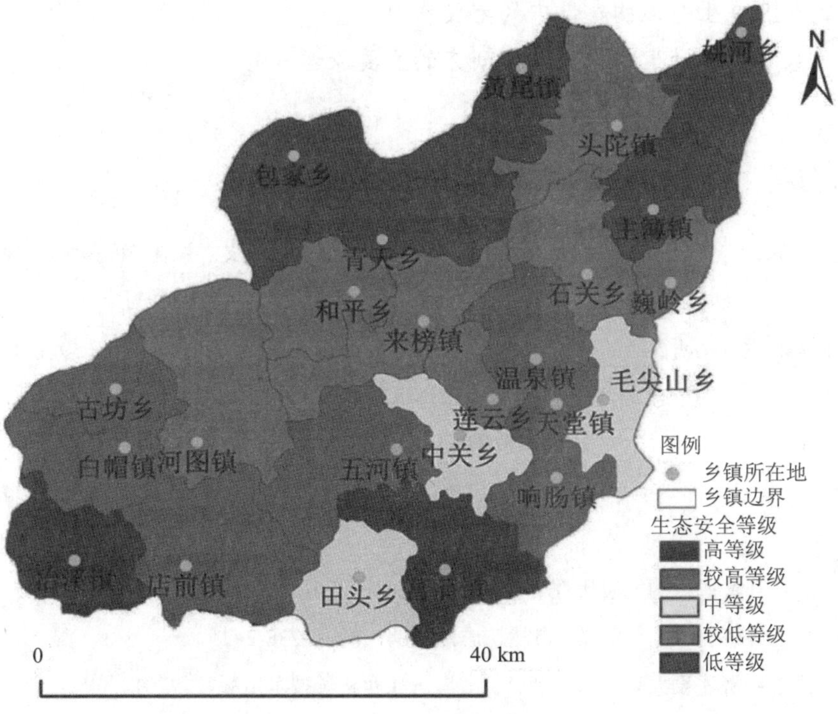

图 8.4　研究区生态安全等级划分

其中，高生态安全区域主要为冶溪镇和菖蒲镇，占县域面积的 9.95%；较高生态安全区域为古坊乡、白帽镇、店前镇、五河镇、天堂镇、响肠镇和温泉镇，占县域面积的27.84%；中等安全区域分布于田头乡、中关乡和毛尖山乡，占县域面积的 10.32%；较低生态安全区域主要分布于河图镇、和平乡、来榜镇、莲云乡、石关乡、巍岭乡和头陀镇，占县域面积的 29.84%；低生态安全区域主要分布于包家乡、青天乡、黄尾镇、主簿镇和姚河乡，占县域面积的 22.05%。生态安全评价结果显示，较高及高生态安全区域面积占县域面积的 37.79%，而较低及低生态安全区域面积占 51.89%，表明研究区生态安全水平总体偏低。

分析表明，中等安全以上的区域主要沿河分布，与水系分布关系密切。这些区域地形相对平缓，植被覆盖度较高，生物多样性丰富。低度安全的区域主要为海拔较高、坡度较大的山区，这些区域由于自然条件和人为活动因素的影响，地表植被稀疏，较易发生水土流失，生态环境相对脆弱。

思考题

1. 简述我国生态文明建设的内涵。
2. 简述生态经济与数字经济的关联性。
3. 简述 GIS 在生态文明建设中的重要作用。
4. 简述基于 GIS 的生态安全评价研究的主要原理。

主要参考资料

[1] 杜祥琬，温宗国，王宁，等. 生态文明建设的时代背景与重大意义. 中国工程科学，2015，17（8）：8-15.
[2] 刘燕，薛蓉. 生态文明内涵的解读及其制度保障. 财经问题研究，2019，426（5）：19-25.
[3] 陈军，成金华. 中国生态文明研究：回顾与展望. 理论月刊，2012，370（10）：140-145.
[4] 谷树忠，胡咏君，周洪. 生态文明建设的科学内涵与基本路径. 资源科学，2013，35（1）：2-13.
[5] 周光迅，何莹子. 中国古代哲学的生态思想及其对构建现代生态哲学的启示. 自然辩证法研究，2014，30（2）：118-123.
[6] 周生贤. 我国环境保护的发展历程与成效. 环境保护，2013，41（14）：10-13.
[7] 周立华. 生态经济与生态经济学. 自然杂志，2004（4）：238-242.
[8] 王松霖. 生态经济建设大辞典（上册）. 南昌：江西科学技术出版社，2013.
[9] 史丹. 数字经济条件下产业发展趋势的演变. 中国工业经济，2022，416（11）：26-42.

[10] 全球数字经济白皮书（2022 年）. 中国信息通信研究院，2022.

[11] 数据中心算力碳效白皮书. 开放数据中心委员会，2022.

[12] 数据中心白皮书（2022 年）. 中国信息通信研究院，2022.

[13] 王迪，田旭飞，曲波. GIS 在生态学中的应用研究进展. 生态科学，2015，34（3）：162-169.

[14] 张仙，陈理，马燕妮，等. 基于 GIS 和 RS 的银川市城市生态环境质量动态监测与评价. 安全与环境学报，2021，21（6）：2854-2864.

[15] 黄木易，岳文泽，冯少茹，等. 基于 MCR 模型的大别山核心区生态安全格局异质性及优化. 自然资源学报，2018，34（4）：771-784.

[16] 欧阳志云，崔书红，郑华. 我国生态安全面临的挑战与对策. 科学与社会，2015，5（1）：20-30.

[17] 马克明，傅伯杰，黎晓亚，等. 区域生态安全格局：概念与理论基础. 生态学报，2004，24（4）：761-768.

[18] 李玉平，蔡运龙. 河北省土地生态安全评价. 北京大学学报（自然科学版），2007，43（6）：784-789.

[19] 杨姗姗，邹长新，沈渭寿，等. 基于生态红线划分的生态安全格局构建——以江西省为例. 生态学杂志，2015，35（1）：250-258.

[20] 王琦，付梦娣，魏来，等. 基于源-汇理论和最小累积阻力模型的城市生态安全格局构建——以安徽省宁国市为例. 环境科学学报，2016，36（12）：4546-4554.

[21] 蒙吉军，朱利凯，杨倩，等. 鄂尔多斯市土地利用生态安全格局构建. 生态学报，2012，32（21）：6755-6766.

[22] 卓静. 基于 3S 技术的陕北地区生态环境遥感动态监测及评价. 西安：西北大学，2008.

[23] 中华人民共和国水利部. SL190—1996 土壤侵蚀分类分级标准. 北京：中国水利水电出版社，1997.

[24] 关文彬，谢春华，马克明，等. 景观生态恢复与重建是区域生态安全格局构建的关键途径. 生态学报，2003，23（1）：64-73.

第 9 章 GIS 与国土空间规划在“双碳”战略中的应用

2021 年 9 月发布的《中共中央 国务院关于完整准确全面贯彻新发展理念做好碳达峰碳中和工作的意见》（以下简称《意见》），提出构建绿色低碳循环经济体系、提升能源利用效率、提高非化石能源消费比重、减少二氧化碳排放、提升生态系统碳汇能力等 5 个方面主要目标，涉及能源类型的转型、生产方式的变革、森林固碳的提升、生活方式的转变等方面。这表明，“碳达峰、碳中和”（以下简称“双碳”）目标推进过程中必然需要相关基础理论的重大创新和关键技术的重大突破。国土空间资源优化配置是加强国家生态安全和实现“双碳”目标的重要举措，以国土信息化为核心的 GIS 现代国土空间管理和监测技术及国土空间规划战略将成为推动“双碳”战略实施的基础性工具。

9.1 我国国家社会经济发展战略对地理信息系统的需求

信息化、智能化、自动化建设是国家现代化建设的重要内容和发展方向，是我国国家社会经济发展的重要战略方向，其中 GIS 对国民经济发展各个领域的影响尤为深刻。地理信息系统在最近 30 多年内取得了惊人的发展，广泛应用于资源调查、环境评估、灾害预测、国土管理、城市规划、邮电通信、交通运输、军事公安、水利电力、公共设施管理、应急救援、农林牧业、统计、商业金融、地图和导航等几乎所有领域。

总之，GIS 在国家社会经济发展战略中具有广泛的作用，包括工业、农业、国防、城市管理和生态环境监测等方方面面，也必将在“双碳”领域发挥极其重要的作用。

9.2 “国土空间规划”战略提出的背景及意义

9.2.1 “国土空间规划”战略提出的背景

（1）我国行政管理体制改革进入了新时代

《中共中央关于全面深化改革若干重大问题的决定》指出“必须切实转变政府职能，

深化行政体制改革，创新行政管理方式，增强政府公信力和执行力，建设法治政府和服务型政府”。这必然要求合理界定各级政府职能边界，推动政府组织结构科学化，加强改革进程的协同性，设立中央和地方以及区域间争端解决机构，加强政府各部门以及中央和地方的协调。

（2）我国社会经济发展进入了新时代

我国经济已由高速增长阶段转向高质量发展阶段，正处在转变发展方式、优化经济结构、转换增长动力的攻关期，建设现代化经济体系是跨越关口的迫切要求和我国发展的战略目标。我们要坚持以供给侧结构性改革为主线，推动经济发展质量变革、效率变革、动力变革，提高全要素生产率，着力加快建设实体经济、科技创新、现代金融、人力资源协同发展的产业体系，着力构建市场机制有效、微观主体有活力、宏观调控有度的经济体制，不断增强我国经济创新力和竞争力。

同时，我们也要看到，我国社会经济发展还面临着一些挑战和困难。例如，经济发展不平衡、不充分的问题仍然突出，城乡区域发展和收入分配差距依然较大，生态环境保护任重道远，民生领域还有不少短板等。这些问题都需要我们在新时代中，以更大的决心、更实的举措、更足的干劲去加以解决。

（3）我国空间治理体系面临新的挑战

国土空间资源因基础性、战略性、共用性、外部性的特征更为突出，客观上要求必须科学规划、合理管制。空间规划已具有日益重要的地位和作用，它已成为政府实现改善生活质量、管理资源和保护环境、合理利用土地、平衡地区间经济社会发展等广泛目标的基本工具。然而，我国现有规划体系已无法适应我国社会经济发展的现实需求，落后于时代要求的问题已日益突出和严重，且已经对经济社会发展产生了深远的不良影响。近年来，空间规划类型繁多、职能界定不清、规划之间“打架”的问题愈加严重；也因规划过多和相互不衔接而导致国土空间开发无所适从。我国目前处于社会经济发展转型和资源环境问题强约束的关键发展时期，统筹空间类规划、切实发挥空间规划在治理体系和治理能力现代化中的作用，成为摆在中央人民政府面前的一项紧迫任务。

9.2.2　“国土空间规划”战略提出的意义

国土空间规划的重要意义在于其为国家空间发展的指南、可持续发展的空间蓝图，同时也是各类开发保护建设活动的基本依据。

国土空间规划通过建立全国统一、权责清晰、科学高效的规划体系，综合考虑人口分布、经济布局、国土利用、生态环境保护等因素，科学布局生产空间、生活空间、生态空间，旨在加快形成绿色生产方式和生活方式，推进生态文明建设，建设美丽中国。这一规划体系不仅体现了以人民为中心的发展思想，实现了高质量发展和高品质生活，而且是保障国家战略有效实施、促进国家治理体系和治理能力现代化、实现“两个一百年”奋斗目标和中华民族伟大复兴中国梦的必然要求。

此外，国土空间规划通过引导和约束各类开发建设活动，避免对生态环境的破坏和污染，促进社会公平与和谐，避免因规划不合理而导致社会矛盾和冲突。这类规划不仅是对国土空间自然保护、有序开发、高效利用和高品质建设的整体性谋划和有意识行动，而且围绕如何处理好人与自然之间的相互作用关系和协调开发与保护的矛盾而展开，是对国土空间开发和保护上所作的整体性统筹安排。

综上所述，国土空间规划的重要性体现在它不仅是实现高质量发展和高品质生活的关键手段，也是促进治理体系和治理能力现代化的重要工具，对保障国家战略的实施和实现中华民族伟大复兴的中国梦具有深远的意义。

9.3 “双碳”战略提出的背景及意义

9.3.1 “双碳”战略提出的背景

（1）国际背景

世界面临的全球性问题不仅种类繁多而且变化多端，其中生态环境问题和资源问题是十分重要的问题。

生态环境问题主要包括环境污染和生态破坏等方面。目前人类主要面临全球十大生态环境问题：全球气候变暖、臭氧层的耗损与破坏、酸雨蔓延、生物多样性减少、森林锐减、土地荒漠化、大气污染、水污染、海洋污染和危险性废物越境转移。进入 21 世纪以来，气候变化问题越来越突出。受气候变化影响，全球极端天气灾害频发，给有关国家经济和人民的生命财产安全造成巨大损失。气候变化导致海平面持续上升，一些小岛屿国家的生存和发展面临直接威胁。气候变化还可能通过影响粮食、水资源等战略资源的供应与再分配，引发社会动荡甚至国际冲突。

全球性资源问题日益凸显。世界自然基金会 2002 年发表的报告《活着的地球》指出，人类对自然资源的利用超出其更新能力的 20%，如果各国政府再不进行干预，2030 年后人类的整体生活水平将会下降。

（2）国内背景

当前我国正致力于推进生态文明建设，促进低碳绿色经济发展，生态环境建设取得了举世瞩目的成就。据《中国碳中和发展报告（2022）》，2011 年以后，中国开始实行较为严格的环保政策，再加上节能减排技术的应用以及居民环保意识的加强，碳排放增速开始下降，基本保持在 5%以下。但我国减排任务仍十分艰巨，对“构建生态文明体系，促进经济社会发展全面绿色转型，建设人与自然和谐共生的现代化”的生态文明建设目标构成严峻的挑战。

党的十八大以来，绿色发展已经成为党领导国家建设的核心理念。“十三五”期间，生态文明首次列入十大目标，“美丽中国”和“绿色发展”理念首次写入五年规划。进一步推动全面绿色转型，凸显出绿色转型的领域范围更广、转型程度更深、时间要求更紧。从国际维度来看，按照全面绿色转型要求，设定了“十四五”期间生态保护和绿色发展的目标，与习近平主席在第 75 届联合国大会期间宣布力争 2060 年前实现碳中和等重大目标有机衔接，展现了中国履行发展中大国义务的责任担当。

9.3.2　“双碳”战略提出的意义

“双碳”战略是中国政府为应对气候变化、推动经济社会可持续发展而提出的重要战略。“双碳”战略的实施，对于加快生态文明建设、助推经济转型升级、引领应对气候变化、实现中华民族永续发展等具有重大意义。

①促进绿色低碳转型。“双碳”战略通过设定具体的减排目标，引导经济社会向低碳、绿色方向发展，减少对高碳产业和化石能源的依赖，实现经济结构的优化和升级。

②保障能源安全。通过促进能源生产消费革命，减少经济社会发展对化石能源的依赖，提高能源发展质量，增强能源供给的稳定性、安全性、可持续性，从而提升国家能源安全水平。

③推动经济高质量发展。通过倒逼经济社会绿色转型，推动供给侧结构性改革，加快能源结构调整和产业转型升级，提升产业链绿色化、现代化水平，实现从“要素驱动”向“创新驱动”的转变。

④加强国际合作。“双碳”战略的实施，不仅关乎国内发展，也体现了中国对全球气候变化的积极应对和贡献。通过与国际社会的合作，共同推动绿色低碳发展，构建人类命运共同体。

9.4　地理信息系统集成国土空间规划在“双碳”战略中的应用模式

碳排放量及其强度与土地利用方式密切相关，在国土空间规划中，应以 GIS 等地理大数据为基础，优化国土空间格局和土地利用结构，科学划定国土用途管理分区，合理引导土地利用方式，积极探索 GIS 集成国土空间规划在“双碳”战略中的应用模式。

9.4.1　GIS 集成国土空间规划在“双碳”战略中的实现途径

在规划变革的新时期，构建新发展格局，实现“双碳”目标是国土空间规划需要重点考虑的问题。“双碳”战略的实施和战略目标的实现，国土空间要素是基础，科学、合理的空间要素布局是碳达峰、碳中和的基石和长久之策。以 GIS 技术为核心的数字化国土、智慧国土基础空间信息平台（图 9.1），为国土空间的优化配置和结构调整提供了有力的支撑。基于“国土资源云”总体思路，以国土资源、测绘地理等各类数据为基础，聚合集成政府和社会各类国土空间相关数据，打造国土资源“一张图”的升级版，形成数据更全面、应用更广泛、共享更顺畅的国土空间基础信息平台，为各类与国土空间相关的规划、管理、决策、服务提供有力的信息支撑，为 GIS 集成国土空间规划在“双碳”战略中实现提供了重要的途径，具体包括：

①建立全面、翔实、准确的权威性国土空间数据资源体系，为“双碳”战略实施提供基础数据。通过聚合集成各类与国土空间相关的数据，形成覆盖全国范围、包含地上地下、能够及时更新的以基础地理、高分辨率遥感影像、土地利用现状、地理国情普查、基础地质、地质灾害与地质环境等现时状况为主的空间现状数据集，以基本农田保护红线、生态保护红线、城市扩展边界、国土规划、土地利用总体规划、矿产资源规划、地质灾害防治规划等管控性规划为主的空间规划数据集，以不动产登记（土地、房屋、林地、草地、海域）、土地审批、土地供应、矿业权审批等空间开发管理和利用信息为主的空间管理数据集；通过收集或汇聚形成人口、宏观经济等社会经济数据集；通过整合定制形成国土资源承载力评价、矿产资源分布等数据产品集。

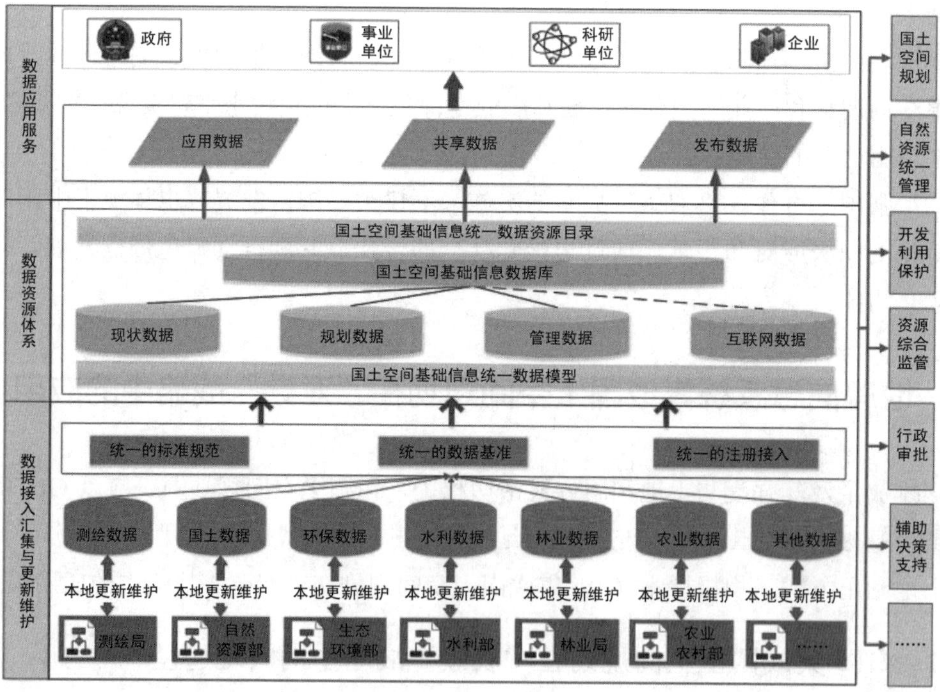

图 9.1 国土空间基础信息平台数据架构

②建立以国土空间基础信息云管理与服务平台为基础的“双碳”实施监测平台。采取分布式的应用与服务架构，建立横向上覆盖自然资源部数据主中心、国家测绘地理信息局数据中心、地质分中心、土地分中心、地质环境分中心，纵向连接国家、省、市、县自然资源主管部门，同时与政府相关部门联通的国土空间基础信息云管理与服务平台；建立起一套平台接入、应用管理、数据服务等相关标准制度与技术规范；通过全国纵向和横向的国土空间基础信息云管理与服务平台，对碳排放、碳中和等进行动态监测。

③以国土空间基础信息平台为基础，加强国土空间规划中“三生”系统单元划分及其与碳排、碳汇的实现途径。由于我国地域广大、地区之间差异显著，需根据区域之间以及城乡之间的差异，研究“三生”空间格局，以及生产生活方式和空间要素构成配置与碳排、碳汇的关系，提出差别化的发展目标和空间布局方案。

④开展基于 GIS 与大数据方法在国土空间规划中的减排与碳汇机制研究。大数据在国土空间规划中的减排与碳汇机制应用研究是一个涉及多学科、多领域的复杂课题。随着全球气候变化的挑战日益严峻，以及“双碳”目标的提出，如何有效运用大数据技术来优化国土空间规划，促进减排与碳汇机制的构建，已成为一个亟待解决的重要问题。

首先，大数据技术在国土空间规划中的应用为精准识别碳源和碳汇提供了可能。通过收集、整合和分析海量的地理空间数据、社会经济数据以及环境监测数据，可以清晰地勾勒区域碳排放的分布情况，识别高排放区域和低碳潜力区域。这为制定有针对性的减排措施和碳汇增强策略提供了科学依据。

其次，大数据技术有助于优化国土空间布局，促进减排与碳汇的协同作用。在国土空间规划中，可以通过大数据分析来评估不同土地利用方式的碳排放强度和碳汇能力，进而优化土地利用结构，提高土地利用效率。例如，可以将高排放的工业用地向低碳高效的产业园区集中，同时增加生态用地比例，提高森林、湿地等自然生态系统的碳汇能力。这种优化布局的方式，不仅有助于减少碳排放，还能提升生态系统的整体碳汇功能。

最后，大数据技术还可以为国土空间规划中的减排与碳汇机制提供动态监测和评估手段。通过建立基于大数据的碳排放监测系统和碳汇评估模型，可以实时监测区域碳排放量的变化情况，评估碳汇项目的实施效果，为政策制定者提供及时、准确的信息支持。这有助于及时调整减排策略，确保减排目标的实现，并推动碳汇项目的持续优化。

在减排与碳汇机制的具体构建上，大数据技术可以发挥重要作用。一方面，可以通过大数据分析来识别潜在的减排技术和措施，如提高能源利用效率、推广清洁能源等，为减排工作提供技术支持和决策依据。另一方面，可以通过大数据分析来优化碳汇项目的布局和实施方案，如选择适宜的树种进行植树造林、加强湿地保护等，以提高碳汇项目的固碳效果。

9.4.2 GIS 集成国土空间规划在“双碳”战略中的实践

本节案例内容引用广东省国土空间规划方案及相关文献资料来简要介绍 GIS 与国土空间规划集成在“双碳”战略中的实践。广东省国土空间规划以国土基础信息平台为基础，运用以 GIS 技术为核心的空间分析技术，以省、市两级规划传导为例，从绿色低碳空间格局构建、自然资源统筹保护利用及城镇内部空间布局优化三大主要板块内容分析“双碳”内容的传导路径。

（1）国土空间总体规划与“双碳”相关的内容体系

指标管控是国土空间总体规划落实“双碳”目标的基本要求与方式，《广东省国土空间规划（2021—2035 年）》（以下简称《省级规划》）与《市级国土空间总体规划编制指南（试行）》（以下简称《市级指南》）提出了林地保有量、湿地面积、基本草原面积等各类自然资源保护任务，以及生态保护红线、城乡建设用地规模等规划必须落实的约束性指标，这都是在各级规划中严守碳汇空间及控制碳排空间的重要措施，其传导方式主要是通过指标的逐级分解落实，明确各地应承担的碳汇空间任务，并在规划实施阶段通过监督考核评估确保落实。

在目标定位与空间战略、国土空间开发保护格局、各类自然资源保护利用、城镇空间结构与用地布局、各类支撑系统空间安排、修复整治与城市更新和规划实施保障机制等各个环节融入“双碳”目标，并确保得到贯彻落实（图 9.2）。

从与“双碳”的关联度及推动实现“双碳”目标的作用力度来看，绿色低碳空间格局的构建、自然资源统筹保护利用以及城镇内部空间的布局优化这三大板块是在各级国土空间规划中应重点传导落实的内容，有助于全方位推动落实“双碳”目标。全链条“双碳”内容体系在宏观层面上，要求规划始终坚持绿色低碳的空间发展思路，框定低碳发展的总体空间结构；在微观层面上，确保各项“双碳”指标的精细管控，围绕减排增汇做好用地布局方案的细化、优化，通过宏观到微观的链条串联，确保以国土空间规划支撑“双碳”措施落地。

（2）国土空间规划中的 GIS 技术的应用

《省级规划》提出要提升城镇空间的生态宜居水平，加强城镇开发边界内重要生态景观廊道、绿道、公园及其他结构性绿地水体等蓝绿开敞空间的建设，统筹优化城市水系与绿地网络布局，塑造蓝绿相融、气韵生动的城市柔性空间界面，实现公园 500 m 服务半径覆盖城区居民区面积比例达 80%以上，构建组织有序、结构清晰、功能完善的城镇公园体系。例如，惠州市从指标、结构两个维度对《省级规划》的要求进行了细化落实。在指标层面，明确全市公园绿地面积下限及城市绿线面积，并进一步对城市公园服务半径、市民步行可达性、社区公园布局密度等提出指标控制要求，确保在市、县层面落实

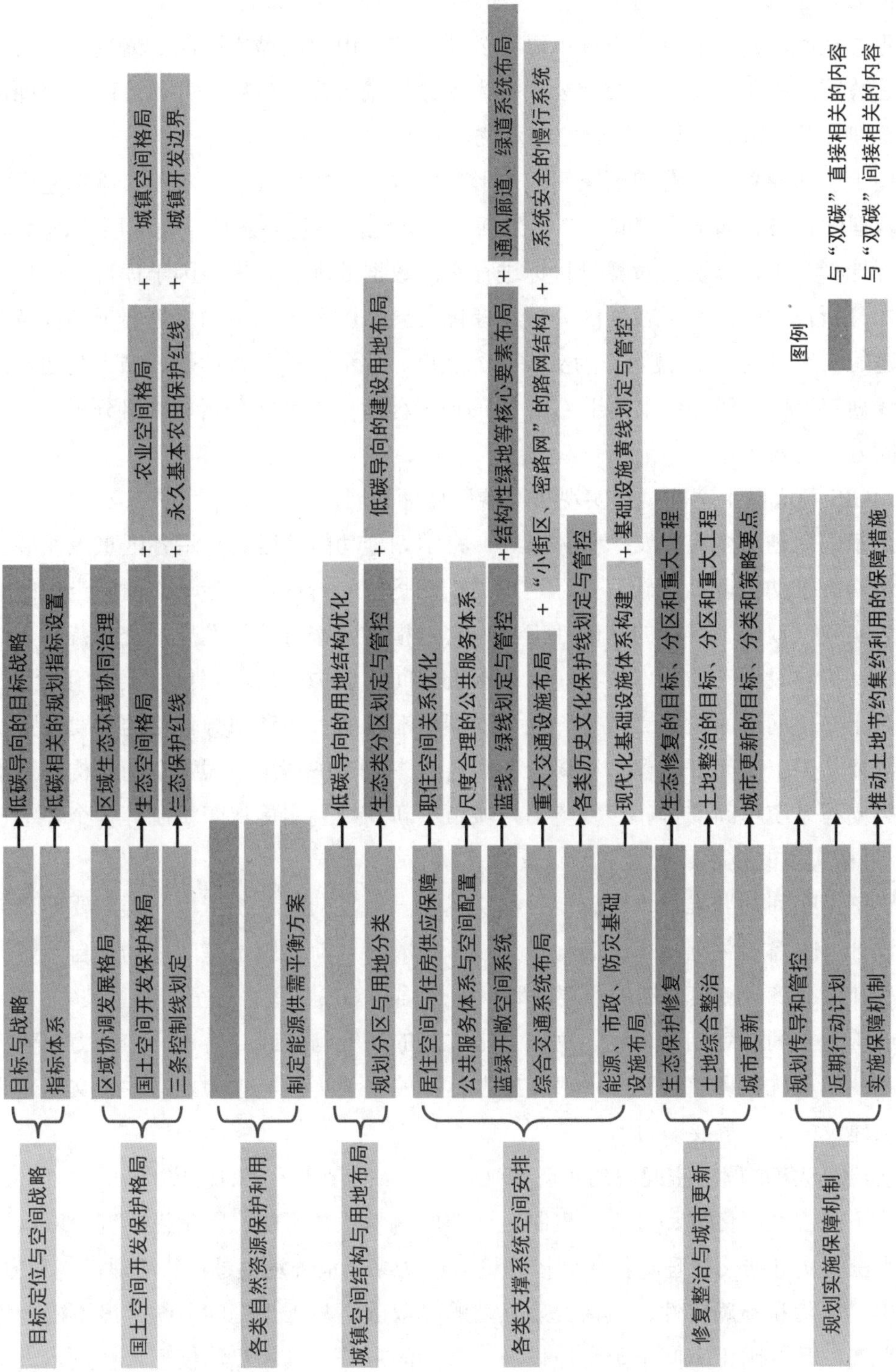

图 9.2　国土空间总体规划与“双碳”相关的内容体系（李禅等）

公园 500 m 服务半径覆盖城区居民区面积比例达 80%的控制要求。在结构层面，构建特色各异的城市公园体系，紧密结合区域和城市交通网络，整合自然保护地、城市公园等各类生态空间，建立以象头山城市绿谷公园、莲花山田园城市公园、潼湖湿地公园、城市绿芯公园、稔平半岛滨海旅游公园等为支撑的城市公园体系，并通过国土空间用途管制方案细化及城市绿线划定进行空间落位。

在国土空间规划中，对国土空间的地形、资源、环境、气候、农业、城镇建设等的评价是合理配置与布局国土空间生产、生活、生态空间的重要条件。而应用 GIS 可以方便地进行地形分析，以及针对评价目标进行空间数据处理、分析与因子评价，然后运用集成叠加分析技术等，获得较优的分析与评价结果。以上案例中的规划各项指标及空间格局构建的实现需要 GIS 技术作为支撑，如坡度、服务半径、可达性、城市交通网络、城市绿线划定等指标任务可以基于 GIS 中的地形分析、缓冲区分析、网络分析和叠加分析等不同方法高效实现。

（3）GIS 集成国土空间规划实现“双碳”目标的展望

国土空间规划从全局出发，整体谋划，科学划分功能分区，打造各区重点发展方向和保护策略。推动实现“双碳”目标是我国长期坚持的一项重大战略，而国土空间规划已经成为实现“双碳”目标的基础性工具，它是指引国家可持续发展的空间蓝图，也是各类开发保护建设活动的基本依据。优化国土空间和保护格局、强化国土空间规划与用途管理对于在空间层面发挥“减排降耗、固碳增汇”的管控和引导作用的重要性不言而喻。这需要从国土空间开发保护格局、各类自然资源保护利用、城镇空间结构与用地布局、各类支撑系统空间安排、修复整治与城市更新和规划实施保障机制等各个环节设计“双碳”目标实现的技术、管理和政策支持。

基于国土空间规划推进“双碳”目标实现是一项复杂的系统工程，既需要理论创新与顶层设计，也需要关键技术突破与多元技术集成。当前，国土空间规划是自然资源格局优化和社会经济可持续发展的重要保障，而加强与 GIS、遥感等空间信息技术的集成，全面开展国土空间规划相关理论、关键技术方法的研究与实践，将进一步助力自然资源和社会产业结构优化调整，是实现“双碳”目标的重要途径，也为推进生态文明建设和美丽中国建设提供了重要动力。

当前，GIS 集成国土空间规划实现“双碳”目标也存在一定的挑战。在理论上，“双碳”目标下国土空间格局、过程、机制、调控的科学认知不明，需重点研究“双碳”目标下国土空间协同演化机理与优化调控理论。建立综合系统发生过程、治理机制和方式、组织结构、风险和不确定性、结构关系互动的“双碳”与国土空间系统深度不确定性识别分析框架，开发国土空间不确定性识别、度量的方法工具和算法模型。在技术上，多源数据的综合应用与新兴技术的集成度有待提高。未来需要加强高分辨率空间数据与多源数据的应用，以及基于 GIS、RS、GNSS、大数据和人工智能等方法从高分辨率地理单元聚焦人类经济社会活动产生碳排的重点领域和地区，围绕产业、交通、能源等方面，对全国各行业、各区域的碳排放总量、构成以及碳汇情况进行调查、研究、精确测算和预测，以及针对碳固持的生态系统服务空间流动进行模拟研究，以确定不同空间优化方案下碳平衡状态和碳排放/吸收情况的过程，进而提高“减排降耗、固碳增汇”和“生态补偿”的测算与模拟的精度，提升“双碳”研究成果的可靠性。

思考题

1. 简述国家社会经济发展战略对 GIS 的需求有哪些。
2. 简述“国土空间规划”战略提出的背景及意义。
3. 简述“双碳”战略提出的背景及意义。
4. 简述“双碳”目标下国土空间格局优化的理论框架。

主要参考资料

[1] 冯长春，赵燕菁，王富海，等. 面向碳中和的规划响应. 城市规划，2022，6（2）：25-31.

[2] 丁明磊，杨晓娜，赵荣钦，等. 碳中和目标下的国土空间格局优化：理论框架与实践策略. 自然资源学报，2022，37（5）：1137-1147.

[3] 黄贤金，张秀英，卢学鹤，等. 面向碳中和的中国低碳国土开发利用. 自然资源学报，2021，36（12）：2995-3006.

[4] 李禅，肖百霞. 国土空间规划中广东省“碳达峰、碳中和”目标的传导路径研究. 规划师，2022，38（7）：66-71.

[5] 银温泉，李建新，胡杰成. 国家发改委经济体制与管理研究所《社会调查》课题组，建设服务型政府推进服务均等化. 经济导刊，2016（5）：46-49.

[6] 王向东，刘卫东. 中国空间规划体系：现状、问题与重构. 经济地理，2012，32（5）：7-15，29.

[7] 刘勇. 新一轮国土空间规划的基本思路. 宣讲家网.http：//www.71.cn/ 2019/ 0905/ 1057670.shtml.

[8] 薛领，赵威，刘丽娜. “双碳”目标下国土空间优化的挑战与应对. 区域经济评论，2024（1）：43-51.

[9] 国土资源部，国家测绘地理信息局. 国土空间基础信息平台建设总体方案. 2017.

第 10 章
基于 GIS 的 CIM 技术在城市管理中的应用

城市信息模型（City Information Model，CIM）是以建筑信息模型（Building Information Modeling，BIM）、地理信息系统、物联网（Internet of Things，IoT）等技术为基础构建的三维空间的城市信息数字模型。CIM 平台是城市信息模型的管理平台，是城市建设、管理、运行的基础性操作平台，是智慧城市的数字空间底座，也是未来新一代城市基础性、关键性信息基础设施。CIM 平台的建设，对于提高城市管理服务水平，转变城市开发建设方式，提升城市治理能力，推动城市高质量发展具有重要意义。

10.1　CIM 的概念与内涵

胡睿博等在《城市信息模型应用综述和总体框架构建》中，在分析总结 CIM 概念演化的基础上，参考美国 BIM 国家标准（NBIMS）和丁烈云院士对 BIM 概念的表述，从 City、Information、Model/Modeling 3 个方面对 CIM 概念进行了解读：其中，City 代表 CIM 的覆盖范围，“城市”可以实体化为某个城市、某个园区、某个社区、某个街道等，但它对建模能力的要求应该是城市级别的，同时要求模型细度能精确到建筑内部的某个部件；Information 是 CIM 的核心，它为城市发展的各个阶段、各个参与方提供各种与城市管理相关的信息，包括几何信息、语义信息、物理信息等；Model/Modeling 不仅是 CIM 信息的创建和存储方式，也通过各种智能算法下的数据分析为城市全生命周期管理提炼新知识。

住房和城乡建设部发布的《城市信息模型基础平台技术标准（征求意见稿）》中对 CIM 进行了如下定义：城市信息模型，是“以建筑信息模型（BIM）、地理信息系统（GIS）、物联网（IoT）等技术为基础，整合城市地上地下、室内室外、历史现状未来多维多尺度信息模型数据和城市感知数据，构建起三维数字空间的城市信息有机综合体”。三维数字空间城市信息有机综合体，就是将 BIM 在建筑领域设计、施工、运营一体化的全生命周期管理的理念应用到城市中，将以 BIM 技术提供的城市微观信息与以 GIS 技术为基础的城市宏观场景信息进行融合，并将城市交通、人群、资金等动态信息进行结构化整合，形成一个能够同步反映城市完整现状，并且对城市发展进行预测与研究的信息巨系统。

从空间范围来看，CIM 是大场景 GIS 数据、小场景 BIM 数据、IoT 数据的有机结合。BIM 是 CIM 的细胞，可以提供丰富细致的建筑物信息，有效地实现建筑信息的集成；GIS 可以对城市的地表地形、地貌地形进行三维数字化还原。将 BIM 与 GIS 数据结合可以形成包含微观宏观、室内室外、地上地下的多层次、多尺度的 CIM 数据。从数据源来看，CIM 不仅关注静态、准静态的模型信息，同时关注物联网、互联网产生的海量的、实时的动态信息，通过 BIM、GIS 模型将这些信息进行实时动态呈现和表达，进行多维空间信息整合、空间数据分析与应用、数据融合共享、综合集成管理等。

10.2　CIM 的发展进程

“City Information Model”一词最早出现在 Billen Roland 于 2000 年发表的 *Introduction of 3D information in Urban GIS：A conceptual view* 一文中，他认为“CIM 是城市尺度的三维 GIS 模型，由建筑物、植被、交通网、公共设施、通信网络等构成”。由于这种概念与近年来研究领域的认知有差距，没有细化到模型的设施内部构件，所以可被认为是 CIM 概念的萌芽。

2007 年，Isikdag 等首次提出将 BIM 模型导入 ArcGIS 平台，用以支持火灾应急响应，为 CIM 进一步发展提供了重要参考。当前，CIM 平台仍以 BIM 与 GIS 的融合为核心构建。2015 年，Isikdag 提出将 IoT 技术融入 CIM 平台，实现城市动态数据和静态数据的交互，能够覆盖更为全面的智慧城市应用场景。2020 年，Lehner 等将 CIM 视作城市尺度的数字孪生体，期望 CIM 在大数据、人工智能等新技术的驱动下实现数字模型和物理实体之间的智能交互。

国内 CIM 概念缘起于上海世博会的世博园区智能模型（Campus Intelligent Model）。当时，上海世博园区有 256 个场馆，不同国家的设计方案采用不同的软件导致数据无法合一。针对这一问题，吴志强院士作为上海世博园区的总规划师，2005 年在总规划师办层面提出要求：所有提交的规划设计方案必须采用统一 BIM 标准。同时，由总规划师牵头，总师办研发可以承载单体建筑设计的 CIM 平台。当时的“C”，指的还不是 City，而是 Campus。

2011 年，吴志强院士正式提出城市智能模型（City Intelligent Model，CIM）这一概念，并很快被应用于城市与城区范围，与城市的规划、建设、管理结合。吴志强院士团队提出 CIM 是通过应用智能模型前瞻性地创造出未来场景，以帮助使用者看到明天的城市问题并据此引导今天的发展路径，通过智能模型辅助决策，再由人机协同决策制定更优的解决方案，保障城市全生命周期的健康发展。智能包含数据治理智能与决策智能。BIM 是 CIM 的细胞，GIS 和 IoT 是底板。

2016 年，在北京城市副中心的规划设计中进行了深度开发实践，将建筑指标、人口指标、学校、医院、能耗、就业等通过 CIM 平台进行精准分析，为未来的城市精细化管理提供智能平台，这也是 CIM 技术在大规模城市规划设计实践中的率先尝试和成功落地的应用。2017 年起，城市规划行业经历了从 BIM 走向 CIM，走向城市规划、建造、运营、管理全生命周期的智能化过程。

2018 年，住房和城乡建设部开始组织开展 CIM 试点。北京城市副中心、广州、南京、厦门、雄安新区列为运用 BIM 系统和 CIM 平台建设的试点，自此，拉开了我国 CIM 建设实践工作的序幕。

2020 年 6 月，住房和城乡建设部联合工业和信息化部、中央网信办印发了《关于开展城市信息模型（CIM）基础平台建设的指导意见》，对 CIM 基础平台的建设内容、建设目标等进行了全面指导，对加快我国 CIM 平台建设应用具有重要的意义。

2020 年 9 月，住房和城乡建设部发布《城市信息模型（CIM）基础平台技术导则》，总结广州、南京等城市试点经验，提出 CIM 基础平台建设在平台构成、功能、数据、运维等方面的技术要求，指导城市级 CIM 基础平台及其相关应用的建设。2021 年 6 月，该技术导则进行了修订，简化了相应的数据要求，明确了 CIM 相关概念、分级分类、数据内容与构成，CIM 基础平台定位、架构、功能和运维等。在整个 CIM 基础平台标准体系尚不完备前，该技术导则对于各地 CIM 基础平台的落地建设具有突出的指导意义。

2022 年 2 月，住房和城乡建设部正式发布《城市信息模型基础平台技术标准》（CJJ/T 315—2022），规范了城市信息模型基础平台的建设和管理，推动城市转型和高质量发展、推进城市治理体系和治理能力现代化。

10.3 CIM 的关键核心技术

10.3.1 地理信息系统（GIS）

地理信息系统，又称地学信息系统或资源与环境信息系统，是存储、分析、显示空间及非空间数据的信息技术。不同学者对其定义各异，如 Parker 强调其信息技术属性，Michael F. Goodchild 视其为综合系统，Roger F. Tomlinson 则认为其是处理空间数据的工具集。GIS 作为关键的空间信息系统，在计算机软硬件支持下，对地球表层地理数据进行采集、储存、管理、运算、分析及显示。它处理多种地理实体和现象数据，解决复杂规划、决策和管理问题。地理信息系统具有学科和技术双重性质，被广泛应用于资源调查、环境评估、区域规划、公共设施管理及交通安全等领域。陈述彭先生认为其是分析和处理海量地理数据的通用技术。作为一种新方式组织和使用地理信息的技术，GIS 改变了地理信息的分发和交换，提供了认识和理解地理信息的新视角，发展成为处理空间数据的学科。

CIM、GIS 二者可以说是相辅相成，相互呼应。GIS 从本质上是获取、处理、管理和分析地理空间数据的工具；而 CIM 也是在地球空间数据的基础上，建立数字城市模型与信息模型，CIM 是目标与结果，GIS 是手段与工具。GIS 可以为 CIM 提供有效的空间建模与分析的技术支撑。

10.3.2 建筑信息模型（BIM）

建筑信息模型是在建设工程及设施全生命期内，对其物理和功能特性进行数字化表达，并依此设计、施工和运营的过程和结果的总称。BIM 的完整概念最早是 30 多年前由美国建筑与计算机专业出身的 Chuck Eastman 博士提出的，他指出："建筑信息模型应该集成建设项目全生命周期中所有的几何模型信息、功能要求信息和构建性能信息，同时包括过程信息，如施工进度、建造工序、维护管理等。"

美国国家 BIM 标准协会对于 BIM 的定义为："BIM 是建筑设施物理以及功能属性的数字化表达，是一个知识数据共享的平台，用户通过分享有关这个平台上设施的信息，来为该设施从概念设计到最终拆除的全生命周期过程中所有决策提供可靠的依据。在建设项目的不同阶段，不同利益相关方可以通过在 BIM 模型中添加、获取、更新和修改相关信息，以此来支持和反映各自职责的协同工作。"

BIM 技术是 Autodesk 公司于 2002 年率先提出的，已经在全球范围内得到业界的广泛认可，它可以帮助实现建筑信息的集成，从建筑的设计、施工、运行直至建筑全生命周期的终结，各种信息始终整合于一个三维模型信息数据库中，设计团队、施工单位、设施运营部门和业主等各方人员可以基于 BIM 进行协同工作，有效提高工作效率，节省资源，降低成本，以实现可持续发展。

住房和城乡建设部对 BIM 的定义作出了这样的解释："建筑信息模型技术是一种应用于工程设计、建造、管理的数据化工具，通过对建筑的数据化、信息化模型整合，在项目策划、运行和维护的全生命周期过程中进行共享和传递，使工程技术人员对各种建筑信息作出正确理解和高效应对，为设计团队以及包括建筑、运营单位在内的各方建设主体提供协同工作的基础，在提高生产效率、节约成本和缩短工期方面发挥重要作用。"

随着计算机技术的迅猛发展，BIM 与 GIS 的结合对于建筑竣工后的施工运营和维护管理起到了关键作用，GIS 应用推动了 BIM 技术的全周期应用程度。结合当下我国城市化进程的发展，CIM 概念顺势被提出。

10.3.3 物联网（IoT）

物联网一词最早由比尔·盖茨于 1995 年在《未来之路》一书中提出。现在所指物联网应用技术，是指通过各种传感技术（RFID、传感器、GPS、摄像机、激光扫描器……）、各种通信手段（有线、无线、长距、短距……），将任何物体与互联网相连接，采集其声、光、热、电、力学、化学、生物与位置等各种需要的信息，与互联网结合形成的一个巨大网络。对物体进行信息交换和通信后，能对物体实现智能化识别、定位、跟踪、监控和管理等操作。

CIM 中 GIS 和 BIM 集成的是静态数据，IoT 集成的是动态数据。CIM 平台可以集成、分析和综合应用各类城市基础设施的实时或准实时物联网数据，对安全、稳定运行等方面进行信息采集、处理、分析，并提供共享服务，为城市建设管理决策提供支撑。实现城市从规划、建设到管理的全流程、全要素、全方位的数字化、在线化和智能化，更改城市面貌，重塑城市基础设施。

10.3.4 CIM 与 GIS、BIM、IoT 的关系

从 CIM 提出的初衷和当前的发展来看，CIM 与 GIS、BIM 和 IoT 有着密切的关系（图 10.1）。这些技术在以 CIM 为基础的智慧城市框架中发挥着不同的作用，共同组成了 CIM 最核心的技术基础。BIM 和 GIS 是对城市地理场景不同尺度的描述。GIS 是对城市场景中大尺度空间的描述，如地形地表、规划、自然资源等基础数据，它主要基于时空关系将城市中各个要素进行组织和管理，是各种信息的载体。GIS 不仅提供智慧城市的基础数据，更是城市的空间基准，是城市的骨架。

BIM 是在较小尺度下对城市中建筑物以及基础设施对象的描述，包含各类工程数据模型，是智慧城市建设的重要组成部分。它本身存储着大量的建筑参数信息，可以用作设施信息的知识资源在城市建设运营不同阶段进行共享。BIM 技术的引入，解决了 CIM 中缺少城市建筑及基础设施内部信息的问题，将城市管理的精细程度由建筑物级别提升到建筑物构件级别。BIM 作为智慧城市的血肉，给智慧城市发展带来了新的生机和活力。

随着技术的发展和应用的需求，BIM 与 GIS 之间不断融合，界限被打破。BIM 可以看作 GIS 在局部的关于建筑的延伸，从空间上对建筑构件及其信息进行管理。传统的 GIS 技术支撑建设的数字城市，其城市信息管理粒度最大到城市的大型部件，通过引入 BIM 信息，城市信息管理的粒度从建筑整体延伸到了建筑构件，从而能够构建从城市宏观布局到微观部件的完整全面的城市信息框架，为城市精细化治理提供了数据基础。

GIS 与 BIM 的结合在数字空间中完整地描述了静态的城市。而 IoT 集成的是动态数据，它构建了现实城市到数字城市模型之间的桥梁。一方面，通过传感器与网络将城市

中的动态状态信息反映到数字空间，同时又通过数字化控制设备，将数字空间中的操作反馈到现实中的控制设备，是对城市运行状态信息的感知、计算以及处理。它不仅包括可见的交通流、人流，也包括看不到的电流、资金流、信息流以及生态环境数据，如空气质量、水质、土壤质量、能耗、噪声。通过 IoT 让城市中万物互联，从而达到对城市运行进行实时控制和精确管理。

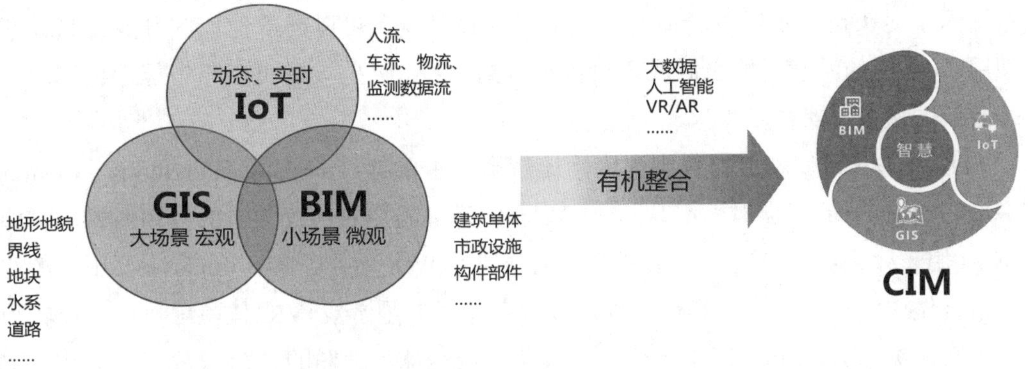

图 10.1　CIM 与 GIS、BIM、IoT 的关系

在城市信息模型基础之上，通过人工智能、大数据、AR/VR 等新技术提供的基础服务能力，CIM 可以实现城市智能化决策分析，全面应用于社会生活、政府服务、城市管理、生态环境等各方面的智慧化提升，是智慧城市的基础平台之一。

10.4　CIM 与其他技术的集成

10.4.1　游戏引擎（Game Engine）

游戏引擎是指一些已编写好的可编辑电脑游戏系统或者一些交互式实时图像应用程序的核心组件。这些系统为游戏设计者提供编写游戏所需的各种工具，其目的在于让游戏设计者能容易和快速地做出游戏程序而不用从零开始。大部分游戏引擎都支持多种操作平台，如 Linux、Mac OS、Windows 等。游戏引擎包含以下系统：渲染引擎（即“渲染器”，含二维图像引擎和三维图像引擎）、物理引擎、碰撞检测系统、音效、脚本引擎、电脑动画、人工智能、网络引擎以及场景管理。游戏引擎强大的渲染能力可以带来更好的可视化效果。游戏引擎常见的有 Unreal Engine、Unity 3D 等。

Unreal 引擎可能是使用最广的一款游戏引擎，其以逼真的渲染效果著称。在推出后的两年之内就有 18 款游戏与 Epic 公司签订了许可协议，这还不包括 Epic 公司自己开发的《虚幻》资料片。Unreal 引擎的应用范围不限于游戏制作，还涵盖教育、建筑等其他领域。Digital Design 公司曾与联合国教科文组织的世界文化遗产分部合作采用 Unreal 引擎制作巴黎圣母院的内部虚拟演示，Zen Tao 公司采用 Unreal 引擎为空手道选手制作过武术训练软件，另一家软件开发商 Vito Miliano 公司也采用 Unreal 引擎开发了一套名为"Unrealty"的建筑设计软件，用于房地产的演示。

Unity 为 VR（虚拟现实）和 AR（增强现实）设备增添了"高度优化"渲染管道；同时也增添了对头盔显示器等产品的原生支持，使开发者可以插入他们的开发工具并能立即使用。Unity 的游戏引擎在低成本设备中占据优势，这些设备可以与智能手机绑定让人们体验低端虚拟现实技术。

Web 端的三维引擎目前在国内应用比较多的主要有 Three.js、Babylon.js、Cesium.js 等，这些 Web 端的三维引擎都是基于 WebGL 开发的，它们有各自的应用场景。例如，Three.js 用于效果展示，适合中小型的注重表现的 Web 项目。Babylon.js 主要用于游戏开发，适合做中大型项目，尤其是多种媒体混杂的或者是游戏 VR 体验项目，功能较为全面、丰富、灵活。Cesium.js 是一个用于显示三维地球和地图的开源.js 库，主要用于 GIS 开发。它可以用来显示矢量数据、影像数据、高程数据、三维模型数据等。这三者都是基于 JavaScript 的开源三维引擎。

在 CIM 中，需要构建三维场景，支持在不同客户端对不同类型的数据进行快速加载和可视化渲染，包括海量矢量数据、影像数据、地形数据、三维模型数据、倾斜摄影模型数据、BIM 模型数据等，应用场景也涵盖传统屏幕、VR、AR 等多种可视化设备。这就决定了构建 CIM 三维场景的复杂性。传统 GIS 和游戏引擎面向的行业不同，GIS 注重地图交互、空间分析、规划和决策；而游戏引擎更注重渲染效果的真实性。

目前在 CIM 平台的建设中，出现了 GIS 和游戏引擎融合的趋势。例如，Cesium.js 和 Three.js 都是基于 WebGL 使用 JavaScript 进行开发的，两者的结合增强了模型的外在表现能力，可以更好地展现地理数据。而基于 Unreal 引擎的三维空间展示被大量地应用在 CIM 平台的前端展示中，用来呈现城市的美好图景或进行仿真模拟。但游戏引擎开发的界面不是数据原生的，无法实现动态更新。

10.4.2 扩展现实（Extended Reality）

扩展现实（Extended Reality，XR）是一个用来描述结合了虚拟和真实元素的环境或交互行为的术语，XR 包含 AR（增强现实）、VR（虚拟现实）、MR（混合现实），并加入了特有的虚拟扩展空间技术，以及实时渲染、实时输出等新技术，可以将虚拟世界和现实世界以多种奇妙的组合方式进行融合，打造"XR 虚拟宇宙"新场域。

CIM 打造了一座线上城市，可以通过 XR、北斗时空、穿戴设备等技术，将线上城市的数据、信息叠加到真实世界中，从而为城市治理打开新的视域与场域。

10.4.3　视频融合（Video Fusion）

视频融合技术是虚拟现实技术的一个分支。视频融合技术指将一个或多个由视频采集设备采集的关于某场景或模型的图像序列视频与一个与之相关的虚拟场景加以融合，以生成一个新的场景或模型，目的是增加虚拟场景与现实的互动性，增加虚拟模型的信息承载量，在足不出户的情况下为现实与虚拟之间架起一座桥梁，盘活城市中大量的视频探头资源。

CIM 平台上的三维场景与城市中大量的视频图像融合已成为国内 CIM 建设的标配能力，是虚拟模型与物理世界融合、静态模型与动态感知数据融合的典型体现，可广泛应用到各类与安全相关的应用场景中。按照智能化程度可分为像素级融合、特征级融合与决策级融合。

10.5　CIM 相关联概念的区别与联系

10.5.1　实景三维（3D Real Scene）

“实景三维中国”是由自然资源部提出的。2019 年印发的《自然资源部信息化建设总体方案》提出“推进三维实景数据库建设”。2020 年全国国土测绘工作会议提出新时期测绘工作“两服务、两支撑”的根本定位，明确要求大力推动新型基础测绘体系建设，构建“实景三维中国”。2021 年全国自然资源工作电视电话会议要求“加快建设实景三维中国、自然资源一张底图”。2021 年自然资源部印发了《新型基础测绘体系建设试点技术大纲》和《实景三维中国建设技术大纲（2021 版）》，随后印发了《新型基础测绘与实景三维中国建设技术文件》，共由 7 部分组成，包括《名词解释》《基础地理实体分类、粒度及精度基本要求》《基础地理实体空间身份编码规则》《基础地理实体数据元数据》《基于 1∶500、1∶1 000、1∶2 000 基础地理信息要素数据转换生产基础地理实体数据技术规程》《基础地理实体数据采集生产技术规程》《基础地理实体数据语义化基本规定》。并进一步组织编制了《实景三维中国建设总体实施方案（2022—2025 年）》。

实景三维中国建设是对传统基础测绘业务的转型升级，是测绘地理信息服务的发展方向和基本模式，服务于经济社会发展和生态文明建设的新需求，已经纳入“十四五”自然资源保护和利用规划。

实景三维中国作为真实、立体、时序化反映人类生产、生活和生态空间的时空信息，是国家重要的新型基础设施，通过“人机兼容、物联感知、泛在服务”实现数字空间与现实空间的实时关联互通，为数字中国提供统一的空间定位框架和分析基础，是数字政府、数字经济重要的战略性数据资源和生产要素。

在《实景三维中国建设技术大纲（2021 版）》中，对实景三维的定义为实景三维是对人类生产、生活和生态空间进行真实、立体、时序化反映和表达的数字虚拟空间。相较于现有测绘地理信息产品，实景三维有 6 点提升：一是从“抽象”到“真实”。从对现实世界进行抽象描述，转变为真实描述。二是从“平面”到“立体”。从对现实世界进行“0-1-2”维表达，转变为三维表达。三是从“静态”到“时序”。实景三维不仅能反映现实世界某一时点当前状态，还可反映多个连续时点状态，时序、动态展示现实世界发展与变化。四是从“按要素、分尺度”到“按实体、分精度”。从对现实世界分尺度表达，转变为按“实体粒度和空间精度”表达。五是从“人理解”到“人机兼容理解”，从“机器难懂”转变为“机器易懂”。六是从“陆地表层”到“全空间”。现有地理信息产品更侧重陆地表层空间的描述，实景三维实现“地上下、室内外、水上下”全空间的一体化描述。

实景三维通过在三维地理场景上承载结构化、语义化、支持人机兼容理解和物联实时感知的地理实体进行构建。按照建设内容分为地形级、城市级和部件级三级实景三维建设。实景三维是对真实世界的三维表达，三维实体是地图里最小颗粒度的数字化展现，是实景三维的最小单元，核心点就是“三维”与“真实”。CIM 是一个个实景三维（实体）组成的虚拟城市，核心点是“完整”与“关联”，是一个城市的整体，而每个三维实体间是有关联的，可分可合。

目前，实景三维中国主要面向自然资源部的管理范畴，包括国土和规划领域，如山水林田湖草及城市、乡村的各类基础设施。而 CIM 主要面向城市，包含其中的各种资产和组件。这两个概念涉及的内容互有交叉。

10.5.2 数字孪生城市（Digital Twin Cities）

数字孪生（Digital Twins）一词最早诞生于工业界，但是其在智慧城市方面的应用则来源于 2018 年通过的《雄安规划纲要》，该纲要提出：“坚持数字城市与现实城市同步规划、同步建设，适度超前布局智能基础设施，打造全球领先的数字城市”“建立健全大数据资产管理体系，打造具有深度学习能力、全球领先的数字城市”等建设内容（图 10.2）。

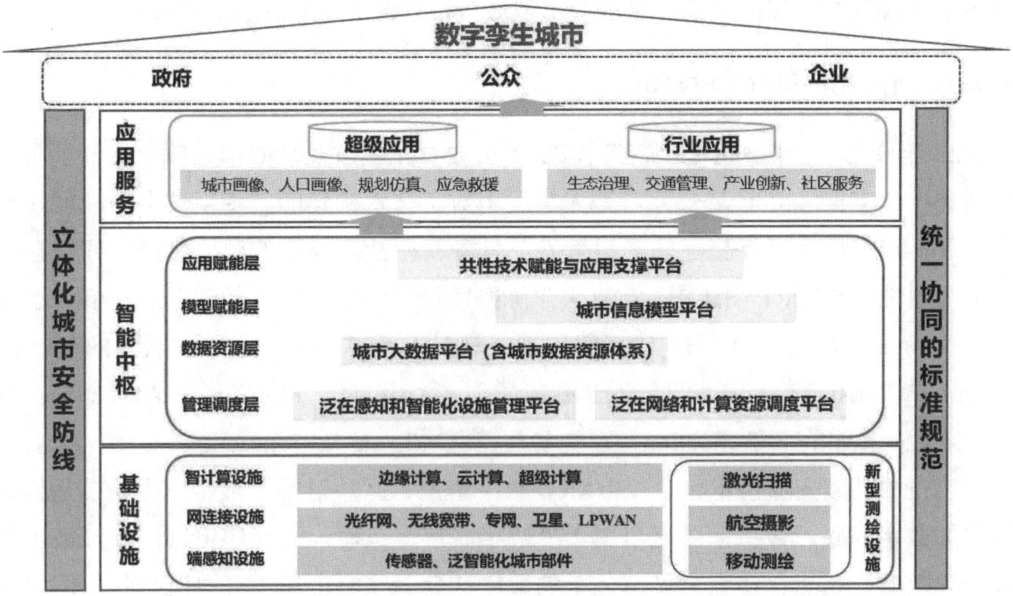

图 10.2　中国信息通信研究院《数字孪生城市研究报告（2019 年）》中的数字孪生城市总体架构

自 2018 年开始，“CIM”与“数字孪生城市”经常被相提并论，在具体落地时也难以分辨。数字孪生在早期的 CIM 定义中被视为 CIM 的一项核心支撑技术，由数字孪生技术衍生出来的“数字孪生城市”是在 CIM 基础之上建立起来的“城市级数据闭环赋能体系”（中国信息通信研究院，2018），是支撑新型智慧城市建设的复杂综合技术体系，是物理维度上的实体城市和信息维度上的虚拟城市同生共存、虚实交融的城市未来发展形态。作为数字孪生城市的基础支撑平台之一，中国信息通信研究院在 2019 年发布的《数字孪生城市研究报告（2019 年）》中给出“城市信息模型平台”（CIM）的定义：城市信息模型平台是指具有城市语义信息的三维模型，是语义建模的数据成果，其核心功能主要由模型数据源采集、模型平台构建、数据呈现与模型渲染三大部分组成，实时映射的城市信息模型平台是数字孪生城市建设的核心，是刻画城市细节、呈现城市趋势、推演未来趋势的综合信息载体。

《中华人民共和国国民经济和社会发展第十四个五年规划和 2035 年远景目标纲要》发布以后，城市大数据管理部门及城市运行管理部门进入数字孪生城市的探索阶段，交通、水利等行业纷纷展开数字孪生的行业探索。

在城市建设的过程中，CIM 通过 BIM、三维 GIS、大数据、云计算、物联网、人工智能等先进数字技术，同步形成与实体城市“孪生”的数字城市。CIM 平台是数字孪生城市建设的数字化模型，也是城市建设管理全流程智慧应用的支撑性平台。依托 CIM 平台三维城市数字底板，与实时感知、仿真模拟、深度学习等信息技术高度融合，开展全方位多维度智慧城市应用建设，将成为实现城市治理能力现代化的重要驱动力。

10.5.3 元宇宙（Metaverse）

2022 年 9 月，全国科学技术名词审定委员会对元宇宙及核心术语概念展开了研讨，达成共识：元宇宙（Metaverse），是人类运用数字技术构建的，由现实世界映射或超越现实世界，可与现实世界交互的虚拟世界，具备新型社会体系的数字生活空间。在元宇宙特征与属性的 START 图谱中，北京大学陈刚教授与董浩宇博士梳理并系统界定了元宇宙的五大特征与属性，即社会与空间属性（Social & Space），科技赋能的超越延伸（Technology Tension），人、机与人工智能共创（Artificial，Machine & AI），真实感与现实映射性（Reality & Reflection），交易与流通（Trade & Transaction）。

元宇宙的基础支撑技术包含 VR/AR、数字孪生、区块链等。数字孪生城市是新型智慧城市的数字基底。数字孪生城市属于“数字城市”范畴，而元宇宙则属于“数字经济与社会”范畴，是运行在数字城市之上的数字社会。元宇宙离不开“时空”，同时赋予时空更强的延展力与想象力。咪咕与清华大学马克思主义学院联合发布了《元宇宙的元理论研究——构建网络空间命运共同体》报告。报告认为，元宇宙概念的本质在于时空建构，就是建构原生于物理时空且与之交融的数字时空，从而为创造力解放开辟道路。清华大学发布的《元宇宙发展研究报告 3.0》中提出，“时空智能”与“智能时空”两个层次的智能，最终会实现时空泛在。“时空智能”是在虚实共生的世界里架构一个具有智能的空间单元——元空间，通过虚拟世界模拟仿真现实世界，预测现实世界未来可能性，推动自然人在现实世界中的决策；“智能时空”是虚实原生的智能空间，每一个“数字元空间”包含的数据、信息、知识、符码、智慧、连接，使这一“数字元空间”的数字密度与强度不断提升，具有相近或相同特征的元空间会聚合，而具有某种特性的元空间会分裂出来，“空间”不再是虚实共生阶段的相对静态的数据体，而是根据需求动态聚合的数据体，能够给到进入这个空间的人对应的服务并获取经济报酬，智能时空是人类改造自然界的高级形态，是数字经济的高级形态。CIM 则是两个智能的起点。

10.6 CIM 基础平台建设原理

10.6.1 CIM 基础平台概述及构建基本原理

CIM 目前重要的建设内容，是通过构建一个基于三维数字空间的现实城市数字化版本，成为连接城市现实世界与数字虚拟世界的桥梁，为城市提供全空间、全要素、全专业、全流程和全生命周期的城市数字化管理能力。这个数字化的版本，称为 CIM 基础平台（图 10.3），也是未来新一代城市信息基础设施。

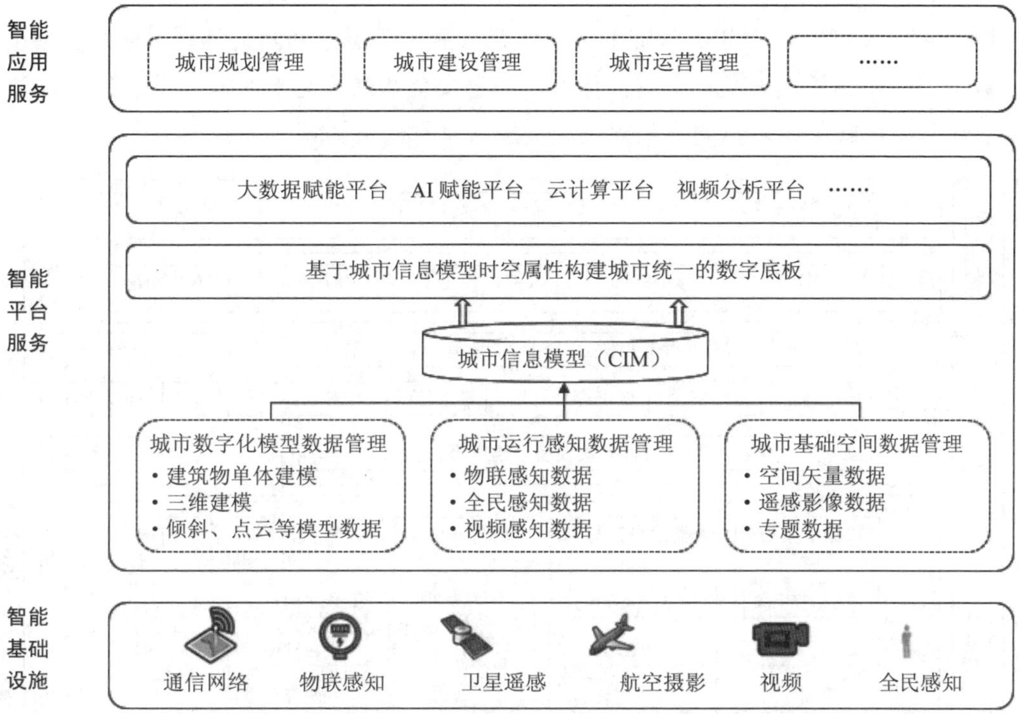

图 10.3　CIM 基础平台概述

CIM 平台自下向上，由智能基础设施、智能平台服务和智能应用服务组成，涵盖城市信息模型、城市智能分析和城市智慧应用 3 个层次的内容。

①城市信息模型：在空间场景上，CIM 平台覆盖从单体建筑到社区、街区、城区、城市群 5 种空间尺度，以及地上、地表、地下 3 个维度，并整合了城市基础空间、城市数字化模型、城市感知数据的全空间数据信息模型，以时空作为枢纽进行统一的组织管理，形成数字孪生城市的数字底板。

②城市智能分析：在时空分析方面，CIM 整合了人工智能、大数据、AR/VR、视频融合等新技术的服务能力，让城市决策者总览城市规划、建设、管理、运营情况，全面实现城市智能化决策分析。

③城市智慧应用：在智慧应用方面，CIM 全面服务于社会生活、政府服务、城市管理、生态环境等各方面的智慧化提升。

10.6.2 CIM 基础平台总体架构

住房和城乡建设部于 2021 年组织修订并公布的《城市信息模型（CIM）基础平台技术导则（修订版）》中，CIM 基础平台总体架构由 3 个层次和两大体系组成，包括设施层、数据层、服务层，以及标准规范体系、信息安全体系与运维保障体系（图 10.4）。横向层次具有依赖关系，纵向体系对于相关层次具有约束关系。

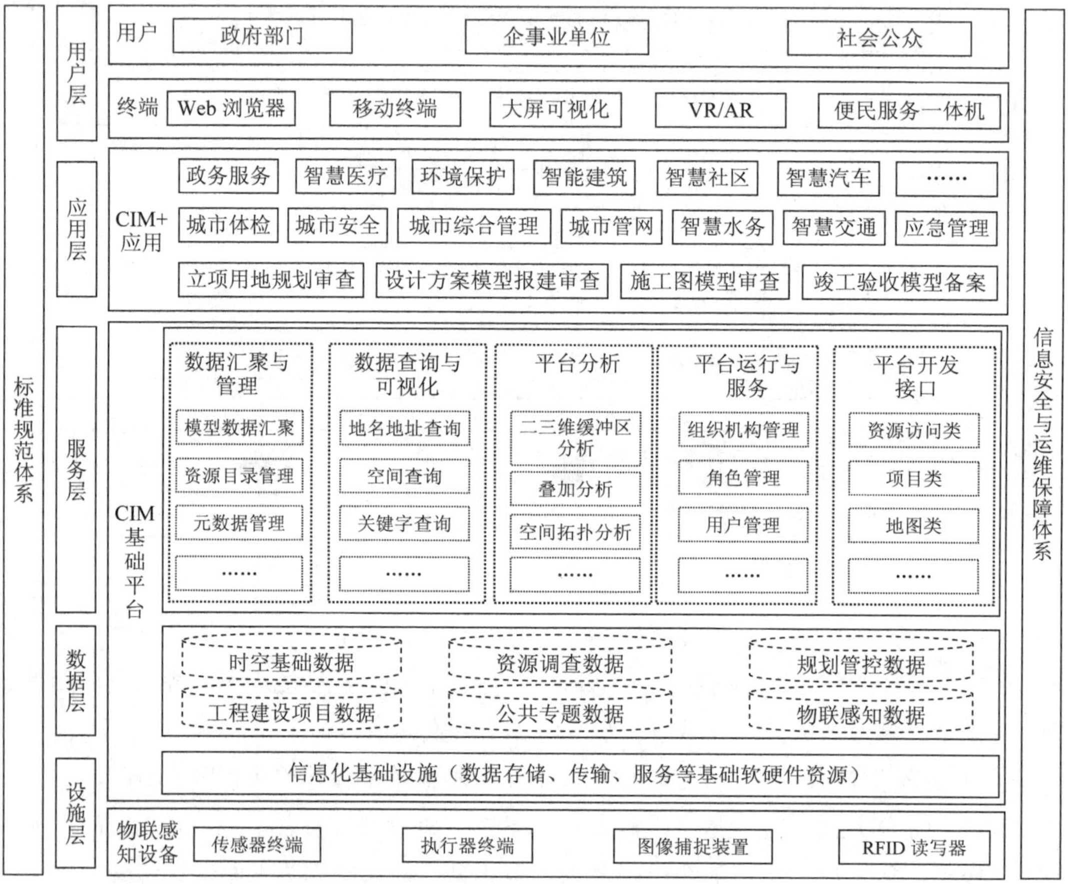

图 10.4 CIM 基础平台总体架构

①设施层：应包括信息化基础设施和物联感知设备。

②数据层：应建设至少包括时空基础、资源调查、规划管控、工程建设项目、公共专题和物联感知等类别的 CIM 数据资源体系。

③服务层：提供数据汇聚与管理、数据查询与可视化、平台分析、平台运行与服务、平台开发接口等功能与服务。

④标准规范体系：应建立统一的标准规范，指导 CIM 基础平台的建设和管理，应与

国家和行业数据标准与技术规范衔接。

⑤信息安全与运维保障体系：应按照国家网络安全等级保护相关政策和标准要求建立运行、维护、更新与信息安全保障体系，保障 CIM 基础平台网络、数据、应用及服务的稳定运行。

10.7　应用案例：中新天津生态城 CIM 平台开发与应用

CIM 虽然是一个新提出的概念，但其实主要是基于 GIS 来进行开发的，相当于 GIS 的一个应用方向。CIM 的数据组织、前端展现、应用分析等都是基于 GIS 技术来实现的。本节以“中新天津生态城智慧城市 CIM 平台”为例介绍 CIM 平台及其应用（图 10.5）。该 CIM 平台的建设，涉及从城市规划、城市建设到城市管理的全生命周期；提供城市从过去、现在到未来的全时域展现；通过打造 CIM 城市三维底板，为智慧城市提供开放共享的全空间基础支撑。

图 10.5　中新天津生态城 CIM 平台

10.7.1　生态城 CIM 平台建设背景

为贯彻住房和城乡建设部试点工作要求，落实完成生态城建设局关于开展城市信息模型（CIM）平台建设试点工作，提升规划审查、建筑设计方案审查、房屋管理、地下管线管理、土地储备管理的效率和质量，推进工程建设项目审批相关信息系统建设，推动政府职能转向减审批、强监管、优服务，建设生态城智慧城市统一三维平台，特开展

2020 年生态城城市信息模型（CIM）平台项目建设。

10.7.2 生态城 CIM 平台建设成果

生态城 CIM 平台建设的目标是建设支撑生态城建设业务全过程流转的 CIM 完整平台；打造反映生态城建设过去、现在和未来全时域的智慧建设应用场景；基于 GIS+BIM 技术，建立覆盖生态城全空间的三维数据底板，服务生态城整体智慧城市建设。具体建设规划包括：

①在多层级安全访问机制下，建设具有智慧规划和智慧建设能力的全过程 CIM 平台。

②打造生态城智慧城市“1+3+N”框架体系下“智慧建设”应用场景，全时域展示生态城建设的过去、现在和未来。

③建立覆盖生态城全域的三维数据底板，为生态城智慧城市建设提供开放共享的全空间基础支撑。

CIM 平台在生态城智慧城市建设中有着明确定位。生态城确定的《智慧城市建设实施方案》提出生态城将在“1+3+N”的框架体系下，建设全国智慧城市的试点样板。其中的“3”个平台，就包括以生态城 CIM 平台和数据汇聚平台为核心，逐步建成区域的全域 CIM 化，以及全部区域的基础数字化的“数字平台”。全域数字孪生为基础的 CIM 平台以规划建设行业为起点，逐渐支持各城市管理领域的虚拟化治理也是“N”类前沿科技应用。在“城市大脑”的驱动下，各类社会治理问题将在 CIM 平台的帮助下快速化解在一个个“网格”之间。

生态城 CIM 平台建设总体架构如图 10.6 所示，主要包括 CIM 三维底板、CIM 基础平台、智慧应用系统三大部分。

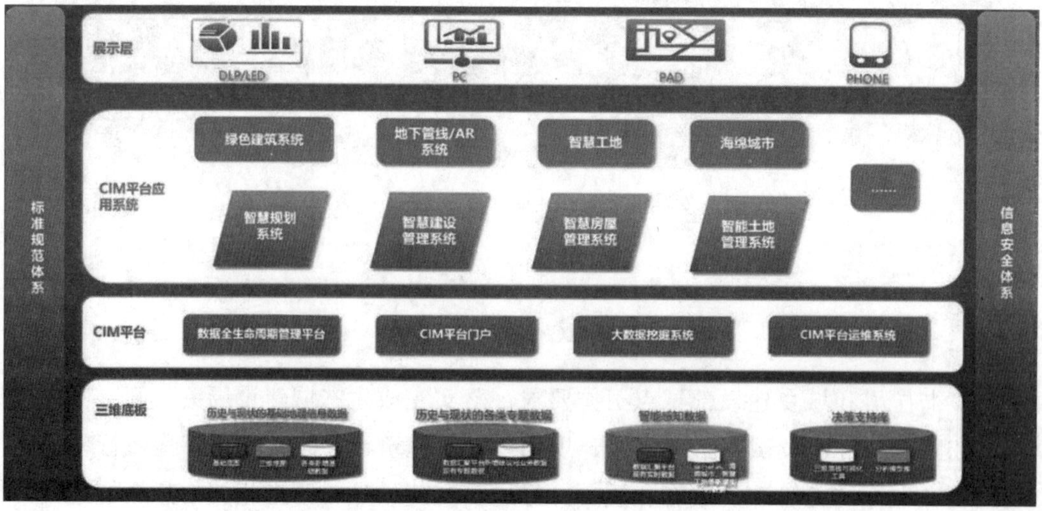

图 10.6 中新天津生态城 CIM 平台总体架构

（1）CIM 三维底板

天津生态城通过补充采集或加工地理信息数据，打造覆盖生态城全域的三维底板。在现有数据平台 15 个门类 60 多种数据基础上，补充完善规划类数据、基础地理信息数据、城市建设相关数据及其他数据，包括精模数量 5 400 余个，提取建筑物覆盖区面（包括精模、城市设计模型等）1 万余个。其中，规划类数据包括城市总规、控规、城市设计和土地权属信息数据；城市建设相关数据包括建筑物 BIM 数据、建设项目信息、绿色建筑、海绵城市、地下管廊和地下管线信息数据。

三维数据底板建设中，在原来六大类数据（时空基础数据、资源调查数据、规划管理数据、工程建设项目数据、公共专题数据、物联感知数据）的基础上，增加了房屋管理数据和特色专题数据，实现了城市建设业务全过程数据的融合，最后以资源目录的方式提供使用（图 10.7）。

图 10.7　三维底板数据中心

（2）CIM 基础平台

天津生态城建设的智慧城市 CIM 基础平台（图 10.8），以二维、三维地理信息服务为基础，通过标准规范和操作规程体系保障，重点打造生态城管委会各职能部门和专业公司之间的数据共享平台和城市运维协作平台。在技术层面，实现对物联网实时数据、各类三维数据和空间大数据服务的支撑，为实现各种智慧应用提供技术保障。平台具体包括数据汇聚与治理系统、全息展示与查询分析系统、共享与服务系统和运维管理系统等模块。

图 10.8　天津生态城 CIM 基础平台

①全息城市：全息城市展现、多维数据查询和综合分析，提供大数据挖掘分析能力（图 10.9～图 10.14）。

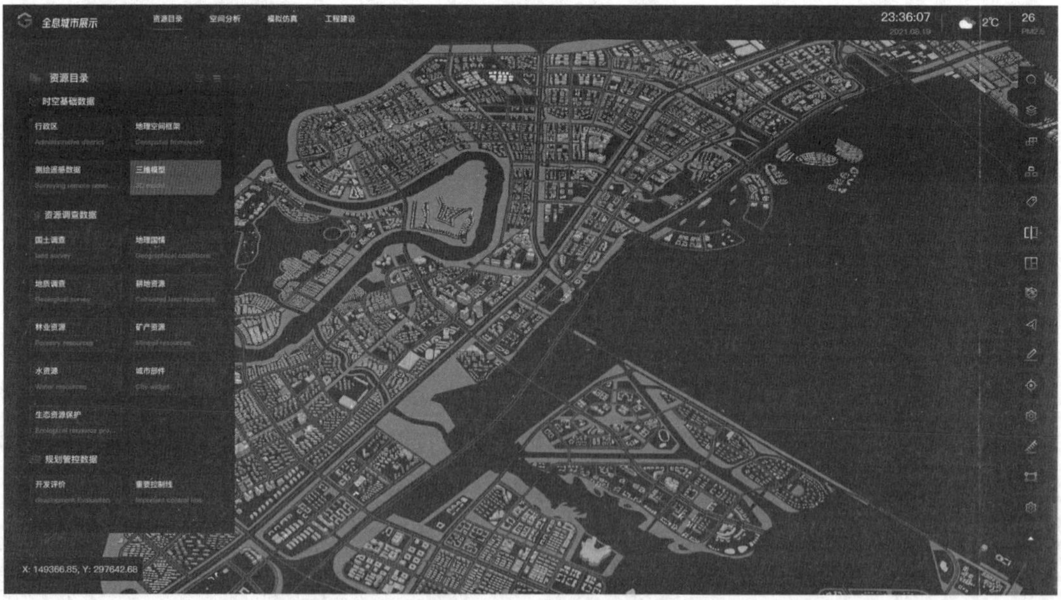

图 10.9　多源数据融合展示

图 10.10　传统手工建模

图 10.11　倾斜摄影模型

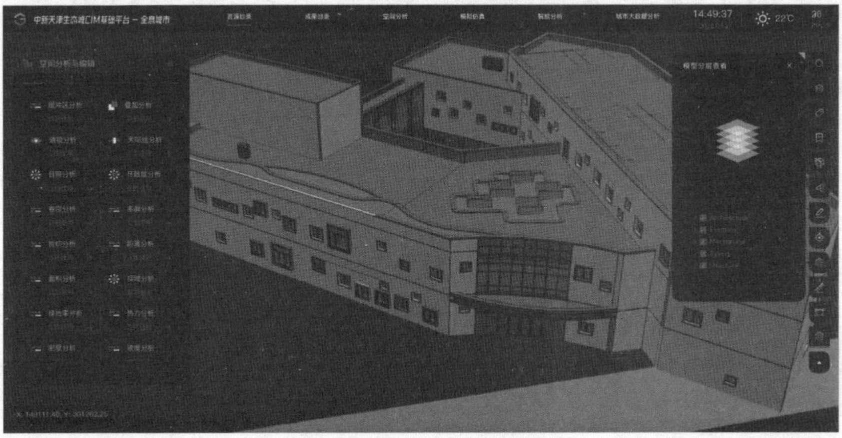

图 10.12　BIM 模型

图 10.13 地下管线模型

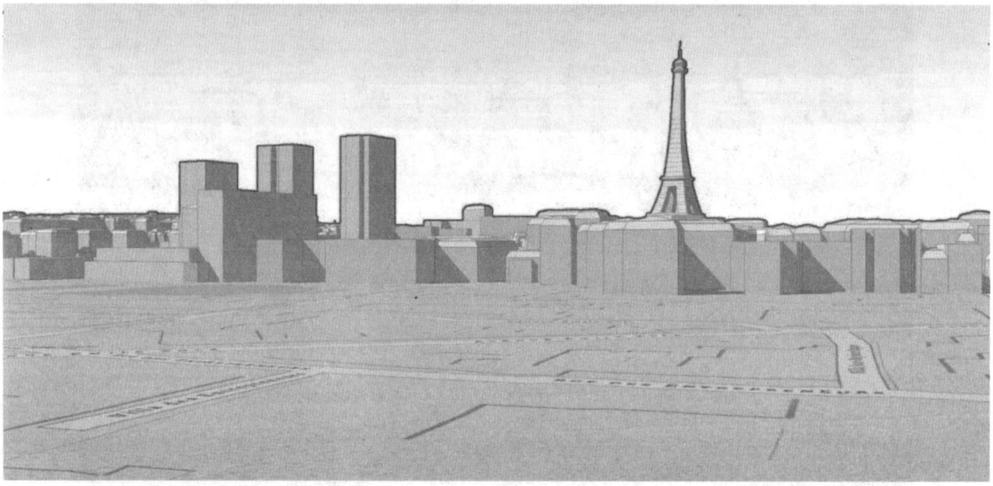

图 10.14 城市天际线分析

②资源中心：CIM 平台数据资源共享交换的窗口，提供基础数据服务和资源检索能力（图 10.15）。

③在线制图：二维、三维地图/场景可视化定制，支持多源数据场景组装。

④开放平台：为平台内外部不同类型的用户提供应用定制化服务（图 10.16）。

⑤运维管理：面向平台管理运维人员，提供 CIM 平台软、硬件一体化监控运维管理。

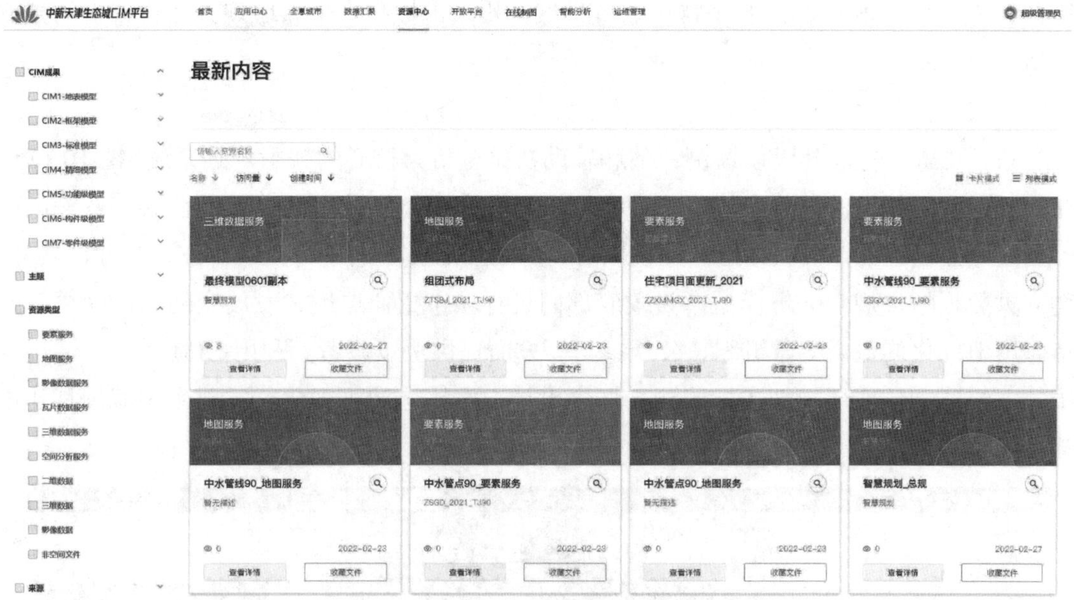

图 10.15　资源目录

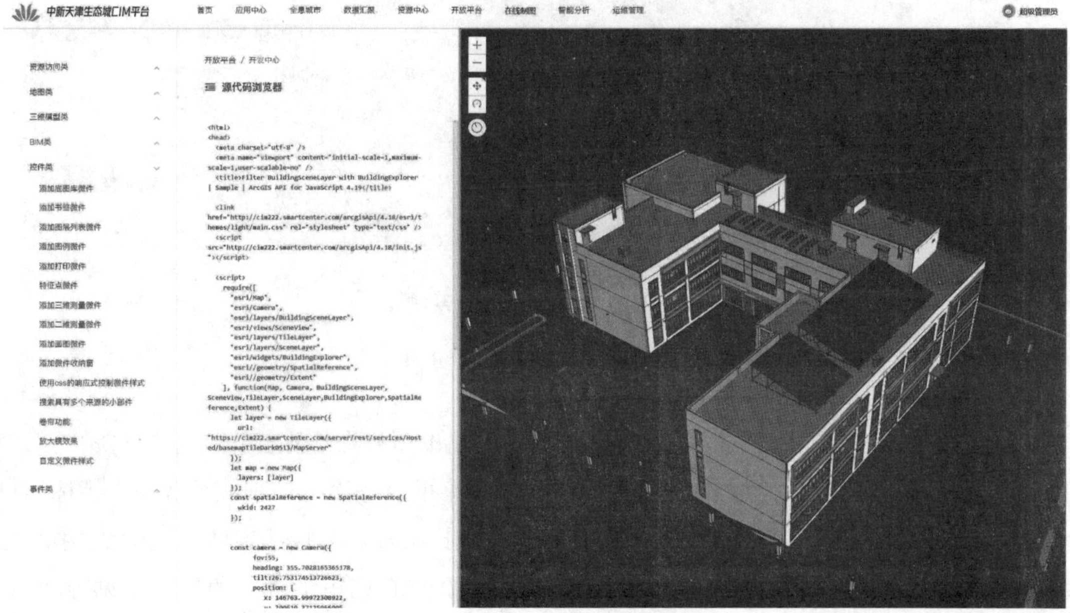

图 10.16　二次开发接口

（3）智慧应用系统

生态城 CIM 平台强调应用至上。基于日常管理的业务需要，目前在 CIM 平台之下共开发了 8 个智慧应用，包括规划、土地、建设、房管、工地 5 个主要业务领域和地下管线、绿色建筑、海绵城市 3 个特色业务领域，极大地提高了生态城规划建设管理的效能和精细化水平。

1）智慧规划系统

依托 CIM 平台，建设以监测评估和辅助决策分析为核心的智慧规划系统（图 10.17），在控规层面对城市的居住空间、产业空间、综合交通、开放空间，以及公共服务设施等方面展开监测评估，关联用地、建设项目、产业和居住、人口、交通、公共服务设施等，建立大数据城市规划分析模型，为政府部门进行城市招商选址、发展空间、街区更新改造、用地优化调整、交通组织、公众参与等方面提供决策参考。利用 CIM 平台，通过二维、三维联动，实现规划指标监测、概念设计方案比选的可视化，实现生态城规划建设管理的数字化和智慧化。

图 10.17　智慧规划系统

2）智慧规划系统——BIM 报建系统

智慧规划系统——BIM 报建系统应用于工程建设项目在线报建审查审批与相关部门协同审批（图 10.18）。利用 BIM 技术，结合规划审批业务流程，实现经济技术指标的自动化审查，通过 BIM 模型为业务决策提供精准的数据支撑。为报建申请人提供 24 小时在线的项目申请入口，实现提供在线提交文件模型、在线查询审批进度和反馈意见等功能。审批人员可批注审批意见；实现相关法律法规与报建文件的经济技术指标自动对比检查，向审批人员实时报告自动审核结果。

BIM 规划报建审查审批支持多种 BIM 软件的数据处理与融合。通用 BIM 数据格式，推动建设领域信息化、数字化、智能化建设，为智慧城市建设奠定数据基础。BIM 规划报建审查审批还通过数据压缩、显示级别控制、大数据文件的智能分片存储和多专业模型文件动态组装等技术实现复杂 BIM 模型的快速传输及轻量化浏览。

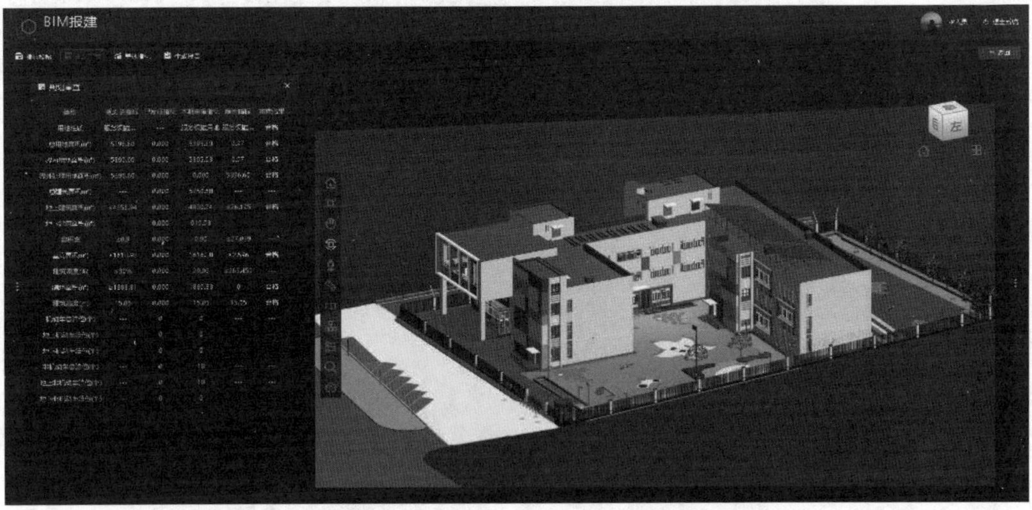

图 10.18　智慧规划系统——BIM 报建系统

BIM 数据标准编制：建立 BIM 应用标准、数据交换标准、模型设计标准及成果交付标准。构建基于 BIM 的报建审批体系，实现“模审匹配”，对于模型精细度、信息深度、交付物、表达方法等都要做出详细规定，同时考虑不同审批阶段对于模型的不同需求。有效实现 BIM 模型数据存储与交换，保证数据存储与传递的安全，满足规划方案、设计方案报建等环节的 BIM 报建标准规范体系，探索施工图 BIM 报建审查。

3）智能土地储备管理系统

智能土地储备管理系统主要用于储备土地的收购、整理、分配与管理（图 10.19），能够有效地进行地块储备及供地与规划信息管理，提高土地资源利用率，为征地和土地登记发证提供决策依据，为公众提供高质量、高可靠的服务。智能土地储备管理系统支持储备土地的空间可视化、土地状态的监管以及土地信息的查询与统计。

4）智慧建设信息系统

生态城逐年编制建设计划，并跟踪建设进展，确保各重点项目能够按照建设计划确定的进度节点推进。以 CIM 平台为基础，对建设计划的申报、编制、调整、进度执行、资金拨付与工程变更等全阶段进行管理（图 10.20）；综合分析项目建设分布与进展情况、资金计划与固投完成情况，通过项目分布位置图、资金投入分布图、项目类型分布图、建设过程热力图等展现模式，动态实时反馈建设项目的进展情况。

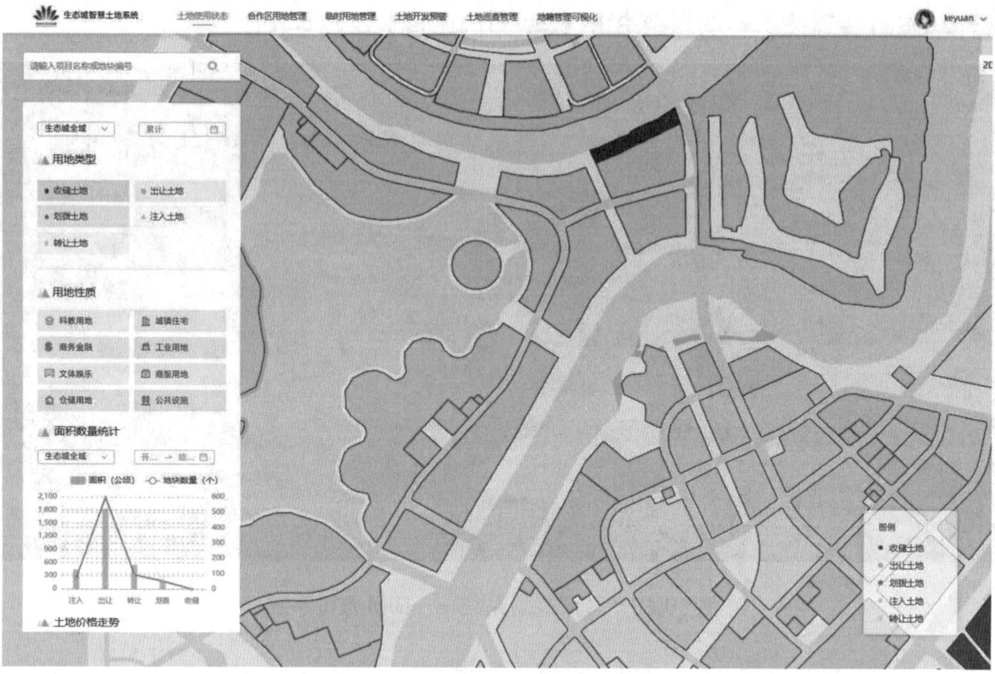

图 10.19　智能土地储备管理系统

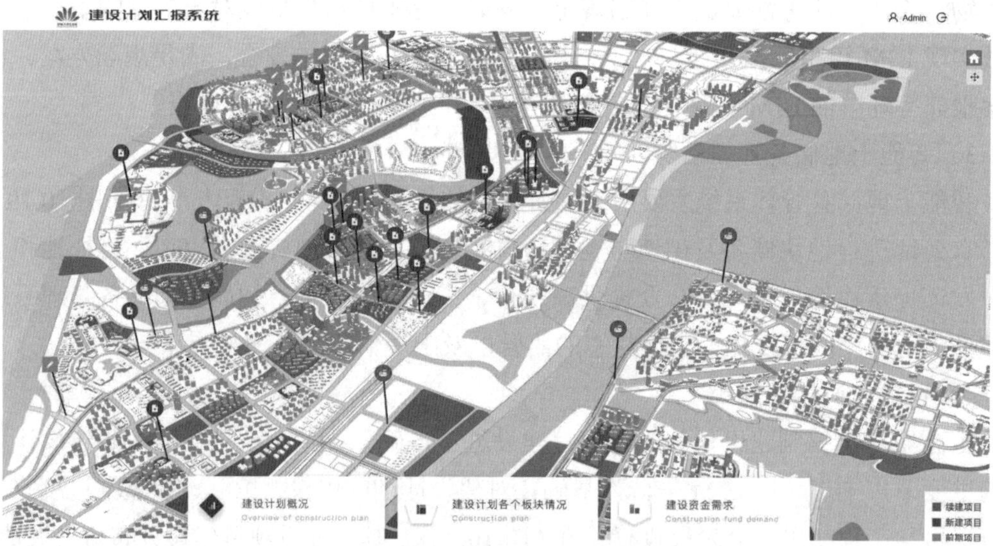

图 10.20　智慧建设信息系统——建设计划汇报

5）智慧房屋管理系统

智慧房屋管理系统建立房地产预警预控指标体系，自动进行宏观比对与预警，构建房地产预警预控系统；在提升房屋管理系统基础上，整合房屋基础信息和小区大门出入信息，建立房屋安全监测系统；建立物业和配套项目管理系统，对配套项目计划、配套费收缴、配套项目过程监管和配套项目验收等方面进行智慧房屋综合管理（图 10.21），实现生态城配套项目的统一管控以及对入住小区房屋的安全管理。

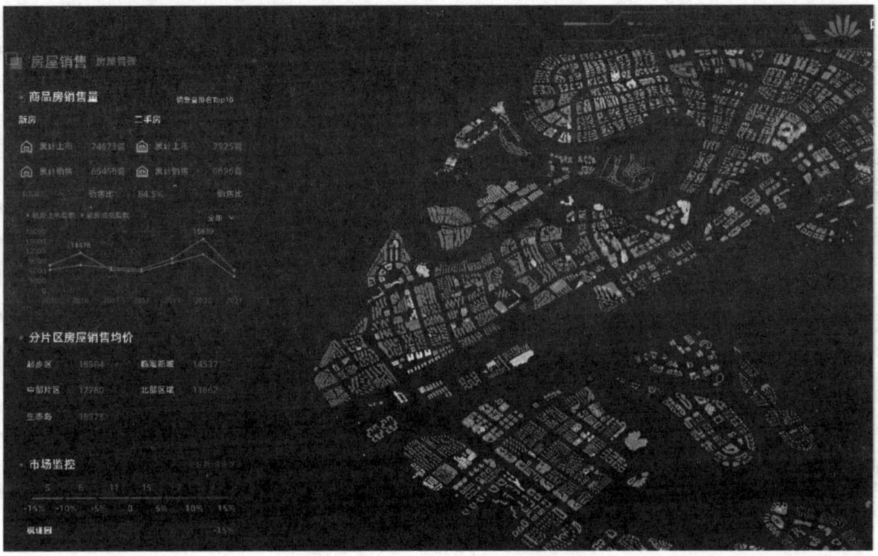

图 10.21　智慧房屋综合管理

6）地下管线管理系统

通过管线数据定期更新和传感器感知管线及管线设施运行状态，实现管网逻辑拓扑图与地理图联动（图 10.22），利用北斗定位、增强现实等技术，提供施工、巡检现场各类管网埋设情况和运行状态的报送。

图 10.22　地下管线管理

7）地下管线管理系统——AR 三维管线展示系统

通过移动端手持设备智能感知管线及管线设施运行状态和环境状态，逻辑拓扑呈现管网设备连接关系，AR 新技术助力智能巡检（图 10.23）。

图 10.23　移动端 AR 管线巡检

8）绿色建筑能耗监控系统

生态城建设之初，就制定了年排放量为 150 tCO_2/100 万美元、可再生能源利用率为 20%、绿色建筑比例为 100%等重要指标。绿色建筑能耗监控系统对生态城城区及绿色建筑进行动态展示，实时比对绿建指标与实际运行状态，使建筑节能、节水、室内环境、建筑运维等方面的技术和实际效果可视化，综合反映建筑运行水平，覆盖面广，展示内容全面（图 10.24）。CIM 平台的引入使绿建场景深入建筑内部，直观查看能耗、构件属性以及所采用的绿建技术等。

9）智慧工地管理系统

围绕人员、安全、质量等业务场景，构建覆盖建设主管部门、责任主体、建筑工人三级联动的智慧工地管理系统，依据生态城首先提出的智慧工地 4S 管理体系，通过对人员管理、安全生产、监管和服务达到对建筑工地全生命周期、全过程的监管（图 10.25）。同时以工地监管实际需求为导向，对数据进行深度挖掘，针对不同应用场景，落地形成工地监管大脑专题，为工地管理科学决策提供支持。

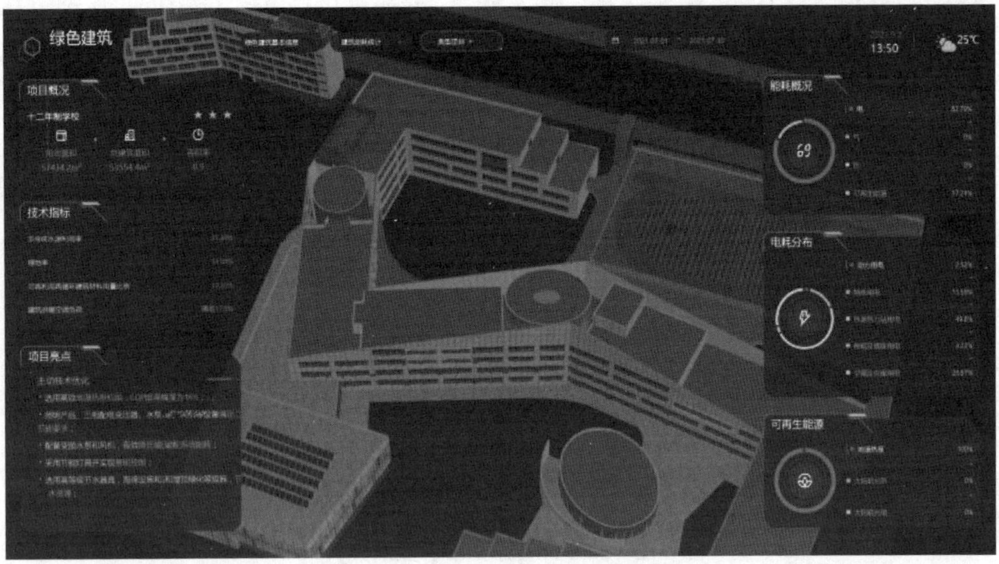

图 10.24　绿色建筑监管

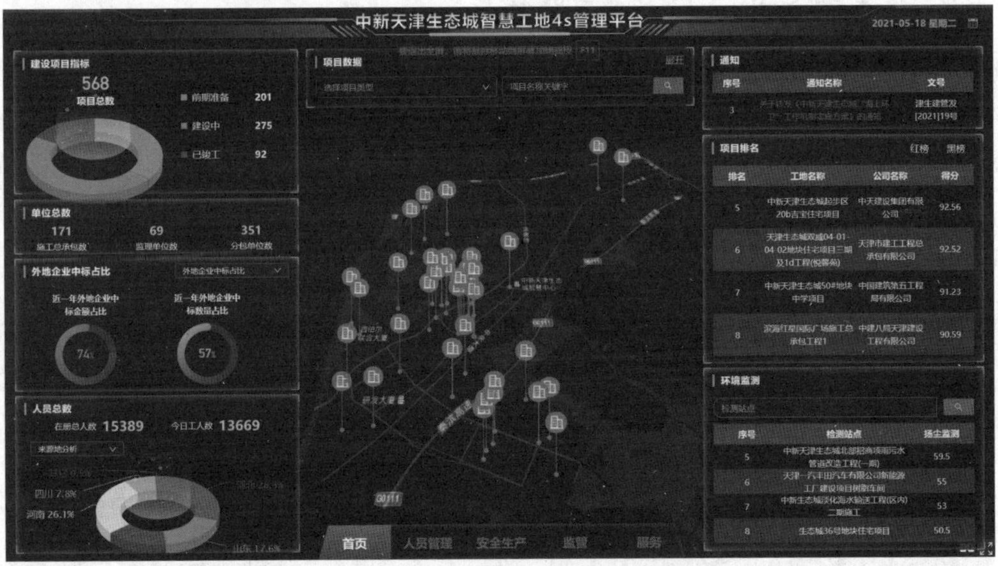

图 10.25　智慧工地监管

10）海绵城市管控系统

海绵城市管控系统通过 GIS、BIM 与物联网技术相结合，对城市范围内水的循环全过程进行管控与监测，为政府和相关各方在海绵城市建设和运维管理方面提供量化的数据支撑和实用的管理工具（图 10.26）。采用指标来管理和控制海绵城市建设过程，通过实时监测对管控目标是否达成进行验证与评估考核。

图 10.26 海绵城市管控系统

10.7.3 生态城 CIM 平台实施与成效

中新天津生态城智慧城市 CIM 平台及应用建设项目于 2020 年 8 月开始建设，项目主体内容 CIM 平台全息城市展示系统、智慧规划-BIM 报建系统、智慧建设系统、绿色建筑智慧场景陆续投入试运行，推进了 CIM 基础平台在城市规划建设管理领域的示范应用，构建了丰富多元的“CIM+”应用体系，推进了城市信息化、智能化和智慧化（图 10.27、图 10.28）。

图 10.27 全息展示大屏系统（城市全貌）

图 10.28　全息展示大屏系统（重点工程项目监管）

10.7.4　生态城 CIM 平台建设亮点

生态城 CIM 平台，是以建设全生命周期治理为目标，进行了市政基础设施数据模型深度融合，基于 GIS+BIM 技术，建立统一的三维实体数据模型。在空间维度上，涵盖了全域范围内每一个建设工程地上、地下、室内、室外的硬件数据。在时间维度上，记载了生态城从 2008 年开工至今的全部历史建设数据，并且可以延伸和推演出 2035 年规划期内的发展情景。在专业维度上，囊括了规划、土地、建设、房管、工地等各个专业领域的业务数据，打通了各个职能部门之间的数据壁垒。基于以上物理与业务实体，CIM 平台打造了全空间、全要素、全域信息可连接的三维实体数据模型，也是与物理世界一一映射、精度上分层分级、具有唯一身份编码、结构化的 CIM 平台核心模型。

天津生态城的建设特色包括：

（1）打造覆盖生态城全域的三维数据底板

从二维到三维，CIM 平台是在数据汇聚平台的基础上，通过标准规范和操作规程体系保障，重点打造支撑规划、建设、土地、房屋等各业务系统并打通建设局业务数据流转的协作平台；同时，基于 GIS、BIM 与物联网技术，打造三维地图底板，开发城市级三维场景下室内外、地上下、静态、实时数据展示分析的支撑能力，为实现智慧城市各场景应用提供技术保障。

（2）勾画城市国土空间规划一张蓝图

深入学习新加坡在智慧规划方面的先进经验，同新加坡国家发展部开展交流合作，打造基于 CIM 平台的智慧规划平台，整合城市基础信息、城市规划和大数据信息等资源，实现一本规划、一张蓝图，解决现有各类规划自成体系、内容冲突、缺乏衔接等问题，实现优化空间布局、有效配置土地资源、提高空间管控和治理能力。分析并进行汇总、建模和评估，使城市规划更加智能化和科学化，为城市设计提供决策支持。

（3）支撑“新城建”，打造智慧城市统一三维基础平台

生态城以“统筹规划，统筹建设，统筹管理，统筹运维”的原则形成科技治理城市的思路主线，聚焦如何提高政府效能，通过构建全域数据整合、职能整合和资源整合，形成面向未来的一体化发展环境。以 CIM 平台为基础，将城市规划、建设、运维数据叠加在一起，实时掌控城市脉动，融全生命周期管理意识于城市建设管理的各方面，实现了“一张底图管全部”，支撑智慧交通、智慧小区、智慧环保等“新城建”典型智慧应用，以智慧赋能，促进城市效能和治理能力提升。

思考题

1. 简述 CIM 的定义及内涵。
2. 简述 CIM 的关键核心技术及其作用。
3. 简述实景三维的定义及其与现有测绘地理信息产品的主要区别。
4. 简述 CIM 基础平台总体架构。
5. 列举 3 个基于 CIM 基础平台搭建的典型应用示例。

主要参考资料

[1] 胡睿博，陈珂，骆汉宾，等. 城市信息模型应用综述和总体框架构建. 土木工程与管理学报，2021，38（4）：168-175.

[2] 吴志强，甘惟，臧伟，等. 城市智能模型（CIM）的概念及发展. 城市规划，2021，45（4）：106-118.

[3] 汤国安. 地理信息系统教程（第二版）. 北京：高等教育出版社，2018.

[4] 中国测绘学会智慧城市工作委员会. CIM 应用与发展. 北京：中国电力出版社，2021.

[5] 自然资源部. 实景三维中国建设技术大纲（2021 版）. http：//gi.mnr.gov.cn/202108/P020220608365567427770.pdf，2021.

[6] 北京大学学者发布元宇宙特征与属性 START 图谱. 光明网，2021.

第 11 章 GIS 与无人机在地理信息领域中的应用

无人机（Unmanned Aerial Vehicle，UAV）是一种不需要人类驾驶员的航空器，在过去几十年中，无人机技术取得了长足的进展，发展出了许多不同类型的无人机，用于各种各样的任务，并且任务范围正在不断扩大。无人机航测通过在天空中飞行，拍摄高空影像，然后进行图像处理分析，以获取地理信息。因此，无人机技术结合 GIS 技术可以用来开展资源调查、生态评估、规划城市建设、环境监测与应急事件处置等。

无人机作为快速、灵活和低成本的测绘数据获取手段，再结合 GIS 技术的空间信息综合管理、分析及发布能力，可将测绘成果及位置信息迅速带入决策环节，极大地扩展了现代测绘的应用面，提高了决策的科学性。

11.1 无人机发展现状及对传统测绘的影响

我国无人机的发展历程可以追溯到 20 世纪 50 年代初，当时我国开始研发和生产目标无人机。然而，直到近年来，随着技术的迅速发展，中国的无人机行业才取得巨大的进步。

11.1.1 我国无人机发展的概况

20 世纪 50 年代初，我国开始研发和生产目标无人机，用于靶标训练和战术仿真。80 年代，我国开始研制和生产侦察无人机，如 BZK-005，用于军事侦察和目标探测。90 年代，我国推出了翼龙无人机系列（Yilong），这是一种多用途无人机，可用于执行侦察、目标识别和打击等任务。2005 年，我国成功研制出中国第一代无人机歼-4，这是一种高空高速无人战斗机，具备远程打击能力。2013 年，我国发布了中国制造的首个中型无人机翼龙-1（Wing Loong Ⅰ），它是一种侦察和打击无人机，类似于美国的 MQ-1“捕食者”。2015 年，我国推出了翼龙-2（Wing Loong Ⅱ），这是一种中高空长航时无人机，具备更大的载荷能力和作战半径。2017 年，我国发布了翼龙-3（Wing Loong Ⅲ），这是一种中空长航时无人机系统，具备高空高速飞行能力和远程打击能力。

目前，翼龙系列（Wing Loong），包括翼龙-1、翼龙-2 和翼龙-3 是我国最著名的无人机系列之一。它们被广泛应用于执行侦察、目标识别和打击任务。影剑系列（Sharp Sword）是我国第一种隐身战斗无人机，具备远程打击能力，用于执行对地和对海任务。长剑系列（Cai Hong）包括 CH-3、CH-4 和 CH-5，它们是多用途无人机，用于执行侦察、打击和目标识别等任务。黄鹂系列（Yellow Bird）是我国生产的小型无人机，主要用于执行侦察和监视任务。除了军事用途，近年来随着大疆创新、纵横大鹏、飞马等民用无人机公司的崛起，我国民用无人机发展非常活跃，各种类型的无人机在民用领域得到广泛应用。大疆无人机机场见图 11.1。

图 11.1 大疆无人机机场

11.1.2 我国民用无人机发展的主要特点

无人机作为一种前沿技术，在近年来的发展中取得了长足的进步，并在多个领域得到了广泛的应用。特别是在测绘领域，随着无人机集成度和稳定性的提高，使用也更便捷，与此同时获取位置信息的成本也在快速下降，民用无人机已成为一种重要的空间数据采集工具。其发展的主要特点如下：

①应用领域广泛。中国民用无人机在多个领域得到应用，包括航拍摄影、农业植保、物流配送、环境监测、电力巡检、灾害救援等。无人机为这些领域提供了高效、便捷、安全的解决方案。

②市场规模快速增长。中国民用无人机市场规模不断扩大。根据统计数据，中国民用无人机销售量在过去几年中呈现持续增长的趋势。大量企业进入市场，推动了无人机技术的创新和应用的拓展。

③产品种类丰富。中国民用无人机市场的产品种类丰富多样，包括多旋翼无人机、固定翼无人机、垂直起降无人机、水面和水下无人机等。各类无人机产品具备不同的特

点和适用范围，能够满足各种需求。

④技术不断进步。中国民用无人机技术得到快速发展，涵盖了飞行控制系统、传感器技术、航空电子设备、通信系统等多个方面。自主飞行、智能避障、长续航能力、高精度操控等技术成果得到应用。

⑤产业链完善。中国民用无人机产业链日益完善，包括无人机制造商、系统集成商、配套设备供应商、服务提供商等。一些大型企业在无人机领域取得重要突破，形成了具有较高竞争力的产业集群。

⑥法规与标准健全。中国政府积极推进无人机法规与标准的制定，加强对民用无人机的监管和管理，旨在保障无人机运行的安全和秩序，并促进无人机行业的健康发展。

相比传统的地面测绘方法，无人机测绘具有许多优势，如快速、高效、灵活等。无人机可以在短时间内从高空快速拍摄大量高分辨率遥感图像，并通过对图像的处理分析，获得地面高程数据、地形图等地理信息。这不仅提高了测绘的效率，也提高了测绘数据的准确性。另外，无人机还可以抵达人工测量不易到达及危险的区域，如山区、沼泽地、森林等，从而实现对这些区域数据的精细采集。这不仅拓宽了测绘的应用范围，也为环境监测、资源评估等提供了更为精确的数据支持。但是，无人机测绘仍然面临着一些技术和法律等方面的挑战，如无人机高空飞行易受天气影响、电池续航能力有限等。

11.2　无人机与地理信息系统的整合方向

11.2.1　传统无人机航测成果与 GIS 的整合

传统无人机航测是利用飞行器对地表进行航空摄影或数字地图制作，以获取高空视野下的地物信息。GIS 技术则是利用计算机来收集、组织、管理和分析地理空间数据。GIS 数据可以作为无人机外业飞行的参考底图及任务区域，无人机遥感成果数据可为 GIS 应用提供多种成果信息，如正射、DSM、点云、倾斜摄影模型等，帮助决策者对地理环境进行更全面的评估。

传统无人机航测获得的图像和数据可以导入 GIS 系统，并与其他地理信息数据结合，从而制作出高精度的数字地图和三维模型。GIS 技术可以帮助分析和评估无人机航测数据，从而为决策提供基础数据支持。例如，无人机航测可以用于农业、森林和土地资源管理等领域，GIS 技术可以帮助分析作物健康状况、森林覆盖率和土地利用情况等，并为农业、林业和土地资源管理提供支持。此外，无人机航测还可以用于灾害监测、环境评估和城市规划等领域，GIS 技术可以帮助评估灾害的影响、提升环境品质和改进城市规划方案的可行性。

11.2.2 无人机地理视频技术与 GIS 的整合

全动态视频（Full Motion Video，FMV）是一种实时的、高分辨率的视频技术，它可以捕捉到高质量的视频数据，并将其实时呈现给用户。

当 FMV 技术与 GIS 技术融合时（详见本章 11.4.3 节），我们可以在 GIS 系统中呈现 FMV 捕捉到的实时视频，并利用 GIS 工具来分析和提取视频中的信息。如图 11.2 所示，基于无人机端摄像头的镜头参数和位姿信息，可以计算出视频对应的地理范围。

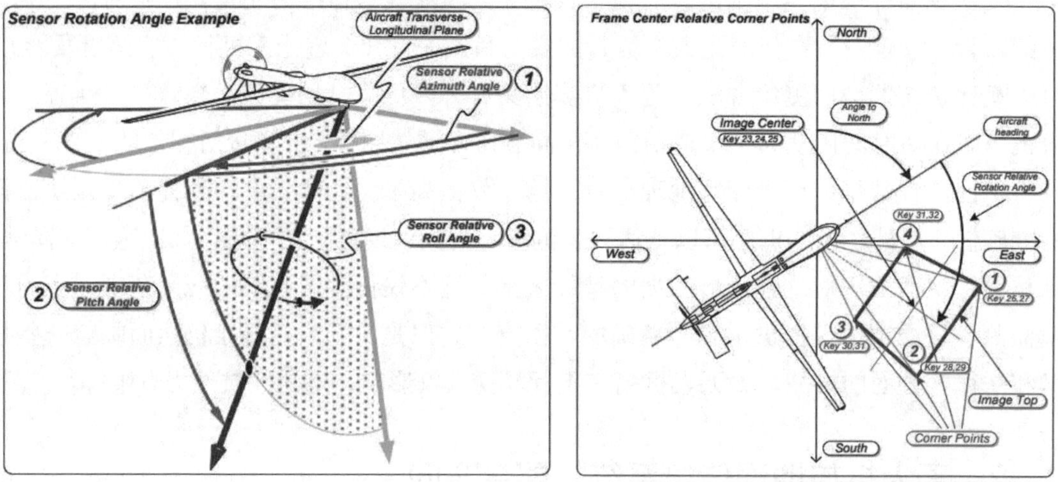

- Sensor Relative Azimuth Angle：传感器相对方位角
- Sensor Relative Roll Angle　：传感器相对侧倾角
- Sensor Relative Pitch Angle　：传感器相对俯仰角

- Sensor Relative Azimuth Angle：传感器相对方位角
- Sensor Relative Roll Angle　：传感器相对侧倾角
- Sensor Relative Pitch Angle　：传感器相对俯仰角
- Aircraft heading　：飞机航向
- Angle to North　：方位角
- Corner Points　：图像角点
- Image Center　：图像中心点
- Image Top　：图像顶部

图 11.2　无人机端 FMV 定位原理

无人机端 FMV 技术可以基于空中视角快速获取大范围、高分辨率的视频，并在视频中进行直接量算以及空间信息采集。FMV 技术与 GIS 技术融合后，用户可以获得更加详细和准确的信息，从而更好地辅助决策和解决问题。例如，在消防和灾害救援领域，FMV 技术可以提供实时的现场影像，帮助消防员和救援人员更好地评估现场情况，并做出更加准确的决策；在军事领域，FMV 技术可以帮助军方识别和评估敌情，以便做出更加明智的战略决策。

总体来说，FMV 技术与 GIS 技术融合是一种非常有效的工具，能够帮助我们更加准确和详细地分析和提取视频中的信息，从而更好地解决问题。

11.2.3　无人机与 GIS 深度学习技术的整合

无人机和 GIS 深度学习技术的整合应用是一个很有前途的领域。它是将无人机获取的图像或遥感数据与 GIS 深度学习算法相结合，实现对地理信息的自动化提取、分析和应用。其流程主要包括：

①数据采集。无人机通过搭载相机、LiDAR（激光雷达）或其他传感器，获取地面或地物的图像、点云数据等。这些数据可能包含建筑物、道路、植被、水体等地理要素的信息。

②数据预处理。获取的数据需要进行预处理，以确保其质量和适用性。预处理可能包括去噪、几何校正、配准等，以提高数据的准确性和一致性。

③数据标注。为了训练深度学习模型，需要对数据进行标注。标注是将数据与所关注的地理要素进行关联，例如在图像中标记出建筑物、道路等区域，或在点云数据中标记出树木、建筑物等目标。

④深度学习模型训练。通过使用已标注的数据，可以训练深度学习模型，例如卷积神经网络（CNN）或循环神经网络（RNN）。训练的目标是使模型能够学习到地理要素的特征和模式。

⑤地理要素提取与分类。训练完成的深度学习模型可以应用于无人机获取的数据上，自动提取和分类地理要素。例如，通过图像分割技术可以提取出建筑物、道路等区域；通过点云分析可以提取出树木、水体等目标。

⑥地理信息应用。提取和分类的地理要素可以与 GIS 系统进行集成，用于地图制作、土地利用分析、城市规划、资源管理等领域。深度学习可以提高地理信息的自动化程度和准确性，为地理决策和规划提供有力支持。

无人机与 GIS 深度学习相结合，实现了对地理要素的自动提取和分析，从而提高地理信息的获取和应用效率。例如，可以使用深度学习技术识别无人机拍摄的图像中的地物、建筑物和道路等，从而进行城市规划、资源管理、环境监测等应用。同时，还可以利用无人机和 GIS 深度学习技术研究地表过程和生态系统等问题，增进我们对地球环境的了解。另外，还可以利用深度学习技术识别无人机拍摄的图像中的物体、人员、车辆等，从而应用于安全监控、交通管理等领域。此外，无人机与深度学习技术的整合还可用于农业、环境监测等领域。

一般可以使用开源或商业 GIS/遥感平台实现 GIS 深度学习计算流程，图 11.3 为 GeoScene Pro 平台中深度学习相关的若干工具。

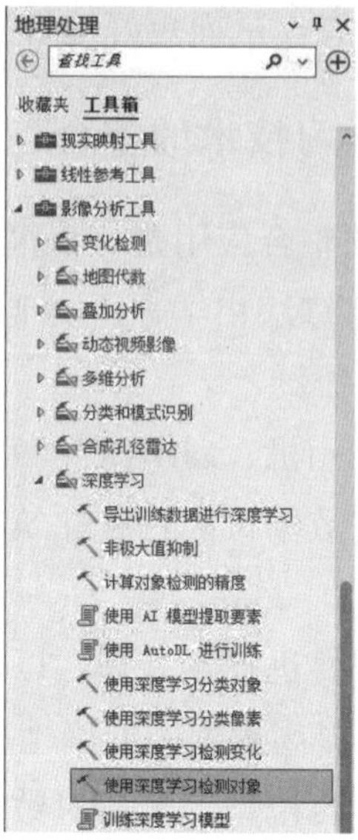

图 11.3 GeoScene Pro 软件中深度学习工具箱中的相关工具

图 11.4 为 GeoScene Pro 中基于无人机正射影像成果，使用 GIS 深度学习算法识别的桉树。基于识别结果，我们可以快速统计桉树的数量，为桉树林蓄积量估算提供重要数据。

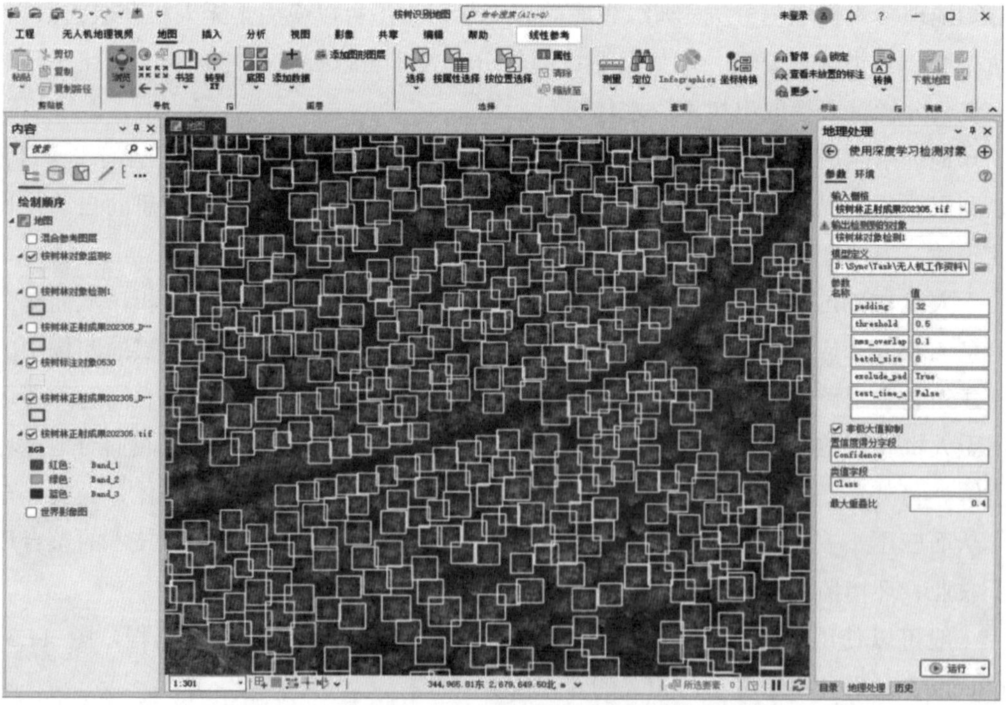

图 11.4 GeoScene Pro 软件中深度学习识别成果

11.3　无人机行业应用工作流与合理化配置

无人机行业应用一般的工作流包括数据获取、成果生产、成果应用和无人机成果管理几个环节。虽然工作执行的顺序是从获取、生产、应用到管理，但通常在规划一个行业应用的时候需要反过来。某种行业应用场景的实现目标是什么？这个流程需要哪些无人机数据成果？是视频还是简单的照片定位？或是二维正射影像和三维倾斜摄影模型？最后才是选用什么类型的无人机、传感器、飞行控制软件以及成果生产软件效率最高、成本最低、精度达标、学习成本可控、流程更平滑？（图 11.5）

图 11.5　无人机行业应用工作流

例如，当我们要设计一个省级环保无人机监测体系时，首先要从业务上厘清到底要做什么，是污染源监督执法还是突发事件应急监测？不同的业务工作流是什么？又需要什么样的无人机成果支撑？进而向前反推，什么样的无人机和数据处理软件可以又快又好地生成这些成果，同时还可满足精度需求。至少相应的决策流程不应该是“我有 10 万元的预算，先买个 10 万元的无人机”这么简单。下面以污染源监督执法和突发环境事件应急监测举例说明。

11.3.1 污染源监督执法

污染源监督执法的工作流如图 11.6 所示。

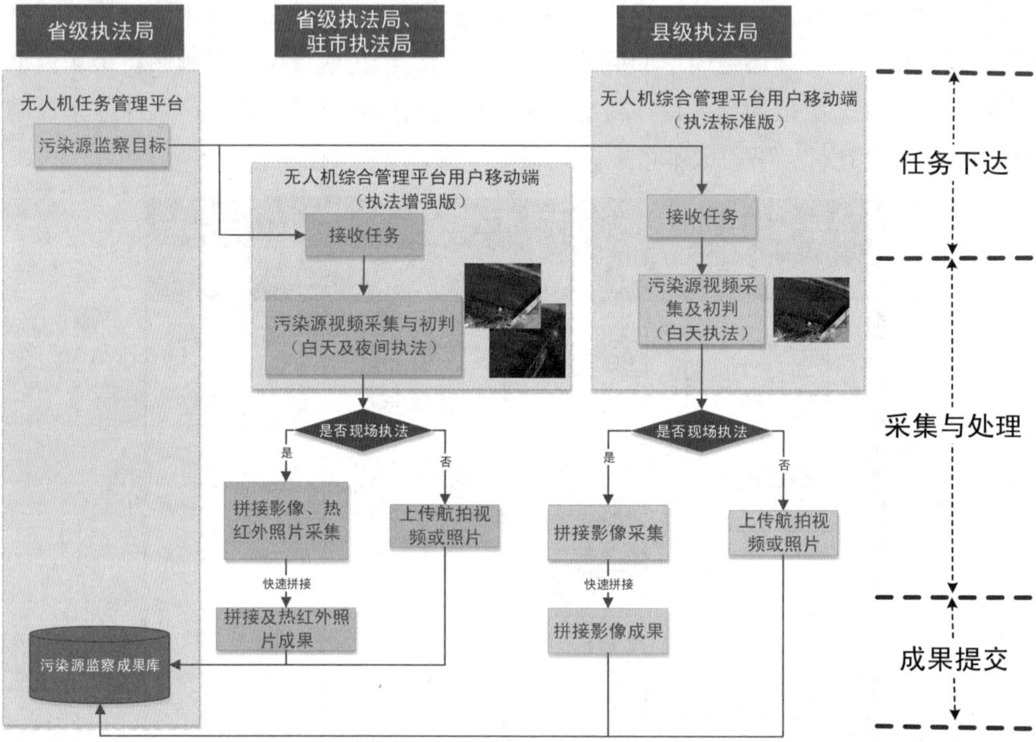

图 11.6 污染源监督执法工作流

从工作流的需求可以看出，无人机成果需要拼接后的正射影像、现场航拍视频和照片。视频和照片只需要简单拍摄，照片带有普通的 GPS 精度的照片即可。正射影像成果则需要类似于大疆智图这样的航测软件进行快速拼接。同时为了更准确地获取污染位置和范围，我们还需要带有 RTK 的无人机确保免像控航测成果精度。为了携带方便，应尽量使用小巧的行业无人机，如大疆御 3 行业版或御 3 双光版。当在全省各地不定期地采集了无人机成果，这些成果需要统一提交到省级中心进行汇总、管理并分析决策。因此我们至少要在省级中心建立一个基于 GIS 的无人机成果管理与应用平台，将无人机成果、当地污染源企业与管理部门挂钩，落实监管责任。

11.3.2 突发环境事件应急监测

很多突发环境事件都会对环境产生较大影响，甚至造成环境灾难。因此需要从环保需求的角度建立一套对突发环境事件影响的快速搜集与评估体系。从工作流需求分析来看（图 11.7），应急响应虽然也需要正射影像等航测成果作事中、事后评估，但基于快速响应需求，带有定位功能的无人机视频无疑是应急状态下最好的成果。因此，在现场指挥端，需要配备支持地理视频标准的无人机，还需要配置可以运行无人机地理视频的 GIS 桌面平台和相应的高性能笔记本电脑。现场指挥端通过视频在 GIS 平台中快速定位现场事件、人员，量算距离、高度和面积，并通过互联网将视频中采集到的地理要素同步到省级 GIS 云服务器，省级平台叠加环保相关专题 GIS 数据发布“应急一张图”辅助现场决策，形成战时“情指战一体化”支撑体系。事后用户也可根据这些现场搜集的数据进行综合分析，作复盘总结和重建评估。

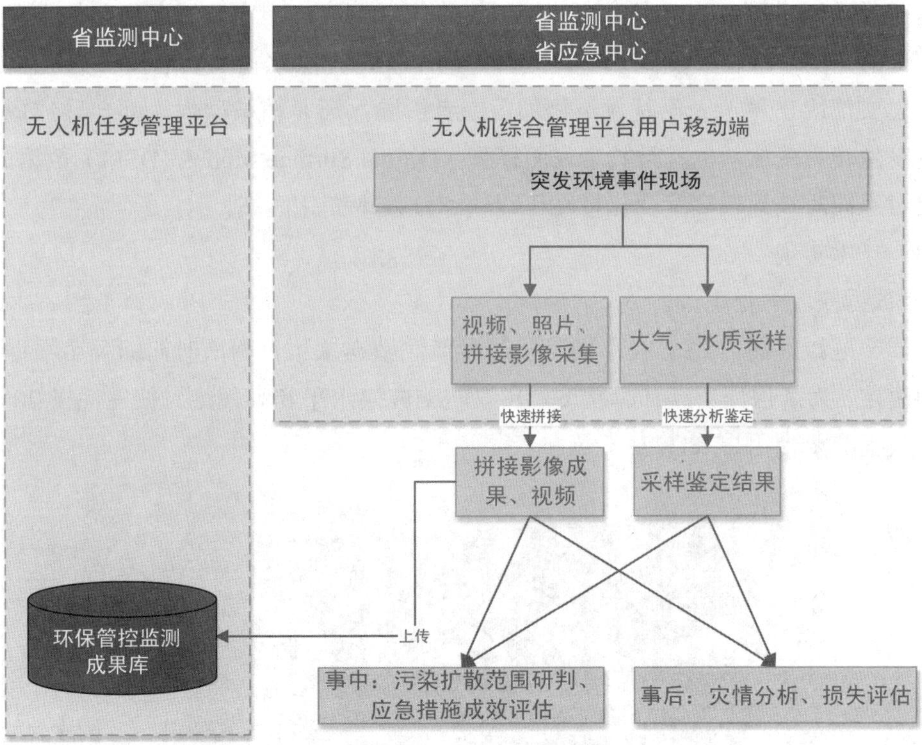

图 11.7 突发环境事件应急工作流

通过简单分析上述两个行业应用需求可以发现，无人机行业应用并不是“买贵的无人机并让它飞起来”那么简单。无人机的硬件选型、软件适配、成果处理与分析、管理与应用是环环相扣的，没有万能的无人机，只有适用的无人机。

11.4 无人机在地理信息领域的应用案例

无人机遥感可以为许多应用领域提供快捷、高效的地理信息数据服务，支撑土地利用、城市规划、自然资源管理、环境监测和灾害响应等应用。下面介绍一些无人机遥感与 GIS 集成的应用场景。

11.4.1 无人机高程变化监测应用

（1）需求说明

如何自动化地找出哪些建筑物加盖或拆除了？又如何在大面积林区发现某一棵或一些树被砍伐？

（2）总体路线

这些需求似乎通过比对多时相的正射影像可以解决，但实际情况是，如果采取对比像素变化的方式，往往会受到季节、天气等的干扰，无法比较准确地找出变化区域。

从现实情况出发，无论是建筑物加盖或者拆除，还是植被砍伐，都会导致短期内地表高度发生较大变化，也就是数字表面模型（Digital Surface Model，DSM）数据的变化。通过比对不同时期地表高度变化往往可以快速地发现变化区域。

（3）技术实现

1）数据获取与处理

对同一区域（图 11.8）在不同时段进行航测数据采集，两次时间间隔可根据管理需求自行决定。为了保证后续计算精度，建议航测成果水平和高程绝对偏差优于 20 cm，因此获取数据需要使用带 RTK 的无人机。

图 11.8 研究区/测区范围

例如，在一个面积约为 0.7 km^2 的研究区域，其范围内包含若干建筑物及植被，研究区内建筑物时常会改造，树木偶尔也会被移除，那么使用带有 RTK 的无人机于 2018 年和 2021 年分别获取该区域的数据，通过倾斜摄影软件即可生产该区域的正射影像和 DSM 成果（图 11.9～图 11.12）。

图 11.9　研究区域 2018 年正射影像

图 11.10　研究区域 2018 年 DSM

图 11.11　研究区域 2021 年正射影像

图 11.12　研究区域 2021 年 DSM

需要注意的是，两个不同时段的数据在倾斜摄影软件中进行生产时，高程设置应选择相同标准，否则高度提取会因高程基准不同产生几十米的偏差（图 11.13）。

2）成果分析

虽然肉眼比对正射影像成果也能找到一些房屋变化，但无法“自动化”地批量找出变化区域。在 GIS 平台中使用栅格函数中的“减”工具，让 2021 年的 DSM 减去 2018 年的 DSM，从而获得高程差（图 11.14）。

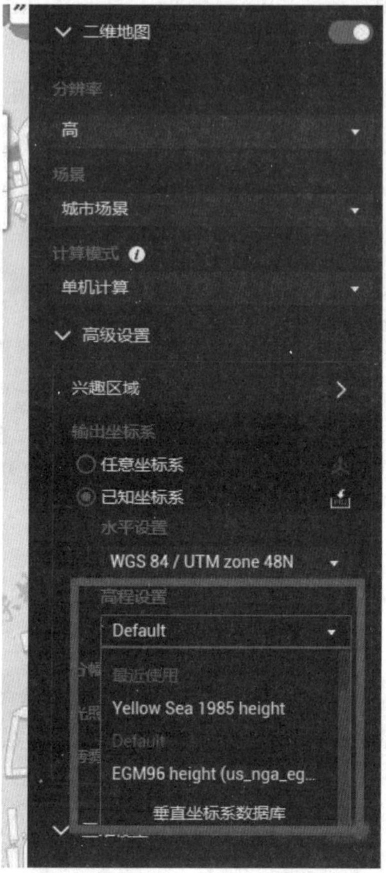

图 11.13　统一成果高程基准

图 11.14　高程差成果

图 11.14 高程差成果中，由浅到深是高差从正到负的渐变，白色至浅色区域为高度增加的区域（图 11.15），灰色为变化较少，深色至黑色是高度降低较多的区域（图 11.16）。

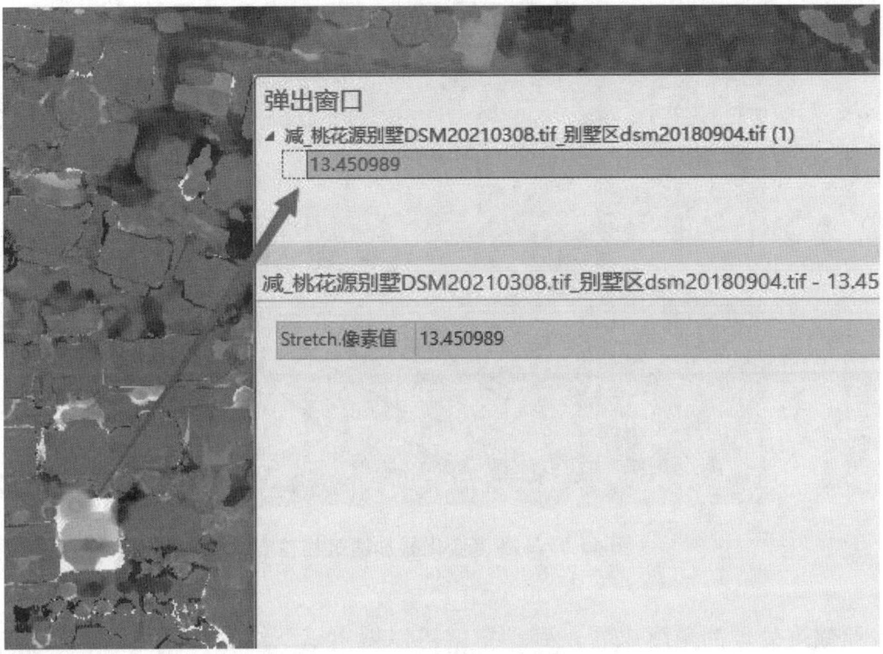

图 11.15　该处上升了约 13.4 m

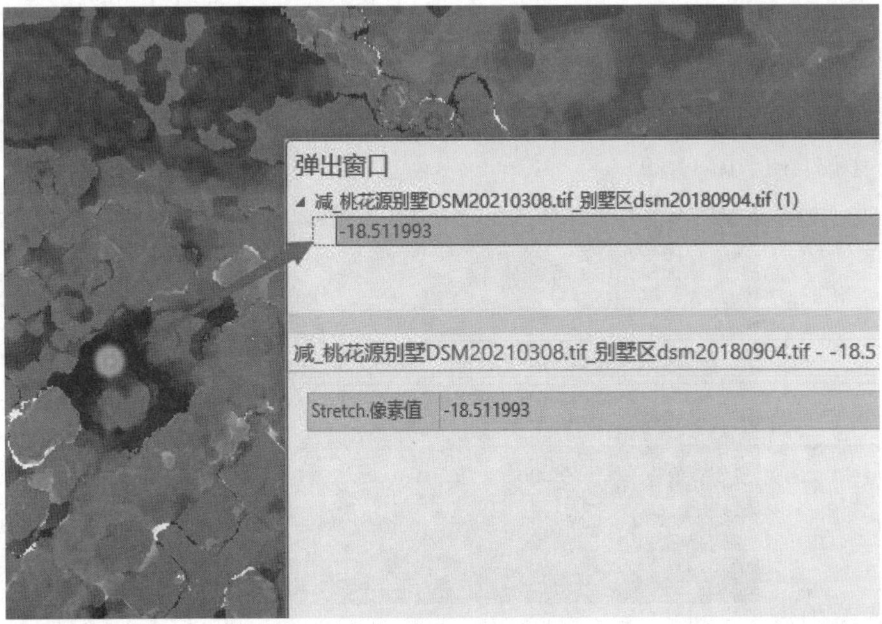

图 11.16　该处下降了约 18.5 m

将成果叠加在正射影像或者建筑物轮廓上，就可以更加清晰地了解在哪些区域发生了什么样的变化（图 11.17）。

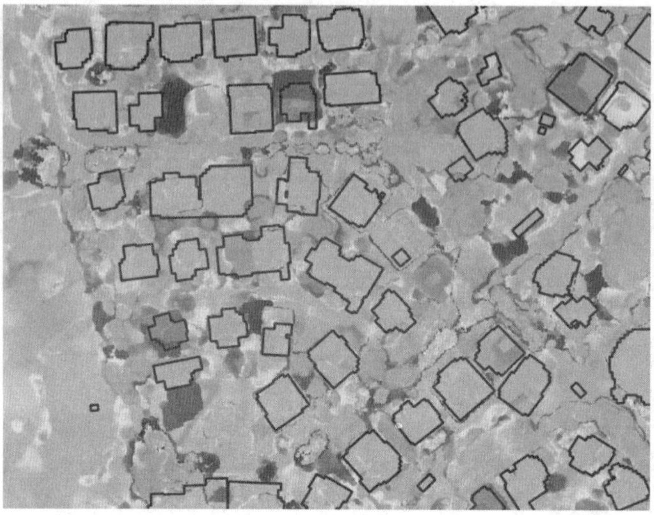

图 11.17　高度变化叠加建筑物轮廓

从专业数据处理的角度来看，到这里就可以得出以下结论：高出的区域基本就是建筑物新增或者加盖的地方。

3）成果验证

为了验证成果的正确性，我们还可以做一些“不必需，但很直观”的成果。在早期数据采集时，无人机在获取正射影像的同时也获取了倾斜摄影照片。通过倾斜摄影数据处理软件生产出两个时间段的倾斜摄影模型，并将高差图层半透明叠加到倾斜摄影模型成果上（图 11.18～图 11.20）。

图 11.18　高差图层标记为“上升”的区域（圆圈里）

图 11.19　2018 年倾斜摄影模型

图 11.20　2021 年倾斜摄影模型

通过上面的对比图可以看出，圈出的区域 3 年内要么是在草地上新建了一栋房屋，要么是原来的低矮房屋被推倒重新建了一栋更高的房屋。

下面通过图片观察高度降低了的区域发生了什么（图 11.21～图 11.23）？

图 11.21　深色部分为高度降低的区域

图 11.22　2018 年区域图像

图 11.23　2021 年区域图像

查看高度降低的区域可以发现，该房屋周边的树木已经被砍伐，我们可以通过高程变化的比对在很大的范围内迅速发现哪些树木被砍伐，只要砍伐行为导致了 DSM 的较大变化即可。

（4）行业价值

使用这种高度变化的方法可以快速发现地表变化，无论是建筑物还是植被变化。优点在于计算速度、计算量以及成果准确率均优于通过正射影像变化检测的方法，并且对影像的季节性和天气等因素要求较低。该方法适用于检测高度变化即可实现判定效果的多种行业场景。

11.4.2　基于机载激光点云实现电网树障分析

（1）需求说明

快速生长的树枝可能会触碰到高压线，形成树障（图 11.24）。树障对电网线路的运行安全和可靠性造成极大的威胁，需要采取有效措施进行处理。电网线路的树障问题成因主要包括：

①线路勘测设计时树障和线路通道的关系没有处理好，对线路廊道的树木统计不清或未对廊道树木采取有效的处理措施。

②在线路施工过程中，树木清理不彻底或因为赔偿问题未对树木进行清理，此环节需要验收单位督促完成。

③线路投运后，运行单位缺乏对廊道保护区树木种植情况的监管，导致新种树苗不断生长，最终危及线路安全。

④线路周边居住的人员缺乏电力设施保护意识，对电力设施保护相关条例不清楚。

⑤绿化建设等国家政策与电力设施保护相关条例冲突。

图 11.24　树障

传统人力排查树障交通不便、地面视线受阻，尤其在交通不便的山区林间，效率非常低，利用无人机的高空视角和高效飞行优势，配合机载激光雷达及后续数据处理与分析，可以实现自动化、三维可视化的树障分析。

（2）总体路线

随着诸如大疆禅思 L1 这样售价较为亲民的机载激光雷达的上市，越来越多的行业用户也能使用机载激光雷达。下面以大疆禅思 L1 采集的点云数据为例，使用大疆智图、点云智绘、ArcGIS 等软件形成自动化分析工作流程进行树障分析（图 11.25）。

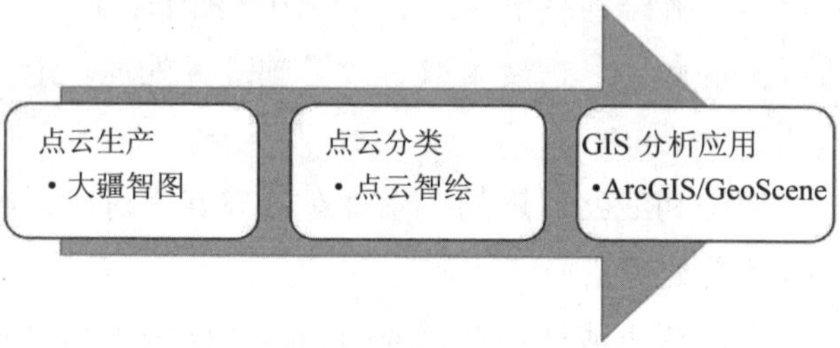

图 11.25　树障分析工作流程

该流程总体包括点云生产、点云分类及 GIS 分析应用 3 个步骤：

1）点云生产

使用大疆智图进行点云数据生产，将大疆激光雷达禅思 L1 获取的原始数据（图 11.26）生产通用的点云格式 LAS 数据成果（图 11.27）。

2）点云分类

基于 LAS 点云数据成果，使用点云智绘对植被和电力线进行分类。

3）GIS 分析应用

通过 GIS 桌面平台进行自动对象化及空间分析求解。

图 11.26　原始数据获取

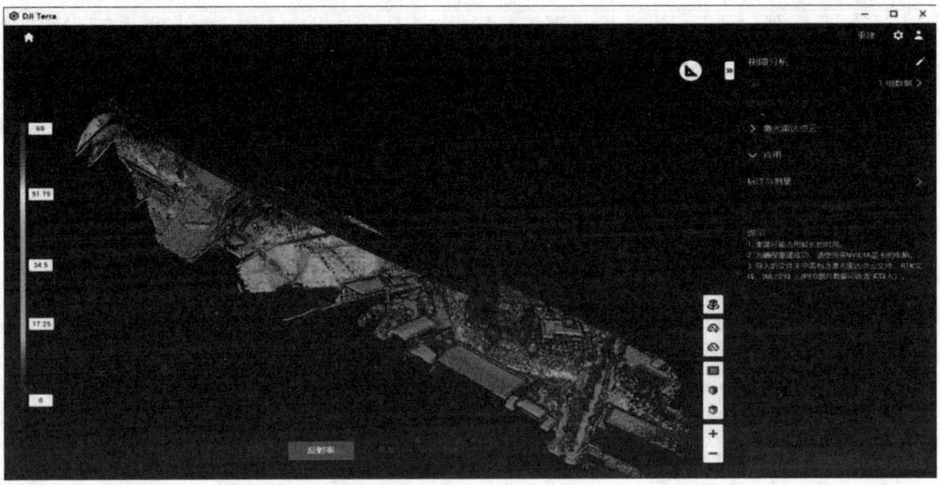

图 11.27　点云数据生产

（3）技术实现

1）点云生产

大疆智图可以快速地处理由大疆机载激光雷达 L1 获取的点云数据，并转换成应用软件支持的多种成果格式，通常会将成果转换为.LAS 格式后导入后续工作流。

2）点云分类

通过点云分类软件可对大疆智图预处理点云成果进行分类（图 11.28）。这些分类算法可以根据点云的分布特征自动识别某些特定地物类型，不同软件的分类准确度也存在一定的差异。目前常见的分类软件包括国外的 ArcGIS 桌面端，国内的 GeoScene 桌面版、点云智绘及 LiDAR360 等。

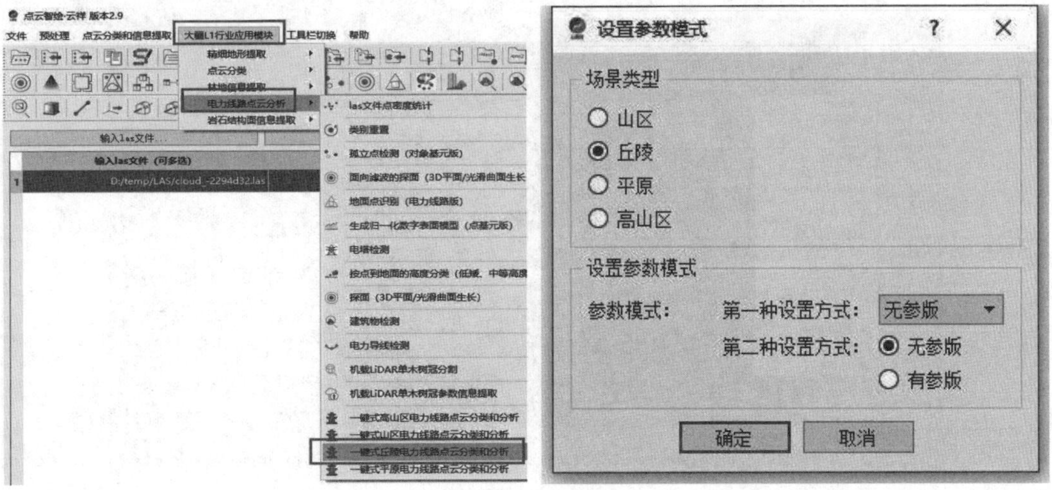

图 11.28　点云分类

这里以点云智绘为例，通过“大疆 L1 行业应用模块”→“电力线路点云分析”→“一键式丘陵电力线路点云分类与分析”打开对应分类模块（图 11.29）。用户可以根据当地具体地形选择“高山区”“山区”“丘陵”还是“平原”，因为不同的地形会影响分类算法的阈值。

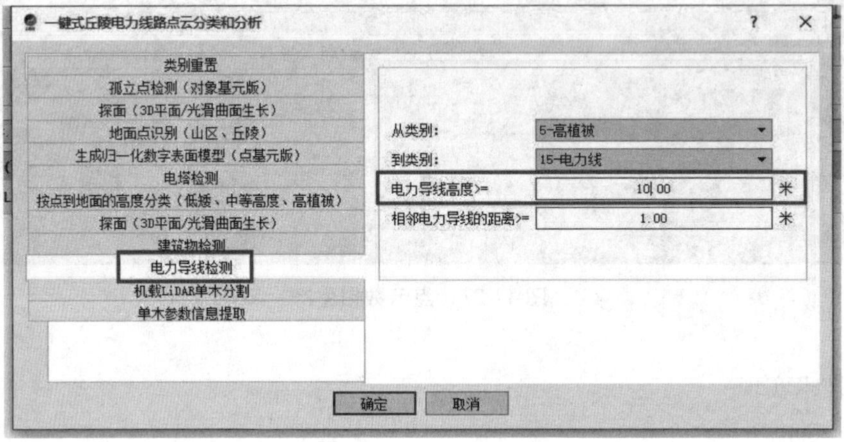

图 11.29　分类参数

根据实地情况设置“电力导线高度”后开始分类计算。

3）分类成果验证

根据分类编码规范，分类后代表植被的点类型为“5”，电力线为“15”，通过 GIS 桌面端进行可视化验证（图 11.30）。

图 11.30　成果验证

把分类后的点云成果拖入 GIS 桌面的三维地球中，使用不同的颜色呈现不同类型地物，如植被和电力线（图 11.31）。这种方法可以帮助我们快速判断分类成果的准确性。

图 11.31　查看点的分类代码

使用 GIS 桌面端软件对树障进行可视化分析，如图 11.32 所示。

图 11.32　树障净空区示意图

树障分析的核心是明确电力线在三维空间中是否距离其他地物太近，即距离小于安全值。一般建筑物等地物几乎不会因为过高或变形而突破安全距离，但树木可能因为正常生长或折断而突破安全距离。树障分析是通过软件将点云中电力线自动提取出来，判断其他地物点到电力线的距离，小于安全值的地方判定为隐患点，如图 11.32 所示黑点位置。整个分析可以基于 ArcGIS 建模器来实现（图 11.33）。

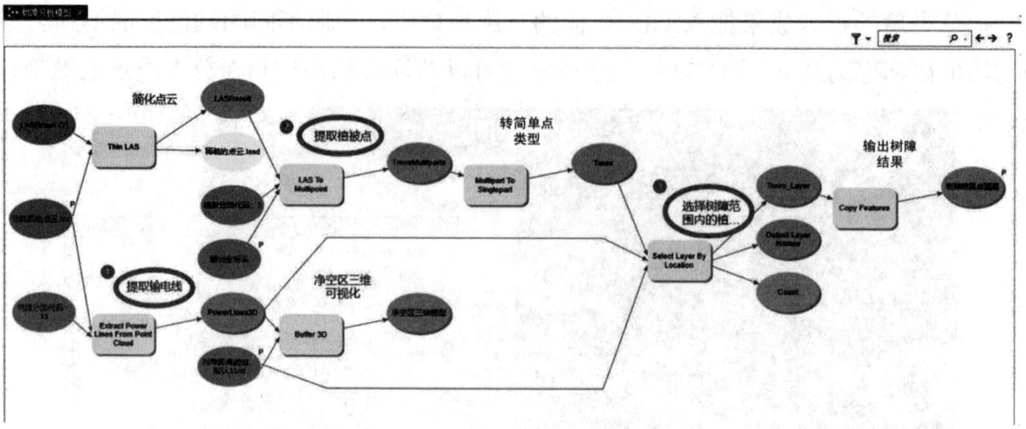

图 11.33 树障分析地理处理模型

从 GIS 桌面平台的自定义地理处理模型图 11.33 可以看出，核心的步骤主要是提取输电线、提取植被点，以及之后选出与输电线距离过近的点，即树障点。提取电力线的成果如图 11.34 所示。

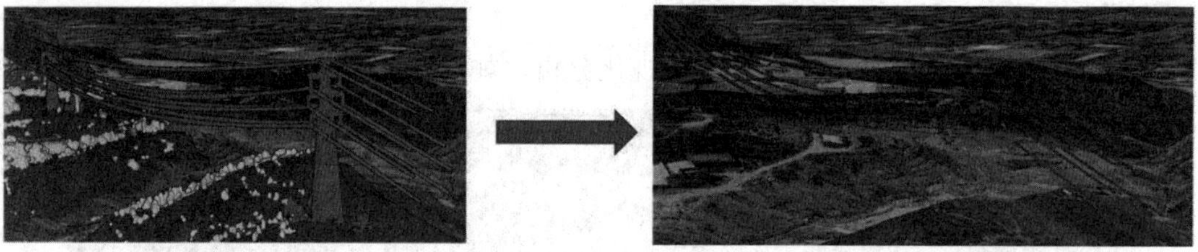

分类后点云　　三维电力线矢量数据

图 11.34 提取电力线成果图

使用 GIS 桌面平台自带的提取电力线工具可以把点云中属于电力线类型的点转换成线状矢量数据，用于后续三维空间分析。距离电力线一定距离（净空区）内的植被点，被判定为需要清理的风险隐患点，具体距离根据需要设置。具体实现对应的是 GIS 桌面中的“按位置选择图层”工具（图 11.35），设定好植被点图层和电力线图层以及搜索的三维距离即可求解。

（4）行业价值

本案例主要基于 GIS 和无人机呈现了电力用户使用机载激光雷达采集、处理并分析树障的大致流程。随着机载激光雷达设备的逐渐普及，更多行业可以使用机载激光雷达搜集数据并辅助决策。

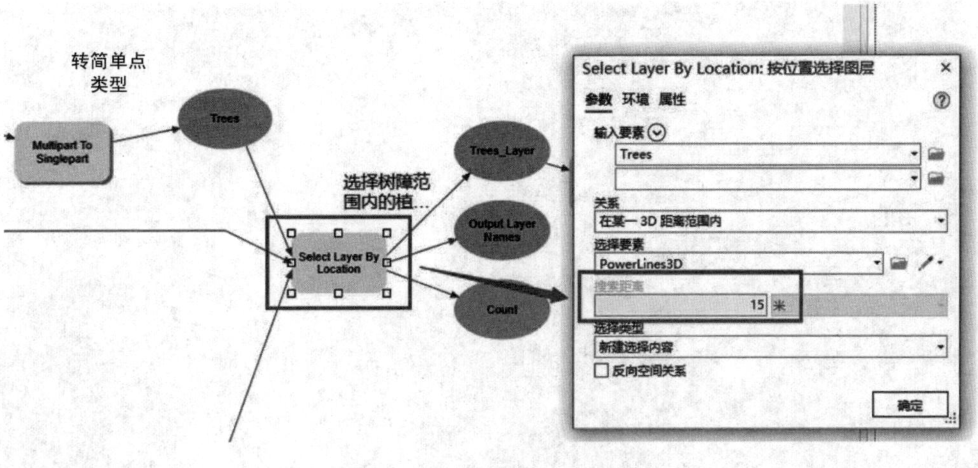

图 11.35　净空区范围设置

11.4.3　无人机地理视频信息采集应用

（1）概要说明

无人机地理视频技术是通过位姿信息与无人机视频进行实时匹配，进而让无人机视频具有空间量算、地图定位、空间信息叠加、关键地理信息获取、视频目标识别并定位的能力，满足对定位精度要求并不很高的行业应用场景。

（2）技术实现

实现无人机地理视频，需要 3 个步骤：视频数据拍摄、地理视频编码以及视频的 GIS 应用。

1）视频数据拍摄

以某轻小型行业级旋翼机为例，到达现场使用遥控器自带的飞行控制程序起飞（该程序需要具备 MISB 视频标准记录能力），发现目标并录制视频，飞行过程中可按需进行镜头缩放（图 11.36）。如果使用者的需求是快速掌握现场情况，则只需拍摄几秒钟事发区域的视频就够了；当然，如果想在视频中体现更多角度和细节，也可以增加拍摄时长。

2）地理视频编码

拍摄完成后取出无人机内的存储卡，将刚刚录制的视频和对应的 SRT 字幕文件一起复制到电脑上。通过位姿信息提取和视频编码两个操作即可完成无人机地理视频的生产。大疆较新型的无人机，如御 3 行业版、多光谱、双光版和经纬 M30、M30T 无人机使用官方的 DJI PILOT 2 录制视频时，会同时生成一个记录位姿信息的 SRT 文件。通过程序从这个 SRT 文件提取出所需信息并保存成 MISB 标准的 CSV 格式定位文件（图 11.37）。

图 11.36 使用无人机飞控软件录像

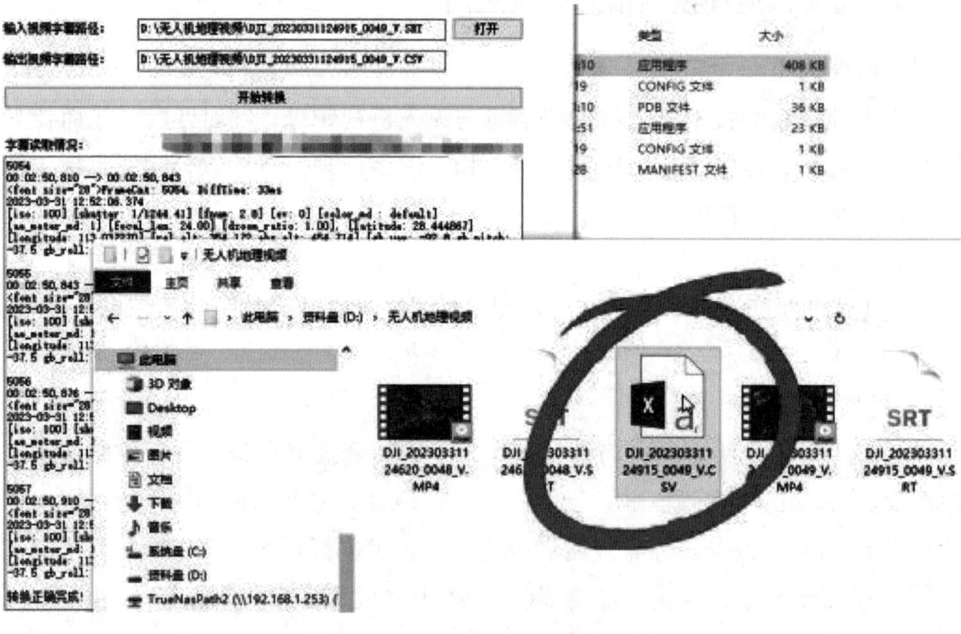

图 11.37 SRT 文件转标准的 CSV 格式定位文件

接下来在 GIS 桌面平台中，创建一个二维或者三维工程，打开分析工具箱，搜索“视频多路复用器”工具，依次输入原始视频路径和刚刚生成的 CSV 定位文件路径以及输出成果路径后开始运行。注意，由于编码标准要求，输出的视频成果后缀名应为“.ts”（图 11.38）。

图 11.38　成果后缀名为.ts

3）视频的 GIS 应用

把这个后缀名为“.ts”的视频直接拖动到 GIS 桌面平台的地图界面上，我们可以在 GIS 软件里直接看视频，并且这个视频还有定位能力。点击视频播放按钮并打开“自动跟踪”，地图上会呈现当前视频对应的地理范围，并根据视频范围自动缩放地图（图 11.39）。

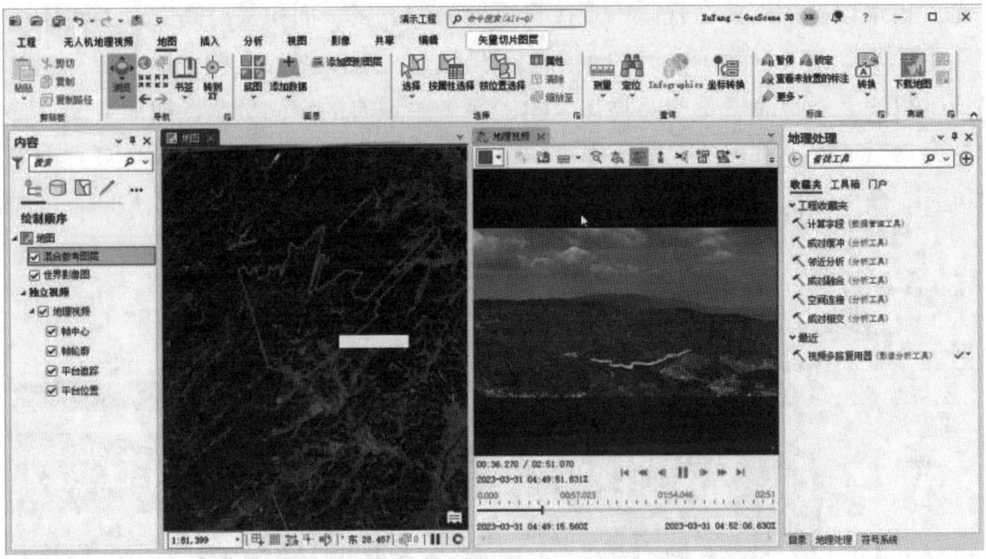

图 11.39　地图上呈现当前视频的空间范围

基于视频与地图的对应关系，能实现的功能包含但不限于如下 6 个方面。

①GIS 数据叠加。

把之前的矢量 GIS 数据加载到地图中，点击“显示要素”按钮可以将这些数据叠加到视频中对应的位置（图 11.40）。

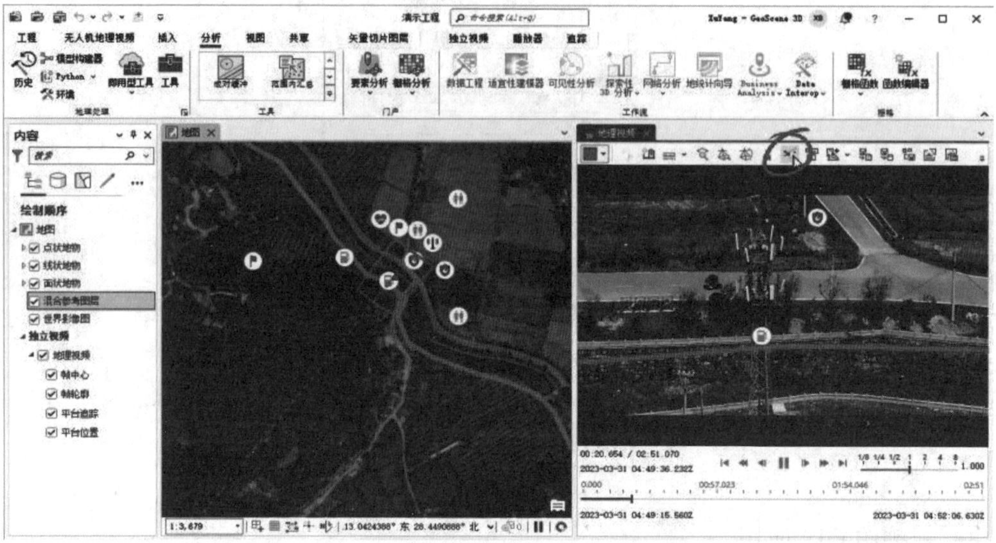

图 11.40　GIS 数据叠加到视频中

②视频量算。

无人机地理视频支持在视频中直接量算地物的长度、面积甚至高度。当然还可以量算视频中地物到某矢量数据之间的距离，无论这个矢量数据代表的是地表看得到的物体还是地下管线之类地表看不到的物体。GIS 系统中现有的空间数据，如地下燃气管线，我们可以量出地面火点到地下燃气管线之间的距离（图 11.41）。这种需求只有把无人机中可以看到的地面信息和无人机看不到的地下 GIS 信息进行叠加才能解决。

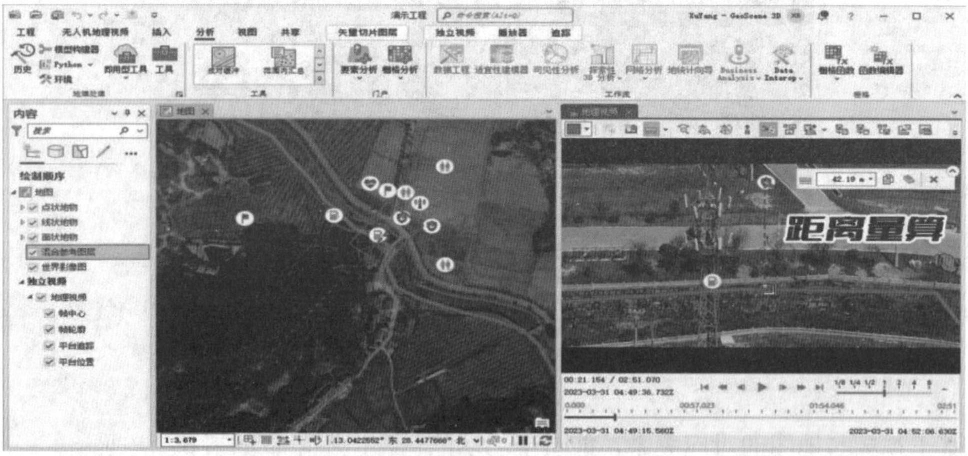

图 11.41　在视频中进行空间量算

③视频帧生成高清影像。

在线卫星影像往往分辨率较低且时效性差，点击“导出帧”按钮可以将视频中当前帧导出成影像，位置会被自动匹配到地图上（图 11.42）。

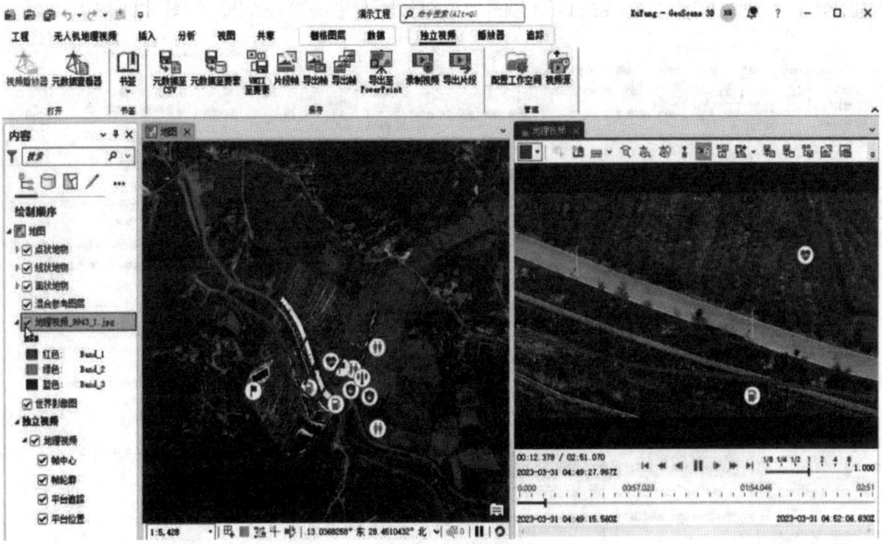

图 11.42　视频帧截取并叠加到地图

④PPT。

当然，用户还可以把该范围内的信息快速截图并插入已经打开的 PPT 中，备注里会自动包含该区域的坐标信息（图 11.43）。

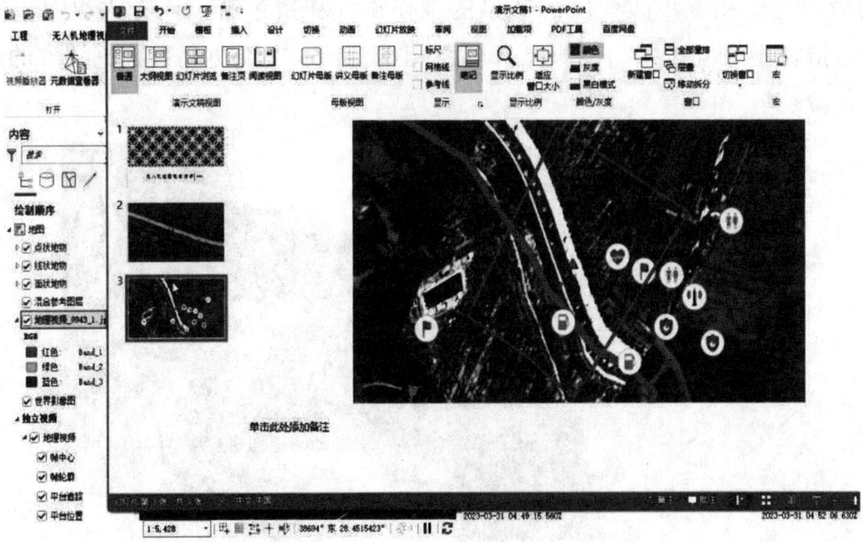

图 11.43　视频地图导出到 PPT

⑤地物采集。

当需要从视频中采集地物的空间信息时，可以使用注记点、线、面功能，右侧选择注记模板中的地物类型。直接点击视频中的地物，地图对应位置就会出现它的注记。同样的，在地图上添加注记，也会在视频中对应的位置显示出来（图 11.44）。

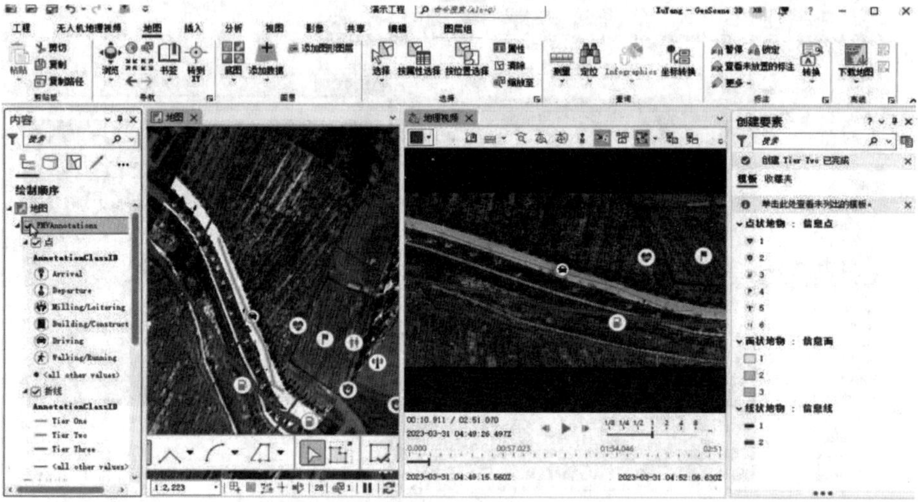

图 11.44　通过视频进行地物采集

⑥情指战一体化。

“情指战”原意是指基于情报指挥的战斗模式，在民用方面应急决策同样也需要类似的体系和模式。其中，情报是指在应急现场收集、处理、分析和传输的信息。无人机技术的应用已经在逐步改变应急决策的工作流程和决策链，而无人机“情指战一体化”体系是指将无人机技术与情报指挥体系相结合，以实现更高效、更精准的应急处置（图 11.45）。

图 11.45　地理信息云同步

无人机“情指战一体化”体系一般包括：

a. 收集情报。无人机可以搭载各种传感器和摄像机，通过可定位视频技术快速收集现场人员、资源的空间分布和紧急程度等情报信息，并将其传输至前端及后端指挥中心，以协助应急指挥决策。

b. 决策指挥。决策者可以利用无人机的实时图像、视频与空间信息相融合的各种情报信息，对应急行动进行指挥、协调和调整，实现更加精准的决策。

c. 现场处置。在决策者的统筹指挥下，现场人员可以更高效、安全、准确地进行专业处置，减少人员的伤亡和财产损失，并及时反馈现场情况变化给决策者，实现“情指战一体化”的闭环。

如图 11.46 所示，通过无人机地理视频技术进行情报实时获取，科学指挥山火复燃控制，现场团队部署到位并拓宽防火隔离带。

图 11.46　“情指战一体化”指挥下的山火控制

因此，无人机地理视频技术结合“情指战一体化”体系的需求是为了实现更高效、更精准的应急决策，提高指挥效率和行动能力，同时降低成本。

通过视频搜集地理信息的本质是使用视频定位后对矢量图层进行编辑，如果这个矢量图层是来自云门户的在线数据，那么在线数据只要有一个客户端修改了，其他所有客户端都会同步发生变化。系统管理员可以通过 GIS 云门户设计并发布在线地图，地图具有分辨率自适应能力，这样除了浏览器可以直接访问以外，通过手机端的微信也可以直接打开（图 11.47）。地图地址也能转换为二维码，通过微信、支付宝等现有的 App 识别打开，无须额外下载任何 App。这个地图里面包含可以用于在线标绘的点、线、面图层。

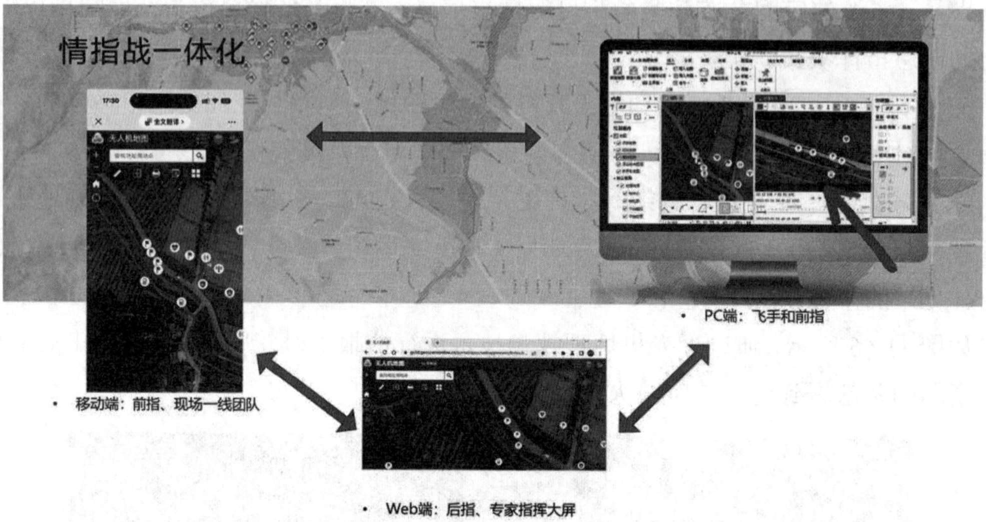

图 11.47 空间信息多端同步

用户把云门户的在线图层添加到 GIS 桌面，现场飞手在无人机视频中看到任何需要关注的目标都可以点击视频标记出来。这些空间信息再通过 GIS 云门户实时同步到浏览器或手机等客户端中。任何一个客户端都可按需修改这些在线标绘，结果会自动同步到其他客户端。另外，移动端的定位功能可以将自己定位到当前地图上，这样就可以利用在线地图的量算工具算出无人机刚刚获取的，如火线等地物到自己的距离。移动端还能通过地图将自己的位置上报给指挥中心和其他现场团队。

（3）行业应用

1）森林防火与灭火场景

如何在几十平方公里甚至更大范围内快速定位烟点、火点并把关键现场信息准确发送给相关的处置人员？

我们可以手动让无人机飞到林区上空几百米，目视搜索并开始录像（图 11.48）。一般只需几十秒到几分钟就可以大致覆盖视野范围内的几十甚至上百平方公里的林区，烟点、火点往往都很明显且目标数量较少，一旦发现烟点火点，即可收回无人机。

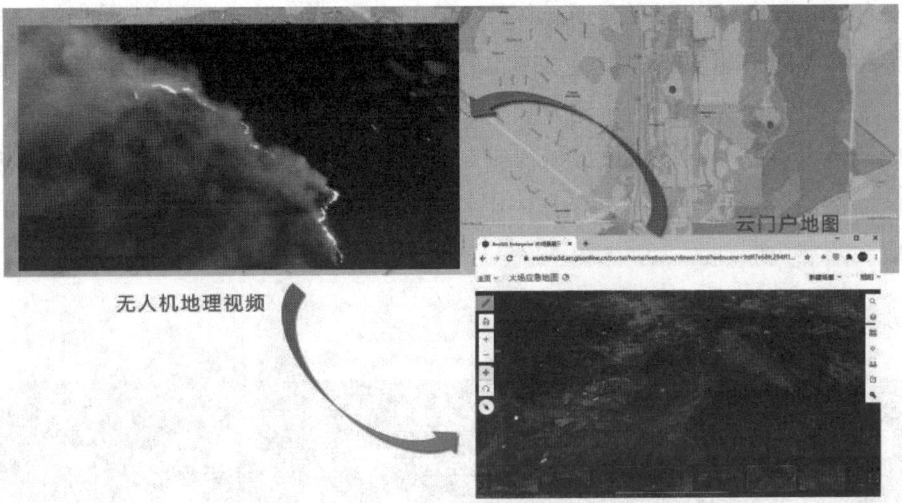

图 11.48　地理视频快速获取火线

复制视频到电脑，合成无人机地理视频，在 GIS 桌面平台中标注烟点、火点，量算大致受灾面积（图 11.49），并通过地理信息云门户同步这些信息到浏览器和手机端。这样，无论是拿着手机的现场扑救人员还是远在数百公里以外指挥大厅内的决策者和相关专家，都可以同时并跨部门地获取现场关键信息。

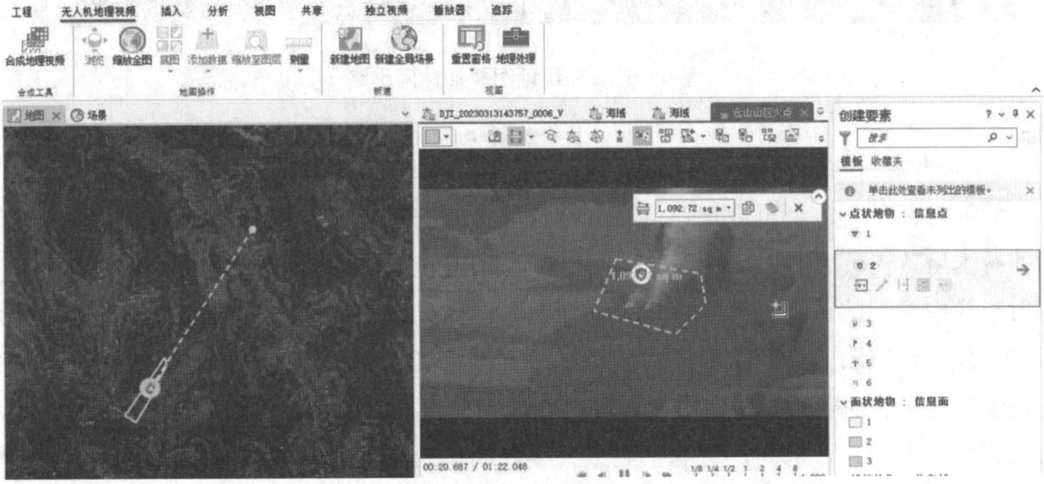

图 11.49　量算过火面积

如果叠加以往采集的防火通道和林间小路的 GIS 数据，还能够弥补传统导航软件缺少林区小路和临时通道数据的不足（图 11.50）。火势会随风力、风向变化而发展，这种情况作业周期以小时为单位的航测方法无法满足要求。使用无人机地理视频技术，烟点、火点等现场信息更新的周期可以以每次无人机起降的几分钟为单位，并且影响面积越大，对比传统航测的效率优势越明显。该应用中无人机地理视频技术的优势是大面积监测、快速获取和跨部门联动。

图 11.50　在线地图叠加林间小路

2）林业病虫害防治场景

如何在几十平方公里内快速排查并定位林区的病虫害呢？以松材线虫病为例，感染后的树木呈黄褐色（图 11.51）。虽然我们可以使用航测方法对整个林区飞正射影像，把正射影像中看到的黄褐色树木标记为疑似病害。但如果需要排查的区域大到几十甚至上百平方公里，航测的作业时间成本和经济成本都将过于高昂，另外正射影像中植被的拉花问题也会影响内业判断。使用无人机地理视频技术，让带有长焦缩放功能的 M3E 无人机飞到林区上空几百米高，可观察到数公里外的场景，飞行一节电池电量的时间大约可以排查几十平方公里的林区。

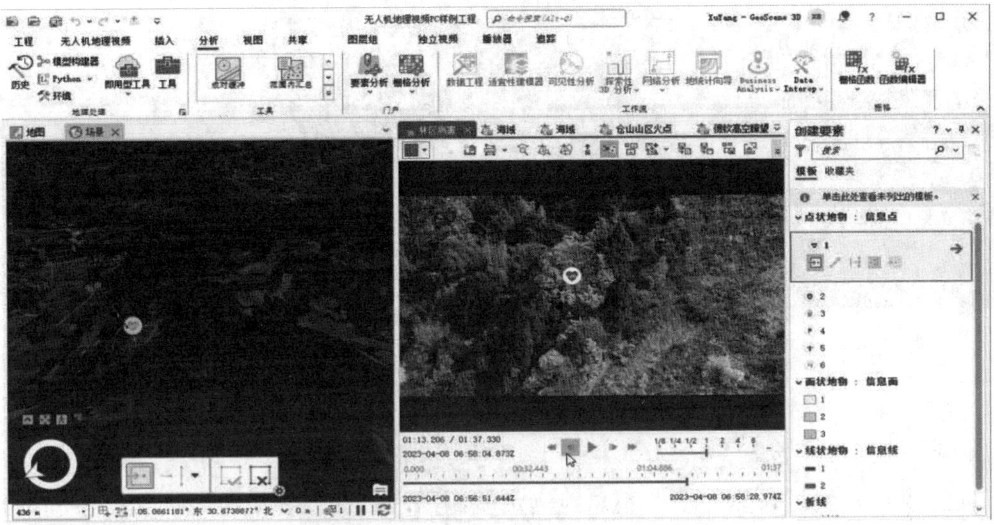

图 11.51　视频中定位病虫害

如果在图传视角中发现明显黄色的树木，可以通过长焦摄像头缩放过去仔细观察，快速判断该树种变化到底是季节性变黄还是因为病虫害。如果仍然无法看清，甚至可以手动飞无人机抵近观察确认。我们可以发现，侧向拍摄的可定位视频比只能正上方观察的正射影像清晰直观，同时还可以在电脑端快速定位并形成在线的病虫害分布图。如果需要砍伐治理，砍伐人员可以通过手机微信直接访问这个病虫害分布图，并通过移动设备定位功能判断自己到病虫害树木的距离。病虫害往往发生在林间深处，位置难以用地名准确表达，同时没有现成的道路前往。通过病虫害坐标点并叠加以往采集的防火通道和就近的林间小路 GIS 数据，可以方便砍伐人员到达，提高治理效率，降低林间作业风险。

该应用中无人机地理视频技术的优势是易于操作、降本增效和直观明了。

3）海洋监测与管理场景

如何在广阔的海面定位船舶，量算海浪宽度及油污面积？海面没有固定纹理，无法利用纹理匹配特征点并拼接正射影像。利用无人机拍摄地理视频，可以对视频中的船舶进行快速定位，量算船舶大致长度或海面以上的高度，还可以在没有水面参照物的情况下，根据船只若干秒内的位移计算大致的航速（图 11.52）。

对于变幻莫测的海浪，我们也可以直接量出它的宽度，并像测船速一样算出海浪的推进速度。对于海面漂浮物，如垃圾和大片油污，也可以通过视频定位并量算大致面积。同时这些定位信息只是简单的几个点、几条线和几个面，数据量很小，只需要非常低的数据流量就可以共享出来协调作业。如果叠加海底光缆、专属经济区边界等 GIS 数据到视频中，还可以判断海面船只是否已进入该区域。

该应用中无人机地理视频技术的优势是弱纹理场景、无参照物和低网络需求。

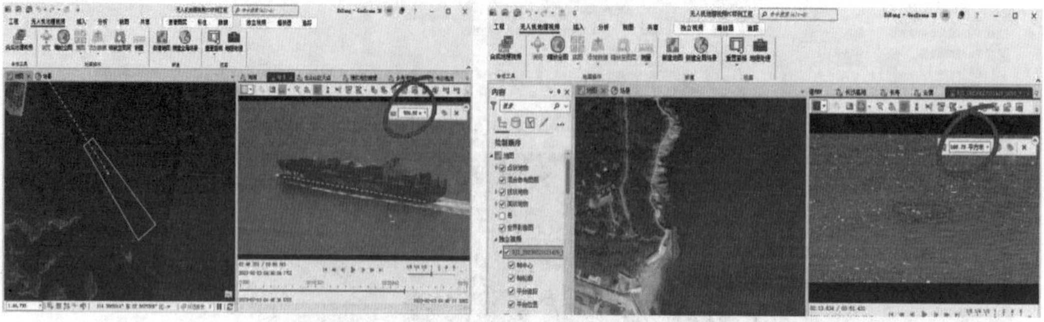

图 11.52 量算船舶长度及海面垃圾面积

4）弱光、云雾场景

应急事件发生时自然环境并不总能满足航测需求，如何在黑夜、云雾等不利条件下洞察现场？无人机地理视频技术可以在夜晚定位车辆、戴着头灯的工作人员以及林区正在燃烧的火线，也可以抓住云缝中短暂的窗口洞察现场（图 11.53、图 11.54）。同样叠加关键地理信息后，可以在漆黑的夜里快速定位受困人员、救援车辆以及不远处的林间小路，并量算他们之间的距离。

该应用中无人机地理视频技术的优势是恶劣环境、见缝插针和适应性强。

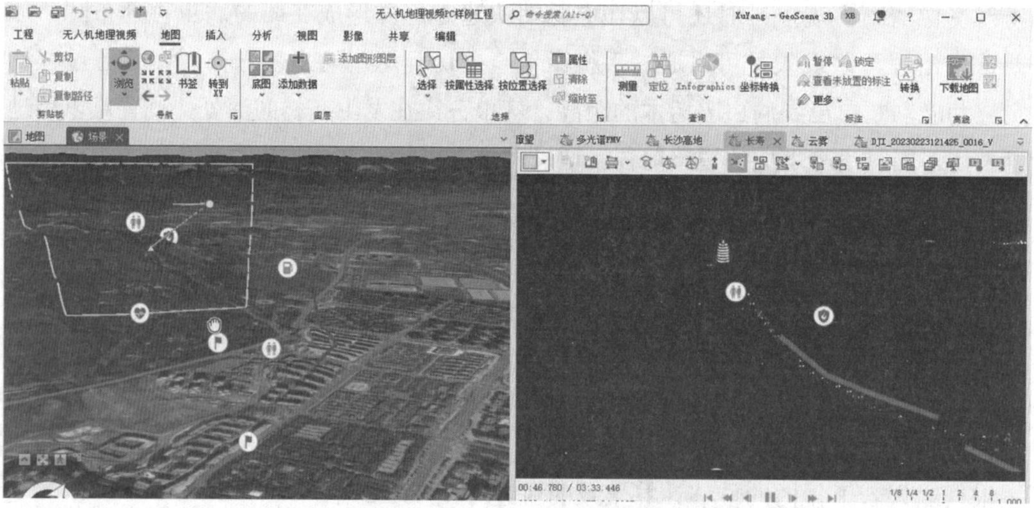

图 11.53 黑夜条件下工作

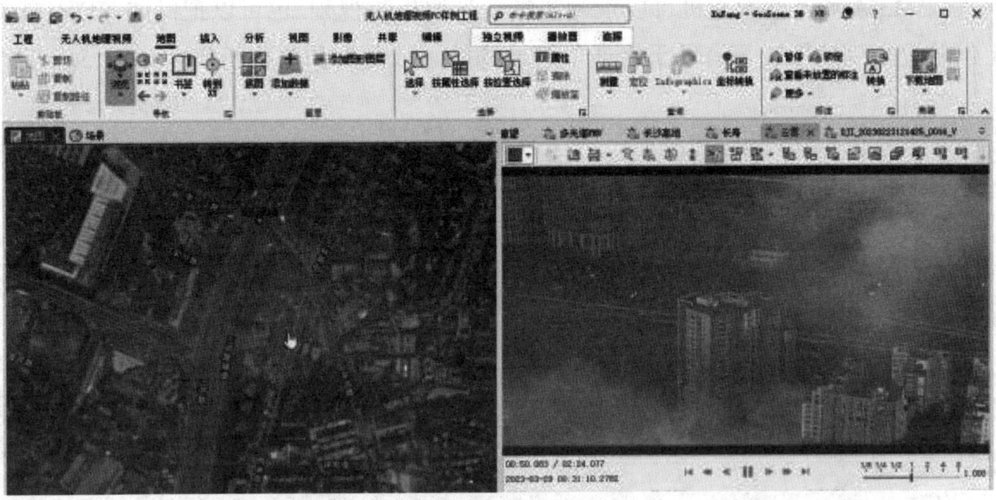

图 11.54　云雾条件下工作

5）热红外、多光谱等传感器应用场景

无人机地理视频技术还支持热红外、多光谱等传感器，例如大疆 M3T、M30T 的热红外和 M3M 的多光谱传感器。在热红外视频中通过颜色或亮度差异表现温差，定位地面人员、大型动物、火点等热源，还可以一键截取关键帧叠加到地图上（图 11.55）。这些信息都可以利用无人机地理视频技术定位到地图上。

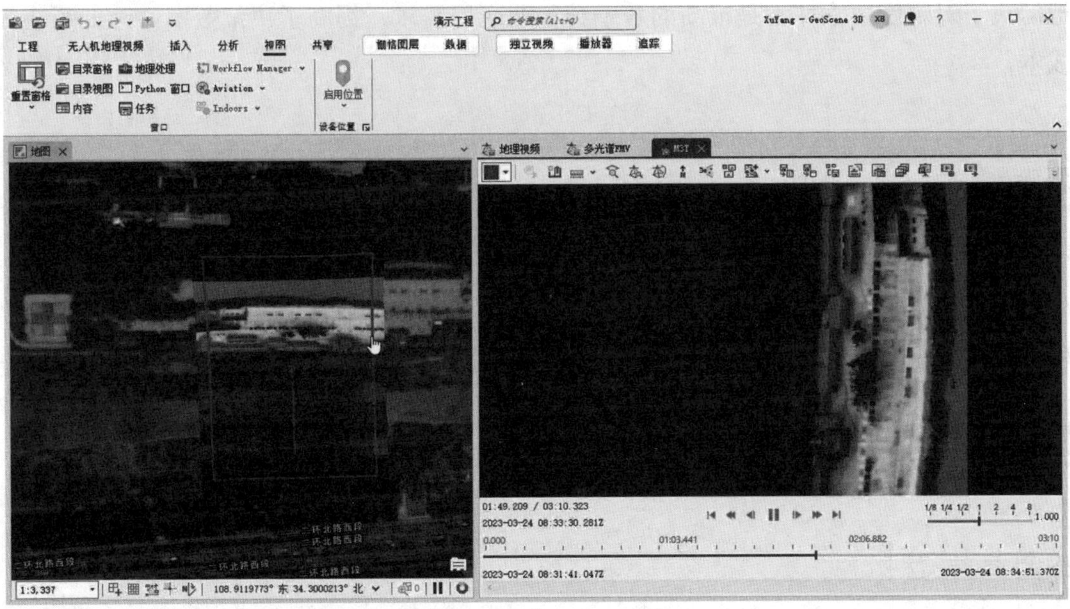

图 11.55　热红外和多光谱视频叠加 1

大疆 M3M 多光谱无人机可以录制多种多光谱指数视频，也可以把例如 NDVI 指数视频定位并叠加到地图上，有助于快速了解地物的大致分类和作物长势（图 11.56）。

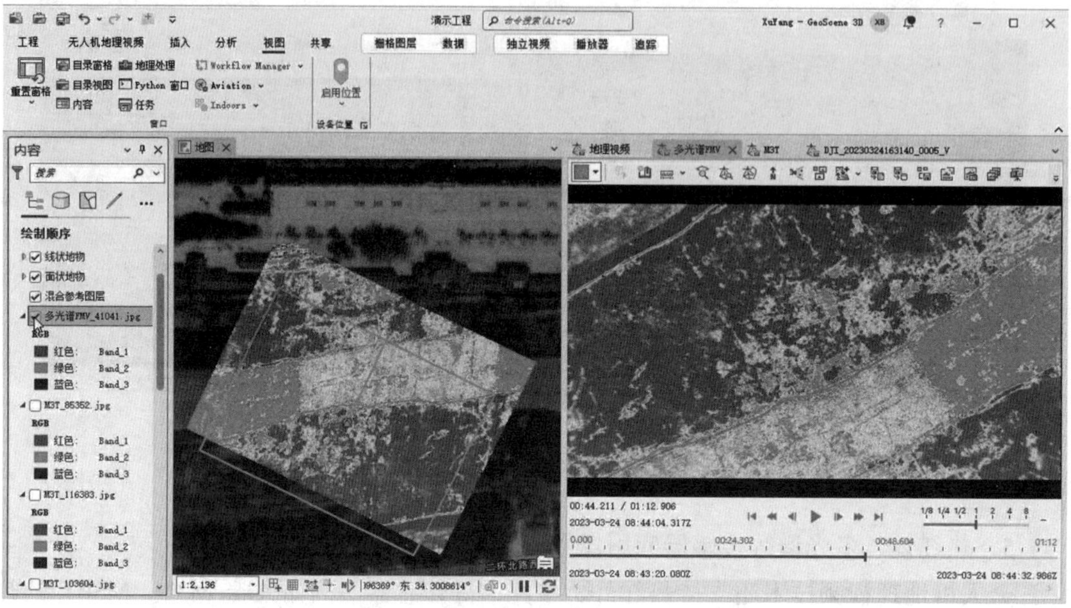

图 11.56　热红外和多光谱视频叠加 2

总之，无人机不仅是航测工具，更是地理信息采集平台。无人机地理视频技术很好地解决了对精度要求并不是很高的若干种行业应用需求，提高了决策效率，降低了决策成本。

思考题

1. 简述无人机在测绘领域能够从专业测绘走向“平民航测”的几大主要因素。

2. 简述无人机可以携带哪些常见传感器，以及这些传感器可以获取哪些类型的 GIS 成果。

3. 请举例说明，无人机结合 GIS 技术还可以解决哪些行业问题，并列出关键技术和大致的实现步骤。

主要参考资料

MISB ST 0601.12，Motion Imagery Standards Board Standard 0601.12，运动图像标准规范.

第 12 章 基于 GIS 的城市地下管线资源管理应用

城市地下管线是城市基础设施的重要组成部分，是现代化城市高质量、高效率运转的基本保证，被称为城市的“生命线”。城市管线也是城市赖以生存和发展的基础，其对城市生态环境及社会经济发展具有重要影响。我国城市地下管线资源丰富、种类繁多、结构复杂，具有多样性、复杂性等特点。随着城市的不断发展，地下管线资源量的不断增加，通过高新技术探测地下管线资源状况，并基于 GIS 等技术建设管线信息化管理平台，有助于展示管线分布、优化管线设计和智能管网维护等。GIS 以其强大的空间分析功能在城市地下管线资源管理等领域中得到广泛应用，是未来城市管线建设、发展和管理的重要手段。加强 GIS 等高新技术的应用对于助力推进城市地下管线高质量建设具有重要意义。

12.1 城市地下管线资源类型、分布及对生态环境的影响

12.1.1 城市地下管线资源类型、分布特点

城市地下管线是指在城市规划区范围内，埋设在城市主、次干路、支路、社区道路及城市广场等区域的地下管道或电缆及其附属设施，包括给水、排水（雨水、污水、雨污合流）、燃气、热力、电信、电力、工业管道等几大类。城市地下管线种类多样，其地下埋设方式及分布特征也不尽相同。总体上可分为架空敷设、直埋敷设、地下管沟敷设等形式。

①给水管道：可按给水的用途分为生活用水管道、生产用水管道和消防用水管道等。其材质主要有铸铁管、钢管、钢筋混凝土管、塑料管等。

给水工程管线输送的是城市居民生活、工业企业生产等城市正常运转的各类用水，给水管网有树状网和环状网两种基本形式。树状网管线从水厂泵站或水塔到用户的管线布置为树枝状，一般适用于小城市和小型工矿企业。环状网管线则连接成环状，任意一

段管网损坏时不会影响整体供水，可提高供水的容错率和可靠性，但环状网的造价明显高于树状网。

②排水管道：可按排泄水的性质分为污水、雨水和雨污合流及工业废水等管道。按其材质分类主要有钢筋混凝土管、混凝土管、铸铁管、石棉水泥管、砖石沟等。排水管道除预制的圆形管外，还有现场砌筑的非圆形沟道，有方沟、拱形沟等。

城市排水主要分为城市污水和雨水，城市污水主要由居民日常生活污水和达到排污标准的工业废水组成。城市雨水主要是指降雨、降雪等降水，经地表径流排入城市雨水管线。城市排水管道依据城市地形、竖向规划、污水厂的位置、土壤条件、水体情况及污水的种类和污染程度等因素确定其布置形式。

③燃气管道：包括煤气管道、天然气管道、液化石油气等输配管道。目前，燃气管道多为钢管，主要有无缝钢管和焊接钢管。燃气管道属于压力管道，具有较高的危险性，漏气可能发生火灾、爆炸等危险事故；燃气管道的安全与否和压力的大小密不可分，压力越大管道接口、管道自身越容易发生漏气现象，因此《城镇燃气设计规范》（GB 50028—2006）规定，中、低压燃气管道宜采用聚乙烯管、钢管等，次高压燃气管道应采用钢管。燃气管道一般采用直埋敷设，中、高压燃气管道应尽量避开交通主干道和繁华街道；沿街道敷设时，通常单侧布置，在道路较宽且两侧用气量较大时，采用两侧布置。小区内通常在道路下敷设以保证两侧供气。

④热力管道：包括热水管道、蒸汽管道等。地下热力管道敷设方式有管沟和直埋两种，在其上有保护层。

热力工程管线主要用以供居民生活用热为主的热水和以工业企业生产用热为主的蒸汽。热水管道属于压力管线且占用空间较大，管线周边温度较高，一般为双管制，由平行布设的供水管和回水管组成，安全性和卫生性较高；蒸汽管道为单管制，传热量大但易损坏。城市道路上的热力管道一般平行道路中心线，并尽量敷设在车行道以外的地方，原则上同一管道应沿街道一侧敷设。热力管道敷设时，宜采用不通行管沟或直埋敷设；遇不允许开挖检修地段确需跨越时，应采用通行管沟。

⑤电力管线：包括动力电缆管线、照明电缆、路灯等各种输配电力电缆等，其敷设方式有直埋（或穿管）、管块和管沟3种。

地下敷设电缆较少时，宜采用直埋敷设，较多时宜采用电缆沟或排管敷设方式，后者占用空间较大；为了保证道路两侧地块用电的可靠性，电力管线沿线会布设环网柜、分线箱等设施。

⑥电信管线：包括电话电缆、有线电视和其他专用电信电缆、光缆等管线，其敷设方式同电力管线。

通信信号的传送媒介主要是电缆和光缆。电缆依靠金属导线传递电信号，而金属导线受雨、污水或地下水的影响，会发生化学反应或电化学反应。光缆传输相较于电缆传输有着传输容量大、受电磁干扰程度小等优点。电信管线无论采用哪种信号传递媒介，对外界的影响程度都小于受外界的影响程度。

⑦工业管道：包括重油、柴油、工业排渣、排灰等管道。工业管道是用管子、管子连接件和阀门等连接成的用于传输气体、液体或固定颗粒物体的装置。布置设计时应符合工艺管道及仪表流程图的要求，做到统筹规划、安全可靠、经济合理，工业管道宜集中成排布置，通常情况下采用架空或地上敷设，特殊情况下可埋地或敷设于管沟内。

12.1.2　城市地下管线存在的主要问题及其对生态环境的影响

地下管线在城市基础设施高质量发展中发挥着重要作用。然而，当前我国一些城市地下管线建设水平相对滞后，已无法满足经济高质量发展的要求。近年来，城市地下管线日益增多，在其建设、使用、维护管理工作中出现了诸多问题：一是反复无序挖掘，重复建设现象严重，消耗人力且影响市民生活；二是后期建设、维护、管理分散混乱，资料不全，管理困难；三是不合理地占用过大地下空间，管位重叠交叉，废弃管线没有及时处理造成地下资源浪费；四是各施工单位常常交叉作业，存在施工风险；五是部分管线年久失修，继续使用存在一定的安全隐患；六是对一些内存易燃易爆性物质的工业废弃管道缺乏必要的安全处置，易造成危及自然环境甚至人类生命安全的各类隐患；七是紧急情况下管线应急能力薄弱，如地面断裂、土层沉降以及其他自然灾害等。

城市地下管线的建设与生态环境有着密不可分的关系。当前我国相对滞后的地下管线建设水平对城市土壤环境、水环境等造成严重危害，由点源污染造成的土壤营养化、土壤污染、地下水质恶化等问题也普遍存在。首先，地下管线是隐蔽性工程，建设难度较大、风险性较高。其次，城市地下管线建设涉及诸多主管部门，质量监管难度较大。因此，加大城市地下管线的信息化建设力度，将有助于推动我国城市地下管线建设朝着智能化方向发展。在建设工程中，可运用 GIS、BIM 等空间信息技术手段，指导地下管线的建筑施工、运行维护等，从而进一步加强城市基础设施的风险防控。最后，相关部门需运用互联网、大数据、GIS 等新技术手段，加强信息沟通与相互协作，全面推进地下管线高质量建设和精细化管理。

目前，我国正在大力加强城市地下管线改造与维护，未来将建成更加高效、安全、绿色及智能的地下管线体系，这也是“智慧城市”建设的重要组成。以下主要基于北京超图软件股份有限公司的案例，重点介绍地下管线信息系统设计方案和主要功能。

12.2 地下管线信息系统建设工作内容及系统设计

12.2.1 地下管线信息系统建设的意义

城市地下管线信息系统的开发建设对于管线的信息化管理水平提升，以及城市的发展建设等具有重要意义和应用价值，主要体现在以下 6 个方面。

（1）成为城市管理的基石

城市地下管线是城市基础设施的重要组成部分，地下管线信息化管理平台将为城市规划建设与管理提供重要基础信息。

（2）推进数字平台建设

整合城市地下综合管线基础数据资源，逐步通过数据资源的“集中管理、分布应用”实现数据管理部门和应用部门之间的共建共享，可进一步推动城市数字地理空间信息平台建设。

（3）提高决策的科学性、合理性

通过 GIS、互联网和大数据等技术开发建设的管理平台，将地图元素和地下空间信息融入管理体系中，并以三维的形式展现，实现城市决策信息资源的数字化和可视化，提高了决策的科学性和合理性。

（4）应对突发事件和灾害

提高政府保障公共安全和处置突发公共事件的能力。突发事件发生后，政府可通过系统平台第一时间了解事件发生地周边管线分布情况，高效调用相关资源，迅速完成应急处置，使产生的危害降到最低程度。

（5）提高基础数据管理水平

基于管线信息系统可有效管理基础数据。如查阅局部地区管线的各种细节和单一管线状态，以及浏览区域管线的宏观分布及各种管线的整体空间关系等，在管线建设中也便于工程施工指导，还可辅助新区管线规划设计等。

（6）为相关管理部门建立管线数据管理、服务平台

建立地下管线信息系统，将城市地下管线工程档案全面数字化，将帮助城市城建档案馆有效行使地下管线档案管理职能。同时，城市地下管线信息系统还可为地区的人防、规划、城管、生态环境等部门提供基础数据共享服务平台。

12.2.2 地下管线信息系统建设的工作内容

城市地下管线信息系统建设的工作内容丰富，工程技术复杂，主要包括前期基础性

工作和平台开发设计工作。其中，地下管线数据普查是前期基础性工作的主要内容。具体包括：

（1）成立高位的管线普查领导小组

管线普查领导小组一般由市主管领导和建设单位分别牵头，成立地下管线建设领导小组和地下管线数字化建设小组，数字化建设小组负责数据收集整理、数据普查及录入、协调工作。地下管线数据的普查流程主要包括现状数据收集、管线探测、数据建库及标准化编码、数据质量检测和成果提交。

（2）实施前期准备工作

管线权属单位组织人员搜集已有地下管线资料，为进一步开展管线探测和数据建库做准备。同时，对管线进行测区踏勘和施工设计。

（3）地下管线探测

地下管线探测是了解管线地下分布情况的重要工作。详细而准确的管线探测结果将会确保管线数据在信息系统中具有精确的空间位置等信息。地下管线探测一般可使用地下管线探测仪、井盖探测仪、管道内窥系统、全站仪等设备，采用管线探测、管线调查等方法对管线进行测量。

（4）数据建库与标准化编码

管线数据库建设是管线信息系统建设的核心工作。数据库建设将整合现有地图数据、管线属性数据、专业数据，通过统一标准编码体系，分别建立基础地形库、管线信息库、专业数据库，结果可用于数据输出和维护（图 12.1）。

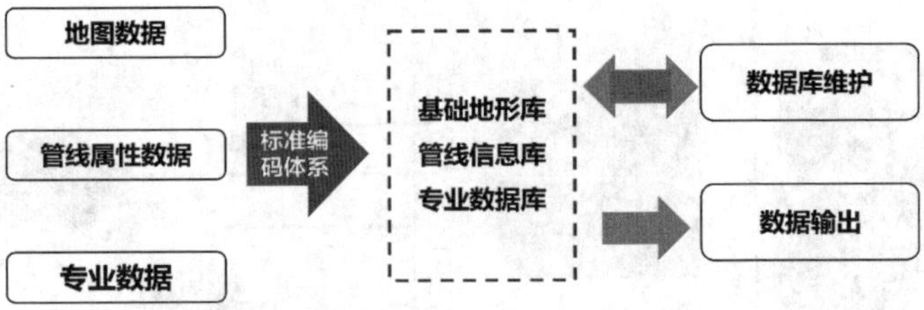

图 12.1　数据建库与标准化编码流程

（5）数据检验

数据检验的目的是减小数据探测的误差，提高数据精度。在工作中，通常在隐蔽管线点和明显管线点中分别随机抽取不少于各自总点数的 5%进行重复探测。

（6）数据成果提交

地下管线数据普查前期工作需提交的成果包括：控制点成果数据；管线点成果数据；管线成果，包括管线线段属性成果表、管沟线属性成果表、注记数据线属性成果表；地下管线成果表；专业管线图、综合管线图（含纸质及电子文件）5 类成果数据。

12.2.3 地下管线信息系统开发的系统结构

地下管线信息系统开发设计的系统结构主要包括系统逻辑结构、系统组织结构、系统数据库结构和系统网络结构。具体如下所述。

（1）系统逻辑结构（系统框架）

目前，城市地下管线信息系统开发设计主要采用基于 GIS 和相关语言软件融合的面向对象的方法，以软件对象（类）和逻辑相关的软件对象构成的应用组件（component）为基础进行开发，利用系统分析与设计过程构造的UML类图和在类图基础上构造的UML部件视图（component view）进行编程和组织。在具体实现上，将按业务职能和机构组成划分为不同的应用子系统，子系统实际上是应用类与部件的逻辑组合，各子系统通过共享类与部件实现数据的共享。

系统一般可采用 C/S 和 B/S 相结合的三层体系架构模式，即数据服务层、应用逻辑层、表现层。数据服务层管理系统数据库；应用逻辑层主要是各种应用组件，完成系统的功能；表现层是用户界面（图 12.2）。其中，C/S 结构主要用于实现管线图形与属性数据的输入、修改、编辑更新、查询、检索、处理、分析、制图、统计和报表生成等功能。B/S 结构主要用于方便现场或远程作业人员使用，可以实现 C/S 端所有功能。这种体系结构的优点是降低了 GIS 平台的成本和系统使用难度。

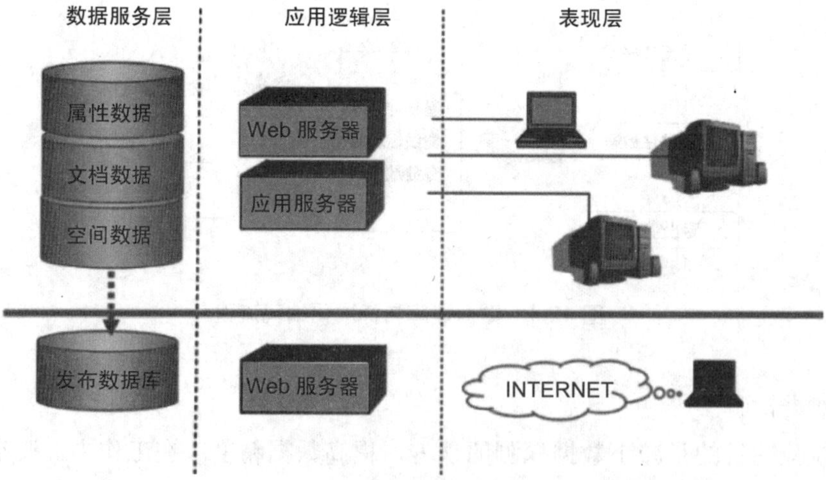

图 12.2 城市地下管线信息系统架构

（2）系统组织结构

地下管线系统组织结构在功能和业务上可分为调图操作子系统、数据维护子系统、图形显示子系统、查询统计子系统、设施管理子系统、网络分析子系统、图形输出子系统、辅助设计子系统、系统管理子系统和 WebGIS 管网图发布子系统等（图 12.3）。基于 WebGIS 的 B/S 访问方式有助于远程或现场作业人员对系统应用的各种需求。

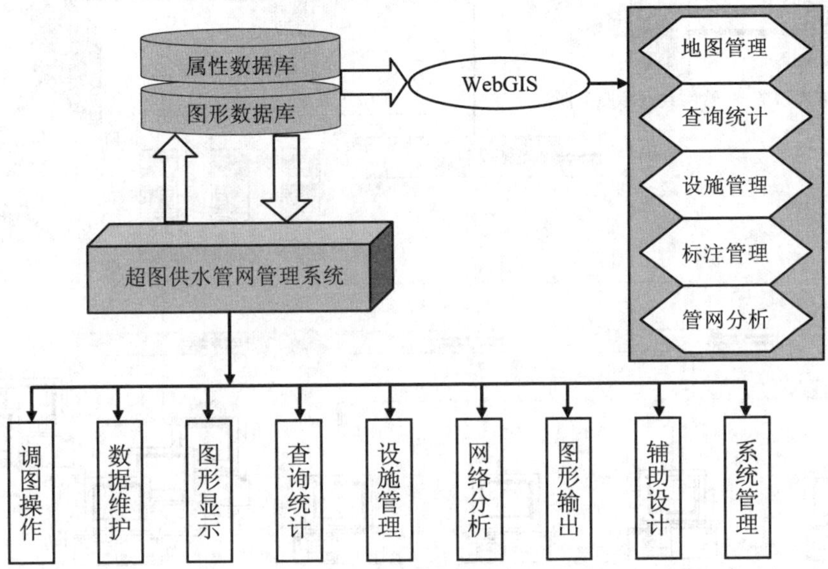

图 12.3　系统组织结构

（3）系统数据库结构

系统数据库主要按功能进行划分，由基础地理数据库、管网数据库、工程图档数据库、系统管理数据库等构成。系统数据库构成如图 12.4 所示。

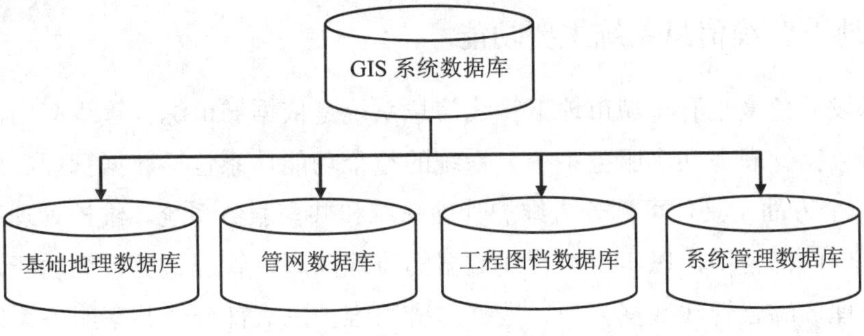

图 12.4　系统数据库结构

（4）系统网络结构

由于支撑管线软件系统的网络硬件环境是用于存储和传输地图与供水输配管网设施的空间数据及属性数据，因此数据量极其庞大。为了能有效地管理和共享这些海量数据，硬件设备必须采用高性能的网络交换设备和服务器，并具有良好的可扩展性。为了保障数据安全，系统网络硬件结构配置如图 12.5 所示。

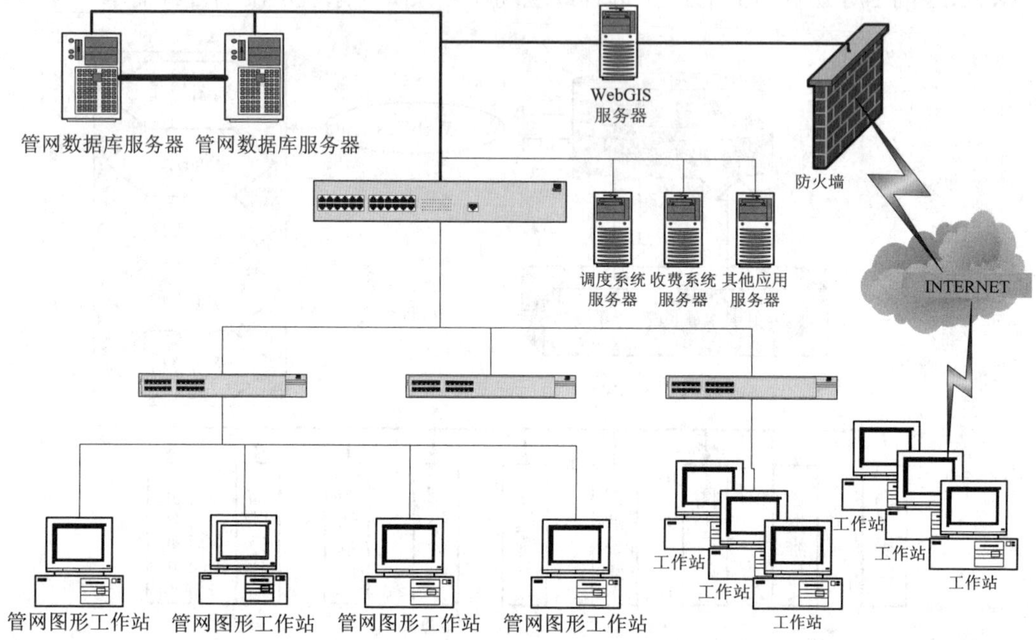

图 12.5 系统网络结构

12.3 地下管线信息系统功能及实践应用

12.3.1 地下管线信息系统主要功能

从技术设计角度来看，城市地下管线信息系统是依据城市综合管线应用需求而建立的综合管线数据管理与共享服务系统。系统的整个功能体系包括数据管理、应用服务和用户管理 3 个方面，具体可划分为维护管理系统和共享服务系统。维护管理系统主要供城市建设单位内部使用，以实现对管线数据的监理入库、管理、更新等功能，可划分为管线数据监理、综合管线数据管理、数据与应用维护三大部分。共享服务系统则主要面向城市各政府部门。下面将分别介绍管线数据普查质检子系统、二三维一体化管线管理子系统、综合管线信息共享服务子系统、数据与应用维护子系统的功能。

（1）管线数据普查质检子系统及其功能

该子系统采用 C/S 架构，主要用于对地下管线外业采集数据在入库前进行数据质量检查和数据成图后的图面检查，确保进入系统的数据准确性；同时提供对于地下管线的后续更新数据的质量检查能力，确保更新数据满足质量要求。检查项目包括属性完整性检查、属性重叠性检查、位置重叠性检查等。数据质检基本流程见图 12.6。

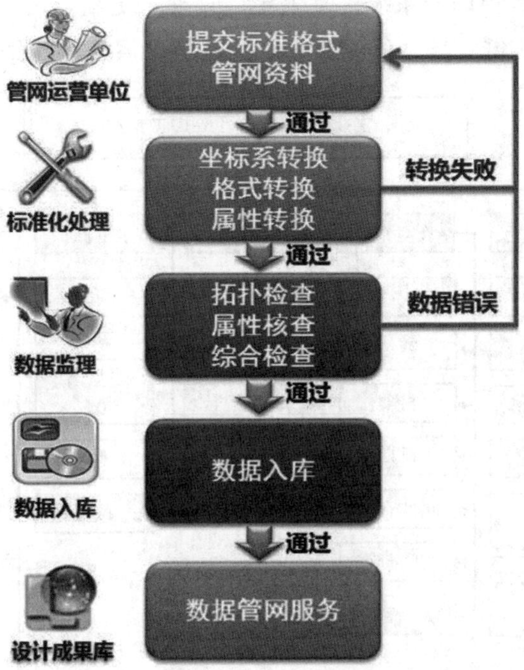

图 12.6　地下管线数据质检基本流程

该子系统主要将普查数据转化为图形格式，并配合错误列表对出错的数据进行直观查看。在管线数据监理程序中配置的基本 GIS 功能，包括图形放大、缩小、平移、定位、全图查看等。

（2）二三维一体化管线管理子系统及其功能

在管线信息系统建设过程中，GIS 技术是核心基础支撑。GIS 具有强大的空间分析与三维建模功能，如日照分析、填挖方分析、三维量测、淹没分析、通视性分析等，能够清晰直观地表现各地理信息的规律和分析结果，同时还能在屏幕上动态监测地理信息的变化。因此，三维建模功能与城市地下管线的结合，能够实现管线地上地下一体化展示，将地表 DEM 模型、三维景观模型、全景影像、地理底图及地下三维综合管线模型进行集成显示，构建多层次立体三维模型，为综合管线建设、管理提供真正的三维可视化平台。

结合 GIS 技术、数据库技术和三维技术，直观显示地下管线的空间层次和位置，以仿真方式形象地展现地下管线的埋深、材质、形状、走向以及工井结构和周边环境。与传统的管线二维平面图相比，极大地方便了排管、工井占用情况、位置等信息的查找，帮助用户对综合管线以标准化的方式进行管理，并提供丰富强大的各类查询、统计和辅助分析等功能，可为今后地下管线资源的统筹利用和科学布局、管线占用审批等工作提供重要参考。

二三维一体化管线管理子系统，是采集、管理、更新、处理和应用城市地下管线信息，具有空间分析和决策支持功能的综合信息系统。系统功能结构如图 12.7 所示。

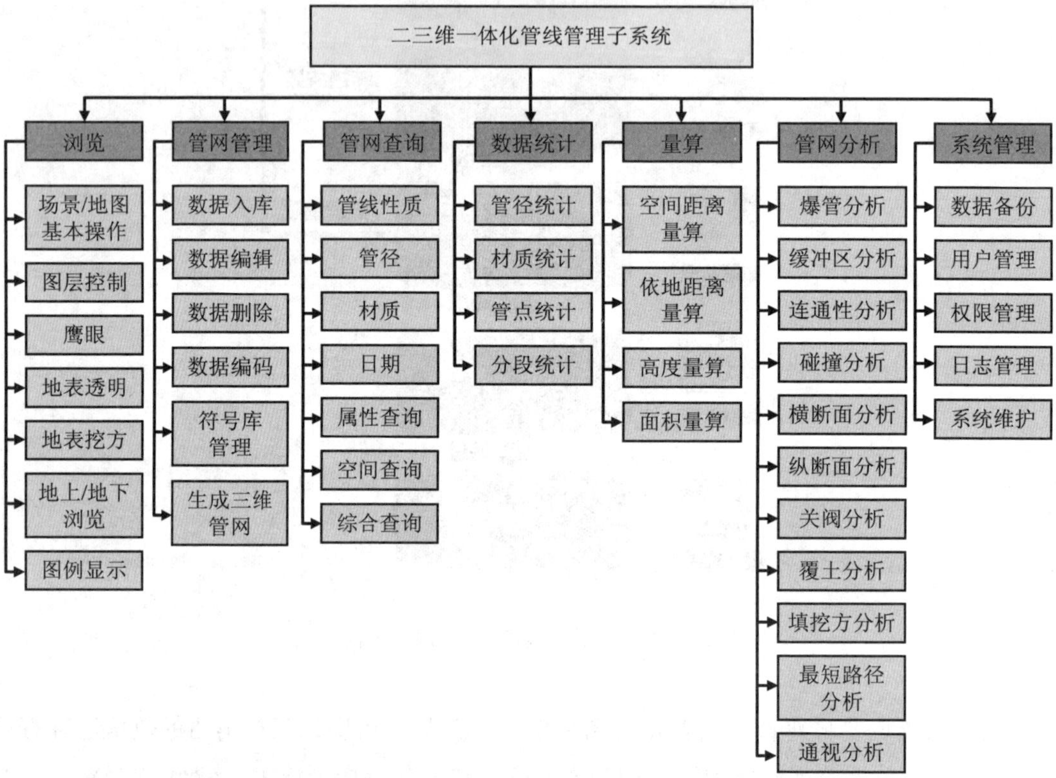

图 12.7　二三维一体化管线管理子系统功能结构

二三维一体化管线管理子系统功能丰富，主要包括数据入库和编辑功能、管线查询统计功能、管线分析功能和管线输出功能。

其一，数据入库和编辑功能具体有数据导入、管线编辑、属性编辑、符号库管理和数据导出等应用选项。

①数据导入：提供中间格式管线数据文件、其他如 AutoCAD 格式文件的输入。同时提供数据质量检查监理功能。数据导入功能可以同时实现数据的更新。

②管线编辑：提供管线对象的添加、删除、截断、合并以及属性修改等编辑功能。包括管线和管点的添加、删除、移动，管线合并、打断等功能。

③属性编辑：提供管线和管点相关属性数据的编辑（图 12.8）。

图 12.8　数据属性管理工具

④符号库管理：根据管线数据、符号数据及相关属性，自动生成二维管线地图及三维管线模型数据（图 12.9）。支持自动生成管点符号，支持圆管、竖管、方管、复杂管廊自动生成，同时支持将在 MAX 中建立的复杂管点模型导入三维符号中使用，支持 max、3ds、flt、dxf 和 osgb 等常用三维模型格式。

图 12.9　三维管点和管线符号

⑤数据导出：提供输出到中间格式文件或其他格式（如 AutoCAD 格式）文件的功能。

其二，管线查询统计功能具体有图形与属性的双向查询、属性的各种组合条件查询、空间查询、多媒体查询、管线长度统计、管点类型统计和查询统计结果输出等应用选项。

①图形与属性的双向查询：根据所选管点、管线可查询对应的属性；根据属性条件可查得相应的图形。

②属性的各种组合条件查询：按照管线类型、坐标、管径大小、埋藏年代等各种属性进行组合查询（图 12.10）。

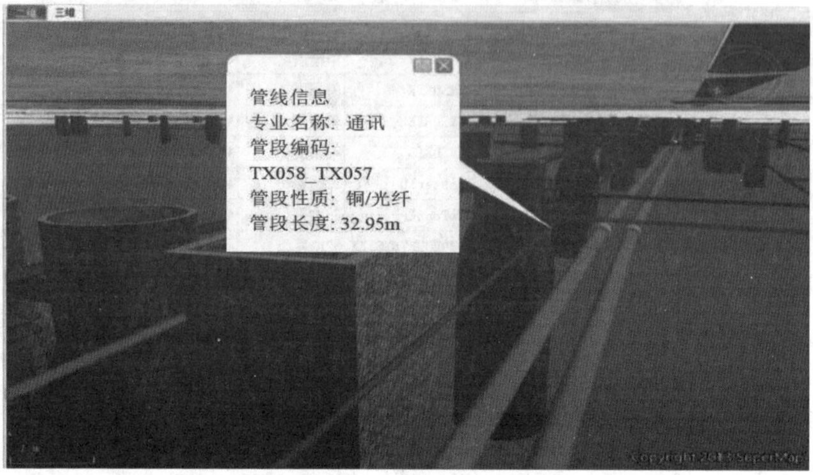

图 12.10　管线查询

③空间查询：用户选择空间操作关系，进行缓冲区查询、相交查询、包含查询等。

④多媒体查询：用户可以在管线或设施上挂接照片，并通过点击管线或设施查看。

⑤管线长度统计：按照管线类型、建设年限、报批年限、材质、管径大小等统计在指定区域内的管线长度。

⑥管点类型统计：按照权属单位、建设年限、报批年限、管点类型等统计在指定区域内的各类管点的个数。

⑦查询统计结果输出：采用表格、文件、图形等方式输出统计结果（图 12.11）。

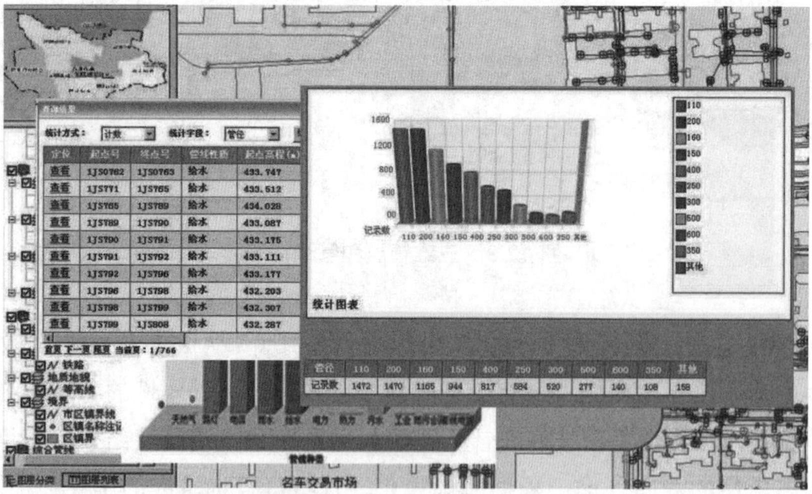

图 12.11　管径查询统计结果

其三，管线分析功能具体有横剖面分析、纵剖面分析、水平净距分析、垂直净距分析和爆管分析等应用选项。

①横剖面分析：通过鼠标拖动形成剖面线，绘制出管线横剖面图，在横剖面图上，可以分析各管线在垂直位置上的相互关系（图 12.12）。

图 12.12　横剖面分析方式

②纵剖面分析：通过矩形范围选定单条管线，形成纵剖面图，分析管线在纵剖面上的位置关系。

③水平净距分析：分析管线交叉点处各管线的埋深及管线之间的水平方向的最小距离是否符合国家管线标准规范的要求。

④垂直净距分析：分析管线交叉点处各管线的埋深及管线之间的垂距是否达到国家管线标准规范的要求（图 12.13）。

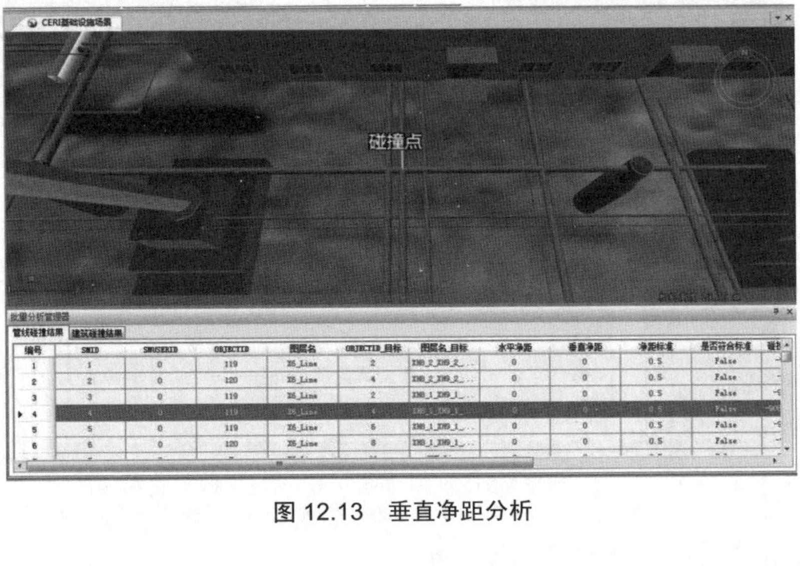

图 12.13　垂直净距分析

⑤爆管分析：根据事故地点面所处的管线空间拓扑关系，分析出应该关闭的阀门及影响的范围，显示受影响的管段区域，给出关阀方案，显示所有应关闭的阀门，输出关阀报表、关阀图和因关阀影响停水的重要用户信息（图 12.14）。

图 12.14 管线爆管分析

其四，管线输出功能具体有报表功能、地图与报表输出和剖面图输出等应用选项。

①报表功能：属性库中的表和查询结果均可以直接生成报表，也可以由用户编辑（插入图形、标题与日期等）之后再报表输出。

②地图输出：标准图幅输出满足国家标准的各类专题地图，如城市地下管线布局设计图的打印输出（图 12.15）。

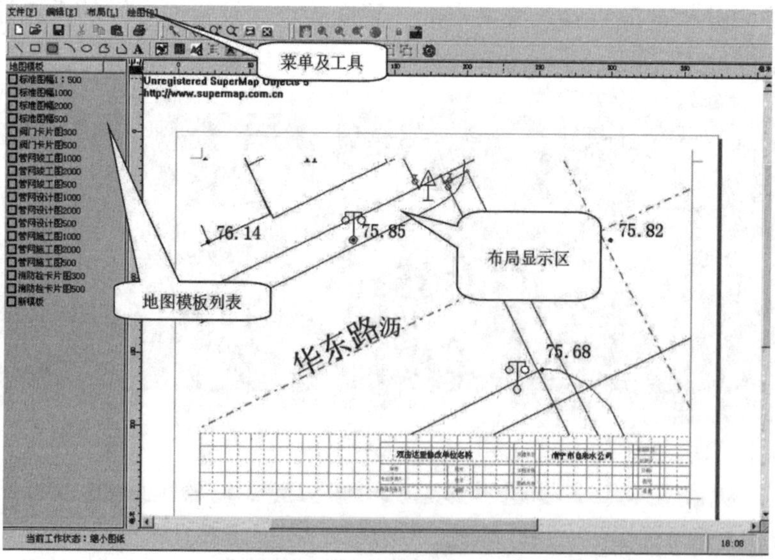

图 12.15 地图打印输出

③报表输出：图库中的各种属性信息的报表输出以及净距分析结果输出。

④剖面图输出：可以输出纵剖面图、横剖面图等分析图形结果。

（3）综合管线信息共享服务子系统及其功能

城市地下管线信息系统的开发建设除满足建设单位自身业务管理的需要外，更主要的目的是为城市的规划、建设、管理和社会各行业提供完善、优质和高效的综合管线信息数据服务。因此，在系统建设初期就要考虑不同行业、不同平台的应用需求，要满足综合管线数据库应用的广泛性要求。

作为城市地下管线信息系统的一个子系统，综合管线信息共享服务子系统主要实现城市地下管线信息数据的分发和共享服务。系统将实现地理信息发布、地理信息远程查询、地理信息远程下载和远程用户管理等应用目标。

系统开发设计可在分析需求的基础上，结合城市地下管线实际特点，将综合管线信息共享服务子系统划分为地图/场景浏览、地图定位、查询、统计分析、业务管理、系统维护等六大功能模块（图 12.16）。

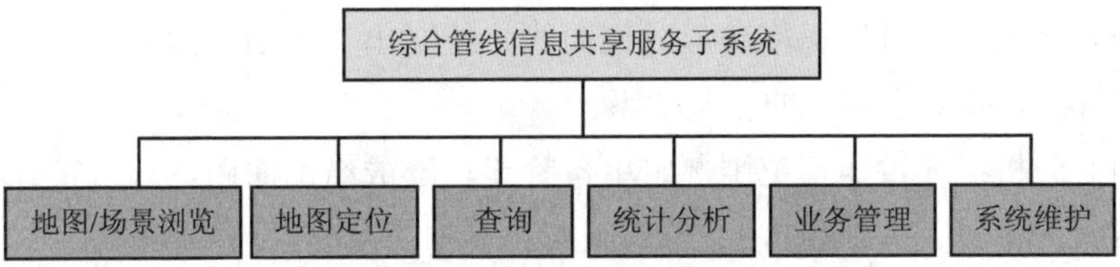

图 12.16　综合管线信息共享服务子系统功能结构

其一，地图/场景浏览功能主要完成基本的地图漫游、导航和图层控制等应用功能选项。具体如下：

①地图/场景放大/缩小：地图窗口的开窗放大/缩小、中心点放大/中心点缩小。

②地图/场景漫游：进行任意方向漫游，改变显示区域。

③全图查看：按照区域范围显示地图/场景。

④前一视图/后一视图：按照前一次/后一次操作的显示范围显示地图。

⑤图层控制：调整地图/场景图层的可见、显示标注、显示比例尺范围等参数，并及时刷新显示。

其二，地图定位功能主要包括鹰眼定位、地名定位、资源定位、书签定位等能方便地定位到感兴趣的区域的应用功能选项。具体如下：

①鹰眼定位：鹰眼图实时显示当前地图窗口在全市对应的区域，并可通过在鹰眼图上拉框将地图窗口定位到相应的区域。

②地名定位：输入地名通过模糊匹配定位到相应的区域。

③资源定位：输入管线资源编号或管线相关属性定位到指定类型的管线资源。

④书签定位：将感兴趣的区域定位成书签，方便以后进行定位。

其三，查询功能主要包括点击查询、空间范围查询、导航树查询、组合条件查询、图形量算等应用功能选项。具体如下：

①点击查询：查询鼠标点击的管线资源的属性。

②空间范围查询：通过拉框或多边形选择管线资源，并显示选中资源的属性。

③导航树查询：查询管线资源层次结构中任一结点的属性。

④组合条件查询：通过多个条件的组合，查询满足条件的管线资源，并查看其属性。

⑤图形量算：测量是指定路线的距离或指定区域的面积。

其四，统计分析功能主要包括资源统计、缓冲区分析、剖面分析等应用功能选项。具体如下：

①资源统计：按道路或选择集分类统计管线长度和管点的数量。

②缓冲区分析：可选定要素（点、线、面），设定缓冲区范围大小，然后获得缓冲区范围内的管线资源，进行分析。

③横剖面分析：通过鼠标拖动形成剖面线，绘制出管线横剖面图，在横剖面图上，可以分析各管线在垂直方向上的相互关系。

④纵剖面分析：通过矩形范围选定单条管线，形成纵剖面图，分析管线在纵剖面上的位置关系。

其五，业务管理功能主要包括开挖申请表登记和开挖情况查询、统计，以及其他建设部门开展的与管线相关的业务管理等应用功能选项。具体如下：

①开挖申请表登记：系统提供申请表录入界面，可以方便开挖申请表的填写和保存。

②开挖情况查询：输入申请单位名称、开挖面积、开挖时间等条件，可以查询得到符合条件的开挖情况列表，并可进一步查询得到某一张开挖申请表的详细信息。

③开挖情况统计：设置时间段、开挖面积等条件，可得到相应开挖情况统计结果。

其六，为保障综合管线信息共享服务子系统 7×24 小时运行，系统需提供比较完善的运维支撑技术，运维支撑模块是以 B/S 方式实现对整个系统的用户管理、服务安全认证、服务配置/管理和系统监控，使系统管理员可以在网络环境允许的范围内，及时有效地对整个系统进行监控和管理，为共享服务平台能够稳定地为外部应用提供安全的访问支撑。

系统维护功能主要包括安全管理技术、日志与统计技术、服务与配置管理和服务监控技术等应用功能选项。

（4）数据与应用维护子系统及其功能

数据与应用维护子系统主要实现系统涉及数据和用户、权限设置等功能。根据功能的不同可以分为机构管理、业务管理、地图管理、查询统计管理和系统工具等功能模块（图 12.17）。

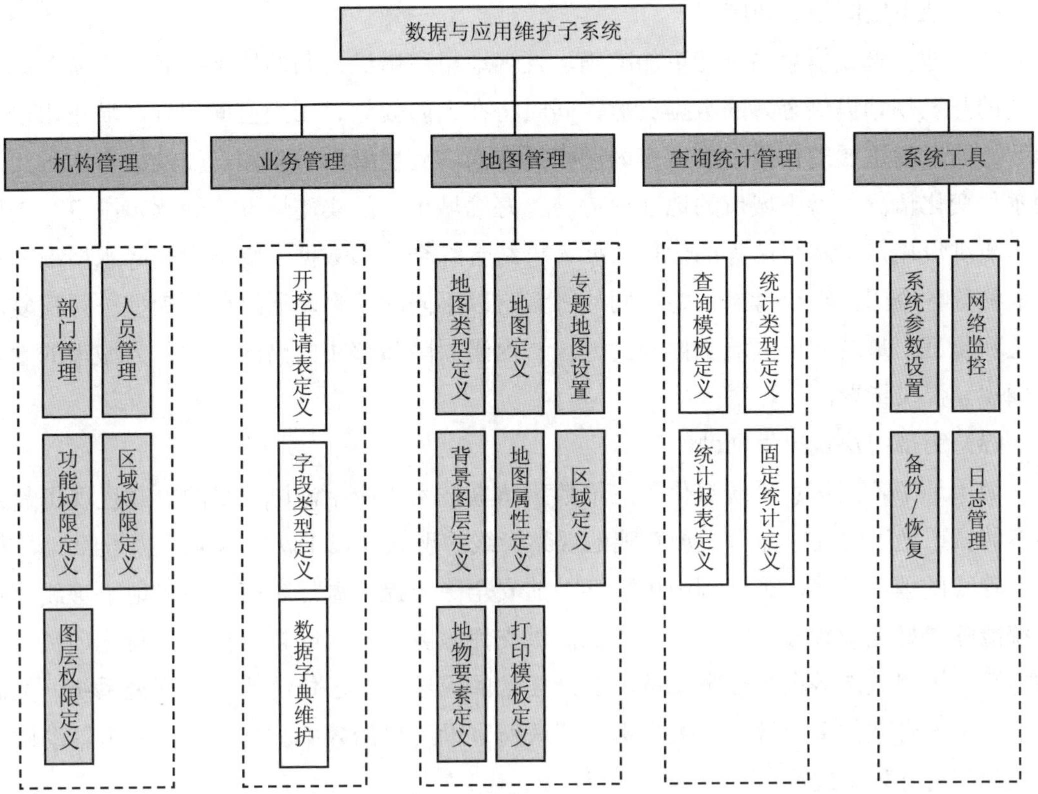

图 12.17　数据与应用维护子系统功能结构

12.3.2　地下管线信息系统的实践应用

随着地理信息系统、物联网、大数据等技术的发展，空间分析、三维可视化等技术被广泛应用于空间信息的表达，庞大的信息量和便利的资源共享均给城市规划管理和人们的生产生活提供了极大的便利。城市地下管线信息系统在城市管网设计、地下空间规划与利用，以及城市应急处置、为部门提供辅助决策等方面有举足轻重的作用，目前已成为城市健康运行的重要保障。

（1）城市管线设计

快速城市化下的基础设施不完善产生了一系列城市问题，地下管网设施落后、建设混乱等给城市的规划管理、生态环境、居民生活带来了极大的挑战。为了符合未来城市发展和生态环境保护的要求，城市管线设计将是数字化、智能化的设计，地下管线信息系统是实现综合智能化城市管线建设的基础，在提供基础数据的同时结合三维设计数据模拟设计成果的合理性、可靠性，并且地下管线信息系统提供的虚拟开挖可以为地下管线的施工提供指导和帮助。

（2）地下空间规划和应用

城市地下管线信息系统能更加准确、直观地呈现错综复杂的地下空间，为城市地下空间的开发规划提供有力的数据支撑，同时将在人防规划、国土空间规划、城市内涝模拟等方面发挥重要的作用。在城市内涝模拟方面，利用管网一张图，以及城市内各河流的水位变化情况，考虑城市的地理地势、"海绵城市"的实施情况、绿化范围等，辅以城市防洪设施、雨水泵站等的运行数据，再结合综合气象数据及降雨量和降水情况的实时监测等各个因素综合考虑。将不同的因素附以不同的权重，通过数学模型进行反复的试验和验证，最终得出区域中内涝的地区、内涝原因和解决内涝的方案，为城市的地下空间规划提供指导。

（3）为部门决策提供辅助

城市地下管网信息系统深化了三维数字仿真技术的应用，以三维的方式呈现出复杂多变的城市地下管线，能够更加直观地观察管线的现状（12.18），从而更加全面地了解地下管线的埋设情况，为工程中可能存在的安全隐患提前做好防范。城市地下管线信息系统能够更好地为领导决策和部门审批提供支撑服务，管线综合分析可为新建项目、征地拆迁、道路改造等提供数据支持。三维技术的应用革新了传统的二维管理系统，突破了二维平面管理的局限性，极大地提高了政府审批工作的效率和科学性，有力辅助政府相关部门进行科学决策。

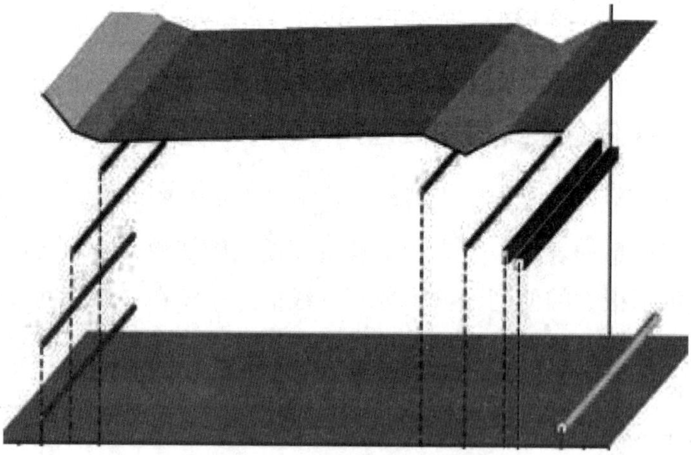

图 12.18　三维城市地下管线

城市地下管线信息系统的建设旨在通过不断地技术攻关，实现多源数据融合，解决数据转换、数据解析、数据重构等关键性问题，为城市地下管线的规划、设计、建设、维护和管理提供综合详细的数据支持，推动城市地下管线智慧化创新性转变，其普遍应用于地下管线设计、地下空间规划等，另外在城市综合管理方面也发挥着重要的作用。

随着三维技术、GIS 技术的不断突破，结合物联网、通信等技术，城市地下管线信息系统将促进城市的快速健康发展，并为“智慧城市”的建设奠定坚实的技术基础。

思考题

1. 简述我国城市地下管线的类型及存在的主要问题。
2. 简述 GIS 在城市地下管线建设、发展和管理中的重要性。
3. 简述城市地下管线信息系统建设的主要工作内容。
4. 简述地下管线信息系统开发的系统结构。
5. 简述基于 GIS 的地下管线信息系统的主要功能。

主要参考资料

[1] 封面新闻网. https：//baijiahao.baidu.com/s？id=1701461692234000421&wfr=spider&for=pc.
[2] 马耀峰，胡文亮，张安定，等. 地图学原理. 北京：科学出版社，2010.
[3] 地下管线基础知识. https：//zhihu.com.
[4] 浅谈城市地下管线信息管理系统建设. https：//jindi.com.cn.
[5] 二三维一体化地下综合管线信息系统建设方案. 北京超图软件股份有限公司，2016.
[6] 北京超图供水管网 GIS 系统总体建议方案. 北京超图软件股份有限公司，2017.
[7] 三维管线管理系统. http：//www.cybergraphics.cn.
[8] 城市综合地下管网管理信息系统建设与应用分析. http：//www.fx361.com.

第 13 章
智慧城市时空大数据平台建设

1998 年，美国首次提出“数字地球”“虚拟地球”等概念，Google 公司于 2005 年推出了数字地球软件 Google Earth，将遥感影像和地理信息系统集成于三维数字地球模型上。随着经济全球化步伐的加快和信息化浪潮的迅猛发展，为抢占科技、经济制高点，满足我国经济结构战略性调整和信息化建设的需要，国家大力推进国民经济和社会信息化，以信息化带动工业化，实现社会生产力的跨越式发展，促进地理空间信息的广泛应用，并对数字化基础地理信息资源的建设、开发和应用提出更高的要求。

自 2006 年起，我国有关部门提出“推进数字中国地理空间框架建设”，发挥测绘地理信息部门数据资源和技术水平优势，建成标准统一的地理信息服务平台，实现成果共享。加快“数字中国”地理空间基础框架建设，最大限度地满足经济社会对基础地理信息的需求，提供统一的、权威的地理空间公共平台，更好地实现信息资源的整合和共享，避免重复建设，使我国的信息化建设能够在高起点上健康发展。2008 年“智慧地球”概念提出后，世界各国给予了广泛关注，我国也高度重视智慧城市建设。智慧城市是运用物联网、云计算、大数据、人工智能、地理信息集成等新一代信息技术，促进城市规划、建设、管理和服务智慧化的新理念和新模式，建设智慧城市，对加快工业化、信息化、城镇化、农业现代化融合，提升城市可持续发展能力具有重要意义。智慧城市时空大数据平台是“数字中国”时空信息数据库的重要组成部分和智慧城市的基础支撑，也是提升城市治理能力的重要手段。

13.1 时空大数据平台概念

13.1.1 从地理空间框架到时空基础设施

智慧城市时空基础设施概念，源自数字城市的地理空间框架（图 13.1），与之相比，时空基础设施的提升之处体现在以下 4 个方面。

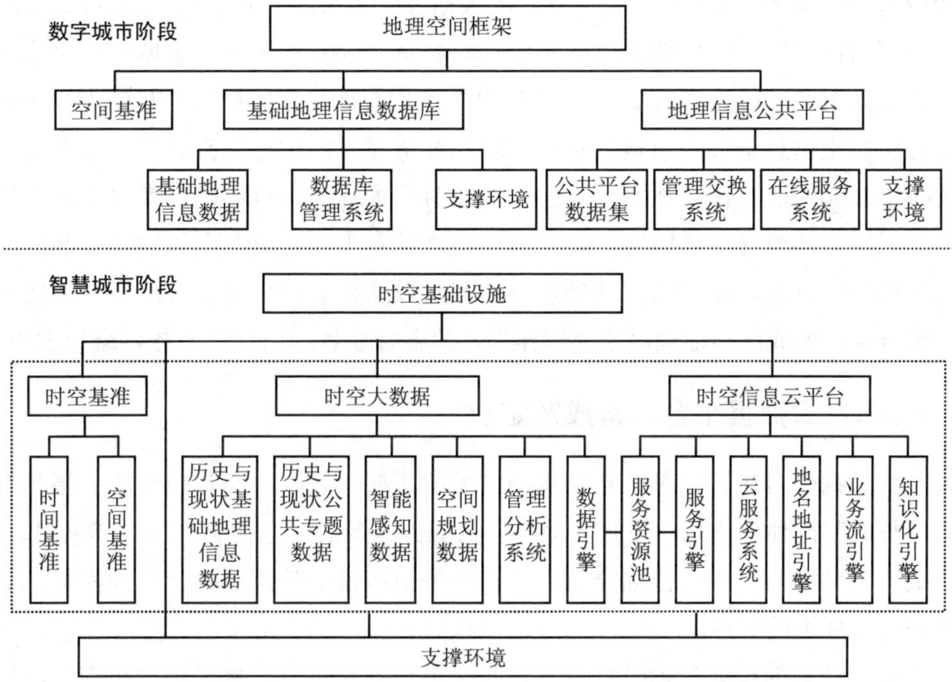

图 13.1　地理空间框架与时空基础设施的构成及联系

（1）空间基准提升为时空基准

时空基准是由大地基准、高程基准、重力基准及连续运行卫星定位服务系统共同构成的，它组成了天空地一体化，静态、动态相结合的空间基准和高精度的天地一体化的时间基准体系。

（2）基础地理信息数据库提升为时空大数据

由原来仅包括现势的基础地理信息数据，扩展为包括历史与现状基础地理信息数据、历史与现状公共专题数据、智能感知的实时数据和空间规划数据等在内的四大类数据，实现数据的由静态到动态、由基础到公共、由现势到全周期、由二三维到全空间，形成地上下、室内外、虚实结合的全时空信息内容。

（3）地理信息公共平台提升为时空信息云平台

通过增加服务资源池，将数据、功能、接口、计算存储和知识进行服务化、池化，面向各类用户提供更加便捷的服务，同时，增加四类引擎，使用户在进行在线的服务获取、数据空间化、业务流定制和知识挖掘时更加方便。

（4）支撑环境由单一服务器提升为云环境

支撑环境由分散的服务器集群，升级到集约、弹性的云环境，时空大数据和时空信息云平台也可部署在同一云环境中。

2012 年后，随着互联网+、云计算、大数据及人工智能等先进科学技术的快速发展，为实现数字城市地理空间框架的服务升级，自然资源部发布了《智慧城市时空大数据平台建设技术大纲（2019 版）》。时空基础设施在原有地理空间框架的基础上，为智慧城市建设夯实时空信息基础，为自然资源管理和经济建设，扩充基础时空、公共专题、物联网实时感知和互联网在线抓取等数据，形成时空大数据。近年来，实景三维、数字孪生城市、元宇宙的概念陆续出现，对于测绘地理信息工作提出了全新的、更高的要求。无论是地理空间框架，还是时空基础设施，其建设的核心理念并没有改变，即完成信息资源的整合后，形成统一地理时空“底座”，为各行业各部门提供服务，避免重复建设。

13.1.2 时空大数据平台的构成及定位

时空大数据平台建设是时空基础设施发展的重要内容。时空基础设施是指具有时间和空间特征的基础地理信息、公共管理与公共服务涉及的专题信息，以及其采集、感知、存储、处理、共享、集成、挖掘分析、泛在服务所涉及的政策、标准、技术、机制等支撑环境和运行环境的总称。

时空基础设施的构成包括时空基准、时空大数据、时空信息云平台和支撑环境，核心内容是时空大数据和时空信息云平台。时空基础设施作为智慧城市的重要组成，既是智慧城市不可或缺的、基础性的信息资源，又是其他信息交换共享与协同应用的载体，为其他信息在三维空间和时间交织构成的四维环境中提供时空基础，实现基于统一时空基础下的规划、布局、分析和决策，如图 13.2 所示。

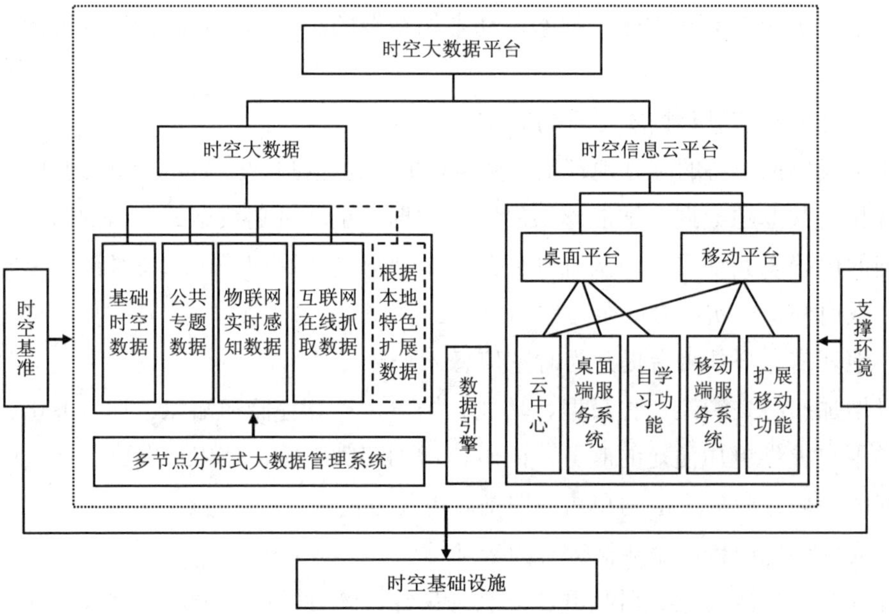

图 13.2 时空大数据平台构成

时空基础设施各部分在智慧城市总体架构中的位置分别为：时空大数据蕴含在公共数据库层，是政务数据、民务数据、运营数据和感知数据时空化的基础；时空信息云平台是公共信息平台层的重要组成，是支撑其他专题平台的基础性平台；支撑环境中的云计算环境是计算存储设施层的核心，政策机制、标准规范等软环境包含在制度安全保障体系和政策标准保障体系中，如图 13.3 所示。

智慧城市时空大数据平台作为智慧城市的重要组成，既是智慧城市不可或缺的、基础性的信息资源，又是其他信息交换共享与协同应用的载体，为其他信息在三维空间和时间交织构成的四维环境中提供时空基础，实现基于统一时空基础下的规划、布局、分析和决策。

图 13.3　时空大数据平台在智慧城市总体架构中的位置

13.1.3　时空大数据平台与实景三维中国的关系

实景三维是对人类生产、生活和生态空间进行真实、立体、时序化反映和表达的数字虚拟空间，是室内外、地上下、水陆域等各类地物具有精准三维几何信息、丰富语义属性、准确空间关系和按需多细节表达的空间数据集，是新型基础测绘标准化产品，是国家新基建的重要组成部分，为经济社会发展和各部门信息化提供了统一的空间基底。实景三维是客观真实反映现实世界的三维模型，具有真实、现实和景观可视的特点，是单体化、实体化、结构化、语义化、支持人机兼容理解和物联实时感知的基础地理实体，是可空间量算和综合分析的三维模型。按照建设层级和表达内容，通常分为地形级、城市级和部件级。

新型基础测绘是构建实景三维中国的能力支撑体系；而实景三维中国是新型基础测绘的标准化产品之一，又是时空大数据平台的基础时空数据集；而时空大数据平台则是新型基础测绘和实景三维中国的服务窗口。三者是相互关联、相互依存的上、中、下游关系（图 13.4）。

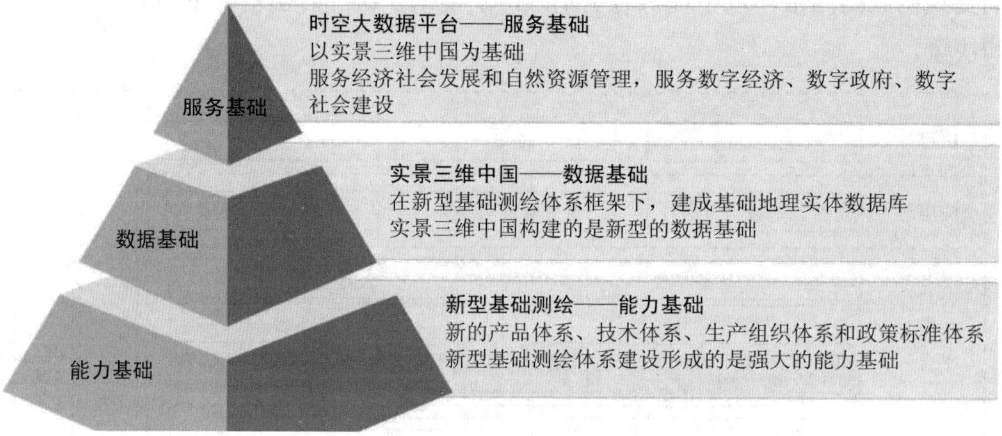

图 13.4 时空大数据平台与实景三维中国的关系

13.2 时空大数据平台建设内容和原则

13.2.1 时空大数据平台建设内容

数字中国地理空间框架由数据体系、目录与交换体系、法规与标准体系、组织运行体系和公共服务体系等构成。其中，数据体系是核心、应用服务是宗旨、共建共享是关键、基础设施是支撑、法规标准是保障。数字中国地理空间框架以国家、省、市（县）测绘部门为主体，联合有关部门共同建设，分别负责数字中国、数字省区、数字城市（数字县域）地理空间框架建设。

丰富基础地理信息资源和加强公益性应用服务是地理空间框架建设的主要任务，包括：获取及处理大地控制、遥感影像、实景三维、街景地图、激光点云、地表覆盖、土地利用、数字高程模型、交通、水系、地名、境界等数据，研发地理信息公共产品，支持地理信息门户网站建设，完善地理信息网络分发服务，为政府决策、资源管理、公共安全、社会保障、防灾减灾等提供服务保障，满足国民经济建设和社会信息化的需求。

时空大数据平台建设内容主要是在数字城市地理空间框架的基础上，依托城市云支撑环境，实现向智慧城市时空大数据平台的提升，开发智慧专题应用系统，为智慧城市时空大数据平台的全面应用积累经验。凝练智慧城市时空大数据平台建设管理模式、技术体系、运行机制、应用服务模式和标准规范及政策法规，为推动全国数字城市地理空间框架建设向智慧城市时空大数据平台的升级转型奠定基础。

为保障智慧城市时空大数据平台有序开展和长效运行，其建设内容涵盖 5 个部分。

（1）统一时空基准

时空基准是指时间和地理空间维度上的基本参考依据和度量的起算数据。时空基准是经济建设、国防建设和社会发展的重要基础设施，是时空大数据在时间和空间维度上的基本依据。时间基准中日期应采用公历纪元，时间应采用北京时间。空间定位基础采用 2000 国家大地坐标系和 1985 国家高程基准。

（2）丰富时空大数据

时空大数据主要包括时序化的基础时空数据、公共专题数据、物联网实时感知数据、互联网在线抓取数据和根据本地特色扩展数据，构成智慧城市建设所需的地上地下、室内室外、虚实一体化、开放、鲜活的时空数据资源。

（3）构建时空信息云平台

面向两种不同应用场景，构建桌面平台和移动平台。通过时空大数据池化、服务化，形成服务资源池，内容包括数据服务、接口服务、功能服务、计算存储服务、知识服务；扩充地理实体、感知定位、接入解译及模拟推演 API 接口，形成应用接口；新增地名地址引擎、业务流引擎、知识引擎、服务引擎。在此基础上，开发任务解析模块、物联网实时感知模块、互联网在线抓取模块、可共享接口聚合模块，创建开放的、具有自学习能力的智能化技术系统。

（4）搭建云支撑环境

有条件的城市，将时空大数据平台迁移至全市统一、共用的云支撑环境中；不具备条件的城市，改造原有部门支撑环境，部署时空大数据平台，形成云服务能力。

（5）开展智慧应用

基于时空大数据平台，根据各城市的特点和需求，本着急用先建的原则，开展智慧应用示范。实施过程中，在城市人民政府统筹领导下，以应用部门为主，自然资源部门做好数据与技术支撑，在原有部门信息化成果基础上，突出实时数据接入、时空大数据分析和智能化处置等功能，鼓励采用多元化的投融资模式，开展深入应用。

13.2.2 时空大数据平台建设原则

时空大数据平台建设应遵循以下 5 个原则。

（1）开放性原则

时空大数据平台的体系架构应是开放的。一方面，用户可以分享数据资源、计算资源、存储资源、网络资源、开发接口和关于时空信息功能软件的服务；另一方面，也能够从物联网和互联网上实时抓取或感知信息。

（2）继承性原则

数字城市地理空间框架建设已经融入云计算服务的理念和思想。从数字走向智慧，特别是在初级阶段，具有云计算条件的城市，可迁移至该环境；未具备条件的城市，可采用虚拟云计算环境。

（3）安全性原则

凡部署在非涉密网络环境中的计算资源、存储资源和数据资源应不涉及与国家安全保密有关的内容和事项，否则需经国家指定部门进行统一的保密处理。

（4）智能化原则

开发任务解析、实时感知、在线抓取、接口聚合等功能，使平台具有自学习能力，根据不同任务要求，通过任务解析，感知、抓取或聚合现有平台中缺失的数据和功能，自适应达到预期目标。

（5）重点性原则

应把建设重点放在时空大数据平台，示范应用宜求精不求多，要能体现跨部门协同和智慧的特点。

13.3 时空大数据建设

时空大数据应包括基础时空数据、公共专题数据、物联网实时感知数据、互联网在线抓取数据，以及其驱动的数据引擎和多结点分布式大数据管理系统。依托基础时空数据，采用空间信息模型形成时空化公共专题数据、物联网实时感知数据、互联网在线抓取数据，通过管理系统，经数据引擎实现一体化管理。根据本地信息化水平、智慧城市顶层设计及应用需求，逐步丰富其他专题数据。时空大数据建设可概括为数据资源汇聚、数据获取与处理、数据引擎开发和分布式管理系统开发 4 个步骤，如图 13.5 所示。

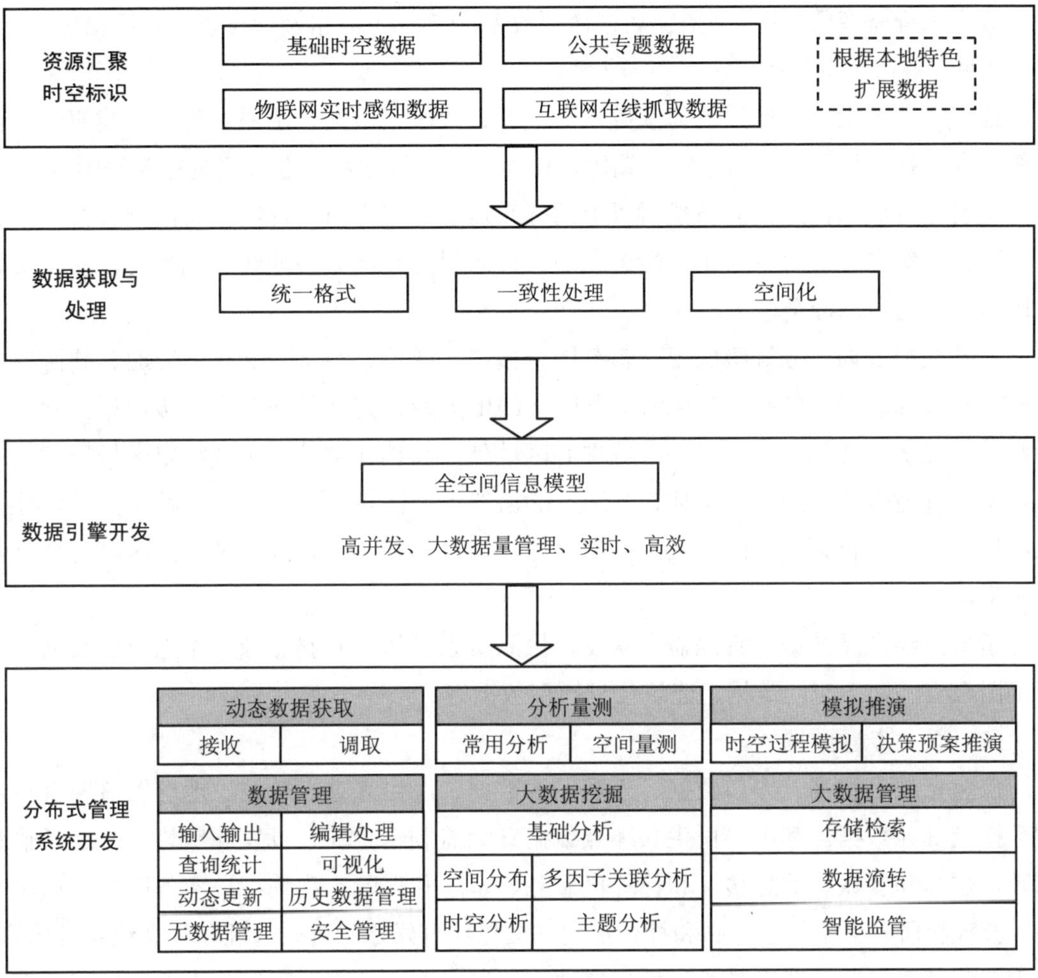

图 13.5　时空大数据建设步骤及内容

13.3.1　数据资源汇聚

（1）基础时空数据

基础时空数据应包括矢量数据、影像数据、数字高程模型数据、地理实体数据、地名地址数据、三维模型数据、新型测绘产品数据及其元数据。

矢量数据：丰富基本比例尺地形图矢量数据，1∶500、1∶1 000、1∶2 000 比例尺数字线划图应覆盖规划区范围，1∶5 000 或 1∶10 000 比例尺数字线划图应覆盖市辖范围。

影像数据：丰富高分辨率影像数据，0.1 m 或 0.2 m 影像等应覆盖规划区范围，0.5 m 影像应覆盖市辖范围。

数字高程模型数据：丰富数字高程模型数据，0.5 m、1 m 格网应覆盖规划区范围，2 m、5 m 格网应覆盖市辖范围。

地理实体数据：以地形图为基础，对境界、政区、道路、水系、院落、建筑物、植被等内容进行实体化，并赋予唯一编码，作为与其他行业和专题数据进行关联的基础。

地名地址数据：应扩充自然村以上的行政地名，建立市（地区、自治州、盟）级、县（区、县级市）级、乡（镇、街道）级和行政村（社区）级四级区划单元，实现市辖范围精细化地名地址全覆盖。

三维模型数据：分等级实现市辖范围全覆盖。政治、经济、文化、交通、旅游等方面的地标（标志）性中心区、中心商务区（CBD）及特定区域应建立一级模型；除上述的政治、经济、文体、交通、旅游等中心区域外，高档住宅、公寓及特定区域应建立二级模型；其他政治、经济、文体、交通、旅游等中心区域，普通住宅及特定区域应建立三级模型；城中村、棚户区、工厂厂房区等区域，远郊、农村地区及特定区域应建立四级模型。

新型测绘产品数据：宜涵盖全景及可量测实景影像、倾斜影像、激光点云数据、室内地图数据、地下空间数据、建筑信息模型数据等。

（2）公共专题数据

应包括法人数据、人口数据、宏观经济数据、民生兴趣点数据、地理国情普查与监测数据及其元数据。其中，民生兴趣点数据宜涵盖制造企业、批发和零售、交通运输和邮政、住宿和餐饮、信息传输和计算机服务、金融和保险、房地产、商务服务、居民服务、教育科研、卫生社会保障和社会福利、文化体育娱乐、公共管理和社会组织等内容。地理国情普查与监测数据种类涵盖自然地理要素、人文地理要素等基本国情数据和专题国情数据。

（3）物联网实时感知数据

通过物联网智能感知的具有时间标识的实时数据，包括采用“空天地一体化”对地观测传感网实时获取的基础时空数据和依托专业传感器感知的可共享的行业专题实时数据，以及其元数据。实时获取的基础时空数据包括实时位置信息、影像和视频，行业专题实时数据包括交通、环保、水利、气象等监控与监测数据。

（4）互联网在线抓取数据

根据不同任务需要，采用网络爬虫等技术，通过互联网在线抓取完成任务所缺失的数据。

对于基础时空数据，定期从自然资源相关部门将分级分类后可共享的数据内容离线拷贝；对于人口、法人、宏观经济等公共专题数据，通常源于部门间的信息共享；对于智能感知的基础时空数据，依照国家相关保密规定，在线或离线共享，行业专题可共享的实时数据，通过有线或无线网络接入；对于互联网在线抓取的数据，面向任务需求实时动态抓取，确有必要时，经时空序化后动态追加至时空大数据平台。对上述数据需进行时空标识，即注入时间、空间和属性“三域”标识。时间标识注记该数据的时效性，空间标识注记空间特性，属性标识注记隶属的领域、行业、主题等内容，以方便后续时空大数据的整理和序化。

13.3.2　数据获取与处理

（1）时空大数据获取

时空大数据按收集对象和收集方式，可分为业务数据、民意数据和环境数据。业务数据的收集对象是下级部门和各类社会组织，收集方式以基层上报、被动接收为主，业务数据包括来自测绘地理信息部门的基础地理信息数据，来自公安、民政等部门的人口数据，来自工商、财政等部门的法人数据，来自统计部门的宏观经济数据，以及来自其他业务部门的相关业务数据等；民意数据的收集对象是单个公民或组织，收集方式以投入人力财力的调查访问、主动收集为主；环境数据的收集对象是自然环境、动植物、物体，收集方式以传感器自动采集为主，包括视频摄像头、智能传感器、网络爬虫等获取来的一些实时监测数据。

从这一分类方式来看，时空大数据更侧重于业务数据和环境数据，业务数据的采集虽然以基层上报为主，但在基层数据获取时，其获取方式包括传感器采集加人工辅助处理、野外测量加人工辅助处理，以及人工整理等多种形式。其中，传感器采集包括航天遥感、航空遥感、地面遥感、导航定位、物联网监测、网络爬虫等，野外测量包括经纬仪测量、全站仪测量、全球定位系统测量和航空摄影测量等，业务数据整理则主要是数据整理和数字化。

1）传感器采集

①航天遥感。

航天遥感是指利用各种空间飞行器为平台的遥感技术系统，对地观测的航天器主要有气象卫星、地球资源卫星、海洋卫星、环境和灾害监测卫星、测绘卫星等。航天遥感获取信息受自然条件限制少，可及时、高效地获取大范围数据资料，数据信息量大，适用于进行动态监测；航天遥感技术所搭载的传感器种类多样，能够利用不同波段获取地物外部甚至内部信息，微波遥感还可全天候工作，是人工实地测量和航空摄影测量无法比拟的。

②航空遥感。

航空遥感又称机载遥感，是指利用各种飞机、飞艇、气球等作为传感器运载工具在空中进行的遥感技术。航空遥感传感器包括航空摄影仪、扫描仪、散射辐射计、雷达等，摄取波谱包括可见光、红外、紫外、微波及多光谱等。航空遥感具有图像分辨率高、不受地面条件限制、可控性和机动性强、调查周期短、测量精度高、资料回收方便等特点。

③地面遥感。

地面遥感是指从车辆、船舶、手提、支架等地面平台进行对地观测的遥感技术。与航天遥感或航空遥感手段相比，搭载立体激光扫描仪及其他传感器开展地面遥感信息采集，具有成本低、机动性好、速度快、精度高等优点，所获取的地面遥感影像更加符合人的观察视角和思维习惯，适用于城市三维模型构建，实景、街景影像获取等。

④导航定位。

导航定位是通过终端设备实现导航卫星信号及其他传感器信息的接收，进而反映人和物的运动轨迹变化。定位方式可分为室外导航和室内导航。室外导航通常采用卫星定位方法，室内导航则通过无线信号（包括 RFIDNFC、蓝牙、WLAN、蜂窝网络等）和其他位置传感器（包括加速度计、陀螺仪、电子罗盘、摄像头等）定位。

⑤物联网监测。

物联网监测主要针对环境、生物、化学、力学、体征、位置等动态变化的信息，通过固定在特定空间位置的监测站点或依附于特定监测对象的智能传感器，定期（持续）捕获动态变化数据，综合反映被监测对象的时空变化趋势。

⑥网络爬虫。

网络爬虫（又称网页蜘蛛或网页追逐者），是一种按照一定的规则，自动地抓取万维网信息的程序或者脚本。对论坛、新闻网站、博客、微博等多种网络信息源定制目标主题，并进行垂直、精准、持续有效的网络信息抓取。网络爬虫的本质是一种可以分析和追踪网络超链接结构，并按照特定的策略持续进行资源发掘和收集的功能模块。

2）野外测量

利用测量仪器进行实地测量，获取空间对象的坐标信息。野外测量方式包括利用测距仪、经纬仪、全站仪，全球定位系统测量和航空摄影测量等。

3）业务数据整理

业务数据整理是指采用数字化手段，对非数字化的文件资料（如地图集、模拟地图历史存档的业务报告等）及多部门汇集业务数据（如人口数据、法人数据、宏观经济数据）等进行的数字化、规范化整理。业务数据的数字化整理包括地图数字化、图片文件扫描、汇集业务数据并统一格式等。

（2）时空大数据处理

对结构化、非结构化的时空大数据，序化前的处理工作包括统一格式、一致性处理和空间化。

1）统一格式

不同数据能够基本实现无损格式转换，对于无拓扑关系图形数据要能够转换至基础时空数据，并建立拓扑关系。格式统一后的基础时空数据应合并、自动接边，数据表格能够实现自动属性赋值。

2）一致性处理

对于存放的矢量数据、影像数据和实体数据，将更新后的数据快速及时进行地图综合，利用综合的结果联动更新相应范围数据，原内容自动变为历史数据。

3）空间化

①地名谱特征提取。

汇聚的数据有些带有空间位置坐标信息，经过统一时空基准后，即可匹配集成；部分自身没有空间坐标信息，但在属性项中包含地名地址；还有一部分只包含一些地名基因，要结合汉语分词和数据比对技术，通过基于语义和地理本体的统一认知，提取地名谱特征。

②空间匹配。

对于具有空间位置坐标的数据，直接坐标匹配；对于无空间位置坐标的数据，根据识别提取出的地名地址信息，建立含有地名标识的切分序列与逻辑组合关系，开展基于分词、本体和词语相似性的多种匹配，提出局部模糊匹配后的歧义消除方法，实现高效、精准、实用的地名地址匹配。

③数据序化。

依托时空基准，采用地名地址匹配的技术方法，对“三域”标识的信息内容进行时空定位寻址。对于带有空间位置坐标的信息内容，通过坐标匹配定位；包含地名地址的信息内容，通过地名地址匹配定位；仅包含地名基因的信息内容，先提取地名地址信息，再通过地名地址匹配定位。

13.3.3　数据引擎开发

建立全空间信息模型，实现地上地下、室内室外、虚实、开放、鲜活的时空大数据一体化管理，克服非关系数据库存储时空大数据存在的存储与访问的效率低下，难以满足高并发、大数据量下的实时性要求问题，充分发挥非关系数据库的性能优势；支撑云平台，帮助用户在线调用现成的时空大数据中的数据。

13.3.4　时空大数据管理平台（分布式管理系统）开发

（1）动态数据获取

接收：通过物联网实时感知、互联网在线抓取，根据本地智慧城市建设对时空大数据的要求，实时立体感知城市各种运行体征数据，在线抓取城市各种运行状态数据，并在原有时空大数据基础上进行动态积累。

调取：在数据挖掘与分析过程中，及时利用动态积累的物联网实时感知和互联网在线抓取的数据，确有必要，可通过有线或无线网络调取相应的城市运行状态或运行体征源数据。

（2）数据管理

输入输出：支持对静态数据以通用格式导入、检查、添加和确认；支持三维模型的几何数据和属性数据以通用格式导出；支持按照产品类型、数据时相或用户需求所进行的产品制作、内容提取、导出和分发。

数据编辑及处理：支持坐标及投影变换、高程换算、数据裁切、数据格式转换及影像数据的对比度、灰度（色彩）、饱和度一致性调整等；支持对二维矢量数据的图形编辑；支持对三维模型数据模型替换、模型空间位置修改、纹理编辑、属性编辑、元数据编辑等。

查询统计：应具有按时间、属性和空间或其组合条件，查询与检索不同时相、不同类型和不同区域时空信息的功能，并可提取与统计；应具有对三维模型数据进行查询的功能；应具有对数据及服务资源进行目录检索的功能；应根据检索结果进行快速定位的功能。

数据可视化：支持将多时相数据组合、叠加、符号化显示和放大、缩小、漫游、前视图、后视图浏览等，并可通过动画、动态符号和颜色模拟变化；支持三维模型数据的显示，为提高系统性能宜支持模型动态加载；具有三维漫游功能，宜支持拖动、滑动、飞行模式；支持多视角浏览，宜包括平视、仰视、俯视角度；支持将多时相数据在三维上叠加、符号化显示及漫游、多视角浏览等。

动态更新：支持感知数据、抓取数据的动态追加；支持数据索引的实时修正；支持数据按范围、按时间、按类型以及整体更新；支持三维模型替换、模型属性更新和局部区域模型整体更新；支持对地图瓦片数据及三维缓存数据整体更新、按层更新和局部更新。

历史数据管理：应具有历史数据备份和恢复功能；应具备历史数据的版本创建、管理及版本数据对比功能。

元数据管理：支持实时追加数据元数据的实时更新；支持元数据注册、编辑、修改和元数据查询、统计、分析、输出等；元数据与其对应的数据应建立关联，应能实现与其对应的数据进行同步更新。

安全管理：应具有用户管理、权限管理、日志管理、事务管理、数据库备份与恢复功能。备份包括数据的备份和系统软件的备份。备份可采用全备份或增量备份方式，定期检查备份的可用性。

（3）分析量测

常用分析：应具有不同类型数据融合、多时相数据比对、变化信息提取等，以及时空数据分类、时空叠加分析、时空序列分析和预测分析等功能。

空间量测：应具备对二维数据进行距离、面积量测，对三维模型数据进行空间距离、水平面积和体积量测的功能。

（4）模拟推演

时空过程模拟：以事件或情景为对象，检索调取相应的地理对象及其时间、空间和属性“三域”内容，模拟发展变化过程，实现情景与事件数字化再现。

决策预案的动态推演：通过调整关键参数或人工干预，计算决策方案的实施效果，并提供模拟效果的动态可视化。

（5）大数据挖掘

基础分析：开发集成历史推理方法、聚类分析、链接分析、神经网络、判别分析、逻辑分析、人工智能等通用性的挖掘方法，形成基础分析工具包。

空间分布：计算单一专题数据源的空间粒度，通过地名地址匹配自动化或半自动化将其分布在相应尺度的基础时空数据之上，分析挖掘其空间分布规律。

多因子关联分析：将两种及以上专题数据源分布在相应尺度的统一基础时空数据之上，综合运用各种数学模型，探求挖掘专题信息之间的相关性和依赖度。

时空分析：将单一或多种带有时间特征的专题信息，分布在相应尺度的统一基础时空数据之上，研究揭示专题信息在时间维度上的演变规律、在空间维度上的分布规律，以及在四维时空中的时空特征。

主题分析：面向某一主题，在基础分析工具包和空间分布、多因子关联分析、时空分析的基础上，提炼主题大数据分析的专业模型和业务流程，形成定制化、流程化的知识链，开发高自动化的分析功能，发现潜藏数据背后的知识与规律。

（6）大数据管理

存储检索：应实现时空大数据的分布式存储、高效存取、精确检索、并发响应及负载均衡，具备管理结点动态增加和容灾备份等能力，提升时空大数据的查询效率、吞吐量、可用性、容错性和稳定性。

数据流转：应实现多源异构时空大数据的共享、互操作和无缝流转，实现不同类型数据库的有效集成，并提供应用层面的统一访问接口、统一查询方式和统一操作行为。

智能监管：应实现对各存储结点运行状态的实时监控和负载均衡动态调整、监控信息主动收集和统一展示、运行问题实时分析及应对处理。

13.4 时空信息云平台

时空信息云平台以云中心为基础，根据运行网络和硬件环境，开发构建相应的桌面端和移动端服务系统及功能。

13.4.1 云中心的构成

云中心包括服务资源池、服务引擎、地名地址引擎、业务流引擎、知识引擎和云端管理系统 6 个部分。以计算存储、数据、功能、接口和知识服务为核心，形成服务资源池，建立服务引擎、地名地址引擎、业务流引擎和知识引擎，连同时空大数据的数据引擎，通过云端管理系统进行运维管理，为桌面平台和移动平台提供大数据支撑和各类服务。云中心构成如图 13.6 所示。

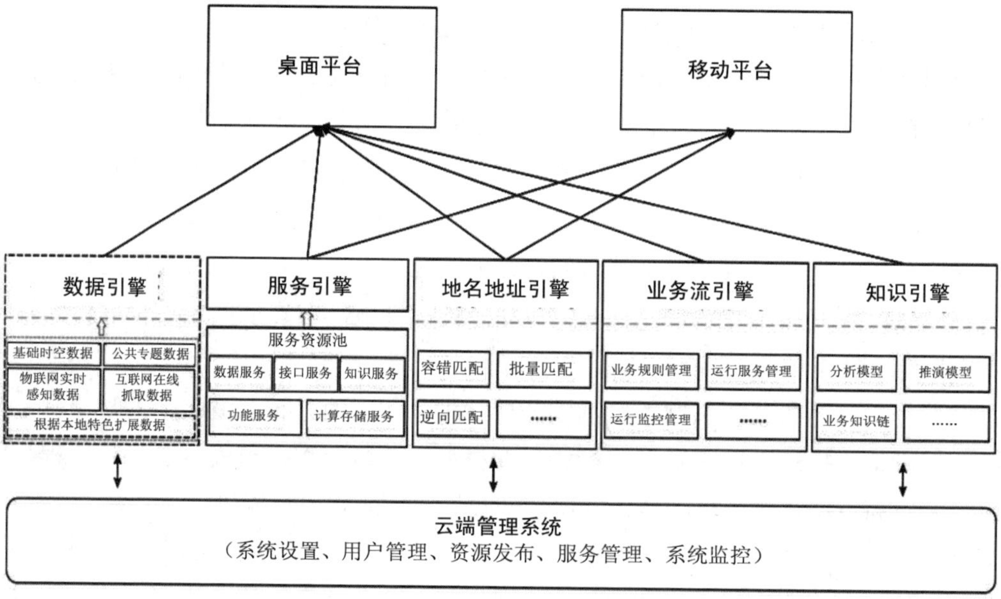

图 13.6 云中心构成

（1）服务资源池

1）数据服务

针对基础时空数据、公共专题数据、物联网实时感知数据、互联网在线抓取数据和根据本地特色扩展数据，进行池化的服务。

2）接口服务

网络应用程序接口（Web API）包括 14 类：基本 API、地图类 API、地理实体类 API、事件类 API、控件类 API、数据解析类 API、三维类 API、专业 API、实时感知 API、在线抓取 API、历史分析 API、比对分析 API、模拟推演 API、平台管理 API，并应根据应用需要预留扩展空间。

3）功能服务

功能服务包括以下 4 种：

①地图必选模块：注册认证、登录认证、权限认证；地图的放大、缩小、漫游、切换；距离、面积量测；属性查询、空间查询、兴趣点定位；二三维地图浏览、历史地图切换、历史资源叠加、历史要素检索展示。

②地图可选模块：服务加载；目录浏览、查询、订阅和检索；元数据注册、查询、下载、编辑、图形预览；角度量测；叠加、缓冲、最佳路径、统计等空间分析；专题地图；地理编码；定制服务；数据托管与发布；服务注册、查询、聚合和链接；服务申请、审核、授权和预览；服务元数据查询、服务元数据自动更新；服务状态监测、服务统计分析。

③地图专业模块：保密处理、坐标转换、投影转换等。

④其他非地图类的功能服务：具备服务访问日志收集与分析、用户注册审核、用户消息通知等。

4）计算存储服务

计算存储服务包括以下 4 种：

①宿主服务：通过高可靠的云服务/云计算软件，将集群服务器、刀片机、小型机、磁盘阵列等存储、计算物理硬件设备，虚拟出若干逻辑区，支撑宿主服务能够寄存用户数据和开发的系统，且可部署到云端提供服务。

②弹性分配服务：通过云端管理系统，针对大数据、高并发访问，支撑弹性分配服务，按需动态分配资源，每一用户弹性地调用资源，迅速完成任务并释放，最大限度地提高资源利用率。

③计算资源管理服务：通过云端管理系统，对计算存储资源及软件服务状态进行检测与管理，能够及时发现运行异常并进行报警。

④系统备份与恢复服务：系统能够定期自动备份当前结点资源状态，当资源结点因为故障导致服务停用时，能够快速恢复原有可用状态。

5）知识服务

大数据分析形成的专题信息时空分布规律、关联规则和时空演变等潜藏在大数据深层的规律和隐性联系，池化为知识服务。

(2) 服务引擎

服务引擎是指以灵活的方式实现服务彼此通信和转换的连接中枢，并且这种连接与开发环境、编程语言、编程模型或者消息格式具有支撑在线调用现有服务和知识，实现将其他资源上传、注册与发布等功能。具体功能如下所述：

1) 服务地址编目规则

建立服务地址可扩展、开放式的编目规则，开发自动统一编目功能。

2) 服务地址转换与编目

对自主发布和第三方发布服务的地址按照编目规则进行转换，实现统一、自动化编目。

3) 服务通信

对申请的服务，解析物理服务地址。

4) 服务围栏

通过服务地址编目与解析实现服务的注册与共享。

(3) 地名地址引擎

地名地址引擎是空间信息与其他信息之间的桥梁，能够实现大数据在全空间信息模型上的精确定位。具体功能如下所述：

1) 精确匹配不完整地址和不规范地址

针对进行定位时习惯使用不完整地址和不规范地址的特点，提供精确匹配不完整地址和不规范地址功能，并能进行定位。

2) 精确匹配地址别名

针对进行定位时习惯使用别名（如党政机关、科研院所和学校等）的特点，提供精确匹配地址别名功能，并返回这些别名的标准地址。

3) 精确匹配地址要素别名

针对进行定位时习惯使用地址要素别名（如定位餐馆，只习惯说餐馆的特色菜等）的特点，提供精确匹配地址要素别名功能，并返回这些地址要素别名的标准地址。

4) 容错匹配功能

当用户输入的地址不规范甚至错误时，匹配引擎可以根据同音字、通假字和同义词对地址进行分析，并返回最佳的匹配结果。

5) 非法或超界地址识别功能

可以识别严重的输入地址错误，或超出参考地址范围的地址输入，给出匹配失败信息。

6) 可定制功能的开放服务接口

可封装为网络服务接口，并提供不同精度（点地址查询、线面地址查询）、不同输入模式（单条匹配模式、多条匹配模式）的功能定制。

7）批量匹配

支持对表格形式的样本数据匹配，匹配时可选择地址匹配字段，用户可通过上传文件的形式，对文件中多条记录进行匹配；支持成果下载，可导出表格或图形的数据格式。

8）逆向匹配

将坐标映射成地名地址，并在地图上展示。根据用户输入的坐标值，实现逆向查询得到该坐标所在的行政区划、所处街道，以及最匹配的标准地址信息。

（4）业务流引擎

业务流引擎是将业务流程中的工作，按照逻辑和规则以恰当的模型进行表示并对其实施计算，实现工作业务的自动化处理。具体功能如下所述：

1）业务规则库管理

预定义标准化规则模块，以及模块间流向关系；预定义业务流程样例；已有的业务流程样例存储、解析、调用、修改、删除和退回操作。

2）运行服务管理

业务流程的装载与解释；业务实例的创建和控制，如实例的运行、挂起、恢复、终止等；外部应用程序的调用；数据的调用。

3）运行监控管理

实时数据查询；日志监督服务；日志分析挖掘服务；图形化的监测业务实例的运行情况；实时跟踪业务实例的运行情况；业务实例的状态控制。

（5）知识引擎

知识引擎是通过提供不同层次能力的大数据分析工具，帮助用户完成对数据的深度挖掘，进而获取有价值的知识。具体功能如下所述：

1）分析模型库

以时空大数据挖掘分析为基础，建立统计分析、特征提取、变化发现，以及神经网络、聚类分析、链接分析、网络分析、判别分析、逻辑分析、人工智能等在线分析模型库。

2）推演模型库

以时空大数据挖掘分析为基础，建立决策树、群集侦测、基因算法等预测推演模型库。

3）业务知识链

以上述在线分析模型为原子工具，针对用户需求，形成定制化、流程化的知识链，根据反馈情况，自适应调整知识链和原子工具，并在运行过程中实现知识链丰富扩充。

（6）云端管理系统

云端管理系统包括系统设置、用户管理、资源发布、服务管理、系统监控等功能。

①系统设置：包括基本配置信息设置、数据库信息设置、服务器信息设置、服务备份和集群部署等。

②用户管理：包含用户列表、用户组管理、角色管理和审核审批。

③资源发布：将时空大数据以服务的形式在系统中发布并注册，进入服务资源池。

④服务管理：实现发布的服务资源查询、运行状态更改、详细信息浏览和服务删除等。

⑤系统监控：包含用户监控、系统监控、服务监控和日志查看与分析。

13.4.2 桌面平台构成

桌面平台是依托云中心提供的各类服务和引擎，面向笔记本、台式机等桌面终端设备，运行在内部网、政务网或互联网上的服务平台。除包括原有地理信息公共平台的桌面服务系统的基础功能外，新增扩展任务解析模块、物联网实时感知模块、互联网在线抓取模块和可共享接口聚合模块等，以体现系统开放性和自学习能力。桌面平台构成如图 13.7 所示。

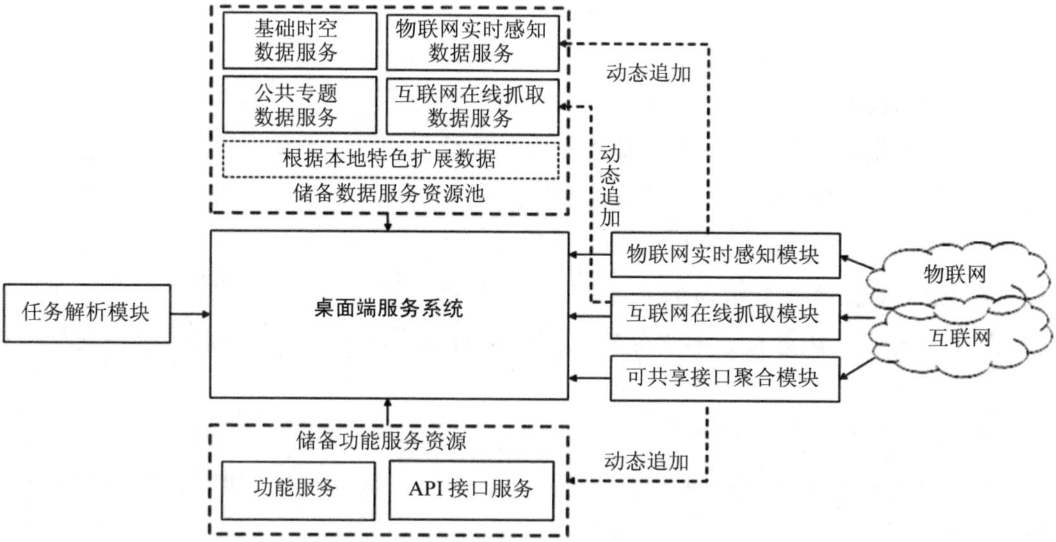

图 13.7 桌面平台构成

桌面平台能够在线智能解析用户需求，提炼所需的数据、功能和业务流程等技术指标，根据需求自动调取现有储备的相关数据服务、功能或接口服务，缺失的数据通过实时感知模块和在线抓取模块实时感知抓取，缺失的功能或接口通过接口聚合模块从网络上可共享的功能及接口进行聚合，自适应达到用户预期目标。当感知、抓取或聚合的数据、功能或接口需求频率较高时，可将其动态追加至服务资源池中。

（1）桌面端服务系统

该系统包括地图窗口、栏目入口、功能面板、数据切换、工具条等内容，并进行合理布局。依托云中心，实现用户注册、用户认证、数据浏览、空间量测、图层叠加、分屏对比、查询统计、服务检索、服务代理、应用代理等基础功能。

（2）任务解析模块

根据用户的任务描述或任务定义，如关键信息或自然语言描述等，实现对该任务所需要的数据、功能、业务流程的类型、参数、技术指标等的提炼。

（3）物联网实时感知模块

利用任务调度和流数据采集技术，实现基于物联网的智能感知设备数据的实时自动采集。具体功能包括以下 5 个。

①资源定义：对需要感知的数据资源进行定义，包括基本参数定义、站点定义、采集指标定义等。

②任务管理：包括感知任务的新增、暂停、删除等。

③流程定制：通过可视化组件对整个感知流程进行定制。

④数据浏览：通过播报服务，对感知数据进行实时可视化浏览。

⑤运行监测：包括感知数据采集频率日志管理、流量管理、流量高频监测、高频数据存储等。

（4）互联网在线抓取模块

利用网络爬虫技术，实现基于互联网发布的公共及自媒体报道相关信息的自动在线抓取。具体功能包括以下 5 个。

①资源定义：对需要抓取的数据资源进行定义，包括基本参数定义、采集指标定义、网页类型定义等。

②网页挖掘、过滤及解析：基于资源定义结果，实现目标网页的挖掘和有效性过滤，形成种子网页，对种子网页的网络地址链接进行解析。

③任务管理：包括抓取任务的新增、暂停、删除等。

④数据浏览：通过播报服务，对抓取数据进行实时可视化浏览。

⑤运行监测：包括抓取网页和数据频率日志管理、流量管理、流量高频监测、高频种子网页和数据存储等。

（5）可共享接口聚合模块

利用接口聚合技术，实现基于互联网公开的第三方库可共享接口的自动聚合。具体功能包括以下 4 个。

①资源定义：对需要聚合的接口资源进行定义，包括基本参数定义、接口属性定义等。

②接口校验：对聚合来的接口进行服务匹配校验。

③任务管理：包括聚合任务的新增、暂停、删除等。

④运行监测：包括聚合接口频率日志管理、流量管理、流量高频监测、高频接口存储等。

13.4.3　移动平台功能

移动平台是依托云中心提供的服务，以移动应用程序或软件形式部署在移动终端设备，运行在移动网或无线网上的服务平台。具体功能包括以下 2 个。

（1）移动端服务系统

该系统包括地图窗口，地图的放大、缩小工具条，地图切换，兴趣点搜索框，图层菜单，功能菜单，定位等内容，并对上述内容进行合理布局。依托云中心实现用户注册、认证及登录，图层叠加，查询统计，离线下载，路线查询及规划，兴趣点标注及收藏，空间量测及应用设置等功能。

（2）扩展移动功能

实现用户分享、数据编辑、消息通信、语音搜索、二维码扫描、分屏对比、资源更新同步、地图打印、地图导航等功能。

13.5　智慧应用

依托时空大数据平台，在智能感知、自动解译、无线通信等新一代信息技术的支撑下，选择自然资源管理、警用平台、防灾减灾、公共安全、市场监管、旅游服务等重点领域，“海绵城市”、地下管廊、信息惠民等重大工程，以及智慧交通、智慧社区等民生方面，开展示范应用。

13.5.1　自然资源管理服务系统

基于时空大数据平台，融合自然资源管理相关数据，扩充构建跨部门、跨行业的自然资源要素地理分布统计、空间开发格局分析、资源优化配置等专业模型和功能，为国土空间规划、空间用途管制、生态修复、自然资源确权登记、自然资源资产管理等提供服务支撑。在时空大数据基础上，应扩展自然资源管理数据。在功能方面，包括三大模块：变化发现模块，应包括历史信息与现状信息融合、人机协同变化信息提取、可靠性分析等功能；数据分析挖掘模块，应包含各类自然资源要素的数量、质量、地理分布等统计特征分析、空间开发格局分析、时空关联分析、时空模拟分析、发展趋势与演变规律预测分析等功能；成果展示发布模块，应包含各类城市自然资源目录、浏览叠加、查询检索、统计分析，以及分析结果、专题地图、指标规范、资料报告等的展示、发布和分发服务。

13.5.2　智慧公安系统

综合运用物联网、云计算、智能引擎、视频技术等现代科学技术，整合公安信息资源、统筹公安业务应用系统，促进公安建设和公安执法、管理与服务的科学发展。在时空大数据基础上，还应扩展房屋实体，并集成户籍人口、流动人口等统计和个体信息，建立人房关系。建立公安地理公共信息数据库、公安信息地理关联数据库，直观再现全市地形情况、交通状况、公安机关布控堵截卡点和公安机关、警力的分布状况等；建立全市统一的警务专用数据采集平台，实现数据统一采集入库，保持数据持续动态更新；构建公安业务单位的专题 GIS 应用，如数字警务 GIS 应用系统、110 指挥中心协同作战、平安城市等 GIS 应用系统。

13.5.3　智慧交通系统

综合运用交通科学、系统方法、人工智能、知识挖掘等理论与工具，深度挖掘交通运输相关数据，实现行业资源配置优化能力、公共决策能力、行业管理能力、公众服务能力的提升。在时空大数据基础上，还应扩展交通领域直接产生的静态和动态数据、公众互动交通状况数据、相关行业数据和重大社会经济活动关联数据。实现的功能模块包括：①智慧出行，整合交通出行服务信息，扩大各类交通出行信息服务覆盖面，使公众出行更便捷；②智慧决策，即以系统整合和信息交互的思维，整合行业数据，强化交通大数据应用，提高决策水平；③智慧运营，即以信息化促进传统行业转型的思维，形成地面公交、出租汽车、轨道交通、路网建设、汽车服务等领域的一体化智能管理。

13.5.4　智慧城管系统

综合运用移动互联、大数据、物联感知、云计算等现代化信息技术，全面实施智慧化城市管理体系，提高城市管理精细化水平和快速反应能力。在时空大数据基础上，还应扩展城管专题数据集，包括责任网格、城市管理事（部）件、实景三维高清影像、业务专题数据、地下管线数据等。通过数据比对、清洗、融合等技术手段，对数据进行统一存储、统一管理、统一授权，并提供各类服务。其系统功能可包括大数据共享交换平台、核心应用平台、专业拓展平台、市容市貌监管平台、市政设施监管平台、全民城管信息平台、综合执法平台、大数据分析平台等。

13.5.5 智慧环保系统

综合运用信息化手段，将环境监测、环境监管、生态环境执法及综合管理等业务进行全面整合，构建覆盖全面、技术先进的生态环境保护体系，实现生态环境管理任务及决策过程的自动化和智能化，提高环保工作效率和应急处置能力。在时空大数据基础上，还应整合生态环境业务数据，收集公众、企业参与数据等，为政府、企业、社会公众提供智能化、可视化的环保信息管理应用平台，解决环境监管过程中监测体系分散、决策分析不到位、调控措施不科学等问题。其主要功能包括环境监测与预警服务、污染防治与总量减排服务、风险防范与应急指挥服务、环境管理服务、环境政务与公众服务等。

13.5.6 智慧社区系统

综合运用物联网、移动互联等技术，构建社区生活服务体系，实现社区公共服务事项的全人群覆盖、全口径集成和全区域通办，增强部门协同服务能力，提升居民群众使用率和满意度。在时空大数据基础上，还应扩展网络化管理的社区居民数据、智能家居报警监测数据、可穿戴设备感知数据等。以标准服务的方式，提供各类社区资源服务。全面整合与社区管理相关的各类管理资源、信息资源及社会资源，系统构建全区统一的综合管理信息系统，为领导决策和公众服务打造系统服务管理大平台；对社区进行街道办网格管理，即时掌握影响社会和谐稳定的各类信息动态，提供智能分析，精细量化日常工作考核，协助快速决策处置。其系统功能可包括网格化精细办公、居家养老综合服务、平安社区管理、智能物业管理等。

13.5.7 智慧旅游系统

综合运用信息化手段，将旅游管理、游客服务、旅游营销等多领域资源进行整合，打造智慧旅游服务体系，实现景区流程化的生产运营、精细化的企业管理、精准化的营销决策、智能化的应急指挥、人性化的游客服务、网络化的生态保护。在时空大数据基础上，还应扩展互联网电子地图数据、旅游景区景点实景影像数据、旅游 POI 专题数据、旅游基础设施、互联网数据等。对旅游数据进行分类采集、存储、管理和分析，为旅游管理部门提供旅游信息资源查询、分析、辅助决策等功能，为旅游企业的信息化应用提供数据基础，为社会大众提供旅游信息查询咨询服务。其系统功能可包括智慧旅游公众服务平台应用系统、智慧旅游管控平台、智慧旅游大数据平台等。

13.6　智慧城市时空大数据平台建设案例

本节以某市建设的时空大数据云平台为案例，具体分析平台架构、支撑环境、系统开发、智慧应用等。

13.6.1　网络及设备支撑

整合现有云计算资源，建立全市统一的云计算中心，面向全市各部门提供统一的云服务。全市所有新建应用系统及非涉密时空基础设施，都应部署于统一的云计算中心。电子政务云（政务外网）、互联网业务区，业务专网组网，联通本部门上下级以及跨部门相关单位，并面向用户提供服务。网络层结构如图 13.8 所示。

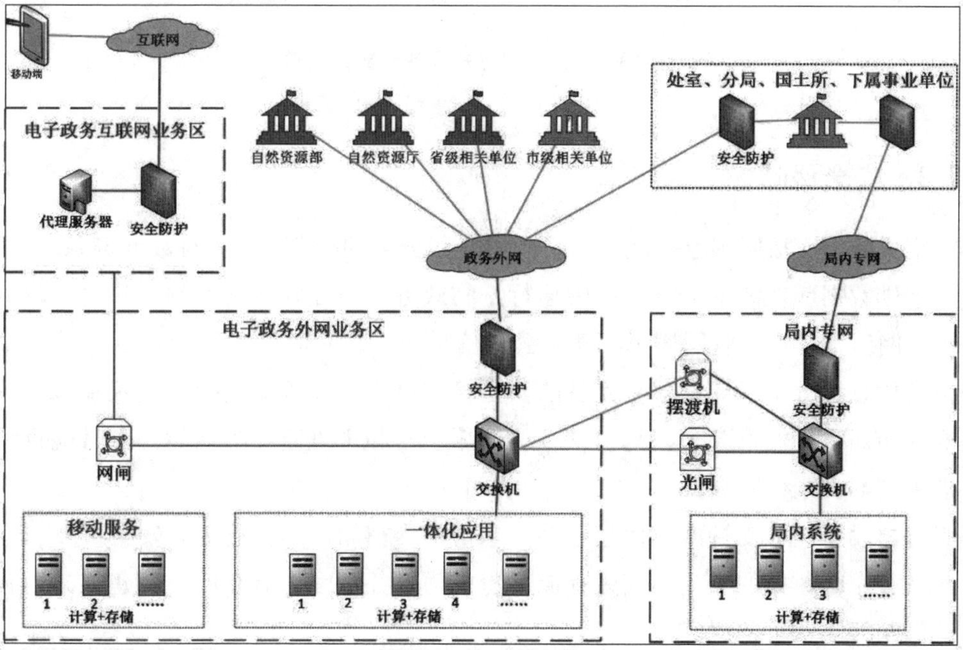

图 13.8　网络层结构

采用“空天地一体化”对地观测传感网实时获取的基础时空数据和依托专业传感器感知的可共享的行业专题实时数据，以及其元数据。其中，实时获取的基础时空数据包括实时位置信息、影像和视频，行业专题实时数据包括交通、环保、水利、气象等监控与监测数据。如图 13.9 所示地质灾害监测系统中的地灾监测传感器设备包括 GNSS 表面位移监测站、地下水位监测仪、翻斗式雨量计、土壤水分监测仪、拉线式位移计等，按一定的时间间隔发送定时采集数据，在云服务器上解算存储。气象监测站设备包括风向风速传感器、雨量传感器、温度传感器、数据采集器、太阳能供电板、移动通信设备等，数据可匹配接入当地气象监测站网。

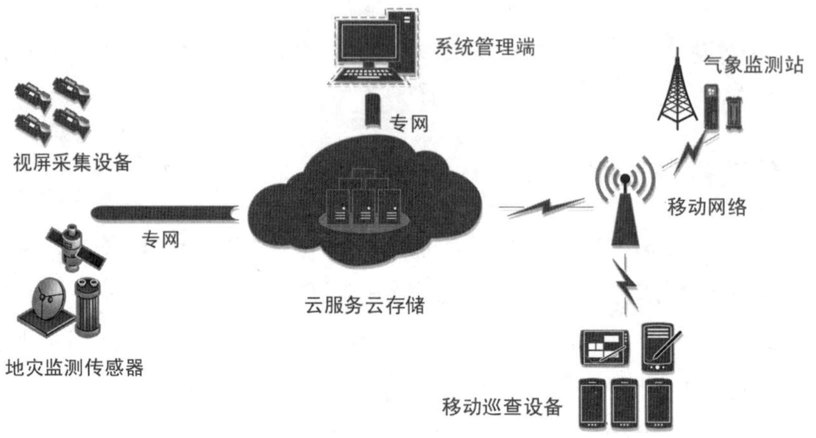

图 13.9　物联网感知设备部署集成图

13.6.2　安全保障

时空大数据应按照国家对地理信息内容分级分类的相关规定，对数据资源进行分版，其中，基础数据应在涉密的局域网中运行，与政务网、互联网严格物理隔离，政务数据应在政务网运行，与互联网逻辑隔离，公众信息在互联网运行。

各类信息运行支撑环境建立完备的安全管理措施，具备漏洞扫描、入侵检测、数据包过滤、防病毒、病毒查杀、身份认证、数据加密和主机监控等功能。按时检查和监督安全措施的落实执行情况。

服务器设备能够支持海量信息存储，预留扩展空间，运行稳健、安全可靠。存储备份设备具有空间数据的安全、高效存储备份能力，并预留扩展空间，需建立异地容灾存储备份机制。

13.6.3　平台总体架构及系统功能

智慧城市时空大数据平台总体架构如图 13.10 所示，包括四层架构，分别是基础设施层（IaaS）、数据层（DaaS）、平台服务层（PaaS）、应用层（SaaS）。

以城市信息资源汇聚、融合、分析、服务、管理、应用为目标，遵循国家和行业关于信息资源开放共享的标准规范及《智慧城市时空大数据平台建设技术大纲（2019 版）》要求，开发形成适用于云环境的时空大数据管理平台、时空云平台、时空云应用等。

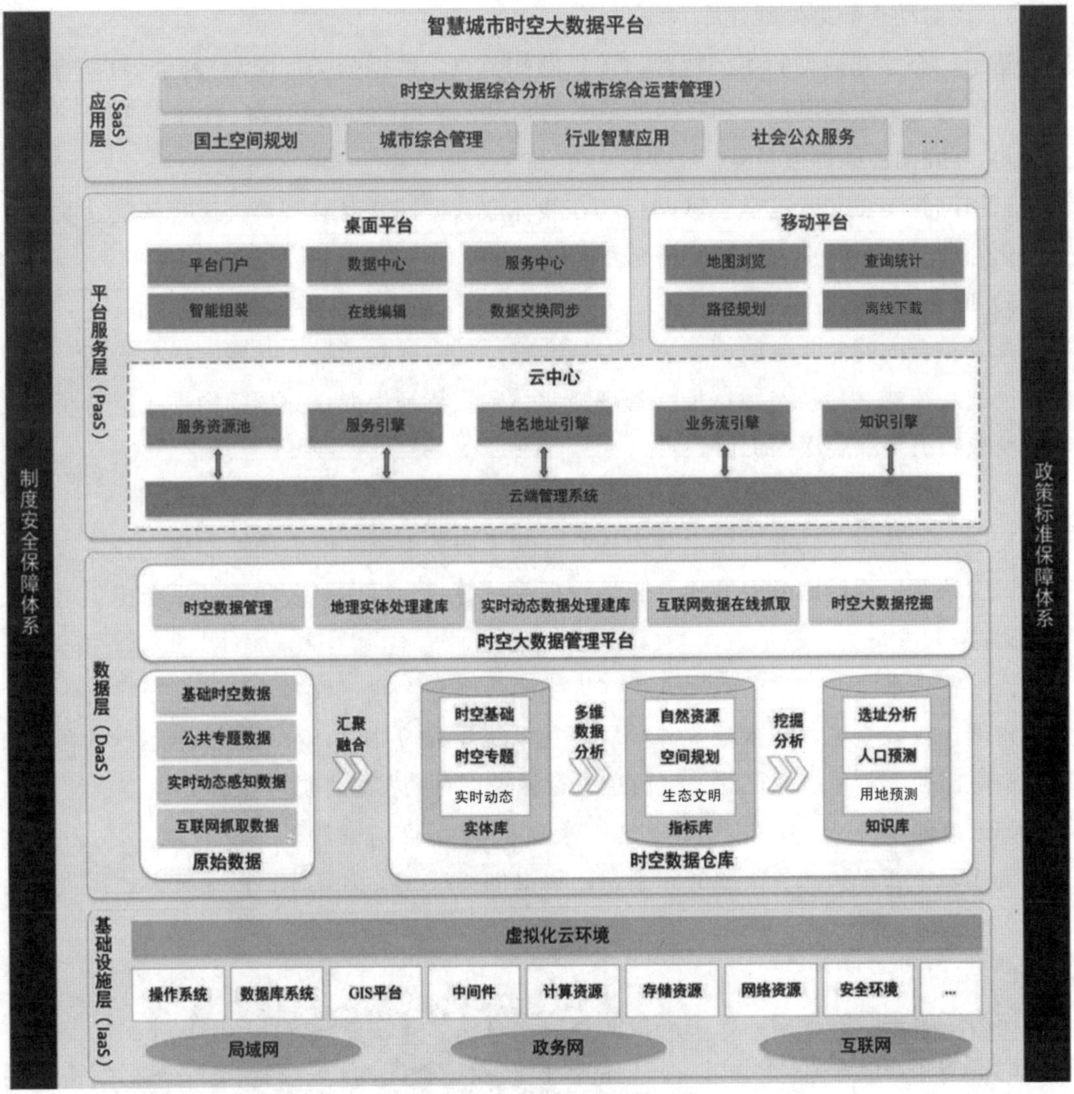

图 13.10　平台总体架构

（1）时空大数据管理平台

1）时空数据管理系统

基于全空间信息模型，提供时空数据管理、地图管理、服务管理、数据分发、数据可视化、元数据管理等工具，适应时空基础数据、公共专题数据、实时感知数据、互联网抓取数据等多源数据统一管理及动态更新的需求。

2）地理实体处理建库系统

基于地理实体数据组织、几何表达规则等具体要求，提供实体数据处理、质检、管理、服务发布等一系列工具，满足地理实体数据处理、管理等相关工作需要。

3）实时动态数据处理建库系统

基于动态感知数据的不同特征，提供感知节点、数据分类、监测指标、数据管理、数据应用等工具，实现基于物联网的动态感知设备数据的动态集成、管理与应用。

4）互联网在线抓取系统

利用网络爬虫技术，从互联网自动在线抓取数据，并对这些数据进行分类、关联、空间化处理，作为时空大数据的补充。

5）时空大数据挖掘系统

基于整合的时空基础数据、公共专题数据、动态感知数据、互联网抓取数据，提供数据抽取、清洗、转换及数据指标管理、实体数据特征提取、数据间内在关联分析等，从而获取数据更深层次的价值。

（2）云中心

云中心以数据、功能、接口等为核心，基于服务引擎、地名地址引擎、业务流引擎和知识引擎等，通过服务资源池、云端管理系统等，为桌面平台和移动平台提供时空大数据支撑。

云端管理系统面向平台管理人员，提供服务资源管理、数据资源管理、日志管理、目录管理、权限管理、平台配置等模块，对系统业务的处理、对系统安全运行的各环节进行实时监控、对系统运行的关键信息进行记录、对突发事件进行报警处理等。

（3）桌面平台

依托云中心提供的各类服务和引擎，以桌面终端设备为载体、以在线方式提供平台各项应用服务。

1）平台门户

作为了解平台的窗口和使用平台的入口，通过统一的身份认证，确保平台的安全；通过门户导航，提供平台中相关应用的入口；通过新闻门户，提供与平台相关资讯的展示。

2）数据中心

提供城市全空间信息资源的在线应用，支持地上地下、二维三维、静态动态、历史现状等各类信息资源的可视化叠加、查询、对比分析、统计分析等，支持单值图、热力图、聚合图等专题地图的定制。

3）服务中心

提供灵活的数据、功能服务接口及相应的资源检索、开发示例等。

4）智能组装

提供便捷化的系统定制服务，支持用户自主选择数据、功能、界面等内容，零代码形成满足用户需求的应用系统。

5）在线编辑

以在线方式，提供数据编辑与协同编辑功能，满足用户对自身业务数据的动态管理维护。

6）数据交换与同步

针对不同类型资源的交换需求，提供空间数据汇聚交换、文档型数据汇聚交换、数据库汇聚交换、服务汇聚交换等多种交换手段，丰富平台的数据资源，并通过服务资源池对外提供服务。

（4）移动平台

依托云中心提供的各类服务和引擎，以移动终端设备为载体、以在线方式提供平台各项应用服务的窗口，具体提供用户注册、认证及登录，地圈浏览，图层登加，查询统计，离线下载，路线查询及规划，兴趣点标注及收藏，空间量测及应用设置等功能，适应安卓、苹果等操作系统。

13.6.4　平台配置及开发环境

充分利用超融合、微服务、大数据等新技术，以基础服务资源、数据服务资源、应用服务资源为理念设计基础，以数据平台支撑，以云服务治理贯穿整个平台生命周期，形成基于微服务模式和 GIS 引擎的开放式资源服务架构平台，以资源集中发现、复用共享为目标，通过多端、多模式形成最终服务于不同终端用户的业务应用需求（图 13.11）。在这套体系下，核心服务能力具备高度可重用性，能够有效支撑各类应用。

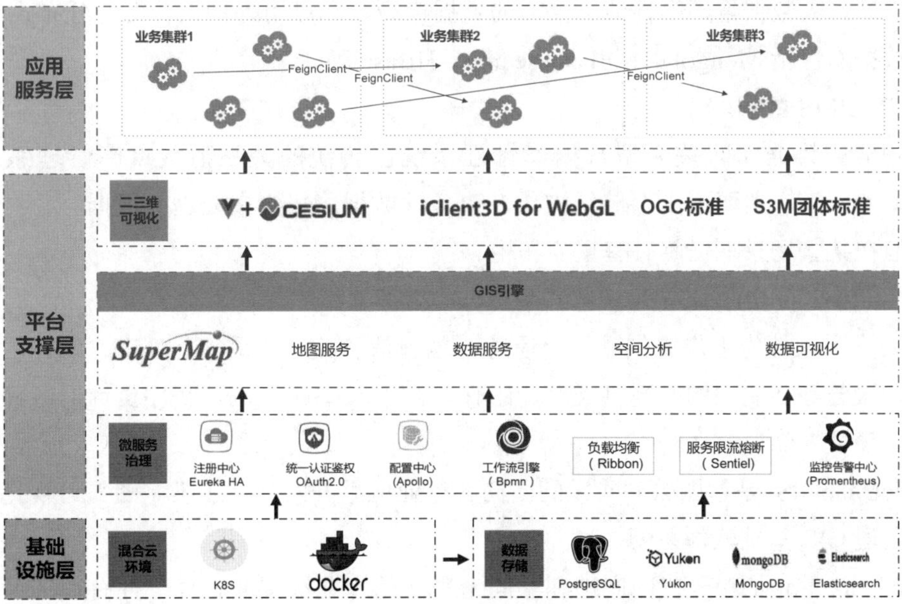

图 13.11　平台配置及开发环境

基于云环境架构在硬件层、虚拟化层实现基础资源层能力聚合，提供高效、灵活、可扩展及安全可靠的底层服务资源。围绕时空数据存储、GIS 平台、基于微服务框架等构建大数据服务能力，为平台提供空间、非空间数据管理、治理、共享交换等核心数据能力。

（1）大数据存储管理系统

大数据的存储与管理是利用存储器把采集到的数据存储起来并建立相应的数据库来管理和调用这些数据。大数据存储系统具有大容量及高可扩展性、高可靠性、高性能、安全性、自管理和自修复、访问接口的多样化等特征。大数据存储方式包括分布式存储和云存储。大数据存储和管理系统包括分布式文件系统、分布式 SQL 数据库、分布式 NoSQL 数据库和 RDBMS 数据库等。

1）分布式文件系统

分布式文件系统是指通过计算机网络将文件系统管理的物理存储资源结点连接，每一个数据结点高度自治，但对应用来说都是透明的，看不出是本地还是远程。支持分布式空间文件系统，包括 HDFS、DSF 等。

2）分布式 SQL 数据库

支持分布式 SQL 的空间数据库包括阿里 PolarDB、华为 GaussDB、PostgresSQL、达梦与金仓等。

3）分布式 NoSQL 数据库

NoSQL 数据库全称为非关系型数据库系统，相较关系型数据库管理系统（RDBMS）具有易扩展、大数据量、高性能、灵活的数据模型、高可用等特点。支持分布式 NoSQL 的空间数据库包括 MongoDB、Elasticsearch、HBase 等。

4）RDBMS 数据库

RDBMS 数据库即关系型数据库管理系统，传统的关系型数据库管理系统（如 MySQL、Oracle）主要用于存储结构化、事务性数据。尽管在处理大数据时存在一些局限性，但在某些场景下仍然具有重要作用。

（2）GIS 平台软件

GIS 平台软件为用户提供测绘、遥感、地理信息数据的采集、处理、统计、分析、可视化、服务等功能，同时提供类库、组件、API 接口等，满足程序员针对各种应用场景定制化开发。

SuperMapGIS 是超图软件研发的面向各行业应用开发、二三维制图与可视化、决策分析的大型 GIS 基础软件系列。

GeoScenePro 是新一代国产地理空间云平台的专业级桌面软件，拥有数据编辑与管理、数据治理、高级分析、高级制图可视化、人工智能、知识图谱、影像处理及二三维融合等核心能力。

Openlayers 是一个基于 JavaScript 库的开源前端地图开发库，具有低成本、开发灵活、功能强大等特点，支持地图瓦片、矢量数据等众多地图数据格式，支持比较完整的地图交互操作，可快速地开发出 WebGIS 系统。

（3）二三维可视化开发

Vue 是基于 HTML、CSS 和 JavaScript 的一套构建 Web 用户体验的渐进式框架，让网页的前端应用程序开发更加方便，同时便于与第三方库或既有项目整合。

Cesium 是一款基于 JavaScript 库开源跨平台的三维 WebGIS 前端可视化开发平台，支持地形场景、遥感影像、激光点云、三维模型、BIM、矢量地图多种数据。支持 WebGL 的硬件加速，流畅地展示海量数据，通过时间轴和空间位置实现时空信息的可视化表达，渲染模拟季节、昼夜、天气等变化。

Skyline 是一款三维数字地球平台软件，可以利用海量的遥感航测影像数据、数字高程数据，以及其他二三维数据搭建出一个对真实世界进行模拟的三维场景。

在 Vue 前端开发框架基础上，利用 Cesium、Skyline、Openlayers、SuperMap 三维可视化和二维地图功能，可以实现二三维一体化应用开发，如需满足用户的沉浸式三维体验，在应用开发时可融入 threejs 3D 引擎和 UE4 虚幻引擎。

13.6.5　业务应用

时空大数据平台建设目前已广泛应用于城市不动产登记智慧系统、国土空间规划智慧应用系统、地下管线管理智慧应用系统和园区管理智慧应用系统等智慧城市平台（图 13.12～图 13.16）。

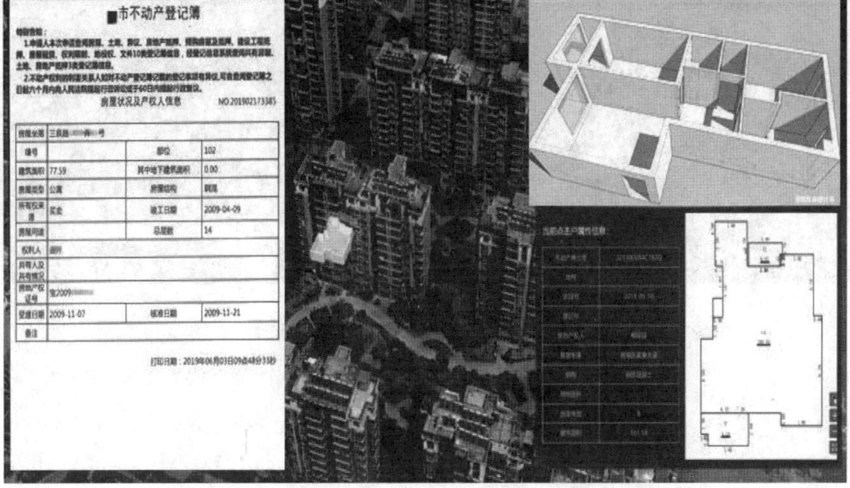

图 13.12　不动产登记（平面）智慧应用

图 13.13 不动产登记（楼层）智慧应用

图 13.14 国土空间规划智慧应用

图 13.15　地下管线管理智慧应用

图 13.16　园区管理智慧应用

13.7　相关术语

（1）地理空间框架：地理信息数据及其采集、加工、交换、服务所涉及的政策、法规、标准、技术、设施、机制和人力资源的总称，由基础地理信息数据体系、目录与交换体系、公共服务体系、政策法规与标准体系和组织运行体系等构成。

（2）地理信息公共平台：实现地理空间框架应用服务功能的数据、软件及其支撑环境的总称。该平台依托地理信息数据，通过在线、服务器托管或其他方式满足政府部门、企事业单位和社会公众对地理信息和空间定位、分析的基本需求，同时具备个性化应用的二次开发接口，可扩展应用空间。

（3）时空大数据：基于统一时空基准（时间参照系和空间参照系）、活动（运动变化）在时间和空间中与位置直接（定位）或间接（空间分布）相关联的大规模海量数据集。

（4）时空信息云平台：以时空大数据为基础，以云计算环境为支撑，依托泛在网络，分布式聚合信息资源，并按需智能提供计算存储、数据、接口、功能和知识服务的基础性开放式信息系统。

（5）面向服务的产品数据：在地理信息数据基础上，经过提取、扩充和重组等处理，形成的面向服务应用的数据，包括地理实体数据、影像数据、地图数据、地名地址数据和三维景观数据等。

（6）实景三维：对一定范围内人类生产、生活和生态空间进行真实、立体、时序化反映和表达的数字空间，是新型基础测绘的标准化产品，是国家重要的新型基础设施，为经济社会发展和各部门信息化提供统一的空间基底。实景三维通过在三维地理场景上承载结构化、语义化、支持人机兼容理解和物联实时感知的地理实体进行构建。

（7）感知物联网：通过射频识别、红外感应器、全球定位系统、激光扫描器等信息传感设备，按约定的协议，把任何物品与互联网连接起来，进行信息交换和通信，以实现智能化识别、定位、跟踪、监控和管理的一种网络。

思考题

1. 简述数字城市地理空间框架与智慧城市时空大数据平台的区别与联系。
2. 简述智慧城市时空大数据平台的主要构成。
3. 简述时空大数据平台建设原则。
4. 简述智慧城市时空大数据平台智慧应用。
5. 简述智慧城市时空大数据平台四层架构。
6. 简述基础时空数据获取与处理的主要内容。

主要参考资料

[1] 智慧城市时空大数据平台建设技术大纲（2019 版）. 自然资源部，2019.

[2] 李德仁，姚远，邵振峰. 智慧城市中的大数据. 武汉大学学报（信息科学版），2014（6）：631-640.
[3] 王家耀，武芳，郭建忠，等. 时空大数据面临的挑战与机遇. 测绘科学，2017，42（7）：1-7.
[4] 李成名，刘晓丽. 智慧城市时空大数据平台理论与方法. 北京：科学出版社，2019.
[5] 李成名，王继周，马照亭. 数字城市三维地理空间框架理论与方法. 北京：科学出版社，2008.
[6] 涂伟，曹劲舟，高琦丽，等. 融合多源时空大数据感知城市动态. 武汉大学学报（信息科学版），2020，45.
[7] 周良辰，王鹏翔，陈奔，等. 房地一体化不动产三维数据模型研究. 地球信息科学学报，2021，43（1）：143-154.
[8] 桂德竹，程鹏飞，文汉江，等. 在自然资源管理中发挥测绘地理信息科技创新作用研究. 武汉大学学报（信息科学版），2019，44（1）：97-100.
[9] 李成名，印洁，刘晓丽，等. “实体中国”与新型基础测绘的思考. 测绘科学，2019，44（6）：230-234.
[10] 李维森. 坚持创新引领全面推进新型基础测绘建设. 中国测绘，2018（1）：4-8.
[11] 马莉. 智慧城市时空大数据平台研究. 科技创新与应用，2019（25）：58-59.
[12] 马照亭，刘勇，沈建明，等. 智慧城市时空大数据平台建设的问题思考. 测绘科学，2019，44（6）：279-284.
[13] 肖建华，王厚之，彭清山，等. 地理时空大数据管理与应用云平台建设. 测绘通报，2016（4）：38-42.
[14] 陈淑娟，王立刚. 地理空间数据在自然资源管理中的应用研究. 价值工程，2019，21：250-251.
[15] 吴勤书，赵卓文，张时智. 新时代测绘地理信息服务于自然资源管理的思考. 测绘通报，2019（S1）：168-170.
[16] 王占宏，白穆，李宏建. 地理空间大数据服务自然资源调查监测的方向分析. 地理信息世界，2019，26（1）：1-5.
[17] 陈军，刘建军，田海波. 实景三维中国建设的基本定位与技术路径. 武汉大学学报（信息科学版），2022，47.
[18] 王家耀. 时空大数据时代的地图学. 测绘学报，2017，46（10）：1226-1237.

第 14 章
“3S”技术集成原理、应用模式及其发展趋势

早期“3S”是遥感 RS（Remote Sensing）、全球定位系统 GPS（Global Position System）和地理信息系统 GIS（Geographic Information System）的简称，广义的说法则是遥感 RS、地理信息系统 GIS 和全球导航卫星系统 GNSS，其中 GNSS 是能在地球表面或近地空间的任何地点为用户提供全天候的三维坐标和速度及时间信息的空基无线电导航定位系统，包括一个或多个卫星星座及其支持特定工作所需的增强系统。全球卫星导航系统国际委员会公布的全球四大卫星导航系统供应商，包括中国的北斗卫星导航系统（BDS）、美国的全球定位系统（GPS）、俄罗斯的格洛纳斯卫星导航系统（GLONASS）和欧盟的伽利略卫星导航系统（GALILEO）。其中，BDS 是中国自主建设运行的全球卫星导航系统，为全球用户提供全天候、全天时、高精度的定位、导航和授时服务。2023 年 12 月 26 日 11 时 26 分，我国在西昌卫星发射中心用长征三号乙运载火箭与远征一号上面级，成功发射第五十七颗、第五十八颗北斗导航卫星。北斗三号全球卫星导航系统自 2020 年建成开通以来，已普遍应用在交通运输、渔业航运、农业农机、灾害监测、应急救援、个人出行等领域，几乎涵盖了国人生活的方方面面。在国际上，已经有 100 多个国家与北斗卫星导航系统签下了合作协议。随着全球组网的成功，北斗卫星导航系统未来的国际化应用将会迎来更广阔的发展空间。

“3S”是空间技术、传感器技术、卫星定位与导航技术和计算机技术、通信技术相结合，多学科高度集成的对空间信息进行采集、处理、管理、分析、表达、传播和应用的现代信息技术的总称。随着信息技术的快速发展，“3S”技术已成为获取和处理空间数据的重要工具，而“3S”技术集成则是将 3 种技术进行有效结合，以实现更高效的空间数据采集、处理、分析和应用。其核心在于将这三者的优势结合起来，克服单一技术在空间数据采集和分析上的局限性，提供更为全面、精确和实时的地理信息服务。这种集成不仅提高了数据的精度和可靠性，为地理信息科学提供了强大的工具，而且极大地扩展了空间信息技术在不同领域的应用潜力。

14.1 “3S”技术集成原理

14.1.1 空间数据采集与精确定位

空间数据采集与精确定位是地理信息系统、遥感科学和全球定位系统等空间信息技术的核心组成部分，是一个多步骤、多阶段的过程，需要综合考虑技术、方法和应用需求，以确保数据的准确性和可用性。

数据采集是指将现有的地图、外业观测成果、航空照片、遥感图像、文本资料等转成计算机可以处理与接收的数字形式，基本内容如图 14.1 所示。数据采集分为属性数据采集和图形数据采集。属性数据的采集经常是通过键盘直接输入；图形数据的采集实际上就是图形数字化的过程。数据采集过程中难免会存在错误，所以，对所采集的数据要进行必要的检查和编辑。数据组织就是按照一定的方式和规则对数据进行归并、存储、处理的过程。数据组织的好坏，直接影响到 GIS 系统的性能。数据采集方法包括以下 5 个。

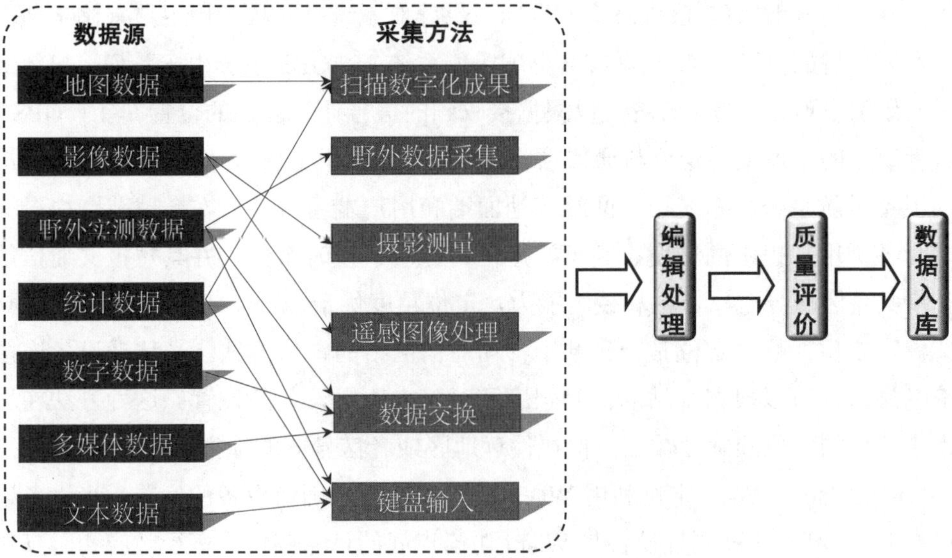

图 14.1　空间数据采集的基本内容

①传统调查技术：采用地形测量、地质勘探等方法，在地面进行测量和需要的调查，例如，地面监测和卫星实地验证。

②遥感技术：通过卫星、飞机、无人机等载具，利用机载或卫星传感器获取地球表面的影像数据、高程数据、气象数据等，达到获取空间数据的目的。

③GNSS 技术：利用 GNSS 接收器获取卫星信号，计算出接收器所在位置的经纬度

坐标，实现对某一空间点的定位。

④无人机技术：无人机能够搭载各种载荷，如相机、激光雷达、多光谱相机等，对地面进行无人机空中摄影测量，获取图像、点云数据等，从而获取空间信息。

⑤其他技术：包括激光扫描技术、虚拟现实技术等，能够获取三维点云数据，实现精细化的地貌表达，辅助进行建筑物立体建模等空间数据的采集与处理。

总之，空间数据的采集方法多种多样，具体的采集过程需要综合考虑各种因素来选择最合适的方法。

空间定位技术是指以地理信息系统、遥感、全球定位系统为研究对象，内容包括空间信息、空间模型、空间分析和空间决策等。全球定位系统和遥感分别用于获取点、面空间信息或监测其变化，地理信息系统用于空间数据的存储、分析和处理。由于三者在功能上存在明显的互补性，只有将它们集成在一个统一的平台中，其各自的优势才能得到充分发挥。从20世纪90年代开始，地理信息系统、遥感、全球定位系统的集成日益受到关注和重视，并逐渐发展成为一个新的交叉学科：地球空间信息学。常用的空间定位方法包括以下5种。

①全球卫星导航系统（GNSS）：全球卫星导航系统是一种利用卫星来确定地面位置的技术。最典型的例子是GPS系统（全球定位系统）。GPS系统由一系列卫星组成，这些卫星向地面发射信号，接收者可以根据接收到的信号计算自己的位置。除了GPS系统，中国自行研制的全球卫星定位与通信系统（BDS），是继GPS和GLONASS之后第三个成熟的卫星导航系统。系统由空间端、地面端和用户端组成，可在全球范围内全天候、全天时为各类用户提供高精度、高可靠定位、导航、授时服务，并具短报文通信能力，已经初步具备区域导航、定位和授时能力，定位精度优于20 m，授时精度优于100 ns。

②蜂窝定位：蜂窝定位是一种基于移动通信网络的定位方法。当移动设备连接到移动通信基站时，可以根据基站的信号强度和时延来确定设备的位置。这种方法在城市等人口密集区域的定位准确度较高，但在偏远地区或者信号弱的地方可能无法使用。

③Wi-Fi定位：Wi-Fi定位利用Wi-Fi信号的特征来确定设备的位置。当设备连接到Wi-Fi网络时，可以通过测量设备与Wi-Fi访问点间的信号强度、多径效应和时延等参数来进行定位计算。与蜂窝定位相比，Wi-Fi定位的准确度更高，在室内定位场景中Wi-Fi定位的表现尤其突出。

④惯性导航：惯性导航是一种利用惯性传感器（如加速度计和陀螺仪）来测量物体运动状态的定位方法。通过测量物体的加速度和角速度，可以计算出物体相对于起始位置的位移和方向。惯性导航特别适用于没有外部参考的环境，但其缺点是误差会随着时间的推移而积累。

⑤多基站定位：多基站定位利用多个移动通信基站的信号来确定设备的位置。通过

测量不同基站的信号强度和时延，可以使用三角测量或其他定位算法来计算设备的位置。多基站定位的准确度取决于基站的分布和信号的强度，通常比蜂窝定位更准确。

总体来说，空间定位方法多种多样，可以根据不同需求选择合适的方法。其中，全球卫星导航系统、蜂窝定位、Wi-Fi 定位和多基站定位是目前常用的方法，它们各自在不同的场景中有优势和局限性，可以根据具体应用来选择合适的定位方法。随着技术的不断发展，空间定位的准确度和可靠性也在不断提高，有望为人们的生活和工作带来更多便利。

14.1.2 多源空间数据集成与融合

多源空间数据集成是指将来自不同源头的空间数据进行整合和融合的过程。这些数据可能来自不同的传感器、卫星、测量设备或其他数据源。多源空间数据集成是实现数据的完美融合和共享的关键步骤。通过整合不同数据源的空间数据，可以得到全面、准确、高效的空间信息，为各领域的决策制定和问题解决提供支持。在克服一些挑战和应用解决方案的基础上，多源空间数据集成将在未来发挥越来越重要的作用。

多源空间数据集成与融合能够将来自不同数据源的空间数据进行整合，形成全面、综合的空间数据集，其意义体现在：①提高数据的准确性和精度：通过融合多源数据，可以弥补单一数据源的不足，减少数据的误差和偏差，提高数据的准确性和精度；②增强数据的完整性和可靠性：融合多源数据可以填补数据的空缺和缺失，提供更全面、完整的数据，使得数据更具可靠性和实用性；③拓展数据的应用范围和价值：融合多源数据可以提供更多维度和角度的数据，帮助人们从多个方面进行数据分析和应用，拓展数据的应用范围和价值。

多源空间数据集成的主要目的是解决：①数据来源的异构性：不同数据源的数据格式、结构和语义可能存在差异，需要统一整合；②数据冗余和重复：不同数据源可能包含相同或相似的数据，需要进行去重和筛选；③数据质量和准确性：不同数据源的数据质量可能存在差异，需要进行数据清洗和校正；④数据共享和互操作性：不同数据源的数据需要进行共享和交互，以实现更全面的空间分析和应用。

多源空间数据集成面临一些挑战，主要包括：①数据安全和隐私保护：需要保证从不同数据源获取的数据的安全性和合法性；②数据一致性和一体性：需要保证整合的数据具有一致的数据模型和语义；③数据处理和分析效率：需要提高数据处理和分析的效率，以满足实时性和高性能的需求；④数据可视化和交互性：需要提供直观、易用的数据展示和交互界面，方便用户获取和分析空间信息。相应的解决方案包括：①标准化数据模型和格式：定义统一的数据模型和格式，使得不同数据源的数据可以互相转换和整合；②开放式数据共享平台：建立共享平台，提供对不同数据源的访问和共享功能，以促进数据的集成和共享；③智能数据清洗和匹配算法：使用智能算法对数据进行清洗和校正，以提高数据质量和准确性；④高效数据处理和分析引擎：采用高性能的数据处理和分析引擎，提高数据处理和分析的效率。

数据融合又称信息融合或多传感器数据融合（图 14.2）。对数据融合还很难给出一个统一、全面的定义。随着数据融合和计算机应用技术的发展，根据国内外研究成果，多传感器数据融合比较确切的定义可概括为充分利用不同时间与空间的多传感器数据资源，采用计算机技术对按时间序列获得的多传感器观测数据，在一定准则下进行分析、综合、支配和使用，获得对被测对象一致性的解释与描述，进而实现相应的决策和估计，使系统获得比它的各组成部分更充分的信息。

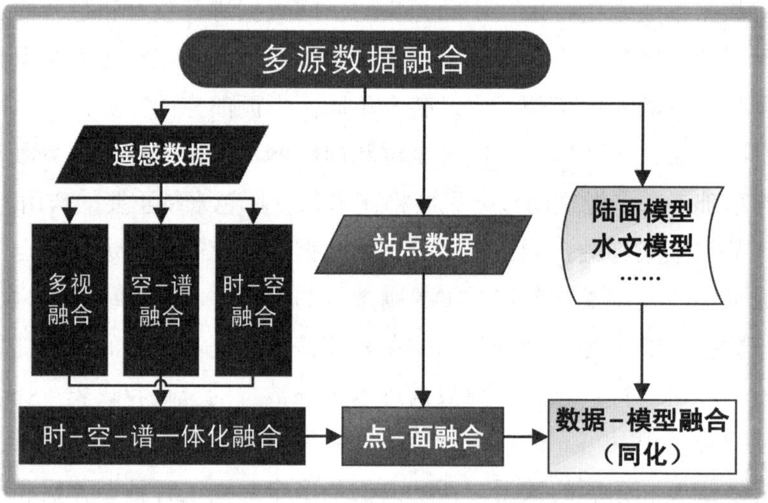

图 14.2　多源数据融合的基本流程

多传感器数据融合技术的基本原理就像人脑综合处理信息一样，充分利用多个传感器资源，通过对多传感器及其观测信息的合理支配和使用，把多传感器在空间或时间上冗余或互补信息依据某种准则来进行组合，以获得对被测对象的一致性解释或描述。具体来说，多传感器数据融合原理如下：

①N 个不同类型的传感器（有源或无源的）收集观测目标的数据。

②对传感器的输出数据（离散的或连续的时间函数数据、输出矢量、成像数据或一个直接的属性说明）进行特征提取的变换，提取代表观测数据的特征矢量 Y_i。

③对特征矢量 Y_i 进行模式识别处理（如聚类算法、自适应神经网络或其他能将特征矢量 Y_i 变换成目标属性判决的统计模式识别法等）完成各传感器关于目标的说明。

④将各传感器关于目标的说明数据按同一目标进行分组，即关联。

⑤利用融合算法将每一目标各传感器数据进行合成，得到该目标的一致性解释与

描述。

多传感器数据融合的常用方法基本上可概括为随机和人工智能两大类，随机类方法有加权平均法、卡尔曼滤波法、多贝叶斯估计法、Dempster-Shafer（D-S）证据推理、产生式规则等；而人工智能类则有模糊逻辑理论、神经网络、粗集理论、专家系统等。可以预见神经网络和人工智能等新概念、新技术在多传感器数据融合中将起到越来越重要的作用。

14.1.3 “3S”集成技术

“3S”集成技术是将遥感（RS）、全球导航卫星系统（GNSS）、地理信息系统（GIS）融为一个统一的有机体，是一门非常有效的空间信息技术（图 14.3）。就在集成体中的作用及地位而言，GIS 相当于人的大脑，对所得的信息加以管理和分析；RS 和 GNSS 相当于人的两只眼睛，负责获取海量信息及其空间定位。RS、GNSS 和 GIS 三者的有机结合，构成了整体上的实时动态对地观测、分析和应用的运行系统，为科学研究、政府管理、社会生产提供了新一代的观测手段、描述语言和思维工具。“3S”集成的方式可以在不同的技术水平上实现。低级阶段表现为互相调用一些功能来实现系统之间的联系；高级阶段表现为三者之间不只是相互调用功能，而是直接共同作用，形成有机的一体化系统，对数据进行动态更新，快速准确地获取定位信息，实现实时的现场查询和分析判断。开发“3S”集成系统软件的技术方案一般采用栅格数据处理方式实现与 RS 的集成，使用动态矢量图层方式实现与 GIS 的集成。随着信息技术的飞速发展，“3S”集成系统正在经历一个从低级到高级的发展和完善过程。主要表现为 GIS 与 RS 集成，GIS 与 GNSS 集成，RS 与 GNSS 集成，GIS、GNSS 和 RS 集成 4 种结合方式。

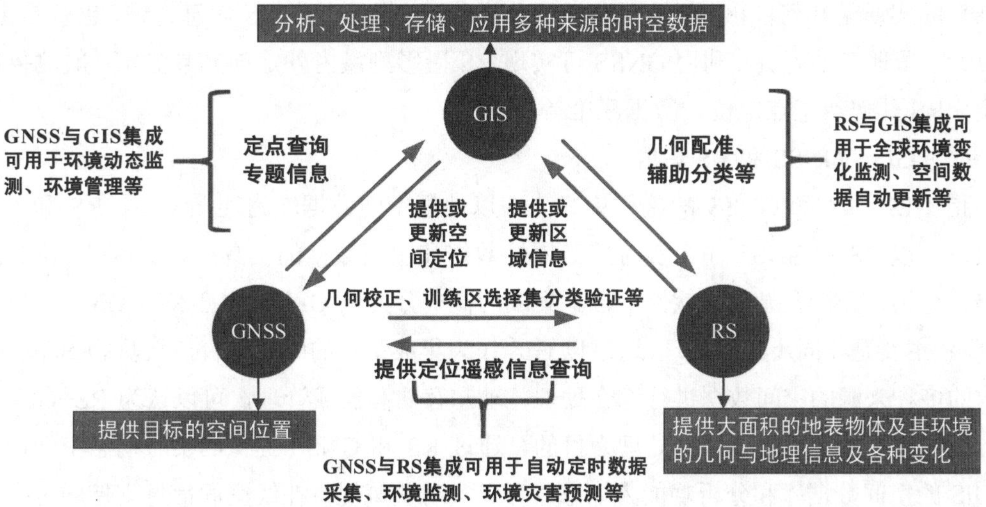

图 14.3 “3S”集成技术示意图

（1）GIS 与 RS 集成

GIS 与 RS 的集成是“3S”集成中最重要也是最核心的内容。集成的基本出发点是：RS 是构筑在现代空间技术基础上的一种收集地球表面空间信息的重要技术手段，可为 GIS 的数据更新提供稳定、可靠的数据源，提供不同视场、多方位、多层次、多方式的信息。GIS 是一种管理和分析地理空间数据（信息）的有效工具和手段，可为遥感信息的提取及应用提供重要支持，提高其解译精度。在对遥感数字图像进行分类处理过程中，由于各种难以排除的干扰因素影响，常会出现“同物异谱”或“异物同谱”分类混淆现象，影响分类识别的精度，以致影响遥感的实际应用，成为遥感发展过程中的一个障碍。

（2）GIS 与 GNSSS 集成

通过 GNSS 可以获得任意接收点的空间位置坐标数据，还可用于测时、测速。对于 GIS 来说，GNSS 提供了一种极为重要的实时、动态、精确获取空间数据的方法，是 GIS 的重要数据源，GNSS 极大地拓展了 GIS 的应用领域和应用方式。而对于 GNSS 来说，GIS 是一种重要的空间数据处理、集成和应用工具。二者紧密联系，可共同开创和深化更多领域的空间应用。如将 GNSS 观测或测量到的定位数据通过相关软件导入 GIS 中，在电子地图上可以实现长度、面积、体积等的实时计算与显示、定位；将黄河流域所有淤地坝的定位信息导入 GIS 中，同时将相关的建设时间、竣工时间、库容、淤地面积、坝高等信息导入，就可以实现黄河流域淤地坝及专题信息的定点查询，同时还可更新空间点位置。

（3）RS 与 GNSS 集成

RS 和 GNSS 都是重要的数据源，RS 数据量很大，侧重从宏观上反映图像信息和几何特征；GNSS 数据量小，侧重提供特征点的几何信息，发挥定位及导航的功能。二者有机结合的实质是几何校正、训练区选择及分类验证，提供定位 RS 信息查询，也就是定性、定位、定量地对地观测。利用 GNSS 可实现 RS 摄影测量内外定向元素测定、航测控制点定位、RS 几何纠正点定位、数据配准等。

（4）GIS、GNSS 和 RS 集成

指 GIS、RS 和 GNSS 的整体集成，即以地理空间数据库为连接 GIS、RS 和 GNSS 的接口，以 RS 和 GNSS 作为实时采集属性数据和空间数据的工具，以 GIS 为数据处理、存储、查询、分析及显示的软件平台。集成的模式分为以 GIS 为中心和以 GNSS/RS 为中心。前者主要是非同步数据处理，通过以 GIS 作为集成系统的中心平台，对包括 RS 和 GNSS 在内的多种来源的空间数据进行综合处理、动态存储和集成管理，可以认为 RS+GIS 集成的一种扩充。后者以同步数据处理为目的，通过 RS 和 GNSS 提供的实时动态空间信息结合 GIS 的空间数据库和分析功能为动态管理、实时决策提供在线空间信息支持服务。该模式要求多种信息采集和信息处理平台集成，同时需要实时通信的支持，故实现的代价较高。

14.1.4 空间数据分析与建模

地理数据的空间分析与建模是将地理现象和数据以空间的方式进行分析、建模和表示的一种方法。它可以帮助我们理解地理现象的空间分布、相互关系和变化规律，以及预测未来的趋势和可能性。在地理数据的空间分析与建模中，首先需要获取和整理地理数据，这可以通过卫星遥感、GNSS 定位、测量和问卷调查等方式来实现。其次需要对这些数据进行处理和解析，提取有关地理现象的特征和信息。最后根据具体的研究目的和问题，选择适当的空间分析和建模方法，来揭示地理现象的内在规律和特征。

（1）数据准备与预处理

在进行空间数据分析和建模之前，需要准备好相关的数据。这些数据可以来自各种渠道，如卫星遥感、GIS、测量仪器等。对于空间数据的准备，主要包括数据收集、数据清洗和数据预处理。

数据收集是获取空间数据的第一步，可以通过传感器的记录、采样、GPS 定位等进行。在数据收集过程中，需要注意数据的时空分辨率及数据的精确性和可靠性。

数据清洗是指对收集到的原始数据进行删除、过滤、修正等操作，去除错误、重复、不完整或无效的数据。数据清洗的目的是提高数据的质量和准确性，为后续的分析和建模工作做好准备。

数据预处理是对数据进行转换、标准化和规范化等处理，以便更好地适应分析和建模的需求。数据预处理的步骤包括数据格式转换、数据集成、特征选择和特征变换等。

（2）空间数据分析

地理数据的空间分析方法有很多，其中包括空间统计分析、GIS、遥感技术和空间插值等。这些方法可以帮助我们通过统计、计算和可视化等方式，来探索地理现象的分布、集聚和相关性。

空间统计分析是一种常用的方法，可以帮助我们发现地理现象的变异模式和空间关联关系。例如，我们可以利用聚类分析来发现城市的空间集聚现象，或者利用回归分析来探索人口增长与经济发展的关系。

GIS 是一种用于存储、管理、分析和可视化地理数据的工具。通过 GIS，我们可以将不同类型的地理数据集成在一起，进行空间查询、叠加分析和空间模拟等操作。例如，我们可以在 GIS 中将不同的地理图层叠加在一起，来分析土地利用和环境质量的关系。

遥感技术是一种利用卫星图像和遥感数据来获取地理信息的方法。通过遥感技术，我们可以获取全球范围内的地理数据，例如，地表温度、植被覆盖和土地利用等。这些数据可以用于研究气候变化、环境保护和灾害监测等问题。

空间插值是一种通过已知点的空间分布来估计未知点的值的方法。这可以帮助我们填补地理数据的空缺和不完整性。例如，我们可以利用地理数据中已知的气象站观测数据，来估计未知地区的气温和降雨量。

（3）地理数据的空间建模

在地理数据的空间分析中，空间建模是一种重要的方法，可以帮助我们形成对地理现象的理论和模型。通过空间建模可以利用数学和统计方法，来描述地理现象的空间关系和变化规律。

例如，地理数据的空间建模可以用于预测未来的土地利用变化。通过收集历史的土地利用数据、人口数据和经济发展数据，可以建立一个土地利用模型，来模拟未来的土地利用趋势和可能性。这样可以帮助政府和决策者制定合理的土地利用规划和政策。

另外，地理数据的空间建模还可用于疾病传播和流行病监测。通过收集疾病的发病地点和时间等信息，我们可以建立一个疾病传播模型，来模拟疾病的传播过程和影响因素。这样可以帮助卫生部门和医疗机构采取相应的措施，来控制和预防疾病的传播。

14.2 “3S”技术集成应用模式

14.2.1 生态环境监测

将“3S”技术有效运用到区域生态环境状况的监测和评价工作中，提高生态环境监测的效率。在开展区域环境质量状况的评定工作过程当中，需要把相关地理信息和土壤、大气、水及噪声等不同的环境监测数据予以融合，借助 GIS 软件空间分析功能模块，完成针对区域环境情况的评价任务，并确保一定的客观性与准确性，真正将区域环境的污染与空间分布的状况加以呈现。例如，在某湖泊区域生态环境当中，运用了“3S”技术中的遥感本底监测方法，准确绘制生态环境的分类图，并构建相应的生态环境数据库，以获得良好的监测效果。

（1）城市生态环境监测

城市化进程的加快，使城市规划和建设要求也在不断提高，城市生态环境作为城市规划建设的基础，加大对其的监测力度，获取准确数据信息，有助于改善城市规划建设水平，如图 14.4 所示为城市水环境监测数据平台。

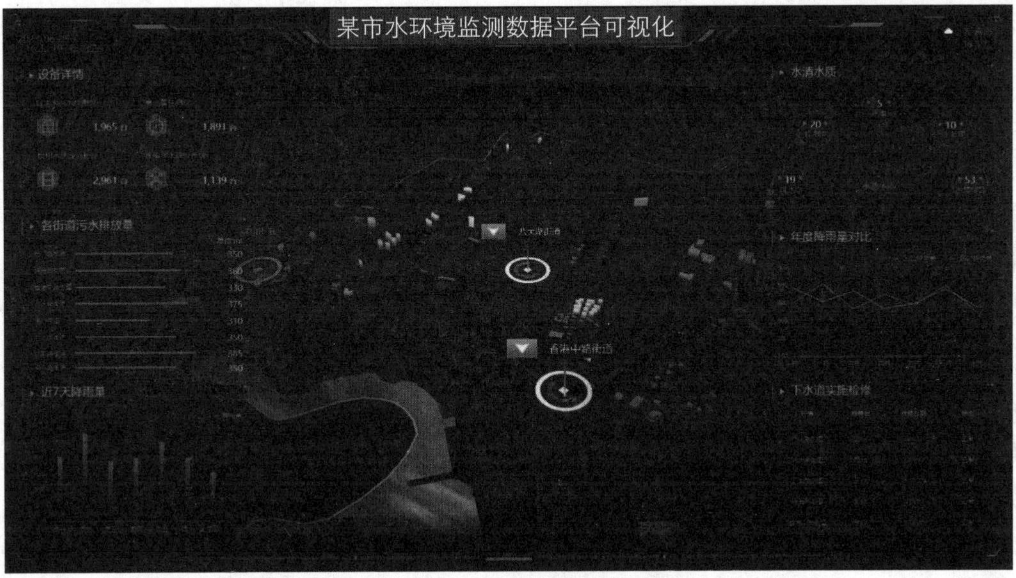

图 14.4 城市水环境监测数据平台

“3S”技术在城市生态环境监测中的应用，一方面可对城市土地资源实行监督和控制，利用“3S”技术准确了解土地资源分布和使用情况，给出科学评估，再根据城市建设要求，合理规划土地开发和利用，从而减少资源浪费，提高建设水平。另一方面可对城市污染实施监测，具体体现在两个方面，即大气污染监测和水污染监测。在大气污染监测中，应用“3S”技术，可准确了解大气污染成分及其空间分布情况，绘制完善的污染源分布图，了解大气污染物成分与含量，有针对性地制定科学的治理措施，避免热岛效应带来的负面影响，推动城市健康发展。在城市水污染监测中，“3S”技术可以获取地表水体悬浮泥沙、有机质、叶绿素等水质要素，并排查污染源源强、扩散方向、影响范围，获得地下水三维水文状况、地质构造、水流系统等重要信息。由此可知，“3S”技术在城市生态环境监测中起到非常重要的作用，可为城市规划提供可靠的数据支持，为城市可持续发展做出突出贡献。

（2）森林生态环境监测

在森林可持续发展中，面临着荒漠化、病虫害等的威胁，利用“3S”技术开展森林生态环境监测，可及时准确地掌握森林发展情况，构建完善的数据库系统，将森林组成、结构及生态工程等信息录入其中，实现对森林的实时动态化监控。同时在现有的森林保护政策下，“3S”技术可实现森林发展的科学规划，在不影响耕地的基础上，合理规划栽植范围，扩充森林覆盖面积。此外，应用“3S”技术，可对病虫害实行有效监测，获取准确的虫害信息及其活动空间，做好前期风险评估，并利用智能平台与专家展开讨论和交流，为病虫害防治提供依据。在防灾减灾体系建设中，可利用“3S”技术建立完善的森林火灾预警和扑火指挥系统、森林有害生物预警和管理系统及生态防灾减灾应急系统，加强预防和扑救森林火灾的综合能力，防止外来有害生物的传入和扩散。

（3）草原生态环境监测

“3S”技术应用在生态环境监测中时，获取的信息数据会以数字化、定量化等方式实现快速传输和科学处理，获取的最终数据被应用到相关领域内，便于城市进一步规划和建设。这一处理方式可提高对该技术空间应用的研究效率，加大被测区域调查和监测力度，减少危险的发生。尤其是对于草原生态环境，因其具有主体丰富、层次多的特点，在开展监测的过程中，需要先构建统一的数据库，该数据库中包含各种数据，为工作人员灵活地进行数据的上传、存储以及使用奠定良好的基础。在草原生态环境监测中，应利用全球定位技术、遥感技术来获取精确数据内容，构建完善数据库系统，将草原全貌直观地展现出来，便于准确了解被测区域的生态环境特征。草原生态环境监测属于宏观监测的一种，在实际作业中，需利用定量评价的方式来加强监测数据的准确性，维护监测过程的安全性，以此实现草原生态环境的智能化和信息化管理，做到资源的科学有效处理。

14.2.2 资源调查

（1）水资源

在“3S”技术监测当地水源的过程中，可以将当地所处特定时间内的水量、水质的特点情况加以体现出来，以便保证不同数值的准确性。并且，应用“3S”技术，能够以直观的形式呈现具体的排污口、污染源的分布情况等信息。所以，借助先进的“3S”技术，可以迅速得到生态环境的监控结果，基于此再科学明确水体污染所波及的具体范围地区情况。例如，对于富营养化，抑或沼泽化的当地水体来说，一般运用“3S”技术能够完成监测的任务，保证监测的准确性。所以，通过上述研究与分析，不难获悉，注重对当地水资源的科学监测可谓至关重要。

（2）土地资源

在土地资源管理中，首要的任务是展开土地调查，这一项工作也借助了“3S”技术，利用遥感技术进行目标区域探查，并将传回的影像整理成有效数据，将其导入 GIS 中进行数据分析。还有一种另类手段，就是直接携带笔记本电脑到现场进行探查，用遥感数据当参照，以 GNSS 为数据源，标注地面属性，直接完成调查工作。通过“3S”技术的应用，土地资源管理呈现出高效化、速度化的发展趋势，精准的位置、精确的数据都有利于土地资源管理进行下一步操作。在土地利用变化调查中，应用“3S”技术系统中的数据库和数据处理模块，需要工作人员及时对土地资源的多种空间属性数据进行调查并进行空间数据的编辑及属性数据的录入等，并通过属性查询的方式快速获得所需结果，以查询的结果为依据，及时构建行之有效的决策化模型，并为土地应用管理的工作开展提供多种工作模拟帮助，从而选择最佳的经营方案，并为决策人员提供相应的参考数据，从而保障决策方案的可行性。另外，还可以借助“3S”技术系统实现绘图的数据支持，通过“3S”技术可以有效地控制绘图的工作量，并最大限度减少工作的压力及负担。

（3）药用植物资源

野生广布种药用植物是指野生状态下分布面积比较大的药用植物资源。由于该种药用植物分布量大，可以利用农业和林业资源调查的成功经验，根据要研究的中药分布特征和生长特点，确立解译标志，直接利用遥感技术估算其资源储量。随着“3S”技术的发展，尤其是地理信息系统在中药中的广泛应用，可以将 RS、GIS 与 GNSS 结合起来，在野外抽样理论的指导下，在调查区域内利用网格技术将自然因子及空间地理信息数字镶嵌入网格中，每个网格具有查询自然条件、地理位置及空间叠加分析等功能，同时实现了道地药材生境因子的可视化。再结合中药的自然生境条件及土地利用等人为因素去掉不适宜区，缩小区域范围，得到适宜中药生长的目标区域，利用遥感对中药资源进行调查研究，能减少传统人工野外资源调查的人为误差，并可提高调查数据的客观性、科学性和准确性。

14.2.3 灾害遥感监测

相关部门人员通过应用“3S”技术完成针对不同地区灾害的有效预测与监控的任务（图 14.5）。在此过程中，将多样化的灾害作为主要的监测对象。例如，对于地质灾害、洪涝灾害等来说，可以应用“3S”技术系统，深入地开展灾害监控工作。并且，借助“3S”监测技术，可以有效避免出现类似土地盐碱化、荒漠化及水土流失等灾害情况。依靠具有一定实时性特征的生态灾害监控方式，能够实时获得所在区域气象和水文的相关资料信息。

图 14.5 灾害空天地一体化立体协同监测网络

（1）地质灾害

在“3S”地质灾害监测信息系统中，RS 动态地提供地质灾害空间数据源和更新数据，为 GIS 提供空间数据和反映目标属性的专题数据；GIS 则是遥感中数据处理的辅助信息，用于信息的自动提取。GNSS 为 GIS 获取地质灾害目标要素的空间坐标数据；而 GIS 则是综合处理这些地质灾害数据的理想平台，并且反过来提升 RS 与 GNSS 获取信息的能力，它们是一个有机的整体。“3S”技术相结合，能充分发挥 GNSS 技术数据采集速度快、精度高，RS 技术覆盖范围广和 GIS 技术优越的图像、属性数据处理的优点，有效实现地质灾害的动态监测。综上，将“3S”、InSAR、无人机以及其他传感器监测技术融合，进行多尺度点面综合处理，可实现灾害体时间域和空间域的全覆盖，融合处理中需要对多传感器信息可靠性进行校验，构建多传感器下统一的时空基准，最终实现多尺度全天候的高精度监测信息提取。

（2）地震

首先，遥感技术以其独特的宏观性、信息丰富性和动态性等特点，为地震灾害研究提供了重要的数据来源（图 14.6）。在地震发生后，遥感技术可以快速获取灾区的影像信息，帮助救援人员了解灾区的受灾程度、道路交通状况、救援资源需求等重要信息。同时，通过对灾前和灾后影像的对比分析，可以较为准确地评估地震造成的损失和破坏程度。其次，全球定位系统在地震中的应用主要体现在实时定位和位移监测方面。地震

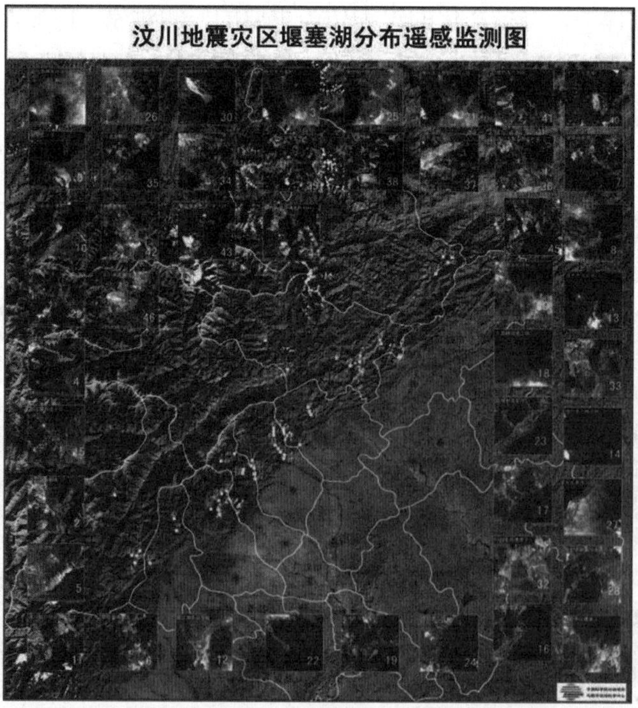

图 14.6　地震诱发的堰塞湖分布遥感监测图

发生后，利用 GNSS 可以快速对滑坡、崩塌等地质灾害进行位移监测，及时掌握灾害体的运动状态和破坏程度，为灾害预警和救援提供关键信息。同时，对于救援人员和受灾群众，GNSS 还可以提供准确的定位服务，帮助救援队伍快速找到被困人员。最后，地理信息系统是处理和分析空间数据的综合性技术系统，其在地震中的应用主要体现在灾情信息管理、灾害损失评估、救援资源调度等方面。通过地理信息系统，可以有效整合来自遥感和全球定位系统的数据信息，实现灾区数据的可视化查询和分析，为救援指挥提供决策支持。同时，利用地理信息系统的空间分析功能，可以对灾区的救援资源进行优化配置和调度，提高救援效率。

（3）城市水灾

目前 GIS 技术大量应用在水雨情信息查询、汛情监视、防汛会商等应用系统中，已成为这类系统的基本表达方式。更重要的是，引入 GIS 技术后，使得原来相对孤立的数据之间建立了空间关系，更有效地揭示了各类数据之间的内在联系。例如，某控制站的实时水位与相关联的堤段的堤顶高程，以及堤防保护的耕地面积、主要城镇、重要交通干线、重要设施等数据，用 GIS 的方式表现出来可以直观形象地展示出它们之间的分布关系、相对位置、距离、高程等，一目了然。直观形象地展示防洪形势和调度预案，对于领导指挥决策是十分重要的（图 14.7）。

图 14.7 城市水灾应急管理平台

14.2.4 精准农业

“3S”技术是农业资源、装备、生产过程、农产品质量监测过程中必不可少的重要技术手段。GNSS 技术是智慧农业的信息来源之一，而 GIS 和 RS 技术是智慧农业中基础农业信息处理技术的一部分（图 14.8）。“3S”技术在精准农业中的重要性体现在多个方面：可以实现对农田、作物和动物的实时监测和管理，提高产量和质量。通过“3S”技术可以精准施肥、浇水和防治病虫害，最大限度地减少资源浪费和环境污染，实现可持续农业发展。“3S”技术还能帮助农民更好地应对气候变化、自然灾害和市场波动等风险因素，提高农业生产的稳定性和抗风险能力。“3S”技术的广泛应用将为精准农业的发展提供技术支持，推动农业现代化进程，实现农业生产的高效、节约和可持续发展。加强对“3S”技术在精准农业中的研究和应用具有重要意义，有助于提升农业生产效益，促进农业产业的升级和转型，推动农村经济的发展。“3S”技术通常可用于各个尺度的智慧农业，包括面向农业生产过程管理的农业信息化系统、面向农产品流通过程的农业信息化系统、农业生产资源环境实时监测等。

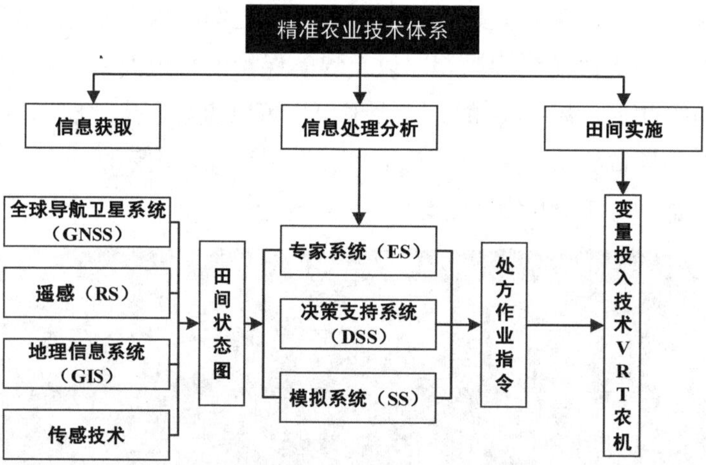

图 14.8 基于“3S”的精准农业技术体系

GIS 通常为各种智慧农业系统提供地理相关信息的管理，将各种信息与位置信息整合起来，完成与空间位置有关的各种分析。如在作物生产过程管理方面，GIS 用于农田土地数据管理，查询土壤、自然条件、作物苗情、作物产量等数据，管理农田空间数据；绘制各种产量图、田间长势图、农田土壤信息图等，也能采集、编辑、统计分析不同类型的空间数据；在农产品流通过程管理方面，协助物流分析、车辆调派、路线计算等；在农业生产资源环境实时监测方面，将各种信息汇集分析，应用资源模型，结合 RS 技术等，给出各类资源状态分布与报表，便于进一步决策。“3S”技术的应用为精准农业提供了强大的支持，可以帮助农民实现农业生产的精准化管理，提高农产品的质量和产量，为农业现代化进程提供有力支撑。在未来的发展中，我们需要进一步加强对“3S”技术的研究和应用，不断完善技术手段，推动农业生产方式的转型升级，实现农业可持续发展。

精准农业中的 GNSS 技术主要包括农业机械控制、精准病虫防治和灌溉、农田资源的普查和规划等。在精准农业中，综合应用卫星导航技术、GIS 和遥感技术，实现农田信息的数字化、可视化管理应用。技术人员利用 GNSS 手持机可以获得农田的地理位置信息。运用卫星定位测量技术，能够快速、高效、准确地量算作业面积等参数。卫星导航接收机获得的农田定位信息通过 GIS 转化成相应的图形，结合田间的各种信息，形成反映该信息的专题图和处方图（如肥力分布图、病虫害分布图等），用于农作物科学施肥、病虫害防治和估产等。

RS 技术可以客观、准确、及时地提供作物生态环境和作物生长的各种信息，是各类农业生产过程生长与环境信息的重要来源，遥感技术在智慧农业各环节系统中主要用于农作物播种面积监测和估算、监测作物长势和估算作物产量、农业生态环境监测、灾害损失评估等；随着无人机技术及智能农机技术的发展，RS 在智慧农业中的遥感平台可能在近几年有较快发展，将有更多来自无人机的航空遥感数据及来自智能农机的地面遥感数据的应用。

例如，中科星图（GEOVIS）利用卫星遥感、空间大数据等新一代信息技术赋能农业，集农业大数据、现代农艺学、农业经济学于一体，打造了智慧农业三产融合大数据平台。该平台围绕国家“十四五”规划发展战略，充分挖掘并释放数据资源中潜在的巨大价值，为政府部门管理决策、各类市场主体生产经营活动与农户科学精准种植提供完善的支撑及服务，能够促进农村一二三产业融合，为农业农村高质量发展及乡村振兴目标的实现提供强大助力。

系统化感知专题应用能够利用空、天、地、网一体化的感知技术与手段，全要素、多维度、系统化地感知农作物在种植、加工、流通各个环节的信息数据，为精准种植、销售流通、安全监管等业务功能提供数据支撑。天基感知可接入 50 余颗民商卫星数据，并将其应用于农作物种植、病虫害监测、防灾减灾等方面。空基感知可接入无人机等设施设备，可获取引接二三维高精度数据，为农业植保、精细化种植管理等方面提供服务。地基感知通过采集大棚内的温度、光照、盐度等传感器数据，及时获取作物生长环境状况，为精准种植提供数据基础。互联网感知可不断获取农产品的实时价格、销量、指数等数据，为销售流通提供信息服务。

14.2.5 地球大数据支撑可持续发展目标

可持续发展目标（SDGs）特别是地球表层与环境、资源密切相关的诸多目标，具有大尺度、周期变化的特点，地球大数据的宏观、动态监测能力为可持续发展评价提供重要手段。地球大数据作为重要的科技创新手段，在支撑可持续发展目标（SDGs）的实现中发挥着关键作用。它通过海量、多源、异构的数据资源，结合先进的数据分析技术，为监测评估可持续发展目标提供了新的视角和支撑（图 14.9）。在具体应用方面，地球大数据能够提供对环境和社会经济系统的深入认知，从而帮助制定和实施更加精准和有效的可持续发展政策。例如，在“零饥饿”（SDG2）方面，地球大数据有助于监测全球耕地变化和粮食生产情况，推动农业向可持续方向发展。在“清洁饮水和卫生设施”（SDG6）方面，可以评估全球农业区农田水分利用效率，支持水资源的合理利用和管理。

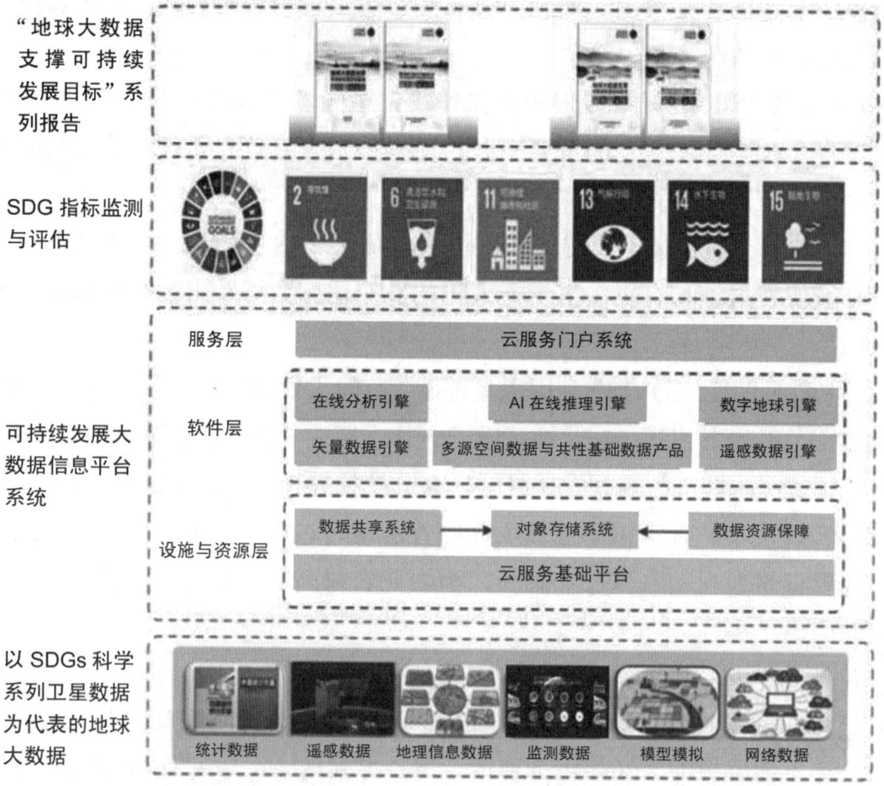

图 14.9　地球大数据从 4 个方面助力联合国 SDGs 科技实践与落实

此外，地球大数据在“经济适用的清洁能源”（SDG7）领域也显示出巨大潜力，通过分析中国风电、光伏发电装机容量的增长，以及特高压输送的可再生能源电量的增加，展示了清洁能源转型的显著进展。在“可持续城市和社区”（SDG11）方面，地球大数据有助于评估城市公共交通的便利性和城市生态绿化成效，促进城市的可持续发展。在“气候行动”（SDG13）方面，地球大数据的应用可以监测全球温室气体排放量的变化趋势，为应对气候变化提供决策支持。同时，在“水下生物”（SDG14）和“陆地生物”（SDG15）方面，地球大数据能够揭示生物多样性和生态系统健康状况，为生物多样性保护和土地退化治理提供科学依据。

例如，中国科学院空天信息创新研究院综合采用中高分辨率遥感卫星数据，结合农业统计数据、地面调查数据、气象站点数据等多源数据，融合遥感信息提取模型、统计模型、生态模型等，提出基于地球大数据的指标/亚指标的评估方法，实现了指标/亚指标的评估和发展进程的监测（图 14.10）。①通过构建地球大数据共享服务平台，成为联合国 SDGs 实施的数据提供者；②围绕 SDG2、SDG6、SDG11、SDG14 和 SDG15 等目标开展评估指标体系构建以及监测评估；③从数据产品、模型方法和决策支持 3 个方面开展地球大数据 SDGs 评估示范，并将其在全球进行推广，丰富 SDGs 评估的新数据、新方法、新能力；④在数据收集分析的基础上，定期监测和评估 SDGs 的进展，形成系列“地球大数据支撑可持续发展目标报告”，为全球 SDGs 评估贡献新思路。通过发布《地球大数据支撑可持续发展目标报告》，展示了中国在利用地球大数据支持 SDGs 方面的探索和实践，为国际社会提供了中国方案，并促进了全球可持续发展目标的实现。通过这些研究和实践，地球大数据不仅为中国，也为全球其他国家和地区提供了 SDGs 监测评估服务，推动了可持续发展目标的科学决策和有效实施。

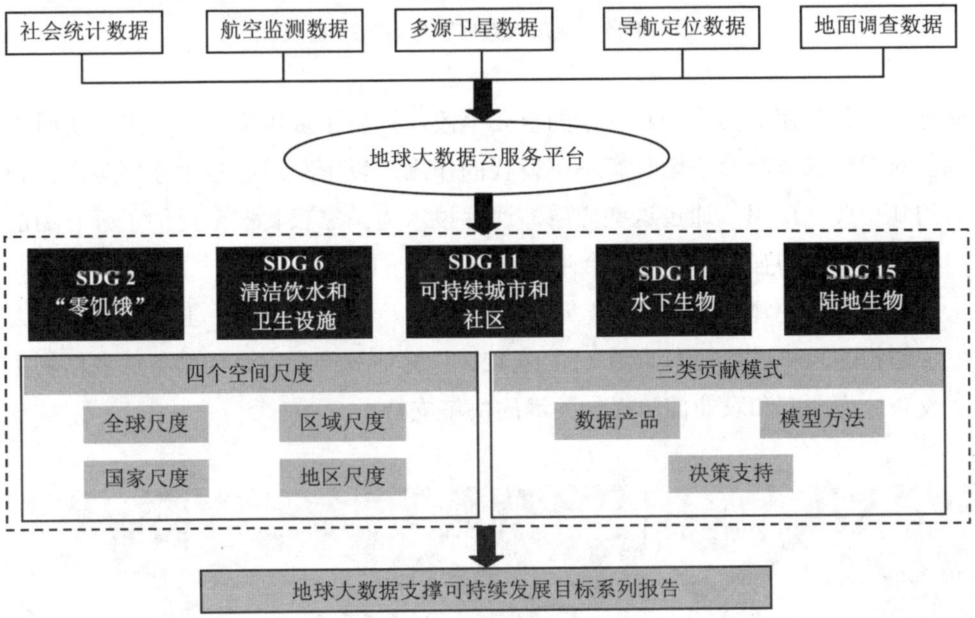

图 14.10 地球大数据服务 SDGs 框架

14.2.6 遥感服务国家粮食安全

气候变化和地区冲突造成全球粮食安全问题加剧，2050 年全球粮食需求增加 70%。我国每年进口粮食超 1.2 亿 t，国家粮食安全重大决策迫切需要权威的科学数据支撑。近年来，随着全球航天科技的发展，卫星影像获取能力大幅提升，初步形成了多种分辨率、多谱段、多模式的全球卫星遥感观测能力。全球和重点区域高精度、多尺度、多时相空间信息产品，可实现高达米级的空间分辨率、1～5 天的重访周期全球覆盖。同时，新技术、新数据源、新研究范式等为研究遥感与数字地球提供了重要机遇并奠定了基础（图 14.11）。例如，遥感大数据和人工智能、元宇宙等深度融合为全球多类型、多时相、多尺度空间信息产品生产及服务可持续发展 SDGs 应用提供了新的技术手段，也为监测和评估国家粮食安全提供了重要的数据支撑。

图 14.11 地球大数据服务 SDGs 框架

遥感技术作为服务国家粮食安全的重要手段，提供了多维度、大范围、实时性的数据支持，对保障国家粮食安全具有不可替代的作用。以下是遥感技术在服务国家粮食安全方面的几个关键应用。通过这些应用，遥感技术为国家粮食安全提供了强有力的数据支持和决策辅助，增强了国家对粮食生产和农业灾害的应对能力。

①农作物长势监测与产量预测：通过遥感技术，可以对小麦、玉米、水稻、大豆等主要粮食作物的长势进行动态监测（图 14.12），并估算产量。这项服务从农作物生长初期直至收获，为政府和农业部门提供关键的决策支持。

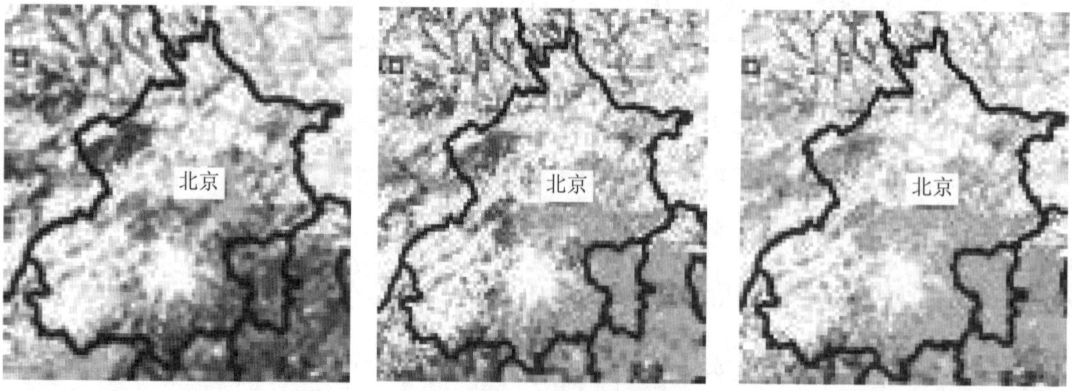

（a）监测时间：2023 年 8 月上旬 （b）监测时间：2023 年 8 月中旬 （c）监测时间：2023 年 8 月下旬

图 14.12 北京玉米长势遥感监测图

②农业气象灾害监测预警：遥感技术能够监测气象灾害，如干旱、渍涝、高温热害等对农业的影响，并及时提供预警信息，帮助农民采取相应措施，减少损失（图 14.13）。

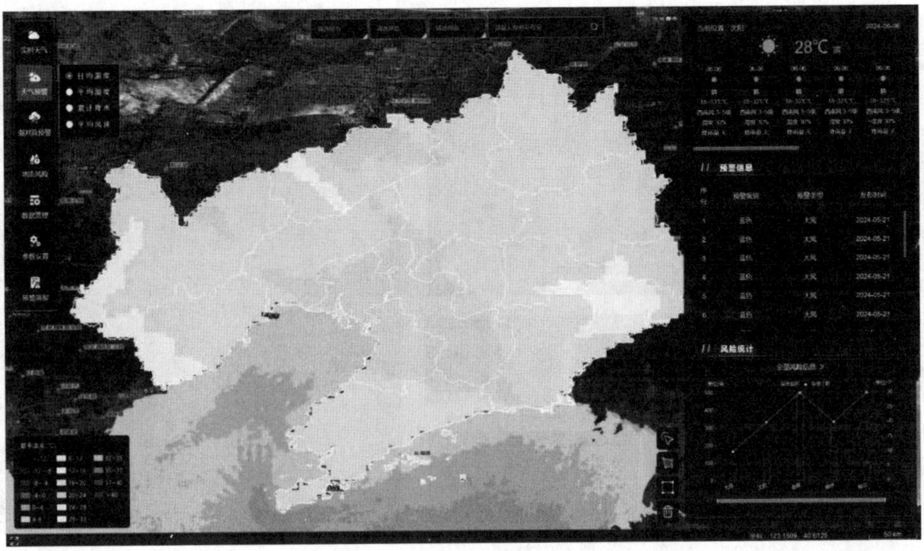

图 14.13 农业气象数据分析

③全球粮食安全监测：中国自主研发的全球农情监测云平台（CropWatch Cloud）为全球超过 170 个国家和地区提供农情信息云服务，帮助发展中国家实现自主监测，提升粮食安全治理能力（图 14.14）。

图 14.14 CropWatch 官方网站

④耕地与作物种植结构监测：通过遥感技术可以获取耕地分布、种植结构、管理模式等信息，为农业生产力布局和结构调整提供技术支撑（图 14.15）。

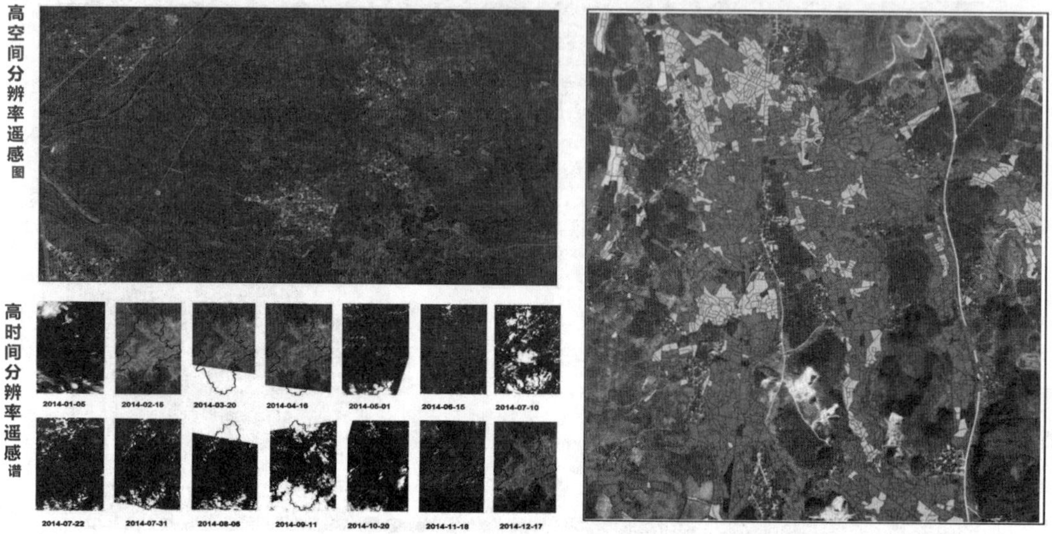

图 14.15　湖南省宁远县水稻种植分布

⑤粮食可持续生产评估：地球大数据支撑粮食可持续生产研究，包括对地观测技术在粮食生产系统各要素监测中的作用，以及多源数据融合在粮食生产系统综合监测及粮食生产可持续性评估中的应用。例如，商汤 SenseEarth 发布的 AI 遥感分析一张图，可提高粮食安全监测效率及质量（图 14.16）。

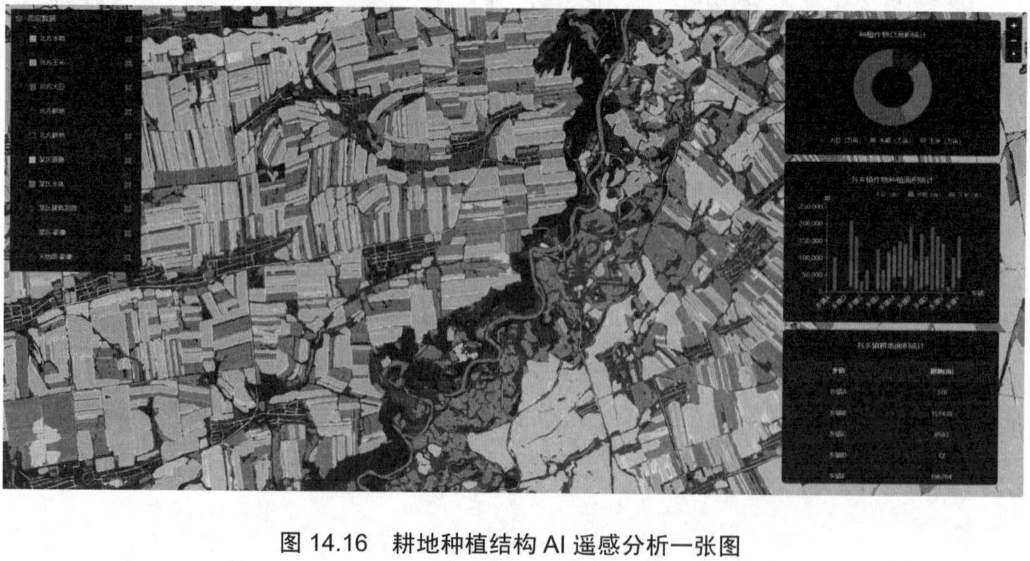

图 14.16　耕地种植结构 AI 遥感分析一张图

⑥病虫害及农业灾害监测：遥感技术通过非接触性获取目标物反射、散射或辐射的电磁波信息，实现对目标物的识别和监测，在病虫害（图 14.17）及农业灾害（图 14.18）监测方面发挥着重要作用，及时评估灾害损失，为防控措施提供依据。

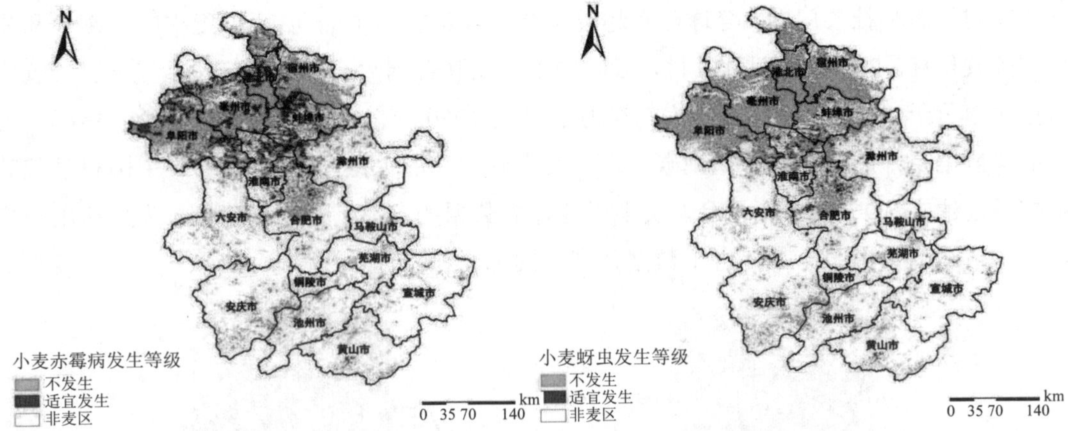

图 14.17　2019 年 4 月上旬安徽省小麦主要病虫害遥感监测图

图 14.18　洪涝灾害导致的农田损毁遥感监测图

14.2.7　地球大数据在全球碳循环监测中的应用

《中国气候变化蓝皮书（2023）》指出，全球气候变暖趋势仍在持续，2022 年全球平均温度较工业化前水平高出 1.13℃，为 1850 年有气象观测记录以来第 6 高值。中国升温速率高于同期全球水平，2022 年中国地表平均气温较常年值偏高 0.92℃，为 20 世纪初以来的 3 个最暖年份之一。联合国政府间气候变化专门委员会（IPCC）的报告指出，如果温室气体排放持续下去，全球升温可能在未来 20 年达到 1.5℃的临界值，这将导致一系列严重的生态和社会问题。全球已有超过 140 个国家提出了面向 21 世纪中叶的碳中和或净零排放目标。2020 年 9 月 22 日，习近平主席在联合国大会一般性辩论上宣布，二氧化碳排放力争于 2030 年前达到峰值，努力争取在 2060 年前实现碳中和。科学、精确、可靠的碳数据是开展碳减排、挖掘碳技术、实现碳中和的关键（图 14.19）。中国科学院等机构通过建立 SDG 大数据平台，实现了地球大数据的存储、管理和分析，为全球用户提供了一站式的数据服务，促进了数据共享和国际合作。

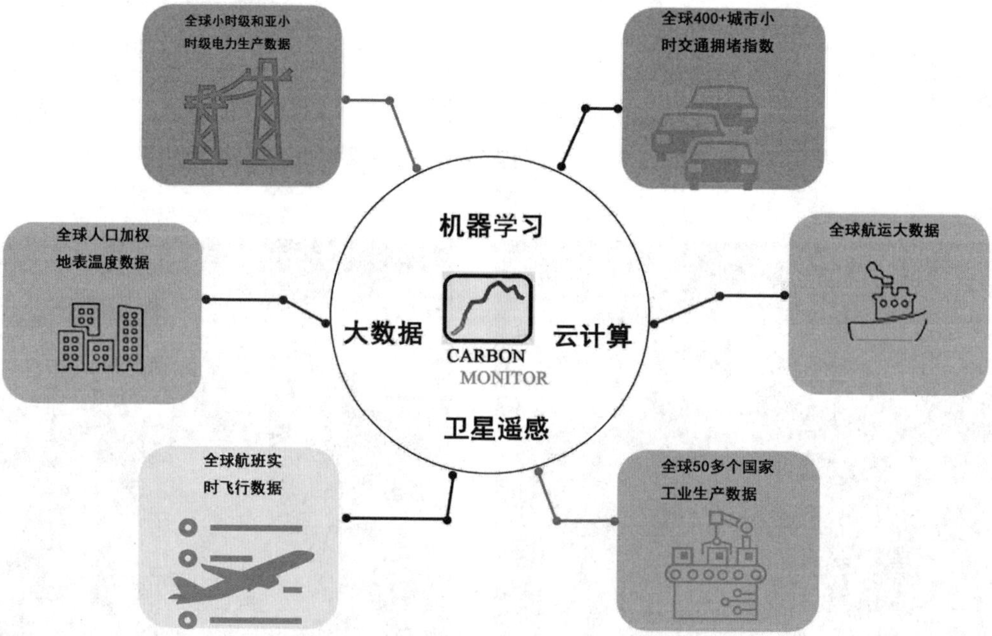

图 14.19　全球碳循环监测中主要的地球大数据

随着技术的发展，卫星遥感已成为监测温室气体排放的重要手段。国际上已有多个卫星任务用于此目的，如日本的 GOSAT 卫星和美国的 OCO-2 卫星。中国碳卫星的成功发射，使中国成为世界上第 3 个拥有温室气体监测卫星的国家。中国自主研制的首颗全球大气二氧化碳观测科学实验卫星（TanSat），搭载了高光谱二氧化碳探测仪和多谱段云与气溶胶探测仪，用于监测全球和中国重点地区的二氧化碳浓度，监测精度优于 4 ppm（1 ppm=10^{-6}），达到国际先进水平。中国工程院院士刘经南提出，利用碳监测空天地一体检测方案，结合北斗技术，可以为碳监测提供综合服务，提高碳监测的全面性和可靠性。这有助于实现中国提出的碳达峰和碳中和目标。

地球大数据作为科技创新的重要手段，为实现碳中和目标提供了多维度的数据支持和决策依据（图 14.20），可在以下 8 个方面支撑碳中和目标的实现。

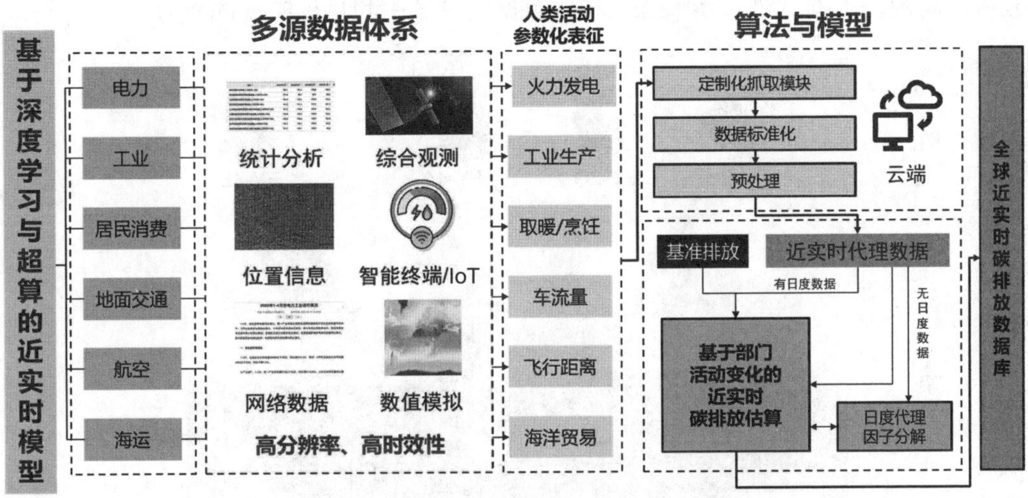

图 14.20　地球大数据支撑碳中和目标

①碳源汇监测：地球大数据能够监测和评估全球或区域尺度上的碳源和碳汇，包括森林、草地、湿地等自然生态系统的碳吸收能力，以及化石燃料燃烧、工业过程等人为碳排放。

②气候变化评估：地球大数据可用于分析气候变化的趋势和影响，如全球气温升高、极端气候事件频发等，这有助于制定应对气候变化的策略。

③碳循环过程研究：地球大数据支持对生态系统碳循环过程的深入研究，例如，通过分析植被指数和日光诱导叶绿素荧光（SIF）等遥感数据，可以评估植被的光合作用活动和碳固定能力。

④碳储量估算：利用遥感技术可以估算森林、土壤等不同碳库的碳储量，为制定合理的土地管理和森林经营措施提供数据支持。

⑤政策制定与评估：地球大数据支持构建 SDGs 评价指标体系和决策支持平台，有助于监测和评估经济、社会、环境 3 个方面的可持续发展进展，包括碳中和目标的实施情况。

⑥湖泊碳循环研究：地球大数据在湖泊碳循环研究中的应用，有助于了解湖泊作为碳汇的功能及在全球碳循环中的作用，尤其是在估算湖泊中的溶解性有机碳（DOC）和颗粒有机碳（POC）浓度方面。

⑦多源数据融合：地球大数据的多源数据融合技术，提高了数据精度和可用性，为

湖泊碳循环等复杂系统的监测和评估提供了新的视角和方法。

⑧可持续发展科学卫星：中国发射的碳监测卫星包括 TanSat 卫星和风云系列碳卫星（图 14.21），以及中国科学院规划的 SDGs 科学卫星，如 SDGSAT-1，将提供昼夜全天时、多载荷协同观测数据，进一步增强地球大数据支撑碳中和目标实现的能力。

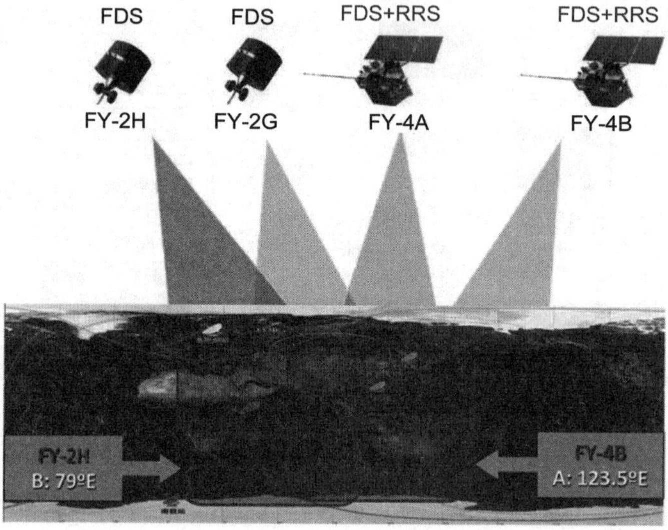

图 14.21　风云系列碳卫星

14.3 “3S”技术集成发展趋势

14.3.1 技术集成与创新

“3S”技术为科学研究、政府管理、社会生产提供了新一代的观测手段、描述语言和思维工具。“3S”的结合应用，取长补短，是一个自然的发展趋势，三者之间的相互作用形成了“一个大脑，两只眼睛”的框架，即 RS 和 GNSS 向 GIS 提供或更新区域信息及空间定位，GIS 进行相应的空间分析，以从 RS 和 GNSS 提供的浩如烟海的数据中提取有用信息，并进行综合集成，使之成为决策的科学依据。

GIS、RS 和 GNSS 三者集成利用，构成为整体的、实时的和动态的对地观测、分析和应用的运行系统，提高了 GIS 的应用效率。在实际的应用中，较常见的是“3S”两两之间的集成（如 GIS/RS 集成、GIS/GNSS 集成或者 RS/GNSS 集成等），同时集成并使用“3S”技术的应用实例较少。美国 Ohio 大学与公路管理部门合作研制的测绘车是一个典型的“3S”集成应用，它将 GPS 接收机结合一台立体视觉系统载于车上，在公路上行驶以取得公路及两旁的环境数据并立即自动整理存储于 GIS 数据库中。测绘车上安装的立体视觉系统包括两个 CCD 摄像机，在行进时，每秒曝光 1 次，获取并存储 1 对影像，并作实时自动处理。

RS、GIS、GNSS 集成的方式可以在不同的技术水平上实现，最简单的方法是 3 种系统分开而由用户综合使用，进一步是三者有共同的界面，做到表面上无缝集成，数据传输则在内部通过特征码相结合，最好的方法是整体的集成，成为统一的系统。单纯从软件实现的角度来看，开发“3S”集成的系统在技术上并没有多大的障碍。

目前一般工具软件的实现技术方案是：通过支持栅格数据类型及相关的处理分析操作以实现与遥感的集成，而通过增加一个动态矢量图层以与 GNSS 集成。对于“3S”集成技术而言，最重要的是在应用中综合使用遥感及全球定位系统，利用其实时、准确获取数据的能力，降低应用成本或者实现一些新的应用。“3S”集成技术的发展，形成了综合的、完整的对地观测系统，提高了人类认识地球的能力；相应地，它拓展了传统测绘科学的研究领域。作为地理学的一个分支学科，Geomatics 产生并对包括遥感、全球定位系统在内的现代测绘技术的综合应用进行探讨和研究。同时，它也推动了其他一些相关联学科的发展，如地球信息科学、地理信息科学等，它们成为“数字地球”这一概念提出的理论基础。

14.3.2 “3S”技术与空间信息新技术的融合集成

“3S”技术（即遥感技术 RS、地理信息系统 GIS、全球导航卫星系统 GNSS）与空间信息新技术的关联紧密，并正在实现深度融合集成。以下是对“3S”技术与空间信息新技术的相互融合集成发展现状、趋势与前景的概述。

①大规模星座：卫星业务覆盖通信、导航、遥感、空间科学、技术试验、载人航天等领域，而且呈现越来越多样化的发展。大规模星座是新时代航天发展的必然要求，也是太空经济提升的重要引擎。

②集成技术的深化：“3S”技术集成正从简单的功能调用向更深层次的一体化系统发展，实现数据的动态更新和实时现场查询分析。

③实时动态监测能力提升：“3S”集成技术的发展目标是实现秒级实时系统，提高定位的自动化和精度，快速响应各种监测和分析需求。

④多维分析与决策支持：GIS 作为“3S”集成的核心，强化了多维分析能力和友好界面，提高了分析精度和自动化程度，为决策提供科学依据。

⑤三维 GIS 技术的新进展：三维 GIS 技术不断创新，实现了三维空间数据模型的全新升级，支持更复杂的三维体对象和属性场的表达与分析。

⑥新技术革命下的集成模式：新技术革命，如物联网、人工智能、云计算等与“3S”

技术集成，推动了传统产业的革新，使“3S”集成系统更自动化、动态化、高效化，并具有更好的兼容性。

⑦多源数据融合与分布式技术：“3S”技术集成优化了多源数据融合，提升了影像、地形、倾斜摄影模型等数据的加载和运算性能，支持更多三维设计格式，实现高效全流程管理。

⑧S3M 标准的发展：S3M 标准从数据格式标准发展到数据服务接口标准，支持 S3M 数据的 Web 发布和访问，推动了三维 GIS 与游戏引擎等可视化技术的跨界融合。

⑨跨界融合与应用创新：“3S”技术与游戏引擎的融合为三维 GIS 提供了新的展示和交互方式，开拓了三维 GIS 在更多领域的应用前景。

综上所述，“3S”技术与空间信息新技术的融合集成正处于快速发展阶段，其在多个领域的应用前景广阔，将为社会生产、资源管理、环境保护等提供更加高效、精确的技术支持。

14.3.3 GIS 与其他新兴技术的融合

GIS 作为一种强大的空间数据管理和分析工具，正与其他新兴技术如物联网（IoT）、区块链等实现深度融合，展现出广阔的发展前景。以下是 GIS 与这些新兴技术融合的发展趋势性概述：

①GIS 与物联网的融合：GIS 结合物联网实现了实时监控与响应，通过物联网设备收集的实时数据传输至 GIS 平台，实现对自然资源、交通状况、环境质量等的即时监控。

②物联网提供的大量实时数据与 GIS 的空间分析能力相结合，可以进行精准定位与管理、智能分析与预测以及可视化决策支持。

③GIS 与区块链的融合：区块链技术为 GIS 提供了一个安全、透明、不可篡改的数据存储和共享解决方案。GIS 与区块链的结合尤其在不动产登记、智慧城市建设等领域展现出巨大潜力。MapGIS 区块链通过集成 Hyperledger Fabric 区块链引擎和 IPFS 星际文件系统，提供了地理空间数据上链功能，支持数据集管理和历史追溯。

④GIS 与大数据的融合：GIS 技术与大数据技术的结合，使得 GIS 软件能够处理和分析大规模空间数据集，提供更深入的洞察和预测。

⑤GIS 与人工智能（AI）的融合：GIS 结合人工智能算法，增强了空间分析和预测能力，同时让 AI 具备空间分析和可视化能力，拓展了其应用范围。

⑥GIS 与云计算的融合：基于云的 GIS 解决方案使得 GIS 服务可以通过互联网访问，促进了数据共享、协作和实时分析。

⑦GIS 与 3D 技术的融合：3D 制图技术为 GIS 数据添加了 Z 维度，帮助在楼宇信息化、智慧城市规划等领域实现更全面的视角。

⑧GIS 与增强现实（AR）的融合：增强现实技术为用户提供了交互式和沉浸式的 GIS 体验，未来 GIS 中 AR 的应用将更加广泛。

⑨GIS 与开放数据倡议的融合：开放数据共享促进了 GIS 数据的透明度和可访问性，有助于改进决策和分析。

⑩GIS 的自动化和移动应用：GIS 应用程序的自动化减少了人工劳动并提高了效率，同时移动 GIS 应用程序的发展为用户提供了更便捷的访问和分析地理空间数据的方式。

⑪GIS 技术的持续创新：GIS 技术正不断采用新技术，增加如视频空间化、云原生化、遥感 GIS 一体化、三维化、自主化等特征，并呈现“智能化”发展趋势。

综上所述，GIS 与新兴技术的融合不仅增强了 GIS 本身的功能，也为各行各业提供了更高效、智能的解决方案，推动了地理空间数据应用的创新和发展。

14.3.4　集成新技术对我国数字经济和产业发展的情景展望

空间信息集成新技术对我国数字经济和产业发展的情景展望是多方面的，具有深远的影响。以下是一些关键点：

①数字经济与实体经济的融合：我国正致力于推动数字经济与实体经济的深度融合，通过数字产业化和产业数字化全面赋能经济社会发展。

②数据要素市场化配置：国家将推进数据要素市场化配置，优化数字经济发展环境，完善数据基础制度和数字基础设施。

③平台企业创新能力提升：政策鼓励提升平台企业创新能力，促进平台经济持续健康发展。

④空间信息产业的高质量发展：上海发布的《关于本市推进空间信息产业高质量发展的实施意见》明确了“十四五”时期的发展目标，包括构建通导遥一体化空间信息系统，形成数字赋能的空间信息技术创新体系和产业融合发展新格局。

⑤商业航天发展：上海的行动计划提出，到 2025 年，以商业航天跨越式发展为牵引，推动空间信息产业规模超过 2 000 亿元，并形成年产 50 发商业火箭、600 颗商业卫星的批量化制造能力。

⑥北斗产业的推进：上海通过《上海市北斗产业高质量发展三年行动计划（2021—2023 年）》推动北斗时空信息产业规模达到 1 000 亿元，培育产业链优质企业，打造 5 家以上上市企业。

⑦数字经济的国际合作：我国积极构建数字经济国际合作环境，推动数据存储、智能计算等新兴服务能力全球化发展，并支持我国数字经济企业“走出去”，积极参与国际合作。

⑧数字经济安全体系：强化数字经济安全体系，包括网络安全防护能力、数据安全

保障水平，以及有效防范各类风险。

⑨全民数字素养和技能提升：实施全民数字素养与技能提升计划，提高公民网络文明素养，强化数字社会道德规范。

⑩数字经济治理体系：健全完善数字经济治理体系，包括强化协同治理和监管机制、增强政府数字化治理能力、完善多元共治新格局。

综上所述，空间信息集成新技术将为我国数字经济和产业发展带来高质量的转型，推动经济结构优化升级，促进创新驱动发展，提高国家竞争力，并在保障安全的前提下，实现更加开放和普惠的数字经济发展。

思考题

1. “3S”技术为什么要进行集成，其主要原理是什么？
2. “3S”集成技术主要包括哪些方式？
3. 选取一个具体的应用场景，说明“3S”技术分别发挥了什么作用。
4. “3S”技术集成的发展趋势有哪些？
5. “3S”技术的 GIS 对 RS 和 GNSS 分别起到什么作用？

主要参考资料

[1] 项伟. 岩石工程勘察. 北京：化学工业出版社，2012.

[2] 王学文. 工程导论. 北京：电子工业出版社，2012.

[3] 贺金鑫，等. 地理信息系统基础与地质应用. 武汉：武汉大学出版社，2015.

[4] 陈涛，杨武年. “3S”技术在生态环境动态监测中的应用研究. 中国环境监测，2019，175（123）：121-124.

[5] 刘敏. 3S 技术及其在生态环境监测中的应用. 广东林业科技，2019，121（183）：171-174.

[6] 智慧农业中的 3S 技术. https：//www.sohu.com/a/195670575_100021508.

[7] 精准农业中的卫星导航定位技术. http：//www.beidou.gov.cn/zy/kpyd/201710/t20171011_4549.html.

[8] 2023—2024 年 10 大新兴 GIS 趋势. https：//www.osgeo.cn/post/1a7b0.

[9] 3S 集成综述. https：//www.osgeo.cn/post/4259g.

[10] GIS 数据转换器. https：//www.cnblogs.com/gissaas/p/18225799.

[11] 国常会重磅部署数字经济，加速推进数字产业化、产业数字化. https：//www.gov.cn/zhengce/202407/content_6961894.htm.

[12] 国务院关于印发“十四五”数字经济发展规划的通知. https：//www.gov.cn/zhengce/content/

2022-01/12/content_5667817.htm.

[13] GEOVIS 智慧农业三产融合大数据平台|为农业插上科技的翅膀. https：//www.geovis.com.cn/geovis-zhi-hui-nong-ye-san-chan-rong-he-da-shu-ju-ping-tai-wei-nong-ye-cha-shang-ke-ji-de-chi-bang/.

[14] 梅正开. 3S 技术及在生态环境监测中的应用研究. 生态环境与保护，2020，3（6）：59-60.

[15] 刘金欣，潘敏，李耿，等. “3S”技术在药用植物资源调查研究中的应用. 中草药，2016，47（4）：695-700.

[16] 张凯翔. 基于“3S”技术的地质灾害监测预警系统在我国应用现状. 中国地质灾害与防治学报，2020，31（6）：1-11.

[17] 《地球大数据支撑可持续发展目标报告（2023）》发布. http：//www.aircas.cas.cn/dtxw/tpxw/202309/t20230921_6884270.html.

[18] 宁津生，姚宜斌，张小红. 全球导航卫星系统发展综述. 导航定位学报，2013，1（1）：3-8.

[19] 北斗卫星导航系统. http：//www.beidou.gov.cn/.